普通高等学校规划教材

现 代 测 量 学

主　编　王腾军　田永瑞
副主编　王　利　姜　刚　贺炳彦

人民交通出版社股份有限公司
China Communications Press Co.,Ltd.

内 容 提 要

全书共分十八章,主要内容为测量学基础知识,包括测量坐标系、地形图基本知识、误差理论基本知识、地理信息系统(GIS);测量基本工作,包括角度测量、距离测量、高程测量、GPS 测量;基本测量作业,包括控制测量、大比例尺地形图测绘及应用、摄影测量与遥感(RS)、施工测量以及工程建筑物变形监测、地籍与房产测绘、海洋测绘等。

本书可作为高等院校非测绘专业基础课"测量学(或工程测量)"教材,主要适用于土木工程类、交通工程类、地质矿产类、环境工程类等专业的本科生教材,也可作为其他专业和有关工程技术人员的参考书。

图书在版编目(CIP)数据

现代测量学 / 王腾军,田永瑞主编. — 北京 :人民交通出版社股份有限公司,2017.8

ISBN 978-7-114-13525-5

Ⅰ. ①现… Ⅱ. ①王… ②田… Ⅲ. ①测量学—高等学校—教材 Ⅳ. ①P2

中国版本图书馆 CIP 数据核字(2017)第 161364 号

普通高等学校规划教材

书　　名:现代测量学
著　作　者:王腾军　田永瑞
责任编辑:李　瑞　李　娜
出版发行:人民交通出版社股份有限公司
地　　址:(100011)北京市朝阳区安定门外外馆斜街 3 号
网　　址:http://www.ccpress.com.cn
销售电话:(010)59757973
总　经　销:人民交通出版社股份有限公司发行部
经　　销:各地新华书店
印　　刷:北京市密东印刷有限公司
开　　本:787×1092　1/16
印　　张:28.25
字　　数:656 千
版　　次:2017 年 8 月　第 1 版
印　　次:2019 年 5 月　第 2 次印刷
书　　号:ISBN 978-7-114-13525-5
定　　价:55.00 元

(有印刷、装订质量问题的图书由本公司负责调换)

前　言

测量学(或工程测量)是土木工程、地质工程、交通工程、城乡规划、资源及环境工程等专业的基础课程之一,它担负着奠定专业基础知识、培养专业技能的重要任务。《现代测量学》是笔者在多年教学和科研实践的基础上,参阅并吸收国内外同类教材及测绘科学的最新研究成果,结合我国当前高等教育改革和课程设置的实际情况编写而成的。

本教材以现代测量学的基本理论、基本方法以及测量作业过程为体系,以数字化测量为主线,以测绘新概念、新技术、新仪器为重点组织教学内容,突出基础理论和基本概念,加强理论联系实际,力求把握好测绘科学技术发展与教学需求的关系,使所编教材具有先进性和实用性。教材内容精炼、新颖,专业覆盖面广,能满足培养宽口径、复合型人才的需求。

本教材是依据高等学校土木工程、地质工程、交通工程、城乡规划、资源及环境工程等专业的"测量学(或工程测量)"教学大纲的要求组织编写的。本书可作为上述各专业本科"测量学(或工程测量)"课程的通用教材,也可供上述专业工程技术人员参考。

参与本教材编写工作的有:长安大学王腾军、田永瑞、王利、姜刚、贺炳彦、杨耘,内蒙古农业大学刘全明,河南省地质矿产勘查开发局测绘地理信息院李建武,小浪底水利水电工程有限公司蒋金虎。全书共分为十八章,其中,第一章、第七章由王腾军编写,第二章、第四章由贺炳彦编写,第三章、第五章、第六章由王利编写,第八章由杨耘编写,第九章由姜刚、李建武编写,第十章由刘全明编写,第十一章、第十八章由田永瑞编写,第十二章、第十七章由李建武编写,第十三章、第十四章由姜刚编写,第十五章由蒋金虎编写,第十六章由王利、蒋金虎编写。王腾军、田永瑞负责全书的组织、统稿和校对工作。

在本教材编写过程中,得到了长安大学张勤教授、杨志强教授、张永志教授、隋立春教授、韩玲教授、赵超英教授、张菊清教授的关心和支持,张菊清教授还应邀审阅了部分章节,在此谨致衷心的感谢!感谢长安大学教务处、长安大学地质工程与测绘学院及其他参编单位的大力支持,感谢人民交通出版社股份有限公司为本教材出版所做的辛勤工作。

由于编者的水平有限,对于书中的不足和错误之处,敬请读者不吝批评指正。

编著者
2017 年 3 月于长安大学

目　录

第一章 测量学基本知识

第一节 测绘学概述

一、测绘学的内容和任务

测绘学是研究地球整体及其表面和外层空间中与地理空间分布有关的各种几何、物理、人文及其随时间变化的信息的获取、处理、管理、更新和利用的科学与技术，是地球科学的重要组成部分。其主要研究内容包括测定和描述地球的形状、大小、重力场、地表形态及它们的各种变化，确定自然和人造物体、人工设施的空间位置及其属性，并制成各种地图和建立有关信息系统。

测绘学按照研究范围、研究对象及采用技术手段的不同，分为以下几个分支学科：大地测量学、摄影测量与遥感学、地图学、工程测量学、海洋测绘学。

1. 大地测量学

大地测量学是研究和确定地球的形状、大小、重力场、整体与局部运动和地球表面点的几何位置以及变化的理论和技术的学科。大地测量学是测绘学各分支学科的理论基础，基本任务是建立地面控制网、重力网，精确测定控制点的空间三维位置，为地形测图提供控制基础，为各类工程施工测量提供依据，为研究地球形状、大小、重力场及其变化、地壳形变及地震预报提供信息。现代大地测量学包含三个基本分支：几何大地测量学、物理大地测量学和空间大地测量学。

2. 摄影测量与遥感学

摄影测量与遥感学是研究利用电磁波传感器获取目标物的影像数据，从中提取语义和非语义信息，用以测定目标物的形状、大小和空间位置，并判定其性质及相互关系，并用图形、图像和数字形式予以表达的理论和技术的学科。包括摄影测量学和遥感学。它的主要研究内容有：目标物的影像获取、处理，将所测得的成果用图形、图像或数字表示。包括航空摄影测量、航天摄影测量、航空航天摄影测量、地面摄影测量等。

3. 地图学

地图学主要研究地图制作的基础理论、地图设计、地图编制和制印的技术方法及其应用。其主要内容包括：

（1）地图投影，主要研究依据一定的数学法则将地球椭球面（不可展曲面）的经纬网描绘在平面（可展曲面）上的图形所产生各种变形的特性及大小以及地图投影的方法等。

（2）地图编制，主要研究地图制作的理论和技术，如制图资料的分析和处理，地图原图的编绘以及图例、表示方法、色彩、图形和制印方案等的设计。

（3）地图设计，它是通过研究、实验，制定新编地图的内容、表现形式及其生产工艺、程序的工作。

（4）地图制印，是研究复制和印刷地图过程中各种工艺的理论和技术方法。

（5）地图应用，是研究地图分析、评价、阅读、量算和图上作业等。

4. 工程测量学

工程测量学是研究工程建设和自然资源开发中的规划、勘测设计、施工建造和运营管理各个阶段进行的控制测量、地形测绘、施工测量、竣工测量、变形监测及分析与预报以及建立相应的信息系统等的理论和技术的学科。

工程测量学是一门应用学科，按其服务的工程种类分为：建筑工程测量、水利工程测量、线路工程测量（如铁路工程测量、公路工程测量、输电线路与输油管道测量）、矿山测量、桥梁工程测量、隧道工程测量、港口工程测量、军事工程测量、城市建设测量以及三维工业测量等。

5. 海洋测绘学

海洋测绘学是以海洋水体和海底为对象，研究海洋定位，测定海洋大地水准面和平均海面、海底和海面地形、海洋重力、海洋磁力、海洋环境等自然和社会信息的地理分布，及为编制各种海图提供理论和技术的学科。内容包括海洋大地测量、海道测量、海底地形测量和海图编制。

测量学研究地球表面局部地区内测绘工作的基本理论、技术、方法及应用。在地球表面一个小区域内进行的测绘工作，可以把这块球面看作平面而不顾及地球曲率的影响。测量学又称为普通测量学或地形测量学，其主要内容包括角度测量、距离测量、水准测量、控制测量、地形图测绘及地形图的应用。

二、测绘学的发展历史与现状

测绘学历史悠久。同其他科学技术一样，测绘学是由于社会的需要而产生，随着社会的进步而发展；同时，测绘学的发展又必然会推动社会的进步。古代的测绘技术起源于农业和水利。上古时代，古代埃及尼罗河洪水泛滥后的农田边界整理中和中国的夏禹在治理黄河水患中都应用了一定的测量知识，并使用了简单的测量工具进行测绘工作。

测绘学研究的对象是地球，测绘学的发展一开始就同人类对地球形状认识的逐渐深化而紧密联系在一起。人类最早对地球形状的认识是天圆地方。直到公元前 6 世纪，古希腊的毕达哥拉斯（Pythagoras）才提出地球应是一个圆球，两个世纪后，亚里士多德（Aristotle）对此进行论证，形成地圆说。公元前 3 世纪，埃拉托色尼（Eratosthenes）根据实地测量数据，首次推算出地球子午圈的周长，以此证实了地球是圆形的。

17 世纪末，英国的牛顿（J. Newton）和荷兰的惠更斯（C. Huygens）首次从力学的观点，即用物理的方法来探讨地球的形状，提出地球是两极略扁的椭球体，称为地扁说。1743 年，法国的克莱洛（A. C. Clairaut）证明了重力值与地球扁率间的数学关系，奠定了物理大地测量的基础,使人们对地球的认识又进了一步。

19 世纪初,随着测量精度的提高,通过对各处弧度测量结果的研究,法国的拉普拉斯(Pierre Simon Laplace)和德国的高斯(Carl Friedrich Gauss)相继指出,地球的形状不能用旋转椭球来代表。现在的研究结果证明地球总体上似一个梨形。1849 年英国的斯托克斯(G. G. Stokes)依据地表所得的重力测量资料提出用重力测量的方法来确定地球形状的理论。1873 年,利斯廷(J. B. Listing)首次提出"大地水准面"一词,并用它代替地球形状。1945 年,前苏联的莫洛坚斯基(Molodenskey)创立了用地面重力测量数据直接研究真实地球自然表面的理论。

在两千五、六百年的时间里,人类对地球形状的认识和测定,经过了圆形、椭圆形、大地水准面、真实地球自然表面的阶段。随着测定成果的愈益精确,精密计算地面点的平面坐标和标高才逐步有了科学依据,同时也不断丰富了测绘学的理论,改进了测量的技术和方法,促进了测绘技术的发展。

除了对地球的认识之外,人类的生产和军事活动也对地图有了需求。考古工作者曾经挖掘到公元前 25 世纪至公元前 3 世纪绘或刻在陶片、铜片或其他材料上的地图。这些原始地图都是一些示意的模型地图,起着确定位置、辨别方向的作用。中国春秋战国时期的"兆域图"已有了比例尺和抽象符号的概念。公元前 3 世纪,亚历山大的埃拉托斯尼最先在地图上绘制经纬线。1973 年在中国湖南长沙马王堆汉墓中发现的绘在帛上的地图,约为公元前 168 年作品,该地图已注意到了比例尺和方位,并讲求一定的精度。公元 2 世纪,古希腊的托勒密(Claudius Ptolemaeus)研制了地图编制方法,并提出了地图投影问题。公元 3 世纪,中国的裴秀提出"制图六体"之制图原则:分率、准望、道里、高下、方邪、迂直,即地图绘制时的比例尺、方位、距离等原则,使地图制图有了标准,提高了地图的可靠程度。16 世纪,地图制图进入了一个新的发展时期。中国明代的罗洪先和荷兰的墨卡托(Gerhardus Mercator)都以编制地图集的形式,分别总结了 16 世纪之前中国和西方在地图制图方面的成就。从 16 世纪起,随着测绘技术的发展,测绘精度大大提高,一些国家纷纷进行大地测量工作,并根据实地测量的结果绘制国家规模的地形图。中国于 1708~1718 年完成《皇舆全图》,是首次在广大的国土范围内进行地形图的测绘工作。

20 世纪 50 年代开始,对计算机辅助地图制图(机助制图)进行了原理研究、设备研制、软件设计与开发,到 70 年代,机助制图已得到广泛应用。进入 80 年代,利用计算机对地理空间数据进行显示、分析、存储和管理,建立地图数据库,成为多功能的综合性地理信息系统。

测绘学的形成和发展在很大程度上依赖于数学和测绘方法、测绘仪器。17 世纪之前,人们使用简单的工具(如中国的绳尺、步弓、矩尺和圭表等)进行测量,且以量测距离为主。17 世纪初发明了望远镜。约于 1730 年,英国的西森(Sisson)制成第一架经纬仪,促进了三角测量的发展。从 16 世纪中叶开始,为了满足欧、美洲间的航海需要,许多国家相继研究在海洋上测定经纬度的方法,以确定船舰的位置。但直到 18 世纪时钟的发明,经纬度的测定,尤其经度的测定方法才得以实现,并从此开始了大地天文学的研究。随着测绘仪器的改进和技术方法的革新,测量数据的精确度也不断提高,精确度成为研究的主要方向,此时数学的发展开始对测绘学产生巨大影响。1794 年,德国的高斯首创了最小二乘法原理,为计算测量平差奠定了基础,至今仍是测量平差计算的基本原理。19 世纪 50 年代,法国的洛斯达

（A. Laussedat）首创摄影测量方法。由于航空技术的发展,1915 年,自动连续航空摄影机研制成功,可将航摄像片在立体量测仪上加工成地形图,由此形成了航空摄影测量方法。在此期间,先后研制了重力仪和摆仪等,使重力测量工作得到迅猛发展,为研究地球的形状与大小和地球重力场提供了丰富的实地重力测量资料。由此,测绘学的传统理论和方法发展趋于成熟。

从 20 世纪 50 年代开始,测绘技术又朝着电子化和自动化方向发展。1948 年和 1956 年研制成功了第一代光电测距仪和微波测距仪,能够直接用来测定远达几十千米的距离,且使距离测量由繁难变为易于操作,因此使得大地测量可以方便地采用精密导线测量和三边测量。随着技术的不断进步,光电测距仪和激光测距仪的性能有了相当大的提高,仪器的体积也可制作得很小巧。1968 年已有用电子设备取代经纬仪度盘上按刻划读数的电子经纬仪。20 世纪 80 年代初开始,出现了将光电测距仪与经纬仪的视准系统组合在一起的仪器。之后,又有将微处理器安装在仪器中可及时处理观测数据的全站仪,可直接在屏幕上看到观测结果或经计算后的测量成果,亦可将此结果储存在存储器中,再传输到计算机对数据做进一步的处理。20 世纪 90 年代研制出用条码水准尺取代分划水准尺的数字水准仪,使得高差测量工作的精度和效率都有了很大的提高。随着电子计算机技术的发展及其在测绘学中的应用,不仅加快了测量计算速度,而且改变了测绘仪器和测绘方法,使测绘工作更为方便和精确。用计算机控制的摄影测量仪器的出现,促进了解析测图仪的发展,使得航测法成图完全自动化成为可能。20 世纪 60 年代研制成功的由计算机控制的自动绘图仪,实现了地图制图的自动化。

1957 年人造地球卫星上天,为测绘技术带来了巨大的变革。卫星定位技术和遥感技术在测绘领域得到广泛应用,形成航天测绘。测绘的对象也由地球扩展到月球及其他星体。随着计算机地图制图和地图数据库的迅猛发展,地图制图已发展到数字制图和动态制图时代,并成为地理信息系统的技术基础。现代工程测量的发展可概括为内外业一体化、自动化、智能化和数字化。其服务领域也远远超出了为工程建设服务的狭隘概念,正向广义工程测量学发展。在海洋测量中,广泛应用先进的激光探测技术、空间定位与导航技术、计算机技术、网络技术、通信技术、数据库管理技术以及图形图像处理技术,实现了海洋测绘的自动化和信息化。测绘学科的新发展使得测绘生产任务由传统纸上地图编制、生产和更新发展到对地理空间数据的采集、处理、组织、管理、分析和显示,传统的数据采集技术已由遥感卫星或数字摄影测量替代。测绘工作正在向着信息采集、数据处理和成果应用的自动化、数字化、网络化、实时化和可视化方向发展,使得测绘生产力得到很大提高。

随着空间科学、信息科学的飞速发展,全球卫星导航与定位系统(GNSS)、遥感(RS)、地理信息系统(GIS)技术及其集成技术(3S 技术)已成为当前测绘工作的核心技术。测绘技术体系从模拟转向数字、从地面转向空间、从静态转向动态,并进一步向网络化和智能化方向发展;测绘成果已从三维发展到四维、从静态到动态。航空航天遥感技术的发展,加快了地理信息动态变化监测技术的进步,革新了地理信息获取和更新的手段。网络技术的发展,使得用户能够快速、高效地获取地理信息,推动测绘向普适化方向发展,测绘不再是专业技术人员才可触摸的领域,而是走入了寻常百姓家。

随着新的理论、方法、仪器和技术手段不断涌现及国际测绘学术交流合作日益密切,我国的测绘事业发展迅速，且必将取得更多、更大的成就。

三、测绘科学技术的地位和作用

测绘科学技术的应用范围非常广阔，它在科学研究、国民经济建设、国防建设以及社会发展等领域，都占有重要的地位，对国家可持续发展发挥着越来越重要的作用。测绘工作常被人们称为建设的尖兵，不论是国民经济建设还是国防建设，其勘测、设计、施工、竣工及运营等阶段都需要测绘工作，而且都要求测绘工作"先行"。

1. 在科学研究中的作用

在科学研究方面，诸如航天技术、地壳形变、地震预报、气象预报、滑坡监测、灾害预测和防治、环境保护、资源调查以及其他科学研究中，都要应用测绘科学技术，需要测绘工作的配合。地理信息科学、智慧城市、数字中国、数字地球的建设，都需要现代测绘科学技术提供基础数据信息。

2. 在国民经济建设中的作用

在国民经济建设方面，测绘信息是国民经济和社会发展规划中最重要的基础信息之一。测绘工作为国土资源开发利用，工程设计和施工，城市建设、工业、农业、交通、水利、林业、通信、地矿等部门的规划和管理提供地形图和测绘资料。土地利用和土壤改良、地籍管理、环境保护、旅游开发等都需要测绘工作，应用测绘工作成果。

3. 在国防建设中的作用

在国防建设方面，测绘工作为打赢现代化战争提供测绘保障。各种国防工程的规划、设计和施工都需要测绘工作，战略部署、战役指挥离不开地形图，现代测绘科学技术对保障远程导弹、人造卫星或航天器的发射及精确入轨起着非常重要的作用，现代军事科学技术与现代测绘科学技术已经紧密结合在一起。

4. 在社会发展中的作用

在国民经济和社会发展的进程中，政府或职能机构不但要了解地理要素的分布特征与资源环境条件，还要进行空间规划布局、掌握空间发展状态和政策的空间效应。但由于现代经济和社会的快速发展与自然关系的复杂性，使人类解决现代经济和社会问题的难度增加。因此，为实现政府管理和决策的科学化、民主化，实现科学发展观，要求提供广泛而通用的地理空间信息平台，测绘数据是这一平台的基础。在此基础上，将大量经济和社会信息加载到这个平台上，形成符合真实世界的空间分布形式，建立科学的空间决策系统，进行空间分析和管理决策，以及实施电子政务。

当今人类正面临环境日趋恶化、自然灾害频繁、不可再生能源和矿产资源匮乏以及人口膨胀等社会问题。社会、经济迅速发展和自然环境间产生了巨大的矛盾。要解决这些矛盾，维持社会的可持续发展，则必须了解地球的各种现象及其变化和相互关系，采取必要措施约束和规范人类自身的活动，减少或防范全球变化向不利于人类社会方面演变，指导人类合理利用和开发资源，有效地保护和改善环境，积极防治和抵御各种自然灾害，不断改善人类生存和生活环境质量。而在防灾减灾、资源开发和利用、生态建设和环境保护等方面，各种测绘和地理信息可用于规划、方案的制订，灾害、环境监测系统的建立，风险的分析，资源、环境调查与评估、可视化显示以及决策指挥等。

第二节　测量坐标系

一、地球的形状和大小

测量工作的最基本任务是确定地面点的点位坐标(称为测定),或根据点的坐标确定其实地位置(称为测设)。但是,由于地球的形状以及地球的自然表面极其不规则,因此,不能作为测量工作的基准面,而只能作为测量工作的依托面。我们要研究地球的形状和大小,确定测量工作的基准面,并为测量坐标系的建立奠定基础。

1. 大地水准面

地球自然表面上有高山、丘陵、平原、河流、湖泊和海洋。由此看来,地球的自然表面是一个高低起伏、极不规则的曲面。但相对于地球整体而言,这种高低起伏又是可以忽略不计的。地球形状是极其复杂的,通过长期的测绘工作和科学调查,了解到地球表面上海洋面积约占71%,陆地面积约占29%,因此,测量中把地球形状看作是由静止的海水面向陆地延伸并围绕整个地球所形成的某种形状。

地球表面任一质点,都同时受到两个作用力,其一是地球自转产生的惯性离心力;其二是整个地球质量产生的引力。这两种力的合力称为重力。引力方向指向地球质心。如果地球自转角速度是常数,惯性离心力的方向垂直于地球自转轴向外,重力方向则是两者合力的方向(图1-1)。重力的作用线又称为铅垂线,用细绳悬挂一个垂球,其静止时所指示的方向即为铅垂线方向。

处于静止状态的水面称为水准面。由物理学知道,这个面是一个重力等位面,水准面与重力方向(铅垂线方向)垂直。在地球表面重力的作用空间,通过任何高度的点都有一个水准面,因而水准面有无数个。其中,把一个假想的、与静止的平均海水面重合并向大陆延伸所形成的封闭曲面称为大地水准面,它所包围的形体称为大地体。

由于地球引力的大小与地球内部的质量有关,而地球内部的质量分布又不均匀,致使地面上各点的铅垂线方向产生不规则的变化,因而大地水准面实际上是一个略有起伏的不规则曲面(图1-2),人们无法在这个不规则曲面上直接进行测绘和数据处理。

图1-1　引力、离心力和重力

图1-2　大地水准面

大地水准面和铅垂线是测量外业所依据的基准面和基准线。

2.地球椭球体

从力学角度看,地球是一个旋转的均质流体,其平衡状态是一个两极稍扁的旋转椭球体。旋转椭球面是一个规则曲面,可以用数学公式准确地表达。因此,在测量工作中将地球椭球面和与之正交的法线作为测量计算的基准面和基准线。

代表地球形状和大小的旋转椭球,称为地球椭球。与大地水准面最接近的地球椭球称为总地球椭球;与某个区域如一个国家大地水准面最为密合的椭球称为参考椭球,其椭球面称为参考椭球面。由此可见,参考椭球有许多个,而总地球椭球只有一个。

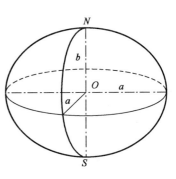

图 1-3 旋转椭球体

地球椭球的形状和大小通常用长半轴 a 和扁率 f 来表示(图 1-3)。扁率的计算公式为:

$$f = \frac{a-b}{a} \qquad (1-1)$$

式中:b——地球椭球的短半轴。

几个世纪以来,许多学者曾分别测算出参考椭球体的参数值,表 1-1 为几次有代表性的测算成果。

地球椭球几何参数 　　　　　　　　　　　　　　　表 1-1

椭球名称	年代	长半轴 a(m)	扁率 f	附注
德兰布尔	1800	6375653	1:334.0	法国
白塞尔	1841	6377397.155	1:299.1528128	德国
克拉克	1880	6378249	1:293.459	英国
海福特	1909	6378388	1:297.0	美国
克拉索夫斯基	1940	6378245	1:298.3	苏联
1975 大地测量参考系统	1975	6378140	1:298.257	IUGG 第 16 届大会推荐值
1980 大地测量参考系统	1979	6378137	1:298.257	IUGG 第 17 届大会推荐值
WGS-84	1984	6378137	1:298.257223563	美国国防部制图局(DMA)

注:IUGG,指国际大地测量与地球物理联合会(International Union of Geodesy and Geophysics)。

鉴于参考椭球体的扁率很小,因此在满足精度要求的前提下,为了便于计算,通常把地球近似地看作圆球体,其曲率半径为 6371km。

图 1-4 参考椭球定位

3.参考椭球定位

地球椭球的形状大小确定后,还应进一步确定地球椭球与大地体的相关位置,才能作为测量计算的基准面,这个过程称为椭球定位。确定参考椭球面与大地水准面的相关位置,使参考椭球面在一个国家或地区范围内与大地水准面最佳拟合,称为参考椭球定位。如图 1-4 所示,在地面上选择一个合适的点 P,过此点的铅垂线与大地水准面交于点 P'。将椭球面设置

成在 P' 点与大地水准面相切,此时椭球面的法线与大地水准面的铅垂线重合。再使椭球体的短轴与地球自转的旋转轴平行。如果地面点的位置选择得确实十分合适,椭球体的大小也选用得很恰当,则椭球面与大地水准面之间能达到最佳拟合,此时的 P 点则称为大地原点。该点是全国各地计算大地坐标的起算点,并非坐标系的原点。

二、常用测量坐标系

地面点的空间位置,最终要借助于点位坐标来描述,因此需要建立坐标系。一个空间点的位置,需要用三维坐标来表示。但在一般测量工作中,通常将地面点的空间位置用其在投影面(椭球面或平面)上的位置和高程表示,即用一个二维坐标系和一个一维坐标系(高程)的组合来表示。由于卫星大地测量的迅速发展,地面点的空间位置也采用三维的空间直角坐标来表示。

1.大地地理坐标系

大地地理坐标系是以地球椭球的大地起始子午面、大地赤道面和地球椭球面作为基准面建立起来的空间坐标系(图1-5)。由于地球椭球有总地球椭球和参考椭球之分,所以大地地理坐标系分为地心大地坐标系和参心大地地理坐标系。

图1-5　大地坐标系

地面点的空间位置,可用大地地理坐标表示。过某地面点的子午面与起始子午面之间的二面角,称为该点的大地经度,用 L 表示。规定从起始子午面起算,向东为正,由 $0° \sim 180°$ 称为东经;向西为负,由 $0° \sim 180°$ 称为西经。

过该点的椭球面法线与赤道面的夹角,称为该点的纬度,用 B 表示。规定从赤道面起算,由赤道面向北为正,从 $0° \sim 90°$ 称为北纬;由赤道面向南为负,由 $0° \sim 90°$ 称为南纬。

该点沿椭球面法线到椭球面的距离,称为大地高,用 H 表示,从椭球面起算,向外为正,向内为负。

计算某点的大地经度、大地纬度,可用天文观测方法测得 P 点的天文经度、天文纬度,再利用该点的法线与铅垂线的相对关系(称为垂线偏差)改算为大地经度 L、大地纬度 B。

2.空间大地直角坐标系

空间大地直角坐标系是以地球椭球为基础建立起来的空间直角坐标系。因地球椭球有总地球椭球和参考椭球之分,故空间大地直角坐标系可分为地心空间大地直角坐标系和参心空间大地直角坐标系。

以椭球体中心 O 为原点,椭球体的旋转轴为 Z 轴,指向其北端,起始子午面与赤道面交线为 X 轴,赤道面上与 X 轴正交的方向为 Y 轴,构成右手直角坐标系,在该坐标系中,某地面点的位置可用 (x,y,z) 来表示(图1-6)。地面上同一点的大地地理坐标和空间大地直角坐标之间可以进行坐标转换。

最后应指出,参心大地地理坐标系和参心空间大地坐标系,统称为参心空间大地坐标系(简称参心坐标系);地心大地地理坐标系和地心空间大地坐标系,统称为地心空间大地坐标系(简称地心坐标系)。

3. 投影平面直角坐标系

大地坐标系是大地测量的基本坐标系,主要用于研究地球形状与大小、编制地图以及大地问题的解算。但用于地形图测绘、工程建设却很不方便。若将球面上的大地坐标按一定的数学法则归算到平面上,在平面上进行数据处理比在球面上简单得多。首先要建立平面直角坐标系。目前常用的方法有两种:一是在小区域内进行常规测量工作时,通常将地球椭球面或测区内平均水准面的切平面作为投影面,并在该投影面上建立平面直角坐标系,将地面点投影到该平面上进行计算,以解算地面点的平面位置,高程再通过高程测量解算。在建立投影平面直角坐标系时,若投影面和坐标轴任意选择,则称为独立平面直角坐标系;若是按照高斯投影原理建立投影平面直角坐标系,则称为高斯平面直角坐标系。

独立平面直角坐标系,是以测区平均水准面的切平面为投影面而建立起来的,原点可在切平面上任意选取,但为避免坐标值为负,通常选在测区的西南角,过原点的子午线切线方向取为纵轴,规定为 x 轴,向北为正,过原点与 x 轴垂直的方向为横轴,规定为 y 轴,向东为正,角度从 x 轴正向顺时针方向量取(图1-7)。

图1-6　空间直角坐标系

图1-7　独立平面坐标系

测绘工作中所用的平面直角坐标系与解析几何中所用的平面直角坐标系有所区别。由图1-8可见,测量平面直角坐标系以纵轴为 x 轴,表示南北方向,向北为正;横轴为 y 轴,表示东西方向,向东为正;象限顺序依顺时针方向排列。当 x 轴与 y 轴如此互换后,平面三角公式均可用于测绘计算中。

a)测量平面直角坐标系　　　　b)数学平面直角坐标系

图1-8　两种平面直角坐标系

在工程建设中,为了计算和施工放样方便,通常使平面直角坐标系的坐标轴与建筑物主轴线重合、平行或垂直,此时建立起来的坐标系,称为施工坐标系。施工坐标系与测量坐标系往往不一致,在计算测设数据时须进行坐标换算。如图 1-9 所示,设 xoy 为测量坐标系, AOB 为施工坐标系, $(x_0、y_0)$ 为施工坐标系原点 O 在测量坐标系中的坐标, α 为施工坐标系的坐标纵轴 A 在测量坐标系中的方位角。若 P 点的施工坐标为 $(A_P、B_P)$,可按式 $(1\text{-}2)$ 将其换算为测量坐标 $(x_P、y_P)$:

$$x_P = x_0 + A_P\cos\alpha - B_P\sin\alpha$$

$$y_P = y_0 + A_P\sin\alpha - B_P\cos\alpha \tag{1-2}$$

式中, $x_0、y_0$ 与 α 值可由设计人员提供。

同样,若已知 P 点的测量坐标 $(x_P、y_P)$,可按式 $(1\text{-}3)$ 将其换算为施工坐标 $(A_P、B_P)$:

$$A_P = (x_P - x_0)\cos\alpha + (y_P - y_0)\sin\alpha$$

$$B_P = -(x_P - x_0)\sin\alpha + (y_P - y_0)\cos\alpha \tag{1-3}$$

4. 高斯平面直角坐标系

高斯平面直角坐标系是建立在高斯平面上的二维直角坐标系,高斯平面由高斯投影而得。

如图 1-10 所示,设想有一个椭圆柱面横套在地球椭球体外面,使它与椭球上某一子午线(该子午线称为中央子午线)相切,椭圆柱的中心轴通过椭球体中心,然后用一定的投影方法,将中央子午线两侧各一定经差范围内的地区投影到椭圆柱面上,再将此柱面展开即成为投影平面。

图 1-9　施工坐标与测量坐标的换算　　　　　　　图 1-10　高斯投影

高斯投影具有下述特点:

(1)中央子午线和赤道的投影都为直线,并且正交,其他子午线和纬线的投影都为曲线。

(2)中央子午线投影后长度不变,其他子午线投影后都有变形,并凹向中央子午线,且距中央子午线越远,其变形越大。

(3)各纬圈投影后凸向赤道。

在高斯投影平面上,中央子午线和赤道的投影都是正交的直线。以中央子午线和赤道的交点 O 为坐标原点,以中央子午线的投影为纵坐标轴 X,规定 X 轴向北为正;以赤道的投影为横坐标轴 Y,Y 轴向东为正,这样便形成了高斯平面直角坐标系(图 1-11)。

由于距中央子午线越远,其投影误差越大。投影误差不允许超过测图、施工精度要求。为此,要将变形限制在一定的精度范围内。控制的方法是将投影区域限制在靠中央子午线两侧的狭长地带内,即分带投影。投影宽度以中央子午线间的经差 l 来划分,最常用的有 6°和 3°两种。显然分带越多,各带的范围越小,变形也就越小。但分带投影后,各带都有各自独立的坐标系。

6°带投影可以满足中小比例尺(1:50 万 ~ 1:2.5 万)测图精度要求。它是从英国格林尼治天文台子午线起,自西向东每隔 6°为一带,将全球分成 60 个带,编号为 1 ~ 60(图 1-12),中央子午线的经度 L_0 与带号 n_6 间的关系见式(1-4)。

$$L_0 = 6°n_6 - 3° \qquad (1-4)$$

若已知某点的大地经度 L,则可按式(1-5)计算该点所在 6°投影带的带号。

$$n_6 = \text{int}\left(\frac{L}{6°}\right) + 1 \qquad (1-5)$$

式中:int——取整函数。

3°带投影则可满足大比例尺(不小于 1:1 万)测图精度要求。即自东经 1.5°子午线起向东划分,每隔 3°为一带,将全球分成 120 个带,编号为 1 ~ 120(图 1-12),它是在 6°带的基础上划分的。3°带的奇数带中央子午线与 6°带中央子午线重合;偶数带中央子午线与 6°带分带子午线重合。中央子午线的经度 L_0 与带号 n_3 间的关系见式(1-6)。

$$L_0 = 3°n_3 \qquad (1-6)$$

图 1-11　高斯平面直角坐标系

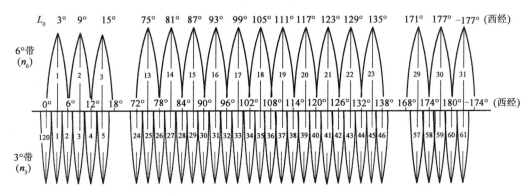

图 1-12　高斯投影的分带

若已知某点的大地经度 L,则可按式(1-7)计算该点所在 3°投影带的带号。

$$n_3 = \text{int}\left(\frac{L - 1.5°}{3°}\right) + 1 \qquad (1-7)$$

我国幅员广阔,南北在北纬 4° ~ 北纬 54°、东西在东经 74° ~ 东经 135°之间。按 6°带投影,位于第 13 ~ 23 带内;按 3°带投影,位于第 25 ~ 45 带内。由此可见,带号 24 是区分 6°带和 3°带的标志。

显然,根据上述方法建立起来的坐标系,坐标值将出现负值,这将给测绘工作带来不便。

由于我国位于北半球,故 X 坐标均为正值,而 Y 坐标值有正有负。为避免 Y 坐标出现负值,规定将 X 坐标轴向西平移 500km,即所有点的 Y 坐标值均加上 500km(图 1-13)。

由于分带投影的原因,地面上每一个点,各个投影带中都有一个坐标值(X,Y)与之相对应,为了使高斯坐标值与地面点一一对应,规定在横坐标值前冠以投影带带号,以表明该点所在的投影带。

例如,P 点的坐标 $X_P = 3275611.188\text{m}$,$Y_P = -376543.211\text{m}$;若该点位于第 19 带内,则 X 轴西移 500km、横坐标冠以带号后,P 点的坐标为 $x_P = 3275611.188\text{m}$,$y_P = 19123456.789\text{m}$。

分带投影形成各带独立的坐标系,位于相邻两带的点就分属于两个坐标系,因此在投影带边缘地区测图时,需将分带子午线两侧的点转化为同一坐标系,另外,由于国家控制点通常只有6°带坐标,而测制不小于1:1万比例尺地形图时,需要3°带投影坐标,因此需要6°带和3°带坐标间的转换,上述坐标换带计算统称为高斯坐标换带计算。

5. 极坐标系

测绘工作中,常在局部范围内使用极坐标,它与解析几何中的极坐标系基本相同,如图 1-14 所示,O 为极点,OX 为极轴,ρ 为矢径,φ 为极角。不同之处在极角是自 OX 轴起按顺时针方向计算。使用极坐标的优点是解算两点之间的相互关系时较为简便。

图 1-13 国家统一坐标   图 1-14 极坐标系

6. 高程

高程是地面点高低的量度。地面点沿基准线到基准面的距离称为高程。地面点位于基准面之上,高程为正;地面点位于基准面以下,高程为负。

根据选择的基准面和基准线的不同,可得到不同的高程系统。如图 1-15 所示。

图 1-15 高程与高差

当基准面是大地水准面、基准线是铅垂线时,称为正高(又称海拔);

当基准面是大地水准面,基准线是正常重力线时,称为正常高;

当基准面是地球椭球面,基准线是法线时,称为大地高;

在地形测量和工程测量中,有时选择过某点的水准面作为基准面、铅垂线作为基准线,则称为相对高程。

两地面点的同类高程之差,称为高差。在以观测路线的前进方向为准的前提下,高差等于前视点的高程减去后视点的高程。当前视点高于后视点时,高差为正;反之,高差为负。高差的大小与基准面的性质无关。

为了建立全国统一的高程系统,必须确定一个高程基准面。通常采用平均海水面代替大地水准面作为高程基准面。为了确定平均海水面,需要设立验潮站,对海水面进行长期观测,取其平均位置作为该验潮站的平均海水面。

三、我国常用的坐标系统

1. 1954 年北京坐标系

1954 年我国完成了北京天文原点的测定,采用了克拉索夫斯基椭球体参数(表 1-1),并与前苏联 1942 年坐标系进行了联测,建立了 1954 年北京坐标系。1954 年北京坐标系属参心坐标系,是前苏联 1942 年坐标系的延伸,大地原点位于前苏联的普尔科沃。

2. 1980 年国家大地坐标系

为了适应我国经济建设和国防建设发展的需要,我国在 1972～1982 年期间进行天文大地网平差时,建立了新的大地基准,相应的大地坐标系称为 1980 年国家大地坐标系。大地原点地处我国中部,位于陕西省西安市以北 60km 处的泾阳县永乐镇,简称西安原点。椭球参数(既含几何参数,又含物理参数)采用 1975 年国际大地测量与地球物理联合会第 16 届大会的推荐值(表 1-1)。

该坐标系建立后,实施了全国天文大地网平差,平差后提供的大地点成果属于 1980 年国家大地坐标系,它与 1954 年北京坐标系的成果不同,使用时必须注意所用成果相应的坐标系统。

3. 2000 国家大地坐标系

随着我国社会的进步,国民经济建设、国防建设和社会发展、科学研究等对国家大地坐标系提出了新的要求,迫切需要采用原点位于地球质量中心的坐标系统作为国家大地坐标系。2000 国家大地坐标系是一种地心坐标系,坐标原点在地球质心(包括海洋和大气的整个地球质量的中心),Z 轴指向由 BIH1984.0 所定义的协议地极方向,X 轴指向 BIH1984.0 所定义的零子午面与协议地极赤道的交点,Y 轴按右手坐标系确定。椭球参数有长半轴 $a = 6378137m$、扁率 $f = 1 : 298.257222101$、地球自转角速度 $\omega = 7292115 \times 10^{-11}$ rad/s、地心引力常数 $GM = 3986004.418 \times 10^8 m^3/s^2$。经国务院批准,我国自 2008 年 7 月 1 日起启用 2000 国家大地坐标系。

4. WGS-84 坐标系

WGS-84 坐标系是美国全球定位系统(GPS)采用的坐标系,属地心坐标系。WGS-84 坐标系采用 1979 年国际大地测量与地球物理联合会第 17 届大会推荐的椭球参数(表 1-1),WGS-84 坐标系的原点位于地球质心;Z 轴指向 BIH1984.0 定义的协议地球极(CIP)方向,X

轴指向 BIH1984.0 的零子午面和 CIP 赤道的交点,Y 轴垂直于 X、Z 轴,X、Y、Z 轴构成右手直角坐标系。椭球参数有长半轴 $a = 6378137\text{m}$、扁率 $f = 1 : 298.257223563$。

5. 独立坐标系

独立坐标系分为地方独立坐标系和局部独立坐标系两种。

许多城市基于实用、方便的目的(如减少投影改正计算工作量),以当地的平均海拔高程面为基准面,过当地中央的某一子午线为高斯投影带的中央子午线,构成地方独立坐标系。地方独立坐标系隐含着一个与当地平均海拔高程面相对应的参考椭球,该椭球的中心、轴向和扁率与国家参考椭球相同,只是长半轴的值不一样。

大多数工程专用控制网均采用局部独立坐标系,若需要将其放置到国家大地控制网或地方独立坐标系,一般应通过赫尔默特变换来完成。对于范围不大的工程,一般选测区的平均海拔高程面或某一特定高程面(如隧道的平均高程面、过桥墩顶的高程面)作为投影面,以工程的主要轴线为坐标轴,比如对于隧道工程而言,一般取与贯通面垂直的一条直线作 X 轴。

6. 高程基准

新中国成立后,我国曾采用以青岛大港验潮站的 1950~1956 年潮汐观测资料算得的平均海水面作为高程基准面,称为"1956 年黄海高程系"。由于验潮资料不足等原因,我国自 1987 年启用"1985 国家高程基准"。它是采用青岛验潮站 1953~1979 年验潮资料计算确定的。

为了明确标定平均海水面的位置,需要在验潮站附近设立标志,称为水准原点。我国的水准原点位于青岛市观象山上,定名为"中华人民共和国水准原点",亦称"青岛水准原点"。经与青岛大港验潮站联测,按 1956 年黄海高程系推算,其高程为 72.289m,按 1985 国家高程基准推算,其高程为 72.260m。

第三节 直线方向的确定

图 1-16　三种方位角的关系

在测量工作中,地面点的位置通常用直角坐标 (X,Y) 确定,而直线的方向用方位角确定。从直线上某点的标准方向线北端顺时针量至该直线的水平角值,称为该直线在该点处的方位角,其取值范围是 $0° \sim 360°$。由于标准方向线有真子午线、磁子午线和坐标纵轴线三种,因此方位角有真方位角、磁方位角和坐标方位角三种,并且其间可通过子午线收敛角、磁偏角和磁坐偏角进行转换(图 1-16)。

一、真方位角

过地面某点真子午线的切线北端所指示的方向,称为真子午线方向。真子午线方向可采用天文测量的方法或用陀螺经纬仪测定。从直线上某点的真子午线方向北端顺时针量至该直线的水平角值,称为该直线在该点处的真方位角(用 A 表示)。由于地面直线各点(赤道上的点除外)处的真子午线彼此不平行,所以同一条直线上各点的真方位角也各不相等,这将给应用带来不便。

二、磁方位角

地面上某点处磁针自由静止时其指针北端所指的方向,称为磁子午线方向。可用罗盘仪直接测定。从直线上某点的磁子午线方向北端顺时针量至该直线的水平角值,称为该直线在该点处的磁方位角(用 A_m 表示)。由于磁子午线收敛于磁南极和磁北极,所以同一直线上各点的磁方位角互不相等。地球上磁子午线方向,不是固定不变的,而是因地而异;同一地点,也随时间有微小的周年变化和周日变化。磁子午线是一种不稳定的标准方向线,所以磁方位角表示直线方向的精度不高,只能用于直线的粗略定向。

三、坐标方位角

坐标纵轴(X 轴)正向所指示的方向,称为坐标纵轴线方向。从直线上某点的坐标纵轴线方向北端顺时针量至该直线的水平角值(用 α 表示),称为该直线在该点处的坐标方位角。实用上常取与高斯平面直角坐标系中 X 坐标轴平行的方向为坐标纵轴线方向。由于各点处的坐标纵轴线方向相互平行,因此,同一投影带内各点的标准方向线是一致的,所以同一直线上各点的坐标方位角是相等的,这将给方向计算带来方便。

四、三种偏角与方位角的互换

如图 1-16 所示,由于某点处的真子午线方向、磁子午线方向和坐标纵轴线方向不相一致,因此,它们之间必然存在三个夹角,即子午线收敛角(γ)、磁偏角(δ)和磁坐偏角(δ_m)。

1. 子午线收敛角

过一点的真子午线方向与坐标纵轴线方向之间的夹角称为子午线收敛角,用 γ 表示。以真子午线为准,当坐标纵轴线北端位于真子午线以东时称为东偏, γ 为正;位于以西时称为西偏, γ 为负(图 1-17)。

地面点 P 的子午线收敛角可按下式计算:

$$\gamma_P = (L_P - L_0) \cdot \sin B_P = \Delta L \cdot \sin B_P \quad (1\text{-}8)$$

式中: L_0 ——中央子午线大地经度;

L_P 、 B_P —— P 点大地经度和大地纬度。

由式(1-8)可知,当 ΔL 不变时,纬度越高,子午线收敛角越大,在两极 $\gamma = \Delta L$;纬度越低,子午线收敛角越小,在赤道上 $\gamma = 0$ 。

图 1-17　γ 符号规定

2. 磁偏角

磁偏角是磁子午线与真子午线之间的夹角,用 δ 表示。以真子午线为准,当磁子午线北端在真子午线以东时称为东偏, δ 为正;位于以西时称为西偏, δ 为负。

3. 磁坐偏角

磁坐偏角是磁子午线与坐标纵轴线间的夹角。通常用 δ_m 表示。以坐标纵轴线为准,当磁子午线的北端位于坐标纵轴线以东时称为东偏,δ_m 为正;位于以西时称为西偏,δ_m 为负。由于磁子午线的不稳定,导致磁偏角发生变化。

4. 方位角互换

各方位角之间的互换公式为:

$$A = A_m + \delta \tag{1-9}$$

$$A = \alpha + \gamma \tag{1-10}$$

$$\alpha = A_m + \delta - \gamma \tag{1-11}$$

五、正、反坐标方位角

一条直线的坐标方位角,由于起始点的不同而存在着两个值。如图 1-18 所示,P_1、P_2 为直线 P_1P_2 的两端点,α_{12} 表示 P_1P_2 方向的坐标方位角,α_{21} 表示 P_2P_1 方向的坐标方位角。α_{12} 和 α_{21} 互为正、反坐标方位角。若以 α_{12} 为正方位角,则称 α_{21} 为反方位角。

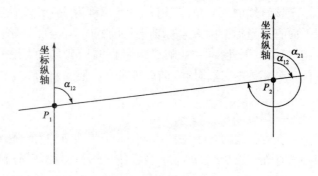

图 1-18　正反坐标方位角

由于在同一高斯平面直角坐标系内各点处坐标轴北方向均是平行的,所以一条直线的正、反坐标方位角相差 180°,即

$$\alpha_{12} = \alpha_{21} \pm 180° \tag{1-12}$$

六、象限角

在确定直线方向时,直线的方向不仅可以用方位角表示,也可以用象限角表示。

从标准方向线的北端或南端,顺时针或逆时针量至某直线的水平锐角,称为该直线的象限角,通常用 R 表示。用象限角表示直线方向时,不仅要注明角度的大小,还要注明直线所在的象限名称,例如,直线 OA 的象限角为北东 70°。坐标方位角 α 与象限角 R 之间可以相互转换,见表 1-2。

坐标方位角与象限角的转换　　　　　　　　　　　　　　　　表 1-2

象　限	由象限角转换为坐标方位角	象　限	由象限角转换为坐标方位角
Ⅰ	$\alpha = R$	Ⅲ	$\alpha = 180° + R$
Ⅱ	$\alpha = 180° - R$	Ⅳ	$\alpha = 360° - R$

第四节 地球曲率对观测成果的影响

在实际测量工作中,在测量精度要求不高和测区面积不大的情况下,往往以水平面直接代替水准面,而不考虑地球曲率对水平距离、水平角、高差的影响,但在多大面积范围内进行测量工作,才可以忽略其影响? 有必要对这一问题进行讨论。在讨论过程中,通常假定椭球面与大地水准面相重合,且近似将椭球面看作圆球面,以其代替地球表面。可以证明这种假定不会影响结论的正确性,而且可以使问题得到简化。

一、地球曲率对水平距离的影响

在图 1-19 中,AB 为水准面上的一段圆弧,长度为 S,所对圆心角为 θ,地球半径为 R。自 A 点作切线 AC,长为 t。如果用切于 A 点的水平面代替水准面,即以切线段 AC 代替圆弧 AB,则在距离上将产生误差 ΔS:

$$\Delta S = AC - AB = t - S$$

其中:
$$AC = t = R\tan\theta$$
$$\widehat{AB} = S = R \cdot \theta$$

则
$$\Delta S = R\left(\frac{1}{3}\theta^3 + \frac{2}{15}\theta^5 + \cdots\right)$$

图 1-19 用水平面代替水准面

因 θ 角值一般很小,故略去五次方以上各项,并以 $\theta = \dfrac{S}{R}$ 代入,

则得:
$$\Delta S = \frac{1}{3}\frac{S^3}{R^2} \quad \text{或} \quad \frac{\Delta S}{S} = \frac{1}{3}\left(\frac{S}{R}\right)^2 \tag{1-13}$$

当 $S = 10\text{km}$ 时,$\Delta S/S = 1/1217700$,小于目前精密距离测量的容许误差。因此可得出结论:在半径为 10km 的范围内进行距离测量工作时,用水平面代替水准面所产生的距离误差可以忽略不计。

二、地球曲率对水平角的影响

野外观测是在地球自然表面上进行的。由地面点构成的空间图形投影到球面上将构成球面图形。由球面三角学知道,同一个空间多边形在球面上投影的各内角之和,较其在平面上投影的各内角之和大一个球面角超 ε,球面角超 ε 可用式(1-14)计算。

$$\varepsilon = \rho'' \frac{P}{R^2} \tag{1-14}$$

式中:P——球面多边形面积;

R——地球半径;

$\rho'' \approx 206\ 265''$。

当 $P = 100\text{km}^2$ 时，$\varepsilon = 0.51''$。

由上式计算表明，对于面积在 100km^2 内的多边形，地球曲率对水平角的影响只有在最精密的测量中才考虑，一般测量工作不必考虑。

三、地球曲率对高差的影响

图 1-19 中 BC 为水平面代替水准面产生的高差误差。令 $BC = \Delta h$，则

$$(R + \Delta h)^2 = R^2 + t^2$$

即

$$\Delta h = \frac{t^2}{2R + \Delta h}$$

上式中可用 S 代替 t，Δh 与 $2R$ 相比可略去不计，故上式可写成：

$$\Delta h = \frac{S^2}{2R} \tag{1-15}$$

上式表明，Δh 的大小与距离的平方成正比。当 $S = 100\text{m}$ 时，$\Delta h = 0.78\text{mm}$。由此可见，地球曲率对高差的影响，即使在很短的距离内也必须加以考虑。

综上所述，在面积为 100km^2 的范围内，不论是进行距离或水平角测量，都可以不考虑地球曲率的影响。但地球曲率对高差的影响是不能忽视的。

第五节 测量工作概述

一、地面点的定位方法

测绘学的根本任务是确定空间点的点位。空间点的点位必须用三维坐标来表征。但用哪三个坐标和什么方式表征，则将随测量目的、方法、手段不同而不同，由此产生了形式多样的定位方法。虽然定位方法种类繁多，但究其本质不外乎两种：直接三维定位和投影三维定位。

1. 直接三维定位

直接三维定位就是不经过投影而直接确定地面点在空间大地直角坐标系中三维坐标的定位方法。直接三维定位主要用于卫星大地测量（如 GPS 定位）中，通过地面点同时对多颗卫星进行观测，获得卫星到地面点的距离，利用观测数据和卫星轨道参数经空间边交会计算，即可直接获得地面点的空间大地直角坐标。

2. 投影三维定位

将空间点沿基准线投影到基准面上，确定地面点在投影面的位置和它沿基准线到投影面的距离，这种确定地面点点位的方法称为投影三维定位。投影三维定位的突出特点就是将地面点的确定分成两项工作单独进行，即确定地面点在投影面的位置和地面点的高程位置。

在投影三维定位中，地面点的投影面是椭球面。地面点的投影位置可用大地经度（L）和

大地纬度(B)来表示,高程用大地高(H)表示。但是在通常情况下,为了控制测图和简化计算,而经常用与椭球面坐标相对应的平面坐标[如高斯坐标(x,y)]来表示地面点的投影位置;在普通测量学中,由于测区范围小和测量精度要求不高,通常直接将地面点投影到水准面的切平面上,且忽略地球曲率的影响而认为其与在椭球面的位置是一致的。基于上述原因,通常将地面点的投影位置称之为平面位置。此时,空间点间的水平距离是指空间点在平面上投影之间的直线距离;由一点出发的两空间直线构成的空间角在平面上的投影为两弧线的夹角,其水平角是指这两弧线对应弦线间的夹角;空间直线的竖直角是指该直线与水平面或天顶方向的夹角。

投影三维定位是常规大地测量、工程测量、普通测量的基本定位方法,在测绘学中占有极其重要的地位。

3.投影三维定位的基本工作

如图 1-20 所示,设 A 为平面坐标和高程已知的点,直线 MA 的坐标方位角已知,B 点为待求点。在实际测量工作中,B 点的平面坐标和高程并不是直接测得的,而是通过观测水平角 β 和水平距离 D_{AB} 以及 AB 两点间的高差 h_{AB},再根据已知点 A 的平面坐标和高程,以及直线 MA 的坐标方位角,推算出 B 点的平面坐标和高程。其中,通过观测而获得水平角的工作称为水平角观测;通过观测而获得距离的工作称为距离测量;通过观测而获得地面点间高差的工作称为高程测量。

由此可见,在三维投影定位中,水平角、水平距离和高差是确定地面点点位必不可缺的三个基本要素,而与之对应的水平角观测、距离测量和高程测量是确定地面点点位必不可缺的三项基本测量工作。

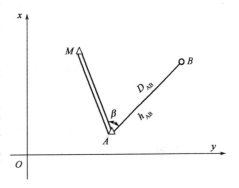

图 1-20　确定地面点点位的三要素

二、测量工作的基本内容

测量工作的种类多样,但其基本内容可归结为测定和测设。

所谓测定,就是经过测量确定地面上已有点的点位坐标。主要包括控制测量、地形图测绘和点位监测,以及其他与测定地面点位有关的测量工作。

所谓测设,就是把图上设计好的工程点,经过测量而标定在地面上。

控制测量是测量工作的基础工作。在测量工作中,为了防止误差的积累,首先在测区内选择一些具有控制意义的点,组成一定的几何图形,形成测区的骨架,用相对精确的测量手段和严密的计算方法,确定这些点的点位坐标,然后以它为基础测定其他地面点的坐标或进行施工放样以及其他测量工作。

地形图是测量成果的直观表达,测绘地形图的工作称为地形测量,或地形测图。地形测图是对地球表面上的物体和高低起伏在水平面上的投影位置和高程进行测定,并按一定的比例尺,运用地图符号将其绘制成图的工作。地形测图包括图根控制测量和碎部测图。

施工放样,是把图上设计的建筑物(构筑物)的空间位置和形状,标定在实地上的测量工作,简称放样。放样的基本内容包括水平角放样、距离放样、点位放样、高程放样以及竖直轴线的放样等。

点位监测,就是通过测量确定被监测点位移的大小和方向。主要包括建筑物(构筑物)的变形监测和地壳、板块的运动以及滑坡的监测等。

三、测量工作的原则

为了保证测量成果具有统一的坐标系统和高程系统,减少误差的积累,保证测量成果的质量,测量工作必须遵循两个原则:一是由整体到局部,先控制后碎部;二是步步检核。

任何测绘工作都应先总体布局,然后再分阶段、分区、分期实施。在实施过程中要先进行控制测量,确定控制点的平面坐标和高程,建立整个测区的统一坐标系统。在此基础上再进行碎部测图和施工放样,以保证测绘成果具有统一的坐标系统和高程系统,保证测绘成果具有足够且均匀的精度。

测绘工作的每一个过程、每一项成果都必须进行严格的检核,以保证测绘成果的可靠性,否则将会给工程建设带来巨大损失。

思考题与习题

1. 何谓测绘学? 它研究的对象和任务是什么? 它包含哪些学科分支?

2. 简述测绘学的地位与作用,以及与你所学专业的关系。

3. 什么是水准面? 水准面有何特性? 何谓大地水准面? 它在测量工作中有何作用?

4. 测量工作中常用坐标系有哪些? 它们是如何定义的? 测量工作中采用的平面直角坐标系与数学中的平面直角坐标系有何不同? 请画图说明。

5. 何谓高斯投影? 高斯投影为什么要分带? 如何进行分带?

6. 高斯平面直角坐标系是如何建立的?

7. 地球上某点的经度为东经$112°21'$,求该点所在高斯投影$6°$带和$3°$带的带号及中央子午线的经度?

8. 若我国某处地面点P的高斯平面直角坐标值为$x = 3102467.28$m,$y = 20792538.69$m。问:

(1)该坐标值是按几度带投影计算求得?

(2)P点位于第几带? 该带中央子午线的经度是多少? P点在该带中央子午线的哪一侧?

(3)在高斯投影平面上P点距离中央子午线和赤道各为多少米?

9. 什么叫绝对高程? 什么叫相对高程? 什么叫高差?

10. 根据"1956年黄海高程系"算得地面上A点高程为63.464m,B点高程为44.529m。若改用"1985国家高程基准",则A、B两点的高程各应为多少?

11. 何谓方位角? 方位角有哪几类? 其间怎样换算?

12. 何谓象限角? 它与坐标方位角有何关系?

13. 用水平面代替水准面,地球曲率对水平距离、水平角和高程有何影响?

14. 地面点的定位方法有哪些? 试阐述其基本思想。

15. 投影三维定位的基本要素有哪些? 怎样获取这些基本要素?

16. 测量工作的组织原则是什么?

第二章 地形图基本知识

地图的基本概念

一、地图的定义及特征

地图是按照一定的数学法则,运用符号系统和地图制图综合原则,表示地面上各种自然要素和社会经济要素的图件。

与航空像片、卫星像片、地景素描相比,地图具有明显的特征:地图具有一定的数学基础,它是按照一定的地图投影和比例尺,将地球表面上的点转化为平面上相应的点,使图上的点位与地面上的实际点位保持一一对应关系,保证制图对象地理位置的准确性;地图是用符号系统表示事物的,它不仅可以表示可见物体和现象,也可以表示看不见的物体和现象;地图是运用制图综合的方法,将地面现象的主要特征突出,将次要细节舍去,并运用夸大和简化手段,使地图内容清晰易读,符合用图要求。

二、地图的内容与分类

地图内容十分丰富,概括起来,主要由数学基础、制图对象和图面整饰三部分组成。

数学基础包括控制点、经纬网和比例尺;制图对象在普通地图上包括水系、地貌、居民地、交通线、土质、植被、境界线以及其他地物;在专题地图上包括地理地图要素和突出表示的主题要素;图面整饰的内容包括图廓、图名、图号、图例和图面上的文字说明以及附加图表等。

地图的种类繁多,分类标准尚未统一,目前是根据不同的需要按照不同的分类指标进行分类的。

按照地图的内容可将地图分为普通地图和专题地图。

普通地图是以相对均衡的详细程度表示地球表面上的自然形态和人类活动的结果,即以居民地、交通网、水系、地貌、境界、土质与植被等基本要素为制图对象的地图。普通地图包括地形图和普通地理图。两者相比,地形图的内容比较详细而且精确,普通地理图的内容比较概括,主要反映制图区域的基本特征和各要素的地理分布规律。

专题地图是指突出表示自然现象和社会现象的一种或几种主题要素的地图。如地质图、交通图、房产图、地籍图等。

地形图是比例尺相对较大,表示各基本要素比较详细的普通地图,是按照一定的比例尺描绘地物和地貌的正射投影图,如图 2-1 所示。

1991年大平板仪测图。
任意直角坐标系,坐标起点以"吉祥村"为原点起算。
1956年国家高程基准,等高距为1m。
1988年版图式。

1:1000

测量员
绘图员
检查员

图 2-1 地形图示例

地图按照比例尺大小可分为大比例尺地图、中比例尺地图和小比例尺地图。但是由于各部门的用图范围不同而导致其划分标准不尽相同。

在地图制图部门,将比例尺大于1:10万的地图称为大比例尺地图,将1:10万~1:100万的地图称为中比例尺地图,小于1:100万的地图称为小比例尺地图。

在工程规划、设计和勘探等部门,通常将比例尺大于1:1万的地图称为大比例尺地图,将1:1万~1:5万的地图称为中比例尺地图,小于1:5万的地图称为小比例尺地图。

另外,按照地图的用途可将地图分为航海图、航空(天)图、旅游图等。按照制图区域可分为世界地图、分洲地图、全国地图、分省地图等。按照地图的色数可将其分为单色地图和多色地图。按照地图的维数可将其分为平面地图和立体地图。按照地图的载体可将其分为纸质地图和数字(电子)地图等。

三、地图比例尺及地图比例尺精度

地图上任意一线段的长度与地面上相应线段的投影长度之比,称为地形图的比例尺。

1. 数字比例尺

数字比例尺一般用分子为 1 的分数形式表示。如图上某一直线的长度为 d,地面上相应线段的水平长度为 D,则该地图的比例尺为:

$$\frac{d}{D} = \frac{1}{M} \tag{2-1}$$

式中:M——比例尺分母。例如:当图上 1cm 代表地面上水平长度 10m(即 1000cm)时,该图的比例尺就是 1/1000,也可写成 1∶1000。由此可见,分母 M 就是将实地水平长度缩绘在图上的倍数。

比例尺的大小是用比例尺的比值来衡量的,分数值越大(即分母 M 越小),比例尺越大,分数值越小(即分母 M 越大),比例尺越小。

2. 图示比例尺

为了减弱由于图纸伸缩而引起的误差以及提高用图精度,在绘制地形图时,常在图上绘制图示比例尺,也叫直线比例尺,如图 2-2 所示为 1∶2000 的比例尺,其基本单位为 2cm。而每一基本单位所代表的实地长度为 2cm×2000=40m。

图 2-2　图示比例尺(尺寸单位:mm)

另外,为了提高估读的准确度,也可以采用另一种图示比例尺——复式比例尺(斜线比例尺),如图 2-3 所示。

图 2-3　复式比例尺

3. 地图比例尺精度

通常人的眼睛能分辨的图上最小距离是 0.1mm,因此把图上 0.1mm 所表示的实地水平长度,称为地图比例尺的精度。根据地图比例尺精度,可以确定在测图时应准确到什么程度,选择什么样的地形图比例尺。例如,当测绘 1∶1000 比例尺地形图时,其比例尺的精度为 0.1m,故量距精度到 0.1m 即可。同样,在工程设计要求实地面上最短距离为 20cm 时,根据比例尺的精度,可选择 1∶2000 的比例尺进行测绘。

表 2-1 为不同比例尺的比例尺精度,可见比例尺越大,表示地物和地貌的情况就越详细,精度越高。但是必须指出,同一测区,采用较大比例尺测图往往比采用较小比例尺测图的工作量和投资增加数倍,因此采用哪一种比例尺测图,应从工程规划、施工实际需要的精

度出发,不应盲目追求更大比例尺的地形图。

不同比例尺的精度 表2-1

比例尺	1:500	1:1000	1:2000	1:5000
比例尺精度(m)	0.05	0.10	0.20	0.50

四、地图的用途

由于地图具有信息载负、传输等功能和直观、总览、明显、可量等特性,使得地图的应用非常广泛,在各项工程建设的规划、设计、勘察到施工运营管理都可以见到地图的身影,其在国民经济建设、现代国防建设以及日常生活中起着重要的作用。

在经济建设方面,从地质勘探,矿藏开采,铁路、公路勘测选线,工矿企业的规划与设计,农业资源调查与区划,森林的普查与更新,草场的合理利用,到工业布局、城乡规划、建设与管理,大型工程设计与施工,还有荒地垦殖,水土保持,农田水利基本建设等各个国民经济建设部门,可以说无一不需要使用地图的。

在现代国防建设方面,地图是各级指挥员的"眼睛",从单一兵种的战斗到多军兵种的协同作战,都需要各种比例尺地图提供地形保证。尤其是飞行器的发射和运行,更需要高精度的地图提供地心坐标和轨道数据,以便迅速地自行选择和打击目标。

在科教文化教育等方面,也是我们了解区域的自然面貌和社会经济特征的基础。

现今,数字地图的出现,更进一步促进了地图的应用发展潜力,而基于卫星定位导航系统和网络化的电子地图的使用,已遍及人们生产与生活的各领域。

总之,随着科学技术的迅速发展以及多学科的相互渗透,地图从内容到形式,从理论到方法,从编制到应用都随之不断发展,从而扩大了地图应用的广度和深度,在国民经济建设、国防建设以及日常生活中发挥着越来越重要的作用。

五、地图的制作

地图的制作方法有多种,从成图过程来说,可分为实测成图法和编绘成图法;从所用设备分可分为传统制图和现代制图。大比例尺普通地图(主要为地形图)的制作通常采用实测成图法,中小比例尺普通地图和专题地图常用编绘成图法。

1. 传统制图

在传统制图中,一般都是经过实测得到原图(地形图),或根据已成地图和编图资料,通过内业编绘的方法制成编绘原图。然后经清绘、制板和印刷,复制出大量的地图。其一般分为四个阶段:地图设计、原图编绘、出版准备、地图印刷。

2. 现代制图

现代制图是指计算机制图,也称机助制图。计算机制图的出现,使得传统手工制图走向了全数字地图制图,并发展出多媒体地图,虚拟三维电子地图和网络地图等形式。具有更新快,易保存,可以快速实时提供各种专题地图等优点。

机助制图也分为四个阶段:地图设计、数据获取、数据处理与编辑、图形输出与制印。

第二节　地图投影基本知识

一、地图投影的概念

地球椭球体表面是个不可展曲面,而地形图是一个二维平面图。从几何学中可知,将地球表面直接展开成平面是不可能的,因为将地球表面表示在平面上必然会产生裂隙和褶皱。这就向我们提出了如何把椭球面转换为平面的问题,在测绘和制图工作中通常是采用地图投影的方法来解决上述问题。

地图投影简称投影,就是将椭球体面上各元素(包括坐标、方向和长度)按照一定的数学法则投影到平面上。其实质就是建立起点与点(或线与线)的一一对应关系。如椭球体表面上某一点大地坐标为(B,L),其投影后平面坐标为(x,y),则在两个面之间的投影函数表达式为:

$$\left.\begin{array}{l} x = f_1(B,L) \\ y = f_2(B,L) \end{array}\right\} \qquad (2\text{-}2)$$

地图投影必然产生变形,这种变形归纳起来主要有三种:长度变形、角度变形和面积变形。尽管投影变形是不可避免的,但我们可以选择适当的投影方法去支配和控制变形,以满足用图需要。例如,在航海中,我们可以采用等角投影,即角度投影变形为零,以避免在航海中迷失方向。

二、地图投影的分类

地图投影依据其投影的特征和性质可分为两类。

1. 根据地图投影的变形性质分类

(1)等角投影

等角投影表示地表面上任意两个方向间的夹角投影到平面上,保持角度不变。角度无变形就意味着在一定范围内,投影后的图形与实际是相似的(其面积变形较大),故又把这类投影称正形投影。由于这类投影角度不变形,便于量测方向,所以其常用于航海图及风向图等。

(2)等积投影

等积投影表示投影后面积无变形,即面积相等。由于投影后面积无变形,故常改变原图形的形状,引起角度变形较大。但由于便于在图上进行面积量算和对比,所以其常用于经济地图。

(3)任意投影

这种既不等角,又不等积的投影称为任意投影,它具有长度、角度和面积三种变形并存,但变形都不大的特点。在任意投影中,有一种常用投影即等距离投影,它是沿某个方向(通常沿经线)上没有长度变形的一种特殊投影。任意投影一般用于教学用图和世界地图上。

地图投影变形是不可避免的,但经过分析后可以看出地图上所产生的长度变形、面积变形和角度变形之间,是互相联系和互相影响的,所以在选择地图投影时,要根据用途而定。

2.根据投影时经纬网的形状分类

如果按投影时经纬网的形状分类,又可将地图投影分为圆锥投影、圆柱投影和方位投影等。如图2-4所示。

(1)圆锥投影

就是以圆锥面作为投影面,把椭球体的经纬线投影到圆锥面上,然后沿某一条母线(经线)将圆锥面剪开展成平面的一种投影。投影中纬线为同心圆圆弧,而经线则成为圆的半径,且经线间的夹角与经差成正比例。

(2)圆柱投影

以圆柱面作为投影面,用一圆柱套在椭球体上而进行的投影。根据地球与圆柱面相切(或相割)的位置不同又分为正轴、横轴和斜轴三种投影类型,如图2-4所示,在正轴圆柱投影中,纬线为一组平行直线,而经线是一组垂直于纬线的直线。

(3)方位投影

将一平面相切(或相割)于球面上而获得的一种投影。经方位投影后,获得的是一个以纬线为同心圆,经线为半径的平面图形,且经线间的夹角等于地椭球面上相应的经差。

图2-4 地图投影类型

第三节 地形图的分幅与编号

为了便于管理、检索、使用地形图,需要对各种比例尺的地形图进行统一的分幅和编号。地形图的分幅方法有按经纬线分幅的梯形分幅法和按坐标格网分幅的矩形分幅法两种。

一、地形图的梯形分幅与编号

梯形分幅就是用经线和纬线作为图幅分界线的分幅方法,它是当前世界各国地形图和大区域的中小比例尺分幅地图所采用的主要分幅形式。其优点是每个图幅都有明确的地理位置概念,适用于大范围(国家、洲际和世界间)的分幅与编号,缺点是图幅间拼接不方便,易破坏地物的完整性,且随着纬度的增加,相同纬度差所限定面积不断缩小,不利于有效的利用纸张和印刷机版面。

我国基本比例尺地形图(1∶100 万～1∶5000)采用梯形分幅,他们均以 1∶100 万的地形图为基础,按规定的纬差和经差划分图幅,使相邻比例尺地形图的数量成简单的倍数关系。目前使用较多的图幅编号方法有两种,一是传统的编号方法,二是便于计算机管理的新编号方法。

1. 传统分幅与编号方法

(1)1∶100 万比例尺地形图的分幅与编号

1∶100 万地形图的分幅与编号采用国际分幅编号标准。它是自赤道向北或向南分别按纬差 4°分成横列,各列依次用大写字母 A、B、…、V 表示;自经度 180°开始起算,自西向东按经差 6°分成纵行,各行依次用阿拉伯数字 1、2、…、60 表示,如图 2-5 所示。每一幅图的图幅编号由其所在的横列在前,纵行在后的原则进行编号,既"横列号—纵行号"的编码组成。由于随着地球纬度的增加,面积变小过快,为使图幅面积保持基本平衡,所以规定在纬度 60°～76°之间两幅合并,即纬差 4°,经差 12°,到纬度 76°～88°之间四幅合并,即纬差 4°,经差 24°,纬度 88°以上单独作为一幅图处理。我国位于北纬 60°以下,故没有合幅图。另外为了表示图幅是在南半球,还是北半球,规定在图幅编号前加注"S"或"N"以视区别,由于我国地处北半球,图幅编号前的 N 可以省略。

例如西安某地的经度为东经 108°53′06″,纬度为 34°10′26″,则所在的 1∶100 万比例尺图的图号为 I-49,如图 2-5 所示。

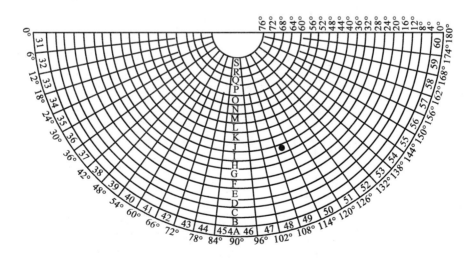

图 2-5　1∶100 万地形图分幅

我国 1∶100 万比例尺地形图与其余比例尺地形图分幅和编号关系如图 2-6 所示。

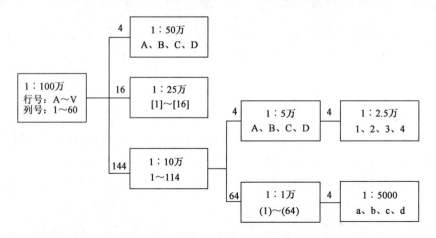

图 2-6　传统分幅与编号关系图

（2）1∶50 万、1∶25 万、1∶10 万比例尺地形图的分幅和编号

这三种比例尺地形图的分幅和编号都是在 1∶100 万地形图的基础上进行分幅和编号的，如图 2-6 所示。其中，1∶50 万是将一幅 1∶100 万的地形图分成 4 幅图，即分成 2 行 2 列，其纬差 2°，经差 3°，其编号以 A、B、C、D 表示之，如西安某地所在 1∶50 万比例尺地形图的编号为 I-49-A，如图 2-7 所示。

将一幅 1∶100 万的地形图分成 4×4 = 16 幅，即得 1∶25 万地形图，其图幅的纬差为 1°，经差为 1°30′，编号以［1］、［2］、…、［15］、［16］表示之，如西安某地所在 1∶25 万比例尺地形图的编号为 I-49-［5］，如图 2-7 示。

将一幅 1∶100 万的地形图分成 12×12 = 144 幅，就可得到 1∶10 万比例尺地形图，其图幅的纬差为 20′，经差为 30′，编号为 1、2、3、…、144，如图 2-7 所示。

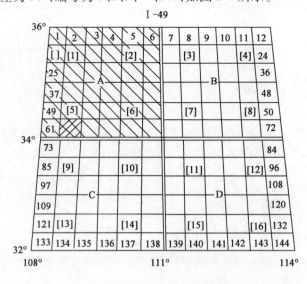

图 2-7　1∶100 万基础上的分幅和编号

（3）1:5 万、1:2.5 万地形图的分幅和编号

1:5 万比例尺地形图的分幅与编号是以 1:10 万比例尺地形图为基础进行分幅与编号的。它是将一幅 1:10 万的地形图，划分成 2×2=4 幅，每幅为 1:5 万的地形图，其图幅的纬差为 10′，经差为 15′，编号分别在 1:10 万的图号后加上各自的代号 A、B、C、D；再将 1:5 万的地形图分按纬差 5′、经差 7′30″等分为 2×2=4 幅，每幅为 1:2.5 万的地形图，分别以 1、2、3、4 进行编号。如某地所在 1:5 万、1:2.5 万比例尺地形图的编号分别为 I-49-62-B、I-49-62-B-4，如图 2-8 所示。

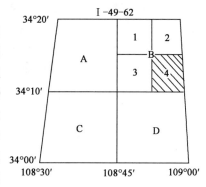

图 2-8　1:5 万与 1:2.5 万的分幅和编号

（4）1:1 万、1:5000 地形图的分幅和编号

1:1 万的地形图也是以 1:10 万的地形图为基础进行分幅的，它是将一幅 1:10 万的地形图按纬差 2′30″、经差 3′45″分为 8×8=64 幅，分别以（1）、（2）、…、（64）表示，如图 2-9 所示。

而 1:5000 比例尺地形图的分幅与编号则是在 1:1 万地形图基础上进行的。每幅 1:1 万的地形图按纬差 1′15″、经差 1′52.5″分为 4 幅 1:5000 的地形图，分别在 1:1 万的图号后面加上各自的代号 a、b、c、d，如图 2-10 所示。

图 2-9　1:1 万的分幅和编号

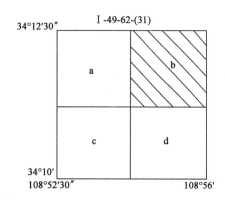

图 2-10　1:5000 的分幅和编号

2. 新的分幅和编号方法

按照《国家基本比例尺地形图分幅与编号》（GB/T 13989—2012）规定，1:50 万～1:500 地形图的分幅与编号均以 1:100 万图号为基础，采用行列编号方法，即将 1:100 万图幅按所含各比例尺图幅的经差和纬差划分成若干行和列，横行从上到下、纵列从左到右顺序分别用三位阿拉伯数字表示，不足三位前面以零补齐(1:1000、1:500 比例尺横行、纵列分别用四位阿拉伯数字表示，不足四位者前面以零补齐)，取行号在前、列号在后的排列形式标记；各比例尺图幅分别采用不同的字符作为其比例尺代码(1:50 万、1:25 万、1:10 万、1:5 万、1:2.5 万、1:1 万、1:5000、1:2000、1:1000、1:500 各比例尺的代码依次为 B、C、

D、E、F、G、H、I、J、K)。1：50 万～1：2000 各比例尺图幅的图号均由其所在 1：100 万图幅的图号、比例尺代码和该图在 1：100 万图幅中的行号和列号共十位码组成(1：1000、1：500 共十二位码组成),如图 2-11 为 1：50 万～1：2000 地形图图幅编号组成示意图;其分幅关系见表 2-2。另外,1：2000 地形图经纬度分幅的图幅编号亦可根据需要以 1：5000 地形图编号分别加短线,再加 1、2、3、4、5、6、7、8、9 表示,如 H49H192097-5。

图 2-11　新的分幅与编号系统

现行的国家基本比例尺地形图分幅编号关系　　　　　　　表 2-2

比例尺		1:100万	1:50万	1:25万	1:10万	1:5万	1:2.5万	1:1万	1:5000	1:2000	1:1000	1:500
图幅范围	经差	6°	3°	1°30′	30′	15′	7′30″	3′45″	1′52.5″	37.5″	18.75″	9.375″
	纬差	4°	2°	1°	20′	10′	5′	2′30″	1′15″	25″	12.5″	6.25″
行列数量关系	行数	1	2	4	12	24	48	96	192	576	1152	2304
	列数	1	2	4	12	24	48	96	192	576	1152	2304
比例尺代码			B	C	D	E	F	G	H	I	J	K
图幅数量关系		1	4	16	144	576	2304	9216	36864	331776	1327104	5308416
			1	4	36	144	576	2304	9216	82944	331776	1327104
				1	9	36	144	576	2304	20736	82944	331776
					1	4	16	64	256	2304	9216	36864
						1	4	16	64	576	2304	9216
							1	4	16	144	576	2304
								1	4	36	144	576
									1	9	36	144
										1	4	16
											1	4

　　若已知某地的经纬度(B,L)欲求其编号时,首先计算出该地所在的 1：100 万图幅的图号,然后再求出该地所在的某比例尺图号的代号。

编号中的 1∶100 万图幅编号的行号(H)和列号(Z)可按式(2-3)计算:

$$H = \text{int}\left(\frac{B}{4°}\right) + 1$$
$$Z = \text{int}\left(\frac{L}{6°}\right) + 31\,(\text{对于东半球}) \tag{2-3}$$

式中:int——取整函数运算符。

该地所在的 1∶50 万~1∶5000 各比例尺图幅代号的行号(c)和列号(d)可按式(2-4)计算:

$$c = \frac{4°}{\Delta B} - \text{int}\frac{\text{mod}\frac{B}{4°}}{\Delta B}$$
$$d = \left(\text{int}\frac{\text{mod}\frac{L}{6°}}{\Delta L}\right) + 1 \tag{2-4}$$

式中:mod——取余函数运算符;

ΔB、ΔL——某比例尺图幅的经差和纬差。

若已知某图幅的编号,可按式(2-5)求出该图幅的图幅范围,即

$$B_S = H \times 4° - c \cdot \Delta B \qquad B_N = B_S + \Delta B$$
$$L_E = (Z - 31) \times 6° + d \cdot \Delta L \qquad L_W = L_E - \Delta L \tag{2-5}$$

式中:B_S、B_N——图幅南、北图廓线的纬度;

L_E、L_W——图幅东、西图廓线的经度。

二、地形图的矩形分幅与编号

在工程建设中常用的地形图通常是大比例尺地形图,其多采用矩形分幅法,它是按统一的直角坐标格网划分的,以整公里(或百米)坐标进行分幅。常见图幅大小为 40cm×40cm、40cm×50cm 和 50cm×50cm。图幅大小如表 2-3 所示。

矩形分幅关系　　　　　　　　　　　　　　　　表 2-3

比 例 尺	图幅大小(cm²)	实地面积(km²)	1∶5000 图幅内的分幅数
1∶5000	40×40	4	1
1∶2000	50×50	1	4
1∶1000	50×50	0.25	16
1∶500	50×50	0.0625	64

矩形地形图的编号一般常采用图幅西南角坐标公里数编号法,编号时 X 坐标在前,Y 坐标在后,中间用短线连接。通常 1∶5000 地形图坐标取至 km;1∶2000、1∶1000 地形图坐标取至 0.1km;1∶500 地形图取至 0.01km。

此外有些地形图是带状地形图或区域较小,也可以用行列号或自然序号进行编号。但

当测区较大,且绘有几种不同比例尺地形图时,可采用 1∶5000 比例尺地形图为基础并以其图号为基础图号进行编号。如某 1∶5000 图幅西南角的坐标值 $X=21\text{km}$,$Y=26\text{km}$,则其图幅编号为 21-26,如图 2-12a)所示,其他较大比例尺就可以此图号作为图幅的基本图号。也就是在 1∶5000 图号的末尾分别加上罗马字Ⅰ、Ⅱ、Ⅲ、Ⅳ。如图 2-12 中的 a 图幅,编号为"21-26-Ⅰ"就是 1∶2000 比例尺图幅的编号。同样,在 1∶2000 图幅编号的末尾分别再加上Ⅰ、Ⅱ、Ⅲ、Ⅳ,就是 1∶1000 图幅的编号,如图 2-12 中的 b 图幅,其编号为"21-26-Ⅳ-Ⅲ"。而在该图幅中,有阴影的编号为"21-26-Ⅳ-Ⅱ-Ⅰ",它是在 1∶1000 比例尺的图号末尾再加上Ⅰ、Ⅱ、Ⅲ、Ⅳ,就是 1∶500 图幅的编号,如图 2-12b)所示。

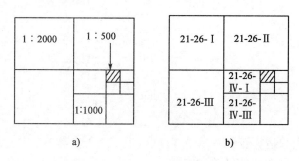

a)   b)

图 2-12　矩形分幅与编号

<h2>第四节　地形图上地物与地貌表示</h2>

地球表面虽复杂多样,高低起伏,形态各异,但归纳起来可将其分为地物与地貌两大类。

这里所说的地物是指地球表面上的固定性物体,如居民地、交通网、水系等;地貌是指地表高低起伏的状态,如山地、丘陵和平原等。地物和地貌总称为地形。

一、地物类别

地物是地面上天然或人工形成的固定性物体,地物一般可分为以下几种类型:

(1)水系

水系通常包括江河、运河、沟渠、湖泊、池塘、水井、泉等,以及堤坝、闸等附属建筑物。

(2)居民地

居民地通常包括城市、集镇、村庄、窑洞、蒙古包等,及其附属建筑物。

(3)道路网

道路网通常包括铁路、公路、乡村路、大车路、小路等,以及桥梁、涵洞等道路附属建筑物。

(4)独立地物

独立地物通常包括三角点、亭、塔、碑、牌坊、气象站、独立石等。

(5)管线与垣栅

管线与垣栅通常包括输电线路、通信线路、地面管道、地下管道、城墙、围墙、栅栏、篱笆等。

（6）境界和界碑等

境界和界碑通常包括国界、省界、县界及其界碑等。

（7）土质与植被

土质与植被通常包括森林、灌木丛、果园、菜园、耕地、经济作物地、草地、沙地、石块地、沼泽地等。

二、地物符号

地物的类别、形状、大小及其在图上的位置，是用符号来表示的。根据地物的大小及绘图方法不同，地物符号被分为：比例符号、非比例符号、半比例符号（线形符号）及地物注记。

1. 比例符号

凡是能按照比例尺可将其轮廓缩绘在图上的地物（如房屋、耕地和湖泊等），均可用特定的符号将其表示在图上。这种地物符号，称为比例符号。如表2-4所示。

当用比例符号仅能表示地物的轮廓形状及大小，而未能表示出其物类时，应在轮廓内加绘物类符号（如树种符号等）。

2. 非比例符号

有些地物（如测量控制点、塔、亭、里程碑、钻孔等），因其无轮廓或轮廓较小无法将其形状和大小依比例绘到图上，则不考虑其实际大小，而采用规定的符号表示之，这种符号称为非比例符号。如表2-4所示。

非比例符号不仅其形状和大小不按比例绘出，而且符号的中心位置与该地物实地的中心位置关系，也随着各种不同的地物而异，在测图和用图时应注意下列几点：

（1）规则的几何图形符号（圆形、正方形、三角形等），以图形几何中心点为实地地物的中心位置。

（2）底部为直角形的符号（独立树、路标等），以符号的直角顶点为实地地物的中心位置。

（3）宽底符号（烟囱、岗亭等），以符号底部中心为实地地物的中心位置。

（4）几种图形组合符号（路灯、消火栓等），以符号下方图形的几何中心为实地地物的中心位置。

（5）下方无底线的符号（山洞、窑洞等）或不规则符号，以符号下方两端点连线的中心为实地地物的中心位置。

各种符号均按直立方向描绘，即与南图廓线垂直。

3. 半比例符号（线形符号）

对于一些带状延伸地物（如道路、通信线、管道、垣栅等），其长度可按比例尺缩绘，而宽度无法按比例尺表示的符号称为半比例符号。如表2-4所示。这种符号的中心线，一般表示其实地地物的中心位置。

对于地物，除了应用以上符号表示外，有时还应进行必要的文字和数字注记以说明其名称、实质、类别或数字，此类符号称为注记符号。如城镇、工厂、河流、道路的名称；森林、果树的类别等，都以文字、数字或特定符号加以说明。

地 形 图 图 式
表 2-4

编号	符号名称	1:500 1:1000 1:2000	编号	符号名称	1:500 1:1000 1:2000
1	一般房屋混房屋结构 1-房屋层数 2-地下房屋层数	混1　混3-2　3	12	天然草地	
2	简单房屋	简	13	篱笆	
3	台阶		14	围墙 a.依比例 b.不依比例	
4	行树 a.乔木行树 b.灌木行树		15	斜坡 a.未加固的 b.已加固的	
5	活树篱笆		16	内部道路	
6	高压输电线	35	17	陡坎 a.未加固的 b.已加固的	
7	配电线		18	栅栏、栏杆	
8	电杆	1.0 ○	19	路灯	
9	水准点	2.0 ⊗ II京石5 / 32.805	20	消火栓	
10	图根点 1.埋石的 2.不埋石的	1 2.0 ⊕ 12/275.46 2 2.0 □ 19/84.47	21	等高线 a.首曲线 b.计曲线 c.间曲线	a ⌒ 0.15 b 25 0.3 c 0.15 1.0 6.0
11	旗杆		22	高程点及其注记	0.5 · 1520.3　· −15.3

三、地貌及等高线表示

地貌是指地表面的高低起伏状态,它是地形图上最主要的要素之一。

在地图各要素中,地貌影响和制约着其他要素的特点和分布。例如,地貌的结构在很大程度上决定着水系的特点和发育;地貌的高低影响植被的分布;地貌对土壤的形成和分布也有很大影响。

地貌不仅对自然地理要素有着极大的影响,而且对社会经济要素的发展和分布,也有明显的影响。例如居民地的建筑和分布,明显地受到地表形态的制约,使得平坦地区的居民地大而稠密,山区居民地小而分散,且多沿谷地和分水岭分布。同样,平坦地区的高等级道路多而平直,山区高等级道路少而多弯曲。因此,在地形图上着意显示地貌具有十分重要的意义。

在地形图上表示地貌的方法很多,如写景法、等高线法、分层设色和晕渲等。在测量工作中用等高线表示地貌是常用的形式,因为用等高线表示地貌,不仅能表示地面的起伏形态,并且还能表示出地表的坡度和地面点的高程,而对于等高线不能表示或不能单独表示的地貌,通常还可配以地貌符号和地貌注记来表示,本节主要讨论用等高线表示地貌的方法。

1. 等高线的概念

等高线是地面上高程相等的相邻点所连接而成的连续闭合曲线,如图 2-13 所示,设想有一座位于平静水中的小山头,山顶被水恰好淹没时的水面高程为 100m。然后水位下降5m,露出山头,此时水面与山坡就有一条交线,而且是闭合曲线,曲线上各点的高程是相等的,这就是高程 95m 的等高线。随后水位每下降 5m,山坡就与水面有一条交线,依次类推,从而得到一组高差为 5m 的等高线。设想把这组实地上的等高线沿铅垂线方向投影到水平面 H 上,并按规定的比例尺缩绘到图纸上,就得到用等高线表示该山头高低起伏的等高线图。

图 2-13　等高线表示地貌原理

2. 等高距及示坡线

相邻等高线之间的高差称为等高距,常以 h 表示。如图 2-13 中的等高距为 5m。在同一幅地形图上,等高距是相同的。相邻等高线之间的水平距离称为等高线平距,常以 d 表示。

因为同一张地形图内等高距是相同的,所以等高线平距 d 的大小与地面坡度的陡缓有着直接的关系。等高线平距越小,地面坡度就越大;等高线平距越大,则坡度越小,坡度相同,则平距相等。因此,可以根据地形图上等高线的疏、密来判定地面坡度的缓、陡。同时还可看出,等高距越小,则图上等高线越密,地貌显示就越详细、确切。等高距越大,则图上等高线越稀,地貌显示就越粗略。但不能由此得出结论,认为等高距越小越好。因为,如果等高距很小,等高线太密,不仅影响地形图图面的清晰,而且使用也不便,同时使测绘工作量大大增加。因此,等高距的选择必须根据地形高低起伏程度、测图比例尺的大小和使用地形图的目的等因素来决定。

由等高线表示地貌的原理可知,盆地和山头的等高线在外形上非常相似。如图 2-14a)所示的为盆地地貌的等高线,图 2-14b)所示的为山头地貌的等高线,它们之间的区别在于,山头地貌是里面的等高线高程大,盆地地貌是里面的等高线高程小。为了便于区别这两种地貌,就在某些等高线的斜坡下降方向绘一短线来表示坡向,并把这种短线称为示坡线。盆地的示坡线一般选择在最高、最低两条等高线上表示,能明显地表示出坡度方向即可。山头的示坡线仅表示在高程最大的等高线上。

a) b)

图 2-14 山丘、洼地等高线与示坡线

3. 等高线的分类

为了更好地显示地貌特征,便于识图和用图,地形图上主要采用以下四种等高线(图 2-15)。

(1)首曲线

按规定的等高距(称为基本等高距)描绘的等高线称为首曲线,又称基本等高线,用细实线描绘。

(2)计曲线

为了识图和用图方便起见,通常将基本等高线每隔四条加粗描绘,称为计曲线,亦称加粗等高线。一般选择高程为 5 或 10 的整倍数的首曲线作为计曲线,

图 2-15 等高线种类

间曲线

计曲线

115

首曲线

并在计曲线的适当位置上断开,注记其高程。

（3）间曲线

当用首曲线不能表示某些微型地貌而又需要表示时,可加绘等高距为 1/2 基本等高距的等高线,称为间曲线(又称半距等高线)。常用长虚线表示。

（4）助曲线

当用间曲线仍不能表示微型地貌时,还可在间曲线的基础上再加绘等高距为 1/4 基本等高距的等高线,称为助曲线。常用短虚线表示。

4. 等高线的特性

根据等高线的原理,可知其具有以下特性:

（1）同一条等高线上各点的高程处处相等。

（2）等高线是闭合曲线,如不在本图幅内闭合,则必在其他图内闭合。为使图面清晰易读,等高线应在遇到房屋、公路等地物符号及其注记时断开或消隐。鉴于间曲线和助曲线仅用于表示局部地貌,所以可在无需表示的地方中断。

（3）除在悬崖或峭壁处外,等高线在图上既不重合,也不会相交。

（4）等高线与山脊线、山谷线成正交。

（5）等高线平距的大小与地面坡度大小成反比。

5. 典型地貌的等高线

地貌形态虽然千变万化、千姿百态,但归纳起来,不外乎由山地、盆地、山脊、山谷、鞍部等基本地貌组成。了解和熟悉用等高线表示典型地貌的特征,将有助于识读,应用和测绘地形图,典型地貌如下。

（1）山丘、洼地(盆地)及其等高线

图 2-14a) 所示为洼地及其等高线,图 2-14b) 所示为山丘及其等高线。由图可见山丘和洼地的等高线都是一组闭合曲线。在地形图上区分山丘和洼地的方法是:凡是内圈等高线的高程注记大于外圈者为山丘、小于外圈者为洼地。如果等高线上没有高程注记,则用示坡线表示。

（2）山脊和山谷

山脊是山体延伸的最高棱线,该最高棱线称为山脊线。因雨水以山脊线为分界线而分别流向山脊的两侧,因此,山脊线又称分水线,它的等高线表现为一组凸向低处的曲线,如图 2-16 所示。

山谷是位于两山脊之间的凹部,两侧为谷坡,谷坡相交处称谷底。山谷最低点的连线称为山谷线;因其是雨水的汇集处,因此,山谷线又称集水线。山谷的等高线表现为一组凸向高处的曲线,如图 2-17 所示。

（3）鞍部

鞍部是两个山脊的会合处,呈马鞍形,是山脊上一个特殊的部位。如图 2-18 所示,鞍部往往是山区道路通过的地方,有重要的方位作用,同时,它也是两个山脊和两个山谷会合的地方。表示鞍部的等高线是近似对称的两对山脊等高线和山谷等高线的组合。

图 2-16　山脊　　　　　图 2-17　山谷　　　　　图 2-18　鞍部

（4）陡崖和悬崖

陡崖是坡度 70°以上的陡峭崖壁，有石质和土质之分。图 2-19 是石质陡崖的表示符号。

悬崖是上部突出，下部凹进的陡崖，如图 2-20 所示。这种地貌的等高线因下部凹进，等高线出现相交。俯视时隐蔽的等高线用虚线表示。

对于不能用等高线表示的特殊地貌，如冲沟，滑坡等，则用地貌符号表示（表 2-4）。

图 2-19　陡崖等高线　　　　　　　　　图 2-20　悬崖等高线

第五节　地形图整饰要素

地形图上的整饰要素，按整饰内容在图上位置的不同，可将其分为图廓间的整饰要素和图廓外的整饰要素两部分。图廓间的整饰要素就是指内、外图廓间的整饰要素，包括：内图廓四角的经纬度注记、分度带、方里网注记、磁南（北）点注记、界端注记和接合图号等；图廓外图廓整饰要素主要包括：图名、图号、区域注记、图例、比例尺、坡度尺、三北方向图以及说明性注记如附表、附图、标记和文字说明等。图 2-21 是地形图矩形分幅图廓整饰示例。

图2-21 地形图矩形分幅图廓图整饰

一、图廓间的整饰要素

图廓是地形图的边界,地形图的图廓通常分内图廓、外图廓和分图廓。内图廓是图幅实际范围线,是细实线;外图廓是图幅的外围线,一般为粗实线,主要起装饰作用;分图廓绘在内、外图廓之间,也是细实线,与内、外图廓配合标绘分度线、标注经纬度和方里网注记,在大于等于1:1万比例尺的地形图上一般不绘分图廓。

1. 内图廓四角的经纬度注记与分度带

对于梯形分幅的地形图,内图廓线就是图幅的实际范围线,由经纬线构成。为表示图幅的地理位置,一般应在内图廓的四角标注经纬线的经纬度。

为了构成地形图的经纬网,在外图廓和分图廓之间每隔经差或纬差1′绘出一条短线以构成分度带,以便在需要时,借此在图内构成经纬网。

2. 方里网注记

在地形图上均绘有高斯坐标网格(或其他平面直角坐标格网),它们均以 km 为单位标注,故又称为公里网或方里网。方里网线一般延长至分图廓。在内图廓和分图廓间的坐标格网线上方标注其坐标值(以 km 为单位)。若图幅具有邻带坐标时,还需在外图廓的外侧,绘出与邻带方里网相应的短线,并在其上标注相应的坐标值。

3. 磁南点与磁北点

为了标明图幅的磁子午线方向,通常在图幅右半幅内选一条适中的纵坐标线,以它与南图廓线的交点为"磁南"点,从此点开始按实际磁偏角绘出磁子午线,它与北图廓线的交点即为"磁北"点,并在图廓间要分别将"磁南"和"磁北"标注在这两点附近。

4. 界端注记

"界端"主要是指被内图廓截断的境界线、道路、水系、居民地等的"端点"。为了说明境界线,两侧的政治行政区划名称、道路的通达情况、水系和居民地的名称等,均需在图廓间的"界端"处进行注记,称为界端注记。

5. 接合图号

为了表明本图幅与相邻图幅的接合关系,一般应在外图廓四边中央部位断开,标注相应的邻图图号,称为接合图号。

二、图廓外的整饰要素

1. 图名、图号、区域注记

图名即本幅图的名称,是以所在图幅内最具有代表性的地名来命名的,并标在北图廓的正上方中央。

为了区别各幅地形图所在的位置关系,每幅地形图上都编有图号。图号是根据地形图分幅和编号方法编写的,并把它标注在图名的正下方。在图号下方还要标注本图幅包含的行政区划名称。

区域注记须注出省、自治区、中央直辖市、自治州、盟、省辖市、县、自治县、旗。图内面积大的注在前面。

2. 图例

自1958年以后,我国地形图开始在东图廓外,印出常用的图例符号,以便于读图。

3.比例尺

比例尺是地形图上最主要的数学要素之一。地形图的图幅下方中央,一般均绘有直线比例尺,并标注有数字比例尺。

4.坡度尺

为了在地形图上利用等高线量取地面坡度,通常在地形图图幅下方左侧,绘有坡度尺。坡度尺是根据等高距 h 一定时,坡度 i 与等高线间平距 d 成反比的关系绘制而成的,即按式(2-6)计算:

$$i = \frac{h}{D} = \frac{h}{d \times M} \tag{2-6}$$

式中:M——地形图比例尺分母。

我国地形图上的坡度尺由两种坡度尺组合而成:其中一个是供量取两相邻等高线间(即基本等高线间)坡度时用;另一个是供量取相邻六条等高线间(即计曲线间)坡度时用。坡度尺下方的坡度注记,不仅有以角度表示的坡度值,还有以百分比表示的坡度值。

5.三北方向图

为了判明图幅的真北、磁北、坐标北之间的关系,在图幅的下方、坡度尺与比例尺之间的正中,绘有三北方向图。图中的真子午线垂直于南图廓,其他两个北方向,应按实际的相关位置描绘。但三北方向线间的夹角可不按实际角值绘制。

6.接图表

接图表主要用于说明本图幅与相邻图幅的关系,供索取相邻图幅使用。通常是中间一格画有斜线的代表本图幅,四邻分别注明相应的图号(或图名),并绘注在图廓的左上方。

7.说明性注记

一般在外图廓的左右下方,注明测图日期、成图方法、坐标系统和高程系统、基本等高距和测图单位以及资料说明等。

思考题与习题

1.何谓地图?地图有何特征?简述地图的内容及分类。

2.何谓地图比例尺?地图比例尺有哪些类型?何谓地图比例尺精度?它在测绘工作中有什么意义?

3.何谓地图投影?地图投影是如何分类的?

4.地物符号分哪几大类?各在什么情况下应用?

5.何谓等高线?试用等高线绘制出山头、洼地、山脊、山谷和鞍部等典型地貌。

6.等高距、等高线平距与地面坡度三者有何关系?

7.等高线分哪几类?它有哪些特征?

8.若某点的经度为东经107°33′16″,纬度为北纬33°53′06″,试写出该点所在的1∶10万比例尺新的图幅编号。

第三章 测量误差理论及其处理基础

测量误差概述

测量工作中的大量实践表明,当对某一客观存在的量进行多次观测时,不论测量仪器多么精密,观测进行得多么仔细,观测值之间总是存在差异。例如,用经纬仪反复观测某一角度,各次测量结果都不会完全相同。再如,观测了某一平面三角形的三个内角,其观测值之和往往不等于其理论值180°。为什么会出现这些现象呢?这是由于观测值中不可避免地包含有观测误差。

测量工作中,一般把观测值与真值之差称为误差,严格意义上讲应称之为真误差。由于在实际工作中真值不易测定,一般把某一量的准确值与其近似值之差也称为误差。

一、测量误差产生的原因

产生测量误差的原因,概括起来有以下三个方面:

1. 观测者的原因

由于观测者的感觉器官的辨别能力存在一定的局限性,所以,测量仪器的安置、瞄准、读数等操作都会产生误差。例如,在厘米分划的水准标尺上,毫米数只能估读而得,但1mm以下的估读误差是完全有可能发生的。此外,观测者的技术水平和工作态度也会给观测成果带来不同程度的影响。

2. 测量仪器的原因

测量工作是需要利用特制的仪器、工具或传感器等进行的,而每一种测量仪器都只具有一定限度的精确度,导致测量结果受到一定的影响。例如,测角仪器的度盘分划误差可能达到3″,由此使得所测的角度产生误差。另外,仪器制造或结构上的不完善使得仪器本身也具有一定的误差,如水准仪的视准轴不平行于水准管轴、经纬仪的水平度盘可能偏心、度盘刻划不均匀等,也会引起测量误差。

3. 外界环境的影响

测量工作进行时所处的外界环境中的空气温度、湿度、风力、气压、日光照射、大气折光、烟雾等客观情况时刻在变化,这些都会使测量结果产生误差。例如,温度变化使钢尺产生伸缩,风吹和日光照射使仪器的安置不稳定,大气折光使望远镜的瞄准产生偏差等。

上述观测者、测量仪器和外界环境是测量工作得以进行的必要条件,通常把这三个方面综合起来称为观测条件。这些观测条件都有其本身的局限性并影响着测量精度,因此,测量成果中的误差是不可避免的,误差的大小决定了观测成果的精度。凡是观测条件相同的同类观测称为"等精度观测";观测条件不同的同类观测则称为"不等精度观测",成果处理时应有所区别。

二、测量误差的分类及其处理方法

测量误差按其产生的原因和对观测结果影响性质的不同,可以分为系统误差、偶然误差和粗差三类。

1. 系统误差

在相同的观测条件下,对某一量进行一系列的观测,如果出现的误差在符号和数值上都相同,或按一定的规律变化,这种误差称为"系统误差"。例如,用名义长度为30m而实际正确长度为30.004m的钢卷尺量距,每量一尺段就有使距离量短0.004m的误差,其量距误差的符号不变,且与所量距离的长度成正比。因此,系统误差具有积累性。

又如,若水准仪的水准管轴与视准轴不平行,则会产生i角误差,使得中丝在水准尺上的读数不准确。如果水准仪离水准尺越远,i角误差就会越大。由于i角误差是有规律的,因此它也是系统误差。

正是由于系统误差对观测值的影响具有一定的数学或物理上的规律性,因此,只要这种规律性能够被找到,则系统误差对观测值的影响就可以被改正,或者用一定的测量方法加以抵消或削弱。具体措施主要有:

(1)用一定的观测方法加以消除。例如,水准测量时,将水准仪安置在距前、后水准尺等距离的地方可以消除i角误差和地球曲率对高差的影响,通过"后、前、前、后"的观测顺序可以减弱水准仪下沉对高差的影响;在用经纬仪进行水平角观测时,通过盘左盘右观测取平均值的方法可以消除经纬仪的横轴误差、视准轴误差、水平度盘偏心误差的影响。

(2)用计算的方法加以改正。例如,在精密钢尺量距中加入尺长改正、温度改正和高差改正;在三角高程测量中加入球气差改正;光电测距中的仪器加常数和乘常数改正等。

(3)将系统误差限制在允许范围内。有的系统误差既不便于计算改正,又不能通过一定的观测方法加以消除,如经纬仪的竖轴误差对水平角观测结果的影响。对于这类系统误差,则只能按照规范的要求精确检校测量仪器,将仪器的系统误差降低到最小限度或限制在一个允许的范围之内。

2. 偶然误差

在相同的观测条件下,对某一量进行一系列的观测,如果误差在数值大小和符号上都表现出偶然性,即从单个误差看,该系列误差的大小和符号没有规律性,但就大量误差的总体而言,具有一定的统计规律,这种误差称为偶然误差。

例如,在厘米分划的水准尺上估读毫米数的读数误差,测量时气候变化对观测数据产生微小变化,计算时的舍入误差等都属于偶然误差。如果观测数据的误差是由许多微小偶然误差项的总和构成的,则其总和也是偶然误差。比如测角误差可能是照准误差、读数误差、外界条件变化等多项误差的代数和。也就是说,测角误差实际上是许许多多微小误差项的总和，而每项微小误差又随着偶然因素的影响而发生无规则的变化，其数值忽大忽小，符号或正或负，无论是数值的大小或符号的正负都不能事先预知，这是观测数据中存在偶然误差的最普遍的情况。

总之，偶然误差是由偶然因素引起的，不是观测者所能控制的一种误差，它不可避免，也无法用计算的方法或用一定的观测方法简单地加以消除，只能根据偶然误差的特性来合理地处理观测数据，以减小偶然误差对测量成果的影响。

3. 粗差

粗差即粗大误差，是指比在正常条件下可能出现的最大偶然误差还要大的误差。通俗地说，粗差是比偶然误差大好几倍的误差。如瞄错目标、读错大数等。

粗差也称为"错误"。因此，严格意义上讲，粗差并不属于测量误差的范畴。

粗差是一种大量级的误差。一般认为粗差是由于工作人员的工作态度不认真或各种干扰所造成的。如瞄错、读错等。事实上，大量实践证明，粗差也是不可避免地存在于观测值之中的。特别是随着各种现代化电子测绘仪器的普及，粗差的出现更是不可防范。但由于粗差是一种大量级的误差，而且它对于观测成果的影响比较严重，因此观测值中是不允许存在粗差的，必须将其剔除。因此，在测量工作中，除认真仔细作业外，还必须采取必要的检核措施来避免粗差的产生。

三、测量误差的处理原则

为了防止粗差的产生和提高观测成果的精度，在测量工作中，一般需要进行多于必要观测数的观测，称为"多余观测"。例如，一段距离用钢尺进行往、返丈量，如果将往测作为必要观测，则返测就属于多余观测；又如，由三个地面点构成一个平面三角形，在三个点上进行水平角观测，其中两个角度属于必要观测，则第三个角度的观测就属于多余观测。有了多余观测，就可以发现观测值中的错误，以便将其剔除和重测。

由于观测值中的偶然误差不可避免，有了多余观测，观测值之间必然产生矛盾（往返差、不符值、闭合差），根据差值的大小，可以评定测量的精度，差值如果大到一定程度，就认为观测值误差超限，应予重测（返工），差值如果不超限，则按偶然误差的规律加以处理，称为闭合差的调整，以求得最可靠的数值。

至于观测值中的系统误差，应该尽可能按其产生的原因和规律加以改正、消除或削弱。

四、测量平差

以下为两个简单的测量实例。

例 3-1：设地面上有一条边，为了求得其长度而进行距离测量。若只测量一次，则其观测值就是该边的长度，若观测值中存在大误差，那么所求边长就完全不正确。考虑到观测误差的不可避免性，实际上是对该边进行多次重复观测，并取其平均值作为该边的长度，这是一个最优的结果。因为根据偶然误差的定义，误差在大小和符号上呈现偶然性，即可正、可负，多次观测的误差在平均值中的影响可以得到削弱或消除，而且在多次重复观测值的相互比较中，误差大小可以相互进行检核。

例 3-2：设地面上有一平面三角形，如图 3-1 所示，为了确定其形状，观测了该三角形的三个内角,分别为L_1、L_2和L_3,且$L_1 + L_2 + L_3 \neq 180°$。若令$L_1 + L_2 + L_3 - 180° = \omega$,则$\omega$称为三角形闭合差或不符值,也是三个内角的观测误差之和(反号)。三角形存在闭合差的情况下,任取其中的两个内角观测值,就可决定其形状。但问题是哪一个三角形的形状是符合真实形状的呢? 按最优化数学方法,就是平均分配闭合差于每个观测值,对各观测值进行改正,得到观测值的平差值,用$\hat{L}$表示,则有:

图3-1　三角形

$$\hat{L}_1 = L_1 - \frac{\omega}{3}, \hat{L}_2 = L_2 - \frac{\omega}{3}, \hat{L}_3 = L_3 - \frac{\omega}{3}$$

及

$$\hat{L}_1 + \hat{L}_2 + \hat{L}_3 = 180°$$

由$\hat{L}_1$、$\hat{L}_2$和$\hat{L}_3$决定的三角形形状是唯一的,而且是最优的。

从以上两例可以看出,由于观测值中存在着偶然误差,对同一量进行多次观测,其观测值间会产生差异,对于一个几何图形,如三角形,则产生角度闭合差,致使所求的未知量(例3-1中的长度,例3-2中的三角形形状)产生多解,这在生产实际中是完全不允许的。为此,需要对观测值进行处理,消除观测值之间的矛盾,求得最优结果。这就是测量平差要解决的问题。

测量平差,即测量数据调整。其基本定义是,依据某种最优化准则,由一系列带有观测误差的观测值,求定未知量的最优估值及其精度的理论和方法。

学习测量误差理论知识的目的,是为了使读者了解各种误差的规律,学会如何正确地处理观测数据,即根据一组带有误差的观测值,求出未知量的最优估值,并衡量其精度;同时,根据测量误差理论来指导实践,使测量成果能达到预期的要求。这不仅是学习本门课程的需要,也是今后从事各种科学研究、处理观测资料和实验数据的需要,是当代理工科大学生必备的基础知识。

第二节　偶然误差的特性

任意被观测的量,客观上总存在一个能代表其真正大小的数值,这一数值就称为该观测量的真值。

设某一观测量的真值为X,在相同的观测条件下对此量进行n次观测,得到的观测值分别为$l_1, l_2, \cdots, l_n$,由于各观测值都带有一定的误差,因此,每一观测值与其真值X之间必存在一差数Δ,即

$$\Delta_i = l_i - X \quad (i = 1, 2, \cdots, n) \tag{3-1}$$

式中:Δ_i——"真误差"。此Δ仅表现为偶然误差。

从单个偶然误差来看,其符号的正负和数值的大小没有任何规律性。但是,人们根据大量的测量实践发现,如果观测的次数很多,观察大量的偶然误差,就能发现隐藏在偶然性下面的必然规律。而且进行统计的偶然误差的数量越多,规律性也越明显。下面就结合某观测实例,用统计方法进行说明和分析。

在某一测区,在相同的观测条件下共观测了358个三角形的全部内角,由于每个三角形

内角之和的真值(180°)为已知,因此,可以按式(3-1)计算每个三角形内角之和的偶然误差 Δ(三角形闭合差),将它们分为负误差和正误差,按误差绝对值由小到大排列次序。以误差区间 $d\Delta=3''$ 进行误差个数 k 的统计,并计算其相对个数 k/n($n=358$), k/n 称为误差出现的频率。偶然误差的统计见表3-1。

偶然误差的统计 表3-1

误差区间 $d\Delta''$	负 误 差		正 误 差		误差绝对值	
	k	k/n	k	k/n	k	k/n
0 ~ 3	45	0.126	46	0.128	91	0.254
3 ~ 6	40	0.112	41	0.115	81	0.226
6 ~ 9	33	0.092	33	0.092	66	0.184
9 ~ 12	23	0.064	21	0.059	44	0.123
12 ~ 15	17	0.047	16	0.045	33	0.092
15 ~ 18	13	0.036	13	0.036	26	0.073
18 ~ 21	6	0.017	5	0.014	11	0.031
21 ~ 24	4	0.011	2	0.006	6	0.017
24 以上	0	0	0	0	0	0
Σ	181	0.505	177	0.495	358	1.000

为了直观地表示偶然误差的正负和大小的分布情况,可以按表3-1的数据作图,如图3-2所示,图中以横坐标表示误差的正负和大小,以纵坐标表示误差出现于各区间的频率(k/n)除以区间间隔($d\Delta$),每一区间按纵坐标画成矩形小条,则每一小条的面积代表误差出现于该区间的频率,而各小条的面积总和等于1。该图在统计学上称为"频率直方图",其特点是能形象地表示出误差的分布情况。

图 3-2 频率直方图

从表3-1的统计中,结合图3-2,可以归纳出偶然误差的特性如下:
(1)在一定观测条件下的有限次观测中,偶然误差的绝对值不会超过一定的限值。
(2)绝对值较小的误差出现的频率大,绝对值较大的误差出现的频率小。

（3）绝对值相等的正、负误差具有大致相等的出现频率。

（4）当观测次数无限增大时,偶然误差的理论平均值趋近于零,即偶然误差具有抵偿性。用公式表示为：

$$\lim_{n \to +\infty} \frac{\Delta_1 + \Delta_2 + \cdots + \Delta_n}{n} = \lim_{n \to +\infty} \frac{[\Delta]}{n} = 0 \tag{3-2}$$

式中：$[\quad]$ 表示取括号中数值的代数和。

上述的第四个特性是由第三个特性导出的。第三个特性说明了在大量偶然误差中,正负误差有互相抵消的性能。因此,当 n 无限增大时,真误差的理论平均值必然趋向于零。

需要指出的是,对于一系列的观测而言,不论其观测条件是好是坏,也不论是对同一个量还是对不同的量进行观测,只要这些观测是在相同的条件下独立进行的,则它所产生的一组偶然误差都必然具有上述的四个特性。而且,当观测值的个数 n 越大时,这种特性就表现得越明显。偶然误差的这种特性,也称为统计规律性。

图 3-2 是根据表 3-1 中的 358 个三角形角度观测值闭合差绘出的误差出现频率直方图,表现为中间高、两边低并向横轴逐渐逼近的对称图形,并不是一种特例,而是统计偶然误差时出现的普遍规律,并且可以用数学公式来表示。

若误差的个数无限增大（$n \to +\infty$）,同时又无限缩小误差的区间 $d\Delta$,则图 3-2 中各小长条的顶边的折线就逐渐成为一条光滑的曲线。该曲线在概率论中称为"正态分布曲线"或称"误差分布曲线",它完整地表示了偶然误差出现的概率 P。即当 $n \to +\infty$ 时,上述误差区间内误差出现的频率趋于稳定,成为误差出现的概率。

正态分布曲线的数学方程式为：

$$f(\Delta) = \frac{1}{\sqrt{2\pi}\,\sigma} e^{-\frac{\Delta^2}{2\sigma^2}} \tag{3-3}$$

其中,圆周率 $\pi = 3.1416$,自然对数的底 $e = 2.7183$,σ 为标准差,标准差的平方 σ^2 为方差。方差为偶然误差平方的理论平均值：

$$\sigma^2 = \lim_{n \to \infty} \frac{\Delta_1^2 + \Delta_2^2 + \cdots + \Delta_n^2}{n} = \lim_{n \to \infty} \frac{[\Delta^2]}{n} \tag{3-4}$$

因此,标准差 σ 为：

$$\sigma = \lim_{n \to \infty} \sqrt{\frac{[\Delta^2]}{n}} = \lim_{n \to \infty} \sqrt{\frac{[\Delta\Delta]}{n}} \tag{3-5}$$

由上式可知,标准差的大小决定于在一定条件下偶然误差出现的绝对值的大小。由于在计算标准差时取各个偶然误差的平方和,因此,当出现有较大绝对值的偶然误差时,在标准差的数值大小中会得到明显的反映。

上述式（3-3）称为"正态分布的密度函数",以偶然误差 Δ 为自变量,以标准差 σ 为密度函数的唯一参数,σ 是曲线拐点的横坐标值。

第三节 衡量精度的指标

测量平差的基本内容之一,就是衡量测量成果的精度。在相同的观测条件下,对某一量所进行的一组观测对应着一种误差分布,因此,这一组中的每一个观测值都具有同样的精度。为了衡量观测值精度的高低,可以采用误差分布表或绘制频率直方图来评定,但这样做很不方便,有时也不可能。因此,需要建立一个统一的衡量精度的标准,给出一个数值概念,使得该标准及其数值大小能反映出误差分布的离散或密集的程度,称为衡量精度的指标。

一、精度的含义

在测量中,一般用精确度来评价观测成果的优劣。精确度是准确度与精密度的总称。准确度主要取决于系统误差的大小;精密度主要取决于偶然误差的分布。对于已基本排除了系统误差,而以偶然误差为主的一组观测值,主要用精密度来评价该组观测值质量的优劣。精密度简称精度,就是指误差分布的密集或离散的程度。

倘若两组观测成果的误差分布相同,则两组观测结果的精度相同;反之,若误差分布不同,则精度也就不同。在相同的观测条件下所进行的一组观测,由于它是对应着同一种误差分布,因此对于这一组中的每一个观测值,都称为同精度观测值。

二、衡量精度的指标

测量平差的基本内容之一,就是衡量测量成果的精度,下面介绍几种常用的精度指标。

1. 方差和中误差

设对某一未知量 x 进行了 n 次等精度观测,其观测值为 l_1、l_2、$\cdots$、l_n,相应的真误差为 Δ_1、Δ_2、$\cdots$、Δ_n,则定义该组观测值的方差为[参见式(3-4)]:

$$D = \lim_{n \to \infty} \frac{[\Delta\Delta]}{n} \tag{3-6}$$

显然,方差 D 是当观测次数 n 趋于无穷大时的理论平均值。

中误差 σ 在数理统计中也称为"标准差",其定义式如下[参见式(3-5)]:

$$\sigma = \sqrt{D} = \lim_{n \to \infty} \sqrt{\frac{[\Delta\Delta]}{n}} \tag{3-7}$$

为了统一衡量在一定观测条件下观测结果的精度,用中误差 σ 作为依据是比较合适的。但是,在实际测量工作中,不可能对某一量做无穷多次观测,因此,当 n 为有限值时,σ 的估值 $\hat{\sigma}$ 为:

$$\hat{\sigma} = \sqrt{\frac{[\Delta\Delta]}{n}} \tag{3-8}$$

在测量工作中,$\hat{\sigma}$ 常用符号 m 代替,习惯写为:

$$m = \hat{\sigma} = \sqrt{\frac{\Delta_1^2 + \Delta_2^2 + \cdots + \Delta_n^2}{n}} = \sqrt{\frac{[\Delta\Delta]}{n}} \tag{3-9}$$

显然,m 也是中误差的估值。但是,在不特别强调"估值"的意义的情况下,也将 m 称为"中误差"。

例 3-3:对 10 个三角形的内角进行了两组观测,根据两组观测值中的偶然误差(三角形的角度闭合差——真误差),分别计算其中误差,结果列于表 3-2 中。

按观测值的真误差计算中误差　　　　　　　　　　　表 3-2

次 序	第一组观测值			第二组观测值		
	观测值	真误差 Δ''	Δ^2	观测值	真误差 Δ''	Δ^2
1	180°00′03″	−3	9	180°00′00″	0	0
2	180°00′02″	−2	4	179°59′59″	+1	1
3	179°59′58″	+2	4	180°00′07″	−7	49
4	179°59′56″	+4	16	180°00′02″	−2	4
5	180°00′01″	−1	1	180°00′01″	−1	1
6	180°00′00″	0	0	179°59′59″	+1	1
7	180°00′04″	−4	16	179°59′52″	+8	64
8	179°59′57″	+3	9	180°00′00″	0	0
9	179°59′58″	+2	4	179°59′57″	+3	9
10	180°00′03″	−3	9	180°00′01″	−1	1
$\Sigma |\ |$		24	72		24	130
中误差	$m_1 = \pm\sqrt{\dfrac{\sum\Delta^2}{10}} = \pm 2''7$			$m_2 = \pm\sqrt{\dfrac{\sum\Delta^2}{10}} = \pm 3''6$		

由此可见,第二组观测值的中误差 m_2 大于第一组观测值的中误差 m_1。虽然这两组观测值的误差绝对值之和是相等的,可是在第二组观测值中出现了较大的误差($-7''$,$+8''$),因此,计算出来的中误差就较大,或者相对来说其精度较低。

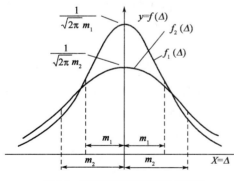

图 3-3　不同中误差的正态分布曲线

在一组观测值中,如果中误差已经确定,就可以画出它所对应的偶然误差的正态分布曲线。按式(3-3),当 $\Delta = 0$ 时,$f(\Delta)$ 有最大值,其最大值为 $1/\sqrt{2\pi}m$。

当 m 较小时,曲线在纵轴方向的顶峰较高,在纵轴两侧迅速逼近横轴,表示小误差出现的频率较大,误差分布比较集中;当 m 较大时,曲线的顶峰较低,曲线形状平缓,表示误差分布比较离散。以上两种情况的正态分布曲线如图 3-3 所示。

目前,在测量数据处理中,统一采用中误差作为衡量精度的指标。

2. 极限误差($\Delta_\text{限}$)

由频率直方图(图 3-2)可知:图中各矩形小条的面积代表误差出现在该区间中的频率,

当统计误差的个数无限增加、误差区间无限减小时,频率逐渐趋于稳定而成为概率,直方图的顶边即形成正态分布曲线。因此,根据正态分布曲线,可以表示出误差出现在微小区间 $d\Delta$ 中的概率:

$$p(\Delta) = f(\Delta) \cdot d\Delta = \frac{1}{\sqrt{2\pi}m}e^{-\frac{\Delta^2}{2m^2}}d\Delta \tag{3-10}$$

根据上式的积分,可以得到偶然误差在任意大小区间中出现的概率。设以 k 倍中误差作为区间,则在此区间中误差出现的概率为:

$$P(|\Delta| < km) = \int_{-km}^{+km} \frac{1}{\sqrt{2\pi}m}e^{-\frac{\Delta^2}{2m^2}}d\Delta \tag{3-11}$$

分别以 $k=1$,$k=2$,$k=3$ 代入上式,可得到偶然误差的绝对值不大于 1 倍中误差、2 倍中误差和 3 倍中误差的概率:

$$\left.\begin{array}{l} P(|\Delta| \leqslant m) = 0.683 = 68.3\% \\ P(|\Delta| \leqslant 2m) = 0.954 = 95.4\% \\ P(|\Delta| \leqslant 3m) = 0.997 = 99.7\% \end{array}\right\} \tag{3-12}$$

由式(3-12)可知,偶然误差的绝对值大于 2 倍中误差的约占误差总数的 5%,而大于 3 倍中误差的仅占误差总数的 0.3%。由于出现的概率很小,故可以认为,绝对值大于 $3m$ 的真误差实际上是不可能出现的。故通常以 3 倍中误差作为真误差极限误差的估值,即

$$\Delta_{限} = 3|m| \tag{3-13}$$

在实际工作中,测量规范要求观测值中不应该存在较大的误差,常以 2 倍或 3 倍中误差作为偶然误差的容许值,称为容许误差,即

$$\Delta_{容} = 2|m| \quad 或 \quad \Delta_{容} = 3|m| \tag{3-14}$$

前者要求较严,后者要求较宽。如果在观测值中,某误差超过了规定的容许误差,则认为该观测值不可靠,其中可能含有系统误差或粗差,应舍去不用或重测。

3. 相对中误差

有时单靠中误差还不能完全表达观测结果的好坏。例如,某观测者分别丈量的 1000m 及 80m 的两段距离,观测值的中误差均为 ± 2cm。虽然两者表面上观测精度相同,但就单位长度而言,两者精度并不相同。显然,前者的相对精度比后者要高。为此,通常又采用另一种衡量精度的方法,即相对中误差 K,它是中误差与观测值之比,它是一个不名数,常用分子为 1 的分式来表示,即

$$K = \frac{|m|}{D} = \frac{1}{\frac{D}{|m|}} \tag{3-15}$$

如上述两段距离,前者的相对中误差为 1/50000,而后者则为 1/4000。因此,用相对误差可以很容易地衡量出这两段距离的丈量精度。

在距离测量中,常用往返测量结果的较差率来进行检核。较差率为:

$$\frac{|D_{往} - D_{返}|}{D_{平均}} = \frac{|\Delta D|}{D_{平均}} = \frac{1}{\dfrac{D_{平均}}{|\Delta D|}} \tag{3-16}$$

较差率是真误差的相对误差，它只反映了往返测的符合程度，以资检核。显然，较差率越小，观测结果越可靠。

此外，在用经纬仪测角时，不能用相对误差来衡量测角精度，因为测角误差与角度大小无关。

与相对误差相对应，真误差、中误差和极限误差均称为绝对误差。

第四节　误差传播定律

一、观测值的函数

上述几例中介绍的都是对于某一量（例如一个角度、一段距离）直接进行多次观测，以求得其最优估值，并计算出观测值的中误差，作为衡量其精度的标准。但是，在测量工作中，有一些需要知道的量并非直接观测值，而是根据一些直接观测值用一定的数学公式（函数关系）计算而得，因此称这些量为观测值的函数。由于观测值中含有误差，使函数受其影响也含有误差，称之为"误差传播"。阐述观测值的中误差与观测值函数的中误差之间关系的定律，称为误差传播定律。

在测量工作中，一般有下列一些函数关系：

1. 和差函数

例如，两点间的水平距离 D 分为 n 段来丈量，各段量得的长度分别为 d_1、d_2、$\cdots$、d_n，则 $D = d_1 + d_2 + \cdots + d_n$，即距离 D 是各分段观测值 d_1、d_2、$\cdots$、d_n 之和，这种函数称之为和差函数。其一般形式为：

$$Z = x_1 + x_2 + \cdots + x_n \tag{3-17}$$

2. 倍数函数

例如，用尺子在 1∶1000 的地形图上量得两点间的距离 d，其相应的实地距离 $D = 1000d$，则 D 是 d 的倍数函数。其一般形式为：

$$Z = kx \tag{3-18}$$

3. 线性函数

例如，计算某观测量的算术平均值的公式为：

$$\bar{x} = \frac{1}{n}(l_1 + l_2 + \cdots + l_n) = \frac{1}{n}l_1 + \frac{1}{n}l_2 + \cdots + \frac{1}{n}l_n \tag{3-19}$$

式中，在直接观测值 l_i 之前乘以某一系数（系数不一定相同），并取其代数和，因此，可以把算术平均值看成是各个观测值的线性函数。和差函数和倍数函数也属于线性函数。线性函数的一般形式可写为：

$$Z = k_1 x_1 + k_2 x_2 + \cdots + k_n x_n \tag{3-20}$$

4. 一般函数

例如,已知直角三角形的斜边 c 和一锐角 α,则可求出其对边 a 和邻边 b,公式为 $a = c \cdot \sin\alpha$, $b = c \cdot \cos\alpha$。凡是在变量之间用数学运算符乘、除、乘方、开方、三角函数等组成的函数称为非线性函数。线性函数和非线性函数总称为一般函数。其一般形式为:

$$Z = f(x_1, x_2, \cdots, x_n) \tag{3-21}$$

根据观测值的中误差求观测值函数的中误差,需要用误差传播定律。它根据函数的形式把函数的中误差以一定的数学式表达出来,反映了观测值中误差与观测值函数中误差之间的特定关系。

二、误差传播定律

下面以一般函数关系为例来推导误差传播定律。

设有一形如式(3-21)所示的一般函数,其中 $x_1, x_2, \cdots, x_n$ 为可直接观测的未知量,Z 为不便于直接观测的未知量。

设 $x_i(i = 1、2、\cdots、n)$ 的独立观测值为 l_i,其相应的真误差为 Δx_i。由于 Δx_i 的存在,使函数 Z 也产生相应的真误差 ΔZ。将式(3-21)取全微分,得:

$$dZ = \frac{\partial f}{\partial x_1}dx_1 + \frac{\partial f}{\partial x_2}dx_2 + \cdots + \frac{\partial f}{\partial x_n}dx_n$$

因误差 Δx_i 及 ΔZ 都很小,故在上式中,可近似用 Δx_i 及 ΔZ 代替 dx_i 及 dZ,于是有:

$$\Delta Z = \frac{\partial f}{\partial x_1}\Delta x_1 + \frac{\partial f}{\partial x_2}\Delta x_2 + \cdots + \frac{\partial f}{\partial x_n}\Delta x_n \tag{3-22}$$

式中: $\frac{\partial f}{\partial x_i}$ ——函数 f 对各自变量的偏导数($i = 1、2、\cdots、n$)。

将 $x_i = l_i$ 带入各偏导数中,即为确定的常数,设 $\left(\frac{\partial f}{\partial x_i}\right)_{x_i = l_i} = f_i$,则式(3-22)可写成:

$$\Delta Z = f_1\Delta x_1 + f_2\Delta x_2 + \cdots + f_n\Delta x_n \tag{3-23}$$

为了求得函数和观测值之间的中误差的关系式,设对各 x_i 进行了 k 次观测,则可写出 k 个类似于式(3-23)的关系式:

$$\Delta Z^{(1)} = f_1\Delta x_1^{(1)} + f_2\Delta x_2^{(1)} + \cdots + f_n\Delta x_n^{(1)}$$
$$\Delta Z^{(2)} = f_1\Delta x_1^{(2)} + f_2\Delta x_2^{(2)} + \cdots + f_n\Delta x_n^{(2)}$$
$$\cdots$$
$$\Delta Z^{(k)} = f_1\Delta x_1^{(k)} + f_2\Delta x_2^{(k)} + \cdots + f_n\Delta x_n^{(k)}$$

将以上各式等号两边平方后再相加,得:

$$[\Delta Z^2] = f_1^2[\Delta x_1^2] + f_2^2[\Delta x_2^2] + \cdots + f_n^2[\Delta x_n^2] + \sum_{\substack{i,j=1\\i\neq j}}^{n} 2f_if_j[\Delta x_i\Delta x_j]$$

上式两端分别除以 k,即

$$\frac{[\Delta Z^2]}{k} = f_1^2\frac{[\Delta x_1^2]}{k} + f_2^2\frac{[\Delta x_2^2]}{k} + \cdots + f_n^2\frac{[\Delta x_n^2]}{k} + \sum_{\substack{i,j=1\\i\neq j}}^{n} 2f_if_j\frac{[\Delta x_i\Delta x_j]}{k} \tag{3-24}$$

设对各 x_i 的观测值 l_i 为彼此独立的观测,则 $\Delta x_i\Delta x_j$ 在当 $i\neq j$ 时,也是偶然误差。根据偶然误差的第四个特性可知,式(3-24)的最后一项当 $k\to\infty$ 时趋近于零,即

$$\lim_{k \to \infty} \frac{[\Delta x_i \Delta x_j]}{k} = 0$$

故式(3-24)可写为：

$$\lim_{k \to \infty} \frac{[\Delta Z^2]}{k} = \lim_{k \to \infty} \left(f_1^2 \frac{[\Delta x_1^2]}{k} + f_2^2 \frac{[\Delta x_2^2]}{k} + \cdots + f_n^2 \frac{[\Delta x_n^2]}{k} \right)$$

根据中误差的定义,上式可写成：

$$\sigma_Z^2 = f_1^2 \sigma_1^2 + f_2^2 \sigma_2^2 + \cdots + f_n^2 \sigma_n^2$$

当 k 为有限值时,上式可进一步写为：

$$m_Z^2 = f_1^2 m_1^2 + f_2^2 m_2^2 + \cdots + f_n^2 m_n^2 \tag{3-25}$$

即

$$m_Z = \pm \sqrt{\left(\frac{\partial f}{\partial x_1}\right)^2 m_1^2 + \left(\frac{\partial f}{\partial x_2}\right)^2 m_2^2 + \cdots + \left(\frac{\partial f}{\partial x_n}\right)^2 m_n^2} \tag{3-26}$$

上式即为由观测值中误差计算其函数中误差的一般形式,称为中误差传播公式。而其他函数,如和差函数、倍数函数、线性函数等,都是上式的特例。

此外,在应用式(3-26)时,必须注意:各观测值必须是相互独立的变量。而当 l_i 为未知量 x_i 的直接观测值时,可认为各 l_i 之间满足相互独立的条件。

通过以上误差传播定律的推导,可以总结出求观测值函数中误差的四个步骤：

(1)列出观测值与其函数之间的正确表达式。

(2)若该函数为非线性函数,应对其求全微分。

(3)应用误差传播定律,写出观测值函数中误差的表达式。

(4)代入相应的数值,计算出观测值函数的中误差。

三、误差传播定律的应用

例3-4: 线性函数的中误差计算,设有线性函数：

$$Z = k_1 x_1 + k_2 x_2 + \cdots + k_n x_n \tag{3-27}$$

式中: k_1、k_2、$\cdots$、k_n——任意常数；

x_1、x_2、$\cdots$、x_n——独立变量,其中误差分别为 $m_1, m_2, \cdots, m_n$。

试计算函数 Z 的中误差。

解: 按照误差传播定律,由于此时

$$\frac{\partial f}{\partial x_1} = k_1, \frac{\partial f}{\partial x_2} = k_2, \cdots, \frac{\partial f}{\partial x_n} = k_n$$

于是可以得到线性函数 Z 的中误差：

$$m_Z = \sqrt{k_1^2 m_1^2 + k_2^2 m_2^2 + \cdots + k_n^2 m_n^2} \tag{3-28}$$

若对某一量进行了 n 次等精度观测,其算术平均值可以写成式(3-19)。按式(3-28),得：

$$m_x = \sqrt{\left(\frac{1}{n}\right)^2 m_1^2 + \left(\frac{1}{n}\right)^2 m_2^2 + \cdots + \left(\frac{1}{n}\right)^2 m_n^2}$$

由于是等精度观测,因此,$m_1 = m_2 = \cdots = m_n = m$,$m$ 为观测值的中误差。由此得到按观测值的中误差计算算术平均值的中误差的公式：

$$m_{\bar{x}} = \frac{m}{\sqrt{n}} \tag{3-29}$$

由此可见,算术平均值的中误差是观测值中误差的 $1/\sqrt{n}$。因此,对于某一量进行多次等精度观测而取其算术平均值,是提高观测成果精度的一种有效方法。

例 3-5: 设对某个三角形进行角度测量,观测了其中的两个内角 α 和 β,测角中误差分别为 $m_{\alpha} = 3.0''$、$m_{\beta} = 4.0''$,现按公式 $\gamma = 180° - \alpha - \beta$ 求得其第三个内角 γ,试计算 γ 角的中误差 m_{γ}。

解: 按误差传播定律对式 $\gamma = 180° - \alpha - \beta$ 进行全微分,可得 $\mathrm{d}\gamma = -\mathrm{d}\alpha - \mathrm{d}\beta$,于是:

$$m_{\gamma} = \sqrt{m_{\alpha}^2 + m_{\beta}^2} = \sqrt{3.0^2 + 4.0^2} = 5.0''$$

例 3-6: 平面直角坐标计算(坐标正算)的精度。首先是按两点间的坐标方位角 α 和水平距离 D 计算两点间的坐标增量 Δx 和 Δy,然后按其中一个已知点 A 的坐标计算另一个待定点 B 的坐标。设已知观测值 α 和 D 的中误差 m_{α} 和 m_{D},试计算出坐标增量的中误差 $m_{\Delta x}$ 和 $m_{\Delta y}$。

解: 计算两点间坐标增量的函数式为:

$$\Delta x = D\cos\alpha$$

$$\Delta y = D\sin\alpha$$

按误差传播定律,对上式求全微分,可得:

$$\mathrm{d}\Delta x = \cos\alpha \cdot \mathrm{d}D - D\sin\alpha \cdot \mathrm{d}\alpha$$

$$\mathrm{d}\Delta y = \sin\alpha \cdot \mathrm{d}D + D\cos\alpha \cdot \mathrm{d}\alpha$$

将上式化为中误差的表达式,并将方位角误差以角秒表示,则有:

$$m_{\Delta x} = \sqrt{\cos^2\alpha \cdot m_{D}^2 + (D\sin\alpha)^2 \frac{m_{\alpha}^2}{\rho''^2}}$$

$$m_{\Delta y} = \sqrt{\sin^2\alpha \cdot m_{D}^2 + (D\cos\alpha)^2 \frac{m_{\alpha}^2}{\rho''^2}} \tag{3-30}$$

而 A、B 两点间的相对点位中误差可由下式计算:

$$M_{AB} = \sqrt{m_{\Delta x}^2 + m_{\Delta y}^2} = \sqrt{m_{D}^2 + \left(D\frac{m_{\alpha}}{\rho''}\right)^2} \tag{3-31}$$

上式右端根号内第一项为两点间的纵向误差,第二项为横向误差;即两点间的距离误差形成纵向误差,方位角误差形成横向误差。

在例 3-6 中,设 A、B 两点间的距离、方位角及其中误差分别为:

$$D = 360.440\mathrm{m} \pm 0.030\mathrm{m}, \alpha = 60°24'30'' \pm 16''$$

将其代入式(3-30)和式(3-31),计算结果如下:

$$m_{\Delta x} = 0.028\mathrm{m}, m_{\Delta y} = 0.030\mathrm{m}, M_{AB} = 0.041\mathrm{m}$$

为方便应用,由式(3-25)及以上几例可以导出下列简单函数式的中误差传播公式,如表 3-3 所示。

几种简单函数式的中误差传播公式　　　　　　　表 3-3

函 数 名 称	函 数 式	中误差传播公式
和差函数	$Z = x_1 \pm x_2 \pm \cdots \pm x_n$	$m_Z = \sqrt{m_1^2 + m_2^2 + \cdots + m_n^2}$
倍数函数	$Z = kx$	$m_Z = km$
线性函数	$Z = k_1 x_1 \pm k_2 x_2 \pm \cdots \pm k_n x_n$	$m_Z = \sqrt{k_1^2 m_1^2 + k_2^2 m_2^2 + \cdots + k_n^2 m_n^2}$

第五节　等精度直接观测平差

一、算术平均值

设在相同的观测条件下对某量进行了 n 次同精度观测,其真值为 X,观测值为 l_1、l_2、$\cdots$、l_n,相应的真误差为 Δ_1、Δ_2、$\cdots$、Δ_n,则

$$\Delta_1 = l_1 - X$$
$$\Delta_2 = l_2 - X$$
$$\cdots$$
$$\Delta_n = l_n - X$$

将上列等式相加,得:

$$[\Delta] = [l] - nX$$

两端再同除以 n,可得:

$$\frac{[\Delta]}{n} = \frac{[l]}{n} - X = L - X \tag{3-32}$$

式(3-32)中,L 为算术平均值,即

$$L = \frac{l_1 + l_2 + \cdots + l_n}{n} = \frac{[l]}{n} \tag{3-33}$$

根据偶然误差的第四个特性,当 $n \to \infty$ 时,$\dfrac{[\Delta]}{n} \to 0$,即

$$\lim_{n \to \infty} \frac{[\Delta]}{n} = 0$$

于是 $L \approx X$。即当观测次数 n 无限多时,观测值的算术平均值就趋向于未知量的真值。但是,在实际工作中,不可能对某一量进行无限次的观测。因此,当观测次数有限时,就把有限次观测值的算术平均值作为该量的"最或是值"或"最或然值"。

二、观测值的改正数

算术平均值与观测值之差称为观测值的改正数,改正数一般用符号 v 来表示。

$$v_1 = L - l_1$$
$$v_2 = L - l_2$$
$$\cdots$$
$$v_n = L - l_n$$

(3-34)

将上列等式相加,得:

$$[v] = nL - [l]$$

再根据式(3-33),得到:

$$[v] = n\frac{[l]}{n} - [l] = 0$$

(3-35)

由此可见,一组观测值取算术平均值后,其改正值之和恒等于零。这一特性可以作为计算中的校核。

三、精度评定

1. 等精度观测值的中误差

前已述及,等精度观测值中误差的定义式为:$m = \sqrt{\dfrac{[\Delta\Delta]}{n}}$。但由于未知量的真值 X 无法确知,真误差 Δ_i 也是未知数,故不能直接用其定义式来计算观测值的中误差。在实际工作中,一般用观测值的改正数 v_i 来计算观测值的中误差。

由真误差 Δ_i 和改正数 v_i 的定义可知:

$$\left.\begin{array}{l} \Delta_i = l_i - X \\ v_i = L - l_i \end{array}\right\} \quad (i = 1, 2, \cdots, n)$$

以上两式对应相加,得:

$$\Delta_i + v_i = L - X$$

设 $L - X = \delta$,将其代入上式,移项后可得:

$$\Delta_1 = -v_1 + \delta$$
$$\Delta_2 = -v_2 + \delta$$
$$\cdots$$
$$\Delta_n = -v_n + \delta$$

上列各式分别先自乘,然后求和,有:

$$[\Delta\Delta] = [vv] + n\delta^2 - 2\delta[v]$$

因为 $[v] = 0$,故有:

$$[\Delta\Delta] = [vv] + n\delta^2$$

两端再同除以 n,则有:

$$\frac{[\Delta\Delta]}{n} = \frac{[vv]}{n} + \delta^2$$

(3-36)

又因为

$$\delta = L - X = \frac{[l]}{n} - X = \frac{[l - X]}{n} = \frac{[\Delta]}{n}$$

故:

$$\delta^2 = \frac{[\Delta]^2}{n^2} = \frac{1}{n^2}(\Delta_1^2 + \Delta_2^2 + \cdots + \Delta_n^2 + 2\Delta_1\Delta_2 + 2\Delta_1\Delta_3 + \cdots)$$

$$= \frac{[\Delta\Delta]}{n^2} + \frac{2}{n^2}(\Delta_1\Delta_2 + \Delta_1\Delta_3 + \cdots)$$

由于 Δ_1、Δ_2、$\cdots$、Δ_n 是彼此独立的偶然误差,故 $\Delta_1\Delta_2$、$\Delta_1\Delta_3$ 等也具有偶然误差的性质。当 $n\to\infty$ 时,上式等号右侧第二项应趋近于零;当 n 为较大的有限值时,其值远比第一项为小,故可忽略不计。于是,式(3-36)可以写为:

$$\frac{[\Delta\Delta]}{n} = \frac{[vv]}{n} + \frac{[\Delta\Delta]}{n^2}$$

根据中误差的定义,上式可进一步写为:

$$m^2 = \frac{[vv]}{n} + \frac{m^2}{n}$$

即

$$m = \sqrt{\frac{[vv]}{n-1}} \tag{3-37}$$

式(3-37)即为等精度观测中用观测值的改正数计算观测值中误差的公式,称为白塞尔公式。

2. 算术平均值的中误差

设对某量进行了 n 次等精度观测,其观测值为 $l_i(i=1,2,\cdots,n)$,观测值中误差为 m,其算术平均值(最或是值)为 L。则有:

$$L = \frac{[l]}{n} = \frac{1}{n}l_1 + \frac{1}{n}l_2 + \cdots + \frac{1}{n}l_n$$

按误差传播定律,可算得该观测值的算术平均值的中误差为:

$$M = \pm\sqrt{\left(\frac{1}{n}\right)^2 m^2 + \left(\frac{1}{n}\right)^2 m^2 + \cdots + \left(\frac{1}{n}\right)^2 m^2}$$

即

$$M = \frac{m}{\sqrt{n}} = \sqrt{\frac{[vv]}{n(n-1)}} \tag{3-38}$$

式(3-38)即为等精度观测值的算术平均值的中误差计算公式。

比较式(3-38)与式(3-37),可见除了以 $[vv]$ 代替 $[\Delta\Delta]$ 之外,还以 $(n-1)$ 代替了 n。简单地解释为:在真值已知的情况下,所有的 n 次观测值均属多余观测;而在真值未知的情况下,则有一次观测值是必要观测,其余的 $(n-1)$ 次观测值是多余的。因此,n 和 $(n-1)$ 是分别代表真值已知和真值未知两种不同情况下的多余观测数。

例3-7:设对某角进行了5次等精度观测,观测结果如表3-4所示,试求其观测值的中误差及算术平均值的中误差。

等精度角度观测值及其改正数 表 3-4

观 测 值	v	vv
$l_1 = 35°18'28''$	-3	9
$l_2 = 35°18'25''$	0	0
$l_3 = 35°18'26''$	-1	1
$l_4 = 35°18'22''$	$+3$	9
$l_5 = 35°18'24''$	$+1$	1
$L = \dfrac{[l]}{n} = 35°18'25''$	$[v] = 0$	$[vv] = 20$

解：根据表中数据，由式(3-37)(白塞尔公式)可算得观测值的中误差为：

$$m = \sqrt{\frac{[vv]}{n-1}} = \sqrt{\frac{20}{5-1}} = 2.2''$$

由式(3-38)可算得其算术平均值的中误差为：

$$M = \frac{m}{\sqrt{n}} = \frac{2.2''}{\sqrt{5}} = 1.0''$$

同时，从式(3-38)可以看出：算术平均值的中误差与观测次数的平方根成反比。因此，增加观测次数可以提高算术平均值的精度。不同的观测次数对应的 M 值，见表3-5。

不同观测次数下的 M 值 表 3-5

观测次数 n	2	4	6	8	10	12	14	16
算术平均值中误差 M（以中误差 m 为单位计）	0.71	0.50	0.41	0.35	0.32	0.29	0.27	0.25

以观测次数 n 为横坐标，算术平均值中误差 M 为纵坐标，并令 $m=1$，可以画出如图 3-4 所示的 M 值与观测次数 n 的关系曲线。从图 3-4 中可以看出，当观测次数达到了一定数值后(如 10 次以后)，随着观测次数的增加，中误差减小得越来越慢。此时，再增加观测次数，工作量增加了不少，但提高精度的效果反而不太明显。故不能单靠增加观测次数来提高测量成果的精度，还应设法提高观测值本身的精度。例如，采用精度较高的仪器，提高观测技能，在良好的外界条件下进行观测等。

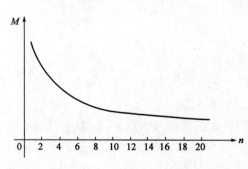

图 3-4 M 值与观测次数 n 的关系曲线

因此，测量一般精度的角，要求观测 1 ~ 3 测回；对于中等精度要求的角，观测 3 ~ 6 个测回即可；只有对精度要求很高的角，才观测 9 ~ 24 个测回。

第六节　不等精度直接观测平差

对于某一未知的量,如何从 n 次等精度观测中确定未知量的最或是值(即取算术平均值),以及评定其精度的问题,前节已做了详细叙述。但是,在测量实践中,除了等精度观测以外,还有不等精度观测。例如,有一个待定水准点,需要从两个已知点经过两条不同长度的水准路线测定其高程,则从两条路线分别测得的高程是不等精度观测,不能简单地取其算术平均值,并据此评定其精度。这时,就需要引入"权"的概念来处理这个问题。

一、权

"权"的原意为秤锤,是指用来测定物体重量的器具,此处用作"权衡轻重"之意。某一观测值或观测值的函数的精度越高(中误差 m 越小),其权应越大。在测量误差理论中,一般用符号 P 表示权。

1. 权的定义

一定的观测条件,对应着一定的误差分布,而一定的误差分布对应着一个确定的中误差。对不同精度的观测值来说,中误差越小,则精度越高,观测结果也越可靠,因而应具有较大的权。故可以用中误差来定义权。

设有一组不等精度观测值为 l_i,相应的中误差为 $m_i(i=1,2,\cdots,n)$,选定任一大于零的常数 λ,定义权 P_i 为:

$$P_i = \frac{\lambda}{m_i^2} \qquad (3\text{-}39)$$

式(3-39)中,P_i 称为观测值 l_i 的权。对一组已知中误差的观测值而言,选定一个 λ 值,就有一组对应的权。

由式(3-39)可以确定出各观测值权之间的比例关系:

$$P_1 : P_2 : \cdots : P_n = \frac{\lambda}{m_1^2} : \frac{\lambda}{m_2^2} : \cdots : \frac{\lambda}{m_n^2} = \frac{1}{m_1^2} : \frac{1}{m_2^2} : \cdots : \frac{1}{m_n^2} \qquad (3\text{-}40)$$

2. 权的性质

由式(3-39)和式(3-40)可知,权具有如下的性质:

(1)权与中误差都是用来衡量观测值精度的指标,但中误差是绝对性数值,用于表示观测值的绝对精度;权是相对性数值,用于表示观测值的相对精度。

(2)权与中误差的平方成反比,中误差越小,权越大,表示观测值越可靠,精度越高。

(3)权始终取正号。

(4)由于权是一个相对性数值,对于单一观测值而言,权无任何意义。

(5)权的大小随常数 λ 的不同而不同,但权之间的比例关系始终保持不变。

(6)在同一个问题中只能选定一个 λ 值,不能同时选用几个不同的 λ 值,否则就破坏了权之间的比例关系。

二、测量中常用的定权方法

1. 等精度观测值的算术平均值的权

设一次观测的中误差为 m，由式（3-38）知 n 次等精度观测值的算术平均值的中误差 $M = m/\sqrt{n}$。由权的定义，可设 $\lambda = m^2$，则一次观测值的权即为：

$$P = \frac{\lambda}{m^2} = \frac{m^2}{m^2} = 1$$

算术平均值 L 的权为：

$$P_L = \frac{\lambda}{\dfrac{m^2}{n}} = \frac{m^2}{\dfrac{m^2}{n}} = n \tag{3-41}$$

由此可知，取一次观测值之权为 1，则 n 次观测的算术平均值的权为 n。故权与观测次数成正比。

在不等精度观测中引入"权"的概念，可以建立各观测值之间的精度比值关系，以便更合理地处理观测数据。

例如，设一次观测值的中误差为 m，其权为 P_0，并设 $\lambda = m^2$，则 $P_0 = \dfrac{m^2}{m^2} = 1$。

权值等于 1 的权称为单位权，而权值等于 1 的中误差称为单位权中误差，一般用符号 μ 表示。对于中误差为 m_i 的观测值（或观测值的函数），其权 P_i 为：

$$P_i = \frac{\mu^2}{m_i^2} \tag{3-42}$$

则相应的中误差的另一表达式可写为：

$$m_i = \mu \sqrt{\frac{1}{P_i}} \tag{3-43}$$

2. 权在水准测量中的应用

设水准测量中每一测站观测高差的精度相同，其中误差为 $m_{站}$，则不同测站数的水准路线观测高差的中误差为：

$$m_i = m_{站} \sqrt{N_i} \qquad (i = 1, 2, \cdots, n) \tag{3-44}$$

式中：N_i——各水准路线的测站数。

若取 C 个测站的高差中误差为单位权中误差，即 $\mu = \sqrt{C} m_{站}$，则各水准路线的权为：

$$P_i = \frac{\mu^2}{m_i^2} = \frac{C}{N_i} \tag{3-45}$$

同理，可得：

$$P_i = \frac{C}{L_i} \tag{3-46}$$

式中：L_i——各水准路线的长度。

由式（3-45）和式（3-46）可知，当各测站观测高差为等精度时，各水准路线的权与测站数或路线长度成反比。

3. 权在距离丈量中的应用

设单位长度(1km)的距离丈量中误差为 m，则长度为 Skm 的距离丈量中误差为 $m_S = m\sqrt{S}$。

若取长度为 Ckm 的距离丈量中误差为单位权中误差，即 $\mu = m\sqrt{C}$，则可得 Skm 的距离丈量的权为：

$$P_S = \frac{\mu^2}{m_S^2} = \frac{C}{S} \tag{3-47}$$

由式(3-47)可知，距离丈量的权与长度成反比。

从上述几种定权公式中可以看出，在定权时，并不需要预先知道各观测值中误差的具体数值。在观测方法确定之后，权就可以预先确定。这一点说明，可以事先对最后观测结果的精度进行估算，这在实际测量工作中具有很重要的意义。

三、加权算术平均值

对某一未知的观测量，L_1、L_2、$\cdots$、L_n 为一组不等精度的观测值，其中误差为 m_1、m_2、$\cdots$、m_n，按式(3-39)计算其权为 P_1、P_2、$\cdots$、P_n。按下式计算其加权算术平均值 x，作为该观测量的最或是值：

$$x = \frac{P_1 L_1 + P_2 L_2 + \cdots + P_n L_n}{P_1 + P_2 + \cdots + P_n} = \frac{[PL]}{[P]} \tag{3-48}$$

根据同一量的 n 次不等精度观测值，计算其加权算术平均值 x 后，还可用下式来计算各观测值的改正数 v_i：

$$
\begin{aligned}
v_1 &= x - L_1 \\
v_2 &= x - L_2 \\
&\cdots \\
v_n &= x - L_n
\end{aligned} \tag{3-49}
$$

即

$$v_i = x - L_i$$

若将上式两边乘以相应的权：

$$P_i v_i = P_i x - P_i L_i$$

并将 n 个等式相加后，可得：

$$[Pv] = [P]x - [PL] = [P]\frac{[PL]}{[P]} - [PL] = 0 \tag{3-50}$$

因此，上式可以用作计算中的检核。

四、加权算术平均值的中误差

不等精度观测值的加权算术平均值的计算公式(3-48)可以写成如下的线性函数的形式：

$$x = \frac{P_1}{[P]}L_1 + \frac{P_2}{[P]}L_2 + \cdots + \frac{P_n}{[P]}L_n$$

根据线性函数的中误差传播公式,可得加权算术平均值的中误差:

$$M_x = \sqrt{\left(\frac{P_1}{[P]}\right)^2 m_1^2 + \left(\frac{P_2}{[P]}\right)^2 m_2^2 + \cdots + \left(\frac{P_n}{[P]}\right)^2 m_n^2}$$

按式(3-42),上式中 $m_i^2 = \dfrac{\mu^2}{P_i}$($\mu$ 为单位权中误差),则加权算术平均值的中误差为:

$$M_x = \mu\sqrt{\frac{P_1}{[P]^2} + \frac{P_2}{[P]^2} + \cdots + \frac{P_n}{[P]^2}}$$

即

$$M_x = \frac{\mu}{\sqrt{[P]}} \qquad\qquad (3\text{-}51)$$

由式(3-42)可知,加权算术平均值的权即为观测值的权之和:

$$P_x = [P] = \frac{\mu^2}{M_x^2} \qquad\qquad (3\text{-}52)$$

五、单位权中误差的计算

根据一组对同一观测量的不等精度观测值,可以计算该类观测值的单位权中误差。由式(3-42)可得:

$$\mu^2 = P_i m_i^2 \qquad\qquad (3\text{-}53)$$

对于同一观测量,若有 n 个不等精度观测值,则有:

$$\mu^2 = P_1 m_1^2, \mu^2 = P_2 m_2^2, \cdots, \mu^2 = P_n m_n^2$$

将上面的 n 个 μ^2 求和,得:

$$\mu^2 = \frac{[Pm^2]}{n} = \frac{[Pmm]}{n}$$

此时,用真误差 Δ_i 代替中误差 m_i,得到在观测量的真值已知的情况下用真误差求单位权中误差的公式:

$$\mu = \sqrt{\frac{[P\Delta\Delta]}{n}} \qquad\qquad (3\text{-}54)$$

将式(3-54)代入式(3-51)中,可得加权算术平均值的中误差为:

$$M_x = \frac{\mu}{\sqrt{[P]}} = \sqrt{\frac{[P\Delta\Delta]}{n[P]}} \qquad\qquad (3\text{-}55)$$

在观测量的真值未知的情况下,用观测值的加权算术平均值 x 代替真值 X,用观测值的改正值 v_i 代替真误差 Δ_i,并仿照式(3-37)的推导,得到按不等精度观测值的改正数计算单位权中误差的公式:

$$\mu = \sqrt{\frac{[Pvv]}{n-1}} \qquad\qquad (3\text{-}56)$$

将式(3-56)代入式(3-51)中,可得加权算术平均值的中误差的实用计算公式:

$$M_x = \frac{\mu}{\sqrt{[P]}} = \sqrt{\frac{[Pvv]}{[P](n-1)}} \qquad (3\text{-}57)$$

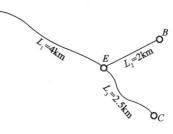

图 3-5　不等精度观测水准路线图

例 3-8：在水准测量中，从三个已知高程点 A、B、C 出发，来测量 E 点的高程值，水准路线如图 3-5 所示。测后分别得到 E 点的三个高程观测值：42.347m、42.320m、42.332m，L_i 各水准路线的长度，求 E 点高程的最或是值及其中误差。

解：取各水准路线长度 L_i 的倒数乘以 C 为权，并令 $C=1$，计算数据见表 3-6。

E 点高程最或是值（加权算术平均值）的计算　　　　　表 3-6

测段	高程观测值 （m）	水准路线长度 L_i（km）	权 $P_i = \dfrac{1}{L_i}$	v（mm）	Pv（mm）	Pvv（mm）
AE	42.347	4.0	0.25	−17.0	−4.2	71.4
BE	42.320	2.0	0.50	+10.0	+5.0	50.0
CE	42.332	2.5	0.40	−2.0	−0.8	1.6
			$[P]=1.15$		$[Pv]=0$	$[Pvv]=123.0$

E 点高程的最或是值为：

$$H_E = \frac{0.25 \times 42.347 + 0.50 \times 42.320 + 0.40 \times 42.332}{0.25 + 0.50 + 0.40}$$

$$= 42.330 \,(\text{m})$$

单位权观测值中误差为：

$$\mu = \sqrt{\frac{[Pvv]}{n-1}} = \sqrt{\frac{123.0}{3-1}} = 7.8 \,(\text{mm})$$

最或是值中误差为：

$$M_{H_E} = \frac{\mu}{\sqrt{[P]}} = \frac{7.8}{\sqrt{1.15}} = 7.3 \,(\text{mm})$$

第七节　间接平差的基本原理

测量平差法是处理带有误差的观测数据的一种最有效的方法。其目的是消除由于误差引起的观测值之间的矛盾现象，即消除其不符值，并运用某种最优化准则（如最小二乘准则），求出未知量的最或是值，同时按误差传播定律来估计未知量的精度。

在测量工程中，经常需要通过一系列观测值确定某些参数（又称未知数）的值。如图 3-6 所示，A 点高程 H_A 已知，观测了 L_1、L_2、L_3、L_4 和 L_5 五段高差，以确定 B、C、D 三点的高程。从图中可知，每一个观测值都可表达成所选参数的函数，则称这样的函数式为误差方

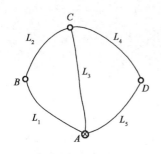

图 3-6 间接平差示例——水准
观测网络图

程,并以此为基础求得参数的估计值。这种计算方法称为间接平差法,又称为参数平差法。自从使用计算机解决测量工作中的数据处理问题以来,平差计算中最常用的方法就是间接平差,因为其数学模型比较简单,便于评定平差值及其函数的精度,同时也便于编程。

测量平差的基本方法还有条件平差、附有条件的间接平差以及附有未知数的条件平差等。这些平差方法的区别主要是所建模型不同,但平差问题的要求以及用不同方法解算得到的结果则完全相同。

一、最小二乘法的基本原理

最小二乘法是数理统计中进行点估计的一种常用的方法,是测量平差中求取服从正态分布的一组观测值的最或是值的基本方法。其基本原理是:如果以不同精度多次观测一个或多个未知量,为了求定各未知量的最或是值,各观测量必须加改正数,使其各改正数的平方乘以观测值的权的总和为最小。因此称之为最小二乘法。

法国数学家勒让德尔于 1806 年首次发表最小二乘理论。事实上,德国的高斯于 1794 年已经应用这一理论推算了谷神星的轨道,但迟至 1809 年才正式发表。此后他又提出平差三角网的理论,拟定了解算方程式的方法等。为利用最小二乘法测量平差奠定了基础。

下面举例说明其基本原理。

设对某量进行了 n 次不等精度的独立观测,其观测值为 L_i,各观测值的权和中误差分别为 p_i、m_i,改正数 $v_i = \hat{L}_i - L_i (i = 1, 2, \cdots, n)$,$\hat{L}_i = L_i + v_i$ 为各观测值的最或是值(或称为平差值)。由最大似然估计准则可知,其似然函数(即观测值向量 L 的正态概率密度函数)为:

$$G = \frac{1}{\prod\limits_{i=1}^{n} m_i (\sqrt{2\pi})^n} e^{-\frac{1}{2}\left(\frac{v_1^2}{m_1^2} + \frac{v_2^2}{m_2^2} + \cdots + \frac{v_n^2}{m_n^2}\right)} \tag{3-58}$$

式中:∏——连乘符号。

由最大似然估计的要求及式(3-58)可知,概率密度函数 G 越大,误差出现的概率就大,由此时的一组改正数 v_i 确定出的各观测值的最或是值 $\hat{L}_i$ 最接近于其真值。而当 $\left(\frac{v_1^2}{m_1^2} + \frac{v_2^2}{m_2^2} + \cdots + \frac{v_n^2}{m_n^2}\right) = \min$ 时,函数 G 的值为最大。因此,此时选择的一组改正数应该是使 $\left(\frac{v_1^2}{m_1^2} + \frac{v_2^2}{m_2^2} + \cdots + \frac{v_n^2}{m_n^2}\right) = \min$ 成立的一组,即

$$\left(\frac{v_1^2}{m_1^2} + \frac{v_2^2}{m_2^2} + \cdots + \frac{v_n^2}{m_n^2}\right) = p_1 v_1^2 + p_2 v_2^2 + \cdots + p_n v_n^2 = \min \tag{3-59}$$

或

$$[pvv] = \min \tag{3-60}$$

对于同精度观测,因 $p_1 = p_2 = \cdots = p_n = 1$,故有:

$$v_1^2 + v_2^2 + \cdots + v_n^2 = \min$$

也即

$$[vv] = \min \tag{3-61}$$

式(3-60)和式(3-61)说明,如果以不等精度对未知量进行了多次观测,未知量的最或是值应使各观测值的改正数 v_i 的平方与各自的权 p_i 的乘积之和 $[pvv]$ 为最小;在等精度观测时,未知量的最或是值应使各观测值的改正数 v_i 的平方和 $[vv]$ 为最小,这就是最小二乘法的基本原理。

二、间接平差原理

设某平差问题有 t 个未知数 $x_1, x_2, \cdots, x_t$,有 n 个观测值 $L_1, L_2, \cdots, L_n$,其相应的权为 $p_1, p_2, \cdots, p_n$,平差值方程的一般形式为:

$$
\begin{aligned}
L_1 + v_1 &= a_1 x_1 + b_1 x_2 + \cdots + t_1 x_t + d_1 \\
L_2 + v_2 &= a_2 x_1 + b_2 x_2 + \cdots + t_2 x_t + d_2 \\
&\cdots \\
L_n + v_n &= a_n x_1 + b_n x_2 + \cdots + t_n x_t + d_n
\end{aligned} \tag{3-62}
$$

式中:d_i——方程中的常数$(i = 1, 2, \cdots, n)$。

将已知的观测值 L_i 移至等号的右方,并令:

$$l_i = d_i - L_i \tag{3-63}$$

即得一般形式的误差方程为:

$$
\left.
\begin{aligned}
v_1 &= a_1 x_1 + b_1 x_2 + \cdots + t_1 x_t + l_1, & p_1 \\
v_2 &= a_2 x_1 + b_2 x_2 + \cdots + t_2 x_t + l_2, & p_2 \\
&\cdots \\
v_n &= a_n x_1 + b_n x_2 + \cdots + t_n x_t + l_n, & p_n
\end{aligned}
\right\} \tag{3-64}
$$

式中:a_i、b_i、$\cdots$、t_i、l_i——已知的系数和常数项。

式(3-64)的矩阵形式为:

$$\underset{n,1}{v} = \underset{n,t}{B} \underset{t,1}{x} - \underset{n,1}{l}, \qquad \underset{n,n}{p} \tag{3-65}$$

其中:

$$
v = \begin{bmatrix} v_1 \\ v_2 \\ \vdots \\ v_n \end{bmatrix}, B = \begin{bmatrix} a_1 & b_1 & \cdots & t_1 \\ a_2 & b_2 & \cdots & t_2 \\ \vdots & \vdots & \cdots & \vdots \\ a_n & b_n & \cdots & t_n \end{bmatrix}, x = \begin{bmatrix} x_1 \\ x_2 \\ \vdots \\ x_t \end{bmatrix}, l = \begin{bmatrix} -l_1 \\ -l_2 \\ \vdots \\ -l_n \end{bmatrix}, p = \begin{bmatrix} p_1 & 0 & \cdots & 0 \\ 0 & p_2 & \cdots & 0 \\ \vdots & \vdots & \cdots & \vdots \\ 0 & 0 & \cdots & p_n \end{bmatrix}
$$

在 $[pvv] = v^{\mathrm{T}} p v = \min$ 的原则下求未知数 x,就是根据数学中求自由极值的理论,分别求 $v^{\mathrm{T}} p v$ 对 x 的偏导数,并令其等于零,然后从这些等式中解出 x。$v^{\mathrm{T}} p v$ 对 x 的偏导数为:

$$\frac{\partial v^{\mathrm{T}} p v}{\partial x} = 2 v^{\mathrm{T}} p \frac{\partial v}{\partial x} = 2 v^{\mathrm{T}} p B \tag{3-66}$$

令式(3-66)等于零,去掉公因子2,转置后可得:

$$B^{\mathrm{T}} p v = 0 \tag{3-67}$$

由式(3-67)中的 t 个方程,再联合式(3-65)中的 n 个误差方程,就可以解得 n 个改正数

v 和 t 个未知数 x。这 $n+t$ 个方程就是间接平差中的基础方程组。解算这组基础方程的方法,通常是将式(3-65)代入式(3-67)中,即:

$$B^{\mathrm{T}}pv = B^{\mathrm{T}}pBx - B^{\mathrm{T}}pl = 0 \qquad (3\text{-}68)$$

这就是用于解算未知数的方程组,称之为法方程组。它的个数与未知数的个数相同。由这组方程解得未知数 $x = (B^{\mathrm{T}}pB)^{-1}B^{\mathrm{T}}pl$,代入式(3-65)即可求出一组相应的改正数 v,这一组 v 值一定满足 $[pvv] = v^{\mathrm{T}}pv = \min$ 的要求。所以,由法方程组解出的未知数就是未知数的最或是值。如果用改正数 v 加到相应的观测值上,就可求得各观测量的平差值。

单位权中误差可按下式计算:

$$\mu = \sqrt{\dfrac{[pvv]}{n-t}} \qquad (3\text{-}69)$$

观测值 L_i 的中误差为:

$$m_i = \mu\sqrt{\dfrac{1}{p_i}} \qquad (3\text{-}70)$$

未知数的最或是值 x_i 的中误差为:

$$M_{x_i} = \mu\sqrt{\dfrac{1}{p_{x_i}}} \qquad (3\text{-}71)$$

综上所述,间接平差法的基本原理是:针对具体的平差问题,选定未知量,通过误差方程达到消除不符值的目的,并以此为基础,利用数学中求自由极值的方法来解出未知量的最或是值。

三、间接平差计算示例

例 3-9:在图 3-6 中,已知 $H_A = 237.483\mathrm{m}$,选取 B、C、D 三点高程 X_1、X_2、X_3 为参数,观测高差及各条路线的距离如下

$L_1 = 5.835\mathrm{m}, S_1 = 3.5\mathrm{km}$; $L_2 = 3.782\mathrm{m}, S_2 = 2.7\mathrm{km}$; $L_3 = 9.640\mathrm{m}, S_3 = 4.0\mathrm{km}$;

$L_4 = 7.384\mathrm{m}, S_4 = 3.0\mathrm{km}$; $L_5 = 2.270\mathrm{m}, S_5 = 2.5\mathrm{km}$

试求 B、C、D 三点的高程值 X_1、X_2、X_3 及单位权中误差。

解:列出各个高差的平差值与各点高程之间的关系式

$$
\begin{aligned}
L_1 + v_1 &= X_1 - H_A \\
L_2 + v_2 &= -X_1 + X_2 \\
L_3 + v_3 &= X_2 - H_A \\
L_4 + v_4 &= X_2 - X_3 \\
L_5 + v_5 &= X_3 - H_A
\end{aligned}
$$

这就是平差值方程,其误差方程为:

$$v_1 = X_1 \qquad\qquad - (H_A + L_1)$$

$$v_2 = -X_1 + X_2 + \qquad - L_2$$

$$v_3 = \qquad X_2 \qquad - (H_A + L_3)$$

$$v_4 = \qquad X_2 - X_3 - L_4$$

$$v_5 = \qquad\qquad X_3 - (H_A + L_5)$$

为便于计算,选取各参数的近似值为 X_1^0, X_2^0, X_3^0,并令:

$$X_1^0 = H_A + L_1 \qquad\qquad X_1 = X_1^0 + x_1$$

$$X_2^0 = H_A + L_3 \qquad\qquad X_2 = X_2^0 + x_2$$

$$X_3^0 = H_A + L_5 \qquad\qquad X_3 = X_3^0 + x_3$$

则有:

$$v_1 = x_1$$

$$v_2 = -x_1 + x_2 \qquad + 23$$

$$v_3 = \qquad + x_2$$

$$v_4 = \qquad x_2 - x_3 - 14$$

$$v_5 = \qquad\qquad + x_3$$

设 10km 的观测高差为单位权观测值,即按 $p_i = \dfrac{10}{S_i}$ 来定权,得各观测值的权分别为:
$p_1 = 2.9, p_2 = 3.7, p_3 = 2.5, p_4 = 3.3, p_5 = 4.0$。

由式(3-64)和式(3-65)可知:

$$B = \begin{bmatrix} 1 & 0 & 0 \\ -1 & 1 & 0 \\ 0 & 1 & 0 \\ 0 & 1 & -1 \\ 0 & 0 & 1 \end{bmatrix} \quad l = \begin{bmatrix} 0 \\ -23 \\ 0 \\ 14 \\ 0 \end{bmatrix} \quad p = \begin{bmatrix} 2.9 & 0 & 0 & 0 & 0 \\ 0 & 3.7 & 0 & 0 & 0 \\ 0 & 0 & 2.5 & 0 & 0 \\ 0 & 0 & 0 & 3.3 & 0 \\ 0 & 0 & 0 & 0 & 4.0 \end{bmatrix}$$

由 $x = (B^{\mathrm{T}} p B)^{-1} B^{\mathrm{T}} p l$ 可得:

$$x = (B^{\mathrm{T}} p B)^{-1} B^{\mathrm{T}} p l = \begin{bmatrix} 11.75 \\ -2.04 \\ -7.25 \end{bmatrix} (\mathrm{mm})$$

即

$$x_1 = 11.75\,\mathrm{mm}, x_2 = -2.04\,\mathrm{mm}, x_3 = -7.25\,\mathrm{mm}$$

于是, B、C、D 三点的高程值 X_1、X_2、X_3 分别为:

$$X_1 = X_1^0 + x_1 = 243.3298\,(\mathrm{m})$$

$$X_2 = X_2^0 + x_2 = 247.1210\,(\mathrm{m})$$

$$X_3 = X_3^0 + x_3 = 239.7458\,(\mathrm{m})$$

再将求出的 x_1、x_2、x_3 代入误差方程中,可得各观测值的改正数为:

$$v_1 = 11.8\text{mm}, v_2 = 9.2\text{mm}, v_3 = -2.0\text{mm}, v_4 = -8.8\text{mm}, v_5 = -7.2\text{mm}$$

将改正数加在相应的观测值上,即得各观测高差的平差值:

$$\hat{L}_1 = L_1 + v_1 = 5.8468(\text{m})$$

$$\hat{L}_2 = L_2 + v_2 = 3.7912(\text{m})$$

$$\hat{L}_3 = L_3 + v_3 = 9.6380(\text{m})$$

$$\hat{L}_4 = L_4 + v_4 = 7.3752(\text{m})$$

$$\hat{L}_5 = L_5 + v_5 = 2.2628(\text{m})$$

按式(3-69)可计算出单位权中误差为:

$$\mu = \sqrt{\frac{[pvv]}{n-t}} = \sqrt{\frac{1189.9}{5-3}} = 24.4(\text{mm})$$

按式(3-70)可计算出观测值的中误差分别为:

$$m_1 = 14.3\text{mm}, m_2 = 12.7\text{mm}, m_3 = 15.4\text{mm}, m_4 = 13.4\text{mm}, m_5 = 12.2\text{mm}$$

按式(3-71)可计算出未知数的最或是值的中误差分别为:

$$m_{X_1} = 11.0\text{mm}, m_{X_2} = 10.0\text{mm}, m_{X_3} = 10.1\text{mm}$$

思考题与习题

1. 什么是误差?产生测量误差的原因有哪些?

2. 测量误差可以分为几类?这几类误差各有何特点?

3. 试简述偶然误差的四个重要特性。

4. 何为精度?测量工作中常用的衡量精度的指标有哪些?

5. 什么是中误差?为什么中误差能作为衡量精度的标准?

6. 什么是误差传播定律?

7. 函数 $Z = Z_1 + Z_2$,其中 $Z_1 = x + 2y$,$Z_2 = 2x - y$,x 和 y 相互独立,且 x 和 y 的中误差 m_x、m_y 均为 m,即 $m_x = m_y = m$,试求函数 Z 的中误差 m_Z。

8. 量得一圆的半径 $r = 31.3\text{mm}$,已知其测量中误差为 0.3mm,求其圆周长、圆面积及相应的中误差。

9. 在一个三角形中观测了 α 和 β 两个内角,其测角中误差分别为 $m_\alpha = 10''$,$m_\beta = 20''$,利用三角形内角和的关系,从 $180°$ 中减去 $(\alpha + \beta)$ 求出其另一内角 γ,试问 γ 角的中误差是多少?

10. 在三角高程测量中,按 $h = D\tan\alpha$ 计算高差,已知 $\alpha = 20°$,测角中误差 $m_\alpha = 20''$,$D = 345.67\text{m}$,$m_D = 0.05\text{m}$,试求出高差 h 及其中误差 m_h。

11. 对某段距离丈量了六次,观测结果分别为(以 m 为单位)246.535、246.548、246.520、246.529、246.550、246.537,试求出这段距离的算术平均值、算术平均值的中误差及其相对中误差。

12.试简述权的含意及其性质,并说明为什么不等精度观测需用权来衡量观测值的精度?

13.什么是单位权?什么是单位权中误差?

14.如图 3-7 所示,D 点高程分别由 A、B、C 三个已知点求得,各为 40.645m,40.638m,40.627m,试求出 D 点高程的加权算术平均值、改正数、单位权中误差及加权算术平均值的中误差。

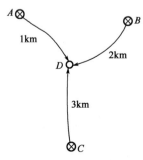

图 3-7 高程测量示意图

第四章　角度与距离测量

第一节　角度测量原理

角度测量是确定地面点位的基本测量工作之一,包括水平角测量和竖直角测量。

一、水平角测量原理

所谓水平角,就是相交的两空间直线之间的夹角在水平面上的投影,角值 $0° \sim 360°$。如

图 4-1 所示,设 A、B、C 为地面上任意三点,M 与 N 分别为过直线 AC 和直线 BC 所作的两个竖直面,它们与水平面 H 的交线为 A_1C_1、B_1C_1,则水平面 H 上的夹角 β 就是直线 AC 与直线 BC 间的水平角。

根据水平角的定义,在过 C 点的铅垂线上,任取一水平面,都可得到 AC 与直线 BC 间的水平角。由此可以设想,为了测得水平角 $\angle ACB$ 的角值,可在 O 点上水平地安置一个带有顺时针刻度的圆盘,其圆心 O 与 C 点位于同一铅垂线上。若竖直面 M 和 N 在刻度盘上截取的读数分别为 a 和 b,则水平角 β 的角值为:

$$\beta = b - a \qquad (4\text{-}1)$$

图 4-1　水平角测量原理

二、竖直角测量原理

竖直角是同一竖直面内目标方向与一特定方向之间的夹角。目标方向与水平方向之间的夹角称为竖直角,又称为高度角,一般用 α 表示。竖直角有仰角、俯角。

仰角:竖直面内目标方向在水平方向之上的竖直角,如图 4-2 所示的 $\angle AOH$。仰角为正值,角值的大小为:$0 \sim +90°$。

俯角:竖直面内目标方向在水平方向之下的竖直角,如图 4-2 所示的 $\angle BOH$。俯角为负值,角值的大小为:$0 \sim -90°$。

目标方向与天顶方向(即铅垂线的反方向)之间的夹角称为天顶距,一般用 Z 表示,天顶距的大小从 $0° \sim 180°$,如图4-2所示。

设在 O 观测 A 的天顶距为 Z_A,竖直角为 α,故天顶距 Z_A 与竖直角 α 的关系为:

$$\alpha = 90° - Z_A \qquad (4-2)$$

式中,当 $Z_A < 90°$ 时,α 为正,是仰角;当 $Z_A > 90°$ 时,α 为负,是俯角。

根据竖直角的基本概念,测定竖直角必然也与观测水平角一样,其角值也是度盘上两个方向读数之差,所不同的是两方向中必须有一个是水平方向。不过任何注记形式的竖直度盘(简称竖盘),当视线水平时,其竖盘读数应为定值,通常为90°的整倍数,所以在测定竖直角时只需读取目标点的竖盘读数,即可计算出竖直角。

图4-2　竖直角测量原理

第二节　角度测量仪器

根据上述原理,用于测量水平角度的仪器,应装置有一个能置于水平位置的水平度盘及相应的读数设备,且水平度盘的中心能安置在过测站点的铅垂线上。为了能瞄准远近高低不同的目标,仪器上的望远镜不仅能在水平面内左右旋转,而且还能在竖直面内上下转动。经纬仪就是根据上述基本要求设计制造的测角仪器。经纬仪根据度盘刻度和读数方式不同,可分为光学经纬仪和电子经纬仪(全站仪同样具备电子经纬仪的功能)。

一、DJ6 光学经纬仪

按照经纬仪测角精度的不同,我国把经纬仪分为 DJ07、DJ1、DJ2、DJ6、DJ15 等不同级别。其中"D""J"分别是"大地测量""经纬仪"两词汉语拼音第一个字母的简写,数字07、1、2、6、15 等表示该级别仪器所达到的精度指标(该数字表示此类经纬仪野外一测回方向中误差),数字越大,级别越低。目前工程测量中使用较多的光学经纬仪是 DJ2 经纬仪和 DJ6 经纬仪,两种经纬仪的结构大体相同,本节主要介绍 DJ6 光学经纬仪的结构和使用方法,图4-3 为 DJ6 光学经纬仪基本结构示意图。

光学经纬仪的基本结构可分为照准部、水平度盘和基座三部分(图4-4)。

1. 照准部

照准部是指位于基座上方,能绕其旋转轴旋转部分的总称,如图4-4所示。照准部旋转轴称为经纬仪的竖轴。照准部水准器的水准轴与竖轴正交,水平度盘平面应与竖轴正交,竖轴应通过水平度盘的刻划中心。当水准气泡居中时,仪器的竖轴应在铅垂线方向,水平度盘处于水平位置。

图 4-3　DJ6 光学经纬仪基本结构示意图

1-物镜;2-竖直度盘;3-竖盘指标水准管微动螺旋;4-望远镜微动螺旋;5-水平微动螺旋;6-水平制动螺旋;7-轴座固定螺旋;8-竖盘指标水准管;9-目镜;10-反光镜;11-测微轮;12-基座;13-脚螺旋;14-连接板;15-望远镜;16-照准器;17-对光螺旋;18-读数显微镜;19-目镜对光螺旋;20-拨盘手轮;21-堵盖;22-照准部水准管;23-自动归零锁紧手轮;24-堵盖

图 4-4　光学经纬仪结构图

1-度盘旋转轴;2-水平度盘;3-度盘旋转轴套;4-基座轴套;5-照准部

（1）望远镜

经纬仪上望远镜用于精确、清晰地瞄准远处的测量目标。望远镜的光学系统主要由物镜、调焦透镜、十字丝分划板和目镜组成，如图 4-5a）所示。

十字丝分划板的构造如图 4-5b）所示，竖直的一条称竖丝，横的一条称中丝，合起来称为十字丝。竖丝用来瞄准水平方向的位置，位于中丝上、下方的两条短横线称为上丝和下丝，亦称为视距丝。测量时望远镜是利用十字丝瞄准目标的，物镜光心与十字丝中心的连线称为视准轴。

a)望远镜结构　　　　b)十字丝分划板

图 4-5　望远镜结构示意图

（2）水准器

经纬仪的水准器用于置平仪器，使仪器的某条轴线处于水平或铅垂位置。

水准器的内壁研磨成一定曲率，里面灌入酒精、乙醚等溶液，加热封闭冷却后形成的一空隙即为水准气泡。水准器有管水准器和圆水准器两种。

①管水准器（又称为水准管）

经纬仪上的管水准器，主要用于指示竖轴是否处于铅垂位置并使水平度盘水平。管水准器是两端封闭的玻璃管，在玻璃管的纵剖面方向上，其内壁研磨成一定半径为 R 的圆弧，气泡恒位于圆弧的最高点。圆弧的中点 O 称为水准管的零点，过零点的圆弧切线 LL 称为水准管轴。如果气泡中心位于零点，则水准管轴 LL 处于水平状态，此时称气泡居中，如图 4-6a）所示。

如图 4-6b）所示，在管水准器的玻璃外表面，刻有分划线，分别位于零点的左右两侧，并以零点为中心成对称排列。相邻两条分划线间圆弧长度为 2mm。2mm 圆弧所对的圆心角值称为水准管分划值 τ，即

$$\tau'' = \frac{2\rho''}{R} \qquad (4-3)$$

式中：R——水准管圆弧半径（mm）。

因此，水准管圆弧半径越大，分划值 τ 越小，灵敏度越高，此时水准管一般较长，整平时亦较慢。因此，不同精度等级的仪器往往安装与之相匹配的水准管。如 DJ6 经纬仪水准管分划值为 $20''/2mm$。

②圆水准器

圆水准器外形如圆盒状，顶部玻璃的内表面为

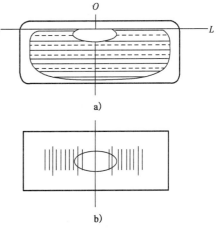

图 4-6　管水准器

球面,中央刻有圆圈,当气泡位于圆圈中心时称为气泡居中。通过圆圈中心对圆球面所做的法线 *LL* 称为圆水准器轴,当气泡严格居中时,圆水准器轴即处于铅垂位置。圆水准器的分划值一般为 $8'/2mm$,精度比管水准器低,只能用于粗略置平仪器,如图 4-7 所示。

2. 水平度盘

水平度盘是一个刻有分划线的光学玻璃圆盘,相邻两分划线间距所对的圆心角称为度盘的格值,又称度盘的最小分格值。一般 DJ6 经纬仪的度盘格值为 $1°$,DJ2 经纬仪的度盘格值为 $20'$,并按顺时针方向注有数字。水平度盘与照准部是分离的,观测水平角时,其位置相对固定,不随照准部一起转动。若需改变水平度盘的位置,可通过照准部上的水平度盘变换手轮或复测扳手将度盘配置到所需的位置。

3. 基座

经纬仪基座主要由轴座、脚螺旋、底板、三角压板等组成。在经纬仪基座上,还有一个轴座固定螺旋,用来将照准部与基座固连在一起。利用基座的中心螺母和三脚架上的中心连接螺旋,可使仪器与三脚架固定在一起。

4. 读数设备和读数方法

光学经纬仪的水平度盘分划和竖直度盘分划经读数光学系统,成像在望远镜旁的读数显微镜中。不同级别的经纬仪,或由不同厂家生产的同一级别的经纬仪,由于采用的读数装置不同,其读数方法也不一定相同。目前大部分 DJ6 经纬仪都采用分微尺测微器读数装置。

分微尺测微器结构简单,读数方便,如图 4-8 为分微尺测微器读数窗。读数窗上半部的影像为水平度盘读数,一般标有"H"或"水平"字样,下半部为竖直度盘读数,一般标有"V"或"竖直"字样。上半部和下半部各有一个分微尺,其长度与成像在读数窗分划面上的度盘分划值间隔的宽度相等。分微尺分为 60 小格,相当于把度盘上 $1°$ 的分划间隔分成 60 等份,每小格的格值为 $1'$,为了读数方便,每 10 小格标有注记。读数时,是以度盘的分划线作为读数的指标线。如图 4-8 所示,"度"位由落在分微尺上的度盘分划线注记数直接读出,水平度盘的"度"位读数为 $214°$,"分"位则从分微尺读出,其值等于分微尺的 0 分划线至度盘分划线之间的整格数,水平度盘的"分"位读数为 $44'$,"秒"位为不足一格的估读数,一般最小可估读到 0.1 格(即 $0.1 \times 1' = 6''$)。"秒"位读数为 0.2 格(即 $12''$),就得到水平度盘读数为:$214°44'12''$;同理,竖直度盘读数为:$90°28'48''$。

图 4-7 圆水准器

图 4-8 分微尺测微器的读数窗

二、电子经纬仪

电子经纬仪在结构和外观上与光学经纬仪基本类似,使用方法与光学经纬仪也基本相同。

电子经纬仪与光学经纬仪根本区别在于用电子测角系统代替光学读数系统,能自动显示测量数据。电子经纬仪采用电子度盘以及由它和机、光、电器件组成的测角系统。电子经纬仪有3种测角系统,即编码度盘测角系统、光栅度盘测角系统和动态法测角系统,各种测角系统的测角原理亦不相同。

1.编码度盘测角系统

编码度盘测角系统采用的是编码度盘,它是在度盘上设置 n 个等间隔的同心圆环,每个圆环称为一个码道。同时沿直径方向将度盘全周等分为 2^n 个同心角扇形,此扇形称为码区,这样构成编码度盘。

图4-9 所示为一个纯二进制编码度盘,共有4个码道和16个码区,每个码区的角值为 $360°/16 = 22.5°$,按一定规则将扇形圆环涂成透光和不透光的黑区和白区,透光表示"0",不透光表示"1"。这样对每一个码区沿径向方向由里向外可表示1个二进制数,里圈为高位数,外圈为低位数。如图4-9中由"0000"起,顺时针方向可以读得"0001""0010"…"1111",相应于十进制数的0~15。

图4-9　编码度盘示意图

若在编码度盘的一侧沿码区对每个码道安置一个发光二极管,并在另一侧安置接收二极管,当发光二极管和接收二极管组成的光电探测器阵列位于某一码区时,发光二极管的光通过码道的黑区或白区,使各接收二极管输出高电位信号"1"或低电位信号"0"(图4-10)。由于每一个码区对应一个二进制数,经三极管放大和译码器处理后可以数字形式表示编码度盘上码区的绝对位置,故称绝对测角法。如图4-10所示为"1001"。

图4-10　编码度盘光电读数原理

编码度盘的分辨率 δ 与区间数 s 有关,区间数 s 取决于码道数 n,它们之间的关系为:

$$s = 2^n$$

$$\delta = \frac{360°}{s}$$

n 越大，分辨率越高，但由于制造工艺的限制，n 不可能太大。由此可见，直接利用编码度盘不容易达到较高的精度，因此，编码度盘只用于角度粗测，精测必须采用电子测微技术。

2.光栅度盘测角系统

在光学玻璃度盘的径向上均匀地刻制明暗相间的等角距细线条就构成光栅度盘，如图 4-11 所示。光栅的基本参数是刻划线密度（即每毫米刻的线条数）和栅距（相邻两栅之间的距离）。在图 4-11 中，设光栅的刻线宽度为 a，缝隙宽度为 b，通常 $a = b$，栅距为 $d = a + b$。圆光栅中，栅距所对应的圆心角即为栅距的分划值。电子经纬仪采用的是圆光栅，光栅的线条处为不透光区，缝隙处为透光区。在光栅度盘上下对应位置装上照明器和光电接收管，则可将光栅的透光与不透光信号转变为电信号。若照明器和接收管随照准部相对于光栅盘移动，则可由计数器累计求得所移动的栅距数，从而得到转动的角度值。因为光栅盘是靠累计计数，因而称这种系统为增量式读数系统。

一般光栅的栅距已很小，而分划值却仍然较大。例如在 80mm 直径的度盘上刻有 12500 条线（刻线密度为 50 线/mm），其栅距的分划值为 1′44″，为了提高测角精度，还必须对栅距进行细分，即将一个栅距用电子的方法细分成几十到上千等份。由于栅距太小，计数和细分都不易准确，所以在光栅测角系统中都采用了莫尔条纹技术，将栅距放大，然后再进行细分和计数。产生莫尔条纹的方法是：取一小块与光栅盘具有相同密度和栅距的光栅，称为指示光栅。将指示光栅与光栅盘以微小的间距重叠起来，并使其刻线相互倾斜一个微小夹角 θ，这时就会出现放大为明暗交替的条纹，这些条纹称为莫尔条纹（栅距由 d 放大到 W），如图 4-12所示。测角过程中，转动照准部时同时带动指示光栅相对于度盘横向移动，所形成的莫尔条纹也随之移动。设栅距的分划值为 δ，则纹距的分划值亦为 δ。在照准部瞄准方向的过程中，可累计出移动条纹的个数 n 和计数不足整条纹距（不足一分划值）的小数 $\Delta\delta$，则角度值 ψ 可写为：

$$\psi = n\delta + \Delta\delta \tag{4-4}$$

图 4-11　径向光栅　　　　　　　　　图 4-12　莫尔条纹

第三节　角度观测方法

一、经纬仪的安置

经纬仪安置的要求:经纬仪的中心在地面点的铅垂线上;经纬仪的水平度盘处于水平状态。在角度观测之前,必须正确安置经纬仪。安置经纬仪包括对中、整平、调焦三个步骤。

1. 对中

三脚架是安放经纬仪的支架,伸缩三脚架的架腿可调整三脚架至适当高度,将三脚架安置在地面标志点上,在架头中心处自由落下一块小石头,观其落下点位与地面标志点的偏差在3cm之内,则实现大致对中。从仪器箱中取出经纬仪放在三脚架架头上(手不放松),位置适中。另一只手把中心连接螺旋(在三脚架头内)旋进经纬仪的基座中心孔中,使经纬仪牢固地与三脚架连接在一起。旋转基座的脚螺旋通过光学对中器或激光对中器观察地面标志点的移动情况,使对中器的十字中心或激光点中心对准地面标志点,此时圆水准器可能不居中。松开脚架腿固定螺栓,适当调整三个脚架腿的长度,使圆水准器居中,此时地面标志点略偏离对中器十字中心。重复上述操作,直至地面标志点位于十字中心,且圆水准器也处于居中状态。

2. 整平

任选两个脚螺旋,转动照准部使管水准轴与所选两个脚螺旋中心连线平行,相对转动两个脚螺旋使管水准器气泡居中,如图4-13a)所示。管水准器气泡在整平中的移动方向与转动脚螺旋左手大拇指运动方向一致。转动照准部90°,使管水准器处于垂直于该两个脚螺旋连线方向位置,此时转动第三个脚螺旋使管水准器气泡居中,如图4-13b)所示。如此反复,直至水准器气泡在任意位置都精确居中。

图4-13　经纬仪整平示意图

3. 调焦

调焦包括目镜调焦和物镜调焦。首先进行目镜调焦,将望远镜对准白墙或天空,旋转目镜调焦螺旋,使十字丝最清晰。然后进行物镜调焦,旋转物镜调焦螺旋,使观测目标成像最清晰。如果调焦不完善,当眼睛在目镜边缘上下、左右稍许移动时,会出现十字丝与目标像之间有相对移动,这种现象称为"视差"。有了视差,就不可能进行精确的瞄准和读数,因此,必须消除视差。消除视差的方法如下:转动目镜调焦螺旋将十字丝调至最清楚,再转动物镜调焦螺旋将目标像调至最清楚,上下、左右移动眼睛,如果十字丝与目标像之间已无相对移动,则视差已消除,否则,重新进行目镜和物镜对光,直至视差消除为止。

二、水平角观测

水平角观测一般根据观测条件、观测精度要求和目标的数目来决定。常用的水平角观测方法有测回法和方向观测法。

1.测回法

测回法适于观测只有两个方向的水平角,如图4-14所示,经纬仪安置在测站点 O 上,对中整平后按下述步骤进行水平角观测:

(1)经纬仪置于盘左(用 L 表示)位置。所谓盘左,即观测者面对望远镜目镜,竖直度盘在望远镜的左侧。

(2)精确瞄准起始目标 A,读取水平度盘读数 L_A,记入观测手簿。

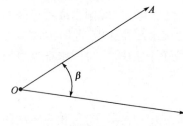

瞄准目标的一般方法是:松开照准部和望远镜的制动螺旋,通过望远镜筒上面的粗瞄器粗略瞄准目标,并使目标的成像位于十字丝附近,旋转照准部和望远镜微动螺旋,应用十字丝竖丝精确瞄准目标(尽量瞄准目标底部,以便减小目标倾斜的影响)。

(3)松开照准部制动螺旋,顺时针旋转照准部,精确照准目标 B,读取水平度盘读数 L_B,记入观测手簿。

图4-14　测回法水平角观测

以上观测过程称为上半测回,其观测角值 $\beta_{左} = L_B - L_A$。

(4)松开照准部制动螺旋和望远镜制动螺旋,旋转望远镜,使经纬仪置于盘右(用 R 表示)位置(竖盘在望远镜右侧,又称倒镜)。然后精确照准目标 B,读取水平度盘读数 R_B,记入观测手簿。

(5)逆时针旋转照准部,精确照准目标 A,读取水平度盘读数 R_A,记入观测手簿。

上述(4)和(5)两步过程称为下半测回。下半测回观测角值为 $\beta_{右} = R_B - R_A$。

上半测回和下半测回合称为一个测回。理论上 $\beta_{左}$ 与 $\beta_{右}$ 应相等,但往往由于受各种误差的综合影响而不相等,实际观测中当 $\beta_{左}$ 与 $\beta_{右}$ 两者之差(称半测回较差)满足规范要求时(表4-1),可取两者的平均值作为该测回的观测结果。

$$\beta = \frac{\beta_{左} + \beta_{右}}{2}$$

水平角观测技术要求　　　　　　　　　　　表4-1

仪器	半测回归零差 (")	半测回角值较差 (")	一测回内2C互差 (")	同一方向值各测回互差 (")
DJ6	18	36		24
DJ2	12	24	18	12

当观测的测回数 n 大于一测回时应配置度盘,各测回之间起始目标的度盘读数应配置为 $180°/n$。打开手轮护盖或按下手轮盖,转动手轮,直至读数窗看到所需读数,然后关好手轮护盖(或弹回手轮盖)。测回法观测记录及计算见表 4-2。

测回法观测手簿　　　　　　　　　　　　　　　　表 4-2

仪器等级:DJ6　　　　　　　仪器编号:1995035　　　　　　观测者:×××
观测日期:2015 年 5 月 5 日　　　　天　气:晴　　　　　　记录者:×××

测站	测回	目标	读数 盘左 (° ′ ″)	读数 盘右 (° ′ ″)	半测回方向值 (° ′ ″)	一测回方向值 (° ′ ″)	各测回平均方向值 (° ′ ″)	备注
O	1							
		A	0 01 12	180 01 18	0 00 00	0 00 00	0 00 00	
		B	58 20 24	238 20 42	58 19 12	58 19 18	58 19 20	
					24			
	2	A	90 02 06	270 02 12	0 00 00	0 00 00		
		B	148 21 24	328 21 36	58 19 18	58 19 21		
					24			

2. 方向观测法

方向观测法又称为全圆观测法,适于在一个测站上观测三个或三个以上的目标。与测回法不同的是,方向观测法在超过三个目标时每半测回依次观测各方向后,最后还应再次回到观测起始方向并进行读数,这一过程称为归零观测。

如图 4-15 所示,O 为测站点,A、B、C、D 为观测目标,方向观测法观测步骤如下:

(1)在测站点 O 安置仪器,对中整平。盘左瞄准起始方向 A,读数并记入观测手簿(表 4-3)中。

(2)按顺时针方向依次瞄准目标 B、C、D,读数并记入观测手簿中。

(3)再次瞄准起始目标 A,读数并记入观测手簿。两次瞄准目标 A 的读数之差称为半测回归零差(Δ),半测回归零差应不超过表 4-1 的规定。若归零差符合要求,取两次读数平均值作为起始目标 A 的读数,上述观测完毕称为上半测回。

(4)盘右位置逆时针依次瞄准 A、D、C、B、A 各目标,读取读数并记入手簿。以上观测称为下半测回。

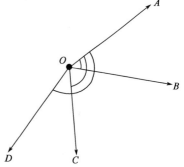

图 4-15　方向法水平角观测

上、下半测回合称一个测回,如需观测多个测回,各测回间应配置度盘。

DJ6 方向观测法记录、计算示例

表 4-3

仪器等级:DJ6　　　　　仪器编号:103456　　　　　观测者:×××

观测日期:2015 年 5 月 21 日　　　天　　气:晴　　　　记录者:×××

站点	读数				半测回方向值（° ′ ″）	一测回平均方向值（° ′ ″）	各测回平均方向值（° ′ ″）	备注
	盘左		盘右					
	(° ′)	(″)	(° ′)	(″)				
1	2	3	4	5	6	7	8	9
第一测回		12		18				
A	0 01	06	180 01	18	0 00 00	0 00 00	0 00 00	
B	91 54	06	271 54	00	91 52 54	91 52 48	91 52 45	
					42			
C	153 32	48	333 32	48	53 31 36	153 31 33	153 31 33	
					30			
D	214 06	12	34 06	06	214 05 00	214 04 54	214 05 00	
					04 48			
A	0 01	18	180 01	18				
第二测回		24		30				
A	90 01	18	270 01	24	0 00 00	0 00 00		
B	181 54	00	01 54	18	91 52 36	91 52 42		
					48			
C	243 32	54	63 33	06	153 31 30	153 31 33		
					36			
D	304 06	36	124 06	30	214 05 12	214 05 06		
					05 00			
A	90 01	30	270 01	36				

任意两目标的方向值相减,即得该两方向之间的水平角。

若使用 DJ2 经纬仪观测时,还需计算 2C(2 倍照准差)值,计算公式如下:

$$2C = L - (R \pm 180°)$$

一测回内各方向 2C 互差(2C 最大值减去 2C 最小值)不应超过表 4-1 中的规定,当其中某方向目标竖直角大于3°时可以单独比较。

三、竖直角观测

1. 竖盘装置的构造

经纬仪上的竖盘装置包括竖直度盘、指标水准管和指标水准管微动螺旋三部分。竖盘固定在望远镜横轴一端,随望远镜一起在竖直面内转动。指标线和竖直度盘水准管连在一起,水准气泡居中后,读数指标即处于正确位置。此时望远镜视准轴水平,竖盘读数为90°的整数倍(即0°、90°、180°、270°中的一个)。所以,观测竖角时,必须用竖盘指标水准管微动螺旋使指标水准管气泡居中才能读数。

经纬仪的竖盘刻划的注记有顺时针方向[图4-16a)]和逆时针方向[图4-16b)]两种,一般为全圆式注记。

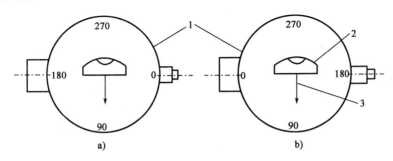

图4-16　竖盘装置

1-竖盘;2-指标水准管;3-指标

目前,许多型号的经纬仪上都安装有一个竖盘指标自动补偿器,使用这种仪器时,仪器整平后就可以读得相当于指标处于正确位置的读数,使用极为方便。

2. 竖直角观测

竖直角观测方法有中丝法和三丝法。中丝法,即以十字丝横丝瞄准目标的观测方法,其观测步骤如下:

(1)在测站点上安置仪器,用盘左瞄准目标A,使十字丝横丝切中目标,转动指标水准管微动螺旋,使竖直度盘的指标水准管气泡居中,读取读数L,并记录在竖直角测量记录表中(表4-4)。

竖直角测量记录与计算　　　　　　　　　　　　　　　表4-4

测站	目标	测回	盘左观测值 L (°　′　″)	盘右观测值 R (°　′　″)	指标差 (″)	一测回竖直角 (°　′　″)	各测回平均值 (°　′　″)
O	A	1	90　30　18	269　29　49	+04	-0　30　14	-0　30　13
		2	90　30　15	269　29　51	+03	-0　30　12	

(2)在盘右位置,仍然用十字丝横丝切中目标A,转动指标水准管微动螺旋,使竖直度盘的指标水准管气泡再次居中,读取读数R。

(3)竖直角的计算。

竖直角α是目标方向的竖盘读数与水平方向的竖盘读数(90°)之差。但哪个数是被减数,哪个数是减数,则应按竖盘注记形式确定。如图 4-17 所示。

图 4-17　竖盘注记

盘左观测的竖直角 $\alpha_{左}$ 为:

$$\alpha_{左} = 90° - L$$

盘右观测的竖直角 $\alpha_{右}$ 为:

$$\alpha_{右} = R - 270°$$

将盘左、盘右取中数,则一测回竖直角 α 为:

$$\alpha = \frac{\alpha_{左} + \alpha_{右}}{2} = \frac{1}{2}(R - L - 180°) \tag{4-5}$$

3. 竖盘指标差

上述竖直角的计算,是假设竖盘指标水准管气泡居中时,指标应处于正确位置。如图 4-17 可知,由于某种原因指标线不可能严格处于垂线方向上,指标线在度盘读数中少了一个角度差 x,则望远镜瞄准目标时的准确度盘读数应加上角度差 x,即为 $L + x$ 或 $R + x$,在这里 x 称为指标差。

根据竖直角的定义,望远镜瞄准目标时盘左观测的正确竖直角 α 为:

$$\alpha = 90° - (L + x) \tag{4-6}$$

盘右观测的正确竖直角 α 为:

$$\alpha = R + x - 270° \tag{4-7}$$

将式(4-6)与式(4-7)相减,并整理得:

$$x = \frac{1}{2}(R + L - 360°) \tag{4-8}$$

指标差 x 可用来衡量观测质量。一般说来,经纬仪的指标差 x 不要太大,一般要求 $x \leqslant 1'$。Δx 称为指标差之差,观测竖直角时对 Δx 有严格的要求,如 DJ2 经纬仪 $\Delta x \leqslant 15''$,DJ6 经纬仪 $\Delta x \leqslant 25''$。

四、水平角测量的主要误差

水平角测量受多种误差的综合影响,主要有仪器误差、仪器安置误差、目标偏心误差、观测误差以及外界条件的影响。研究这些误差的成因及性质,以便采取适当措施来消除或减弱其对水平角的影响,从而提高测角的精度是必要的。

1. 仪器误差

仪器误差来源于仪器的制造加工和验校不完善,主要包括视准轴误差、横轴误差、竖轴误差、度盘偏心差以及度盘刻划误差等。仪器误差对水平角的影响是系统性的,所以在开始观测水平角之前,必须对经纬仪进行检验与校正,并且在观测过程中要采取相应的措施消除或减弱其影响。例如仪器的视准轴误差、横轴误差、度盘偏心差等对水平角的影响,在盘左和盘右观测时,其影响值的大小相等,符号相反。因此可通过盘左、盘右观测取平均值的方法消除这些误差的影响。度盘刻划误差一般很小,在多测回观测中,可通过各测回配置度盘读数来减弱其影响。但仪器竖轴误差不能用盘左和盘右观测消除其影响,因此,当视线倾角较大时,应特别注意仪器整平。

2. 仪器对中误差

仪器对中时,光学对中器没有对准测站点标志中心,从而产生仪器对中误差。仪器对中误差对水平角的影响,与测站至目标间的距离成反比,距离越短影响越大,故在短边上测角时更应注意仪器的精确对中。

3. 目标偏心误差

测角时所瞄准的目标倾斜或者目标没有准确安置在标志中心时,将产生目标偏心误差。目标偏心对测角的影响与测站至目标间的距离成反比,距离越短影响越大,所以,照准标志必须竖直,在用标杆观测水平角时,应尽量瞄准标杆底部。或采用专用觇牌,以减少目标倾斜对水平角的影响。

4. 观测误差

观测误差包括照准误差和读数误差。

照准误差主要与人眼的分辨率和望远镜的放大倍数有关,人眼能分辨两个点的最小张角一般为60″,设望远镜的放大倍数为 v,则用该仪器观测时,其照准误差取:

$$\mathrm{d}\beta = \pm \frac{60''}{v} \tag{4-9}$$

此外,目标的形状、颜色、大小、亮度和背景等都会给照准误差带来影响。

读数误差主要取决于仪器的读数设备,也与读数窗的明亮情况和观测者的熟练程度有关。电子经纬仪由于读数自动显示,故不存在读数误差。

5. 外界条件的影响

外界条件影响的因素有很多,例如:大风会影响仪器的稳定,地面热辐射影响大气的稳定而引起物像的跳动,烈日暴晒和温度变化使水准管气泡的位置发生变化,大气的透明度和目标背景的明暗程度会影响瞄准精度,大气折射和旁折光会改变光线的方向等。要完全避免这些不利因素的影响是不可能的,只能采取适当的措施以及选择有利的观测条件和时间,使外界因素的影响降低到最小的程度。

第四节 距 离 测 量

所谓距离,就是两点间连线的直线长度。两点间连线投影在水平面的长度称为水平距离,不在同一水平面的两点间连线的直线长度称为倾斜距离。距离测量是测量的基本工作之一,距离测量的方法有多种,常用的方法有:钢尺量距、光电测距、视距测量。可根据不同的测距精度要求和作业条件选用不同的测距方法。

一、钢尺量距

钢尺是用于直接丈量距离的工具,尺带宽 10 ~ 15mm,厚 0.2 ~ 0.4mm,长度有 20m、30m、50m 的卷钢带,尺面的基本分划为厘米,分米及米处均有毫米分划。钢尺量距需要测钎、花杆(标杆)、垂球、温度计、拉力器等。

钢尺的尺长方程式是在一定拉力下(如对 30m 钢尺,拉力为 10kg),钢尺长度与温度的函数关系,其形式为:

$$L = L_0 + \Delta L + \alpha(t - t_0)L_0 \tag{4-10}$$

式中:L——钢尺在温度 t 时的实际长度;

L_0——钢尺的名义长度;

ΔL——尺长改正数,即钢尺在温度 t_0 时实际长度与名义长度之差;

α——钢尺膨胀系数,即温度每变化 $1℃$ 时单位长度的变化率,其值一般为 $(1.15 \sim 1.25) \times 10^{-5}/1℃$;

t——钢尺量距时的温度;

t_0——钢尺检定时的标准温度。

尺长方程式在已知长度上比对得到,称为尺长检定,一般由专业的检定部门实施。

钢尺量距一般包括以下几方面工作:

(1)定线。若丈量距离大于尺段长度时,应在距离两端点之间用经纬仪定向,按尺段长度设置定向桩,并在桩顶刻划标志。

(2)量距,即丈量两相邻定向桩顶标志之间的距离。丈量时钢尺施以检定时的拉力(一般 30m 钢尺为 10kg,50m 钢尺为 15kg)。当钢尺达到规定拉力、尺身稳定时,司尺员按一定程序、统一口令,前后读尺员进行钢尺读数,两端读数之差即为该尺段的长度 l_i。

(3)测量定向桩之间的高差。为将丈量距离改化成水平距离,需用水准测量方法测定相邻桩顶间的高差 h_i。

(4)成果整理。对各段观测值进行尺长改正、温度改正、倾斜改正后相加即得所需距离。

$$D = \sum l_i + \frac{\Delta L}{L_0}\sum l_i + \alpha(t - t_0)\sum l_i - \sum \frac{h_i^2}{2L_i} \tag{4-11}$$

二、电磁波测距

1. 电磁波测距概述

电磁波测距是用电磁波作为载波进行距离测量的一种技术方法。与传统测距方法相比,光电测距仪具有精度高、测程远、操作简便、作业速度快和劳动强度低等优点。

光电测距的基本原理是通过测定电磁波在待测距离两端点间往返一次的传播时间 t 和电磁波在大气中的传播速度 c,来计算两点间的距离 D(图4-18),其计算公式为:

$$D = \frac{1}{2}ct \tag{4-12}$$

式中: c——光波在大气中的传播速度, $c = c_{真}/n$ ($c_{真} = 299792458\text{m/s}$,为真空光速);

n——光在大气中的折射率;

t——电磁波在待测距离上往返传播的时间。

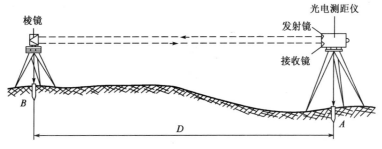

图4-18　光电测距

常用的时间测定方法有相位法、脉冲法等。

依据这一基本原理设计制造的测距仪器即为电磁波测距仪。电磁波测距仪按载波的不同可分为:微波测距仪(以微波为载波的测距仪)、光电测距仪(以激光和红外光为载波的测距仪)。按测程的远近可分为:远程(20km 以上)、中程(5～20km)和短程(5km 以下)测距仪,远程一般都是激光测距仪,中、短程一般都是红外光电测距仪。按测量精度分为:Ⅰ级($m_D \leqslant 5\text{mm}$)、Ⅱ级($5\text{mm} < m_D \leqslant 10\text{mm}$)、Ⅲ级($m_D > 10\text{mm}$), m_D 为每千米测距中误差。

现在一些厂家的手持激光测距仪,如图4-19 所示,外形小巧,只有手掌大小,且操作简便,适用于不同的距离测量。其内置的精密的计算系统可以瞬间计算出距离,实现快捷的测量。其载波为红色可见激光,测距时测量员只需将测距仪放置在被测距离一端,利用可见红色激光目视瞄准另一端,启动测量即可测出距离,测量不需任何反射棱镜,且可得到 3mm 以内的测量精度。由于其测量距离方便快速,手持式激光测距仪可在某些场合发挥很好的作用,并广泛应用于室内装修、房产测量、容积测量、深度测量等方面。

2. 脉冲式光电测距仪

脉冲式光电测距是通过直接测定光脉冲在测线上往返传播的时间 t ,并按式(4-12)求得距离。

图4-20 是脉冲法测距原理示意图。

图 4-19　手持激光测距仪

图 4-20　脉冲式光电测距仪原理

仪器的大致工作过程如下：

首先,由光脉冲发射器发射出一束光脉冲,经发射光学系统后射向被测目标。与此同时,由仪器内的取样棱镜取出一小部分光脉冲送入接收光学系统,再由光电接收器转换为电脉冲(称为主波脉冲),去打开电子门,此时时标脉冲通过电子门进入计数器系统。从目标反射回来的光脉冲通过接收光学系统后,也被光电接收器接收并转换为电脉冲(称为回波脉冲),关闭电子门,计数器系统停止计数。由于每进入计数系统一个时标脉冲就要经过时间 T,所以,如果在"开门"(即光脉冲离开测距仪的时刻)和"关门"(即目标反射回来的光脉冲到达测距仪的时刻)之间有 n 个时标脉冲进入计数系统,则主波脉冲和回波脉冲之间的时间间隔 $t = nT$。由式(4-12)可求得待测距离 $D = \frac{1}{2}cnT$。令 $l = \frac{1}{2}cT$,表示在时间间隔 T 内光脉冲往返所走的一个单位距离,则有：

$$D = nl \tag{4-13}$$

由上式可以看出,计数系统每记录一个时标脉冲,就等于记下一个单位距离 l,由于测距仪中 l 值是预先选定的(例如 0.1 m)。因此计数系统在计数通过"电子门"的时标脉冲个数 n 之后,就可以直接把待测距离 D 显示出来。

目前,脉冲式测距仪一般用固体激光器发射出高频率的光脉冲,因而这类仪器可以不用合作目标(如反射器),直接用被测目标对光脉冲产生的漫反射进行测距。在地形测量中可实现无人跑尺,从而减轻劳动强度,提高作业效率。特别是在悬崖陡壁的地方进行地形测量,此种仪器更具有实用意义。

随着电子技术的发展,出现具有独特时间测量方法的脉冲测距仪,采用细分一个时标脉冲的方法,使测距精度可达到毫米级。例如,南方测绘仪器公司生产的全站仪 NTS-300(RL)系列(图 4-21),无棱镜测距时达 200m,测距精度 ±(5 + 3ppmm);日本拓普康生产的GPT7500 系列(图 4-22),无棱镜测距时达 2000m,测距精度 ±(10 + 10ppm)。

图 4-21　NTS-300(RL)系列全站仪　　　　图 4-22　GPT7500 系列全站仪

3. 相位式光电测距仪

(1)相位式光电测距的基本原理

相位式光电测距是通过测量调制光在测线上往返传播所产生的相位移来求出距离 D。图 4-23 为相位式测距原理示意图。

图 4-23　相位式光电测距仪工作原理

由光源发出的光通过调制器后,成为光强随高频信号变化的调制光射向测线另一端的反射镜。经反射镜反射后被接收器所接收,然后由相位计将发射信号(又称参考信号)与接收信号(又称测距信号)进行相位比较,获得调制光在被测距离上往返传播所引起的相位移 φ。如将调制波的往程和返程摊平,则有如图 4-24 所示的波形。

图 4-24 相位法测距的原理

由图 4-24 可知,调制光全程的相位变化值为:

$$\varphi = N \cdot 2\pi + \Delta\varphi = 2\pi\left(N + \frac{\Delta\varphi}{2\pi}\right) \tag{4-14}$$

对应的距离值为:

$$D = \frac{\lambda}{2}(N + \Delta N) \tag{4-15}$$

式中:N——相位移的整周期数或调制光整波长的个数,其值可为零或正整数;

  λ——调制光的波长;

$\Delta N = \frac{\Delta\varphi}{2\pi}$,而 $\Delta\varphi$ 为不足一个整周期的相位移尾数。

  通常令 $u = \frac{\lambda}{2}$,则:

$$D = u(N + \Delta N) \tag{4-16}$$

式(4-16)即为相位式光电测距的基本公式。这种测距方法的实质相当于用一把长度为 u 的尺子来丈量待测距离,如同用钢尺量距一样。这一根"尺子"称为"测尺",$u = \lambda/2$ 称为测尺长度。

在相位式测距仪中,一般只能测定 $\Delta\varphi$ 而无法测定整周期数 N,因此使上式产生多值解,距离 D 无法确定。

(2)N 值的确定

由式(4-16)可以看出,当测尺长度 u 大于距离 D 时,则 $N = 0$,此时可求得确定的距离值,即 $D = u\frac{\Delta\varphi}{2\pi} = u\Delta N$。因此,为了扩大单值解的测程,就必须选用较长的测尺,即选用较低的调制频率。根据 $u = \lambda/2 = c/2f$,取 $c = 3 \times 10^5 \mathrm{km/s}$,可算出与测尺长度相应的测尺频率(即调制频率),如表 4-5 所示。由于仪器测相误差(一般可达 10^{-3},即 $m_{\Delta\varphi}/2\pi < 1/1000$)对测距误差的影响也将随测尺长度的增加而增大,因此,为了解决扩大测程与提高精度的矛盾,可以采用一组测尺共同测距,以短测尺(又称精测尺)保证精度,用长测尺(又称粗测尺)保证测程,从而解决"多值性"的问题。这就如同钟表上用时、分、秒互相配合来确定 12h 内的准确时刻一样。根据仪器的测程与精度要求,即可选定测尺的数目和测尺精度。

测尺频率与测距误差的关系   表 4-5

测尺频率	15MHz	1.5MHz	150kHz	15kHz	1.5kHz
测尺长度	10m	100m	1km	10km	100km
精度	1cm	10cm	1m	10m	100m

设仪器中采用两把测尺配合测距，其中精测频率为 f_1，相应的测尺长度 $u_1 = c/2f_1$；粗测频率为 f_2，相应的测尺长度为 $u_2 = c/2f_2$。若用两者测定同一距离，则由式(4-16)可写出下列方程组：

$$D = u_1(N_1 + \Delta N_1) \left.\right\}$$
$$D = u_2(N_2 + \Delta N_2) \left.\right\} \tag{4-17}$$

将以上两式稍加变换即得：

$$N_1 + \Delta N_1 = \frac{u_2}{u_1}(N_2 + \Delta N_2) = K(N_2 + \Delta N_2) \tag{4-18}$$

式中：$K = \dfrac{u_2}{u_1} = \dfrac{f_1}{f_2}$，称为测尺放大系数。

若已知 $D < u_2$，则 $N_2 = 0$。因为 N_1 为正整数，ΔN_1 为小于 1 的小数，等式两边的整数部分和小数部分应分别相等，所以有 $N_1 = K\Delta N_2$ 的整数部分。为了保证 N_1 值正确无误，测尺放大系数 K 应根据 ΔN_2 的测定精度来确定。

4. 距离测量

测距时，将测距仪和反射镜分别安置在测线两端，仔细地对中。接通测距仪电源，然后照准反射镜，开始测距。为防止出现粗差和减少照准误差的影响，可进行若干个测回的观测。这里一测回的含义是指照准目标 1 次，读数 2~4 次。一测回内读数次数可根据仪器读数出现的离散程度和大气透明度做适当增减。根据不同精度要求和测量规范的规定确定测回数。往、返测回数各占总测回数的一半，精度要求不高时，只作单向观测。

测距读数值记入手簿中，接着读取竖盘读数，记入手簿的相应栏内。测距时尚应由温度计读取大气温度值，由气压计读取气压值。观测完毕可按气温和气压进行气象改正（测距精度不高时可省略），按测线的竖角值进行倾斜校正，最后求得测线的水平距离。

测距时应避免各种不利因素影响测距精度，如避开发热物体（散热塔、烟囱等）的上空及附近，安置测距仪的测站应避开电磁场干扰，距高压线应大于 5m，测距时的视线背景部分不应有反光物体等。要严格防止阳光直射测距仪的照准头，以免损坏仪器。

5. 测距成果的整理

电磁波测距是在地球自然表面上进行的，所得长度是距离的初步值。出于建立控制网等目的，长度值应换算为标石间的水平距离。因而要进行一系列改正计算。这些改正计算大致可分为三类：其一是仪器系统误差改正；其二是大气折射率变化所引起的改正；其三是归算改正。

仪器系统误差改正包括加常数改正、乘常数改正和周期误差改正。

电磁波在大气中传输时受气象条件的影响很大，因而要进行大气改正。

属于归算方面的改正主要有倾斜改正、归算到参考椭球面上的改正（简称归算改正）、投影到高斯平面上的改正（简称为投影改正）。如果有偏心观测的成果，还要进行归心改正。对于较长距离（例如 10km 以上），有时还要加入波道弯曲改正。

现代测距仪（全站仪），测量时可自动进行改正，无需计算。下面简述改正内容。

(1)加常数改正

如图 4-25 所示，由于测距仪的距离起算中心与仪器的安置中心不一致，以及反射镜等效反射面与反射镜安置中心不一致,使仪器测得距离 $D_0 - d$ 与所要测定的实际距离 D 不相等,其差数与所测距离长短无关,称为测距仪的加常数,其值表示为:

$$k = D - (D_0 - d)$$

图 4-25　加常数

　　实际上,测距仪的加常数包含仪器加常数和反射镜常数,当测距仪和反射镜构成固定的一套设备后,其加常数可测出。由于加常数为一固定值,可预置在仪器中,使之测距时自动加以改正。但是仪器在使用一段时间以后,此加常数可能会有变化,应进行检验,测出加常数的变化值(称为剩余加常数),必要时可对观测成果加以改正。

　　(2)乘常数改正

　　测距仪在使用过程中,实际的调制光频率与设计的标准频率之间有偏差,而引起一个计算改正数的乘常数,也称为比例因子。乘常数可通过一定的检测方法求得,必要时可对观测成果进行改正。如果有小型频率计,直接测定实际工作频率,就可方便地求得乘常数改正值。

　　(3)气象改正

　　光的传播速度受大气状态(温度 t、气压 P、湿度 e)的影响。仪器制造时只能选取某个大气状态(假定大气状态)来定出调制光的波长,而实际测距时的大气状态一般不会与假定状态相同,因而使测尺长度发生变化,使得测距成果中含有系统误差,所以必须加气象改正。

　　(4)倾斜改正

　　由测距仪测得的距离观测值经加常数、乘常数和气象改正后,得到改正后的倾斜距离,若测得测线的竖角,可按下式直接计算水平距离:

$$S = D_\alpha \cos\alpha \tag{4-19}$$

三、视距法测距

1. 概述

视距测量是一种根据几何光学原理,应用三角定理进行测距的技术,用简便的操作方法即能迅速测出两点间距离的方法。

视距测量是一种间接测距方法,利用定角测距方式进行测量。由于十字丝分划板的上、下视距丝的位置固定,因此通过视距丝的视线所形成的夹角是不变的,即为定角。

视距测量测距简单,作业方便,观测速度快,一般不受地形条件的限制,但测程较短,测距精度较低,在比较好的外界条件下测距相对精度仅有 1/200 ~ 1/300。

2.视距测量的原理

(1)视准轴水平时的视距公式

视距法测距是利用测量仪器望远镜十字丝的上、下丝获得尺子刻划读数 M、N,从而实现距离测量技术。如图 4-26 表示经纬仪望远镜的几何光路原理:L_1 是目镜前的十字丝板,a、b 是上下丝的位置,二者相距宽度为 p。L_2 是望远镜的凹透镜。L_3 是望远镜的物镜,F 是物镜焦点。

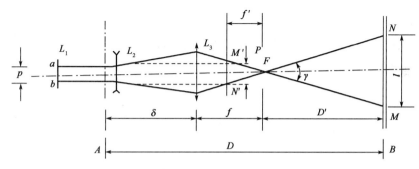

图 4-26　视距测量原理

A 为经纬仪的安置中心。B 为立尺点。M、N 是经纬仪望远镜视准轴处于水平状态瞄准直立的尺子后上、下丝在尺面截获的刻划值读数,且 $N > M$。N、M 的间隔长度 l 称为视距差,即

$$l = N - M \tag{4-20}$$

可根据几何光学原理推得望远镜视距法测距公式为:

$$D = Kl + C \tag{4-21}$$

式中:K——乘常数;

　　C——加常数。

通常,在设计望远镜时,适当选择有关参数后,可使乘常数 $K = 100$,加常数 $C = 0$。故式(4-21)简化为:

$$D = Kl = 100l \tag{4-22}$$

(2)视准轴倾斜时的视距公式

当视准轴倾斜时,如尺子仍竖直立着,则视准轴不与尺面垂直,此时,水平距离的计算公式为:

$$S = Kl\cos^2\alpha \tag{4-23}$$

而两点间的高差 h 由竖直角 α、仪器高 i 及中丝读数 v 按下式计算:

$$h = D\tan\alpha + i - v \tag{4-24}$$

第五节 全 站 仪

全站仪(全站型电子速测仪)是集测角、测距等多功能于一体的电子测量仪器,能在一个测站上同时完成角度和距离测量,并根据测量员的要求显示测点的平面坐标、高程等数据。

一、全站仪的基本构造

全站仪主要由电子测角、光电测距和内置微处理器组成。另外,还具有各种通信接口,如 USB 接口或六针圆形孔 RS-232 接口等。全站仪在获得观测数据之后,可通过这些通信接口与计算机相连,在相应的专业软件支持下,实现数字化测量。

全站仪主要构造如图 4-27 所示,其种类和型号众多,原理、构造和功能基本相似。

提柄

照准部及
望远镜部分

双面显示屏
及操作键盘

基座

图 4-27 全站仪

1. 全站仪望远镜的光学系统

目前的全站仪基本上采用望远镜光轴(视准轴)和测距光轴完全同轴的光学系统,如图 4-28 所示,一次照准就能同时测出角度和距离。

望远镜由物镜、分光棱镜、聚光棱镜、目镜等组成,是角度测量和距离测量的光学部分。可见光通过望远镜进入视场,完成角度测量的瞄准工作。物镜和分光棱镜组成测距仪光路,光路包括内光路和外光路,光纤连接光敏二极管和接收管形成内光路,发光二极管(LED)发出的红外光通过闸门的转换经过内光路和外光路到达接收二极管,完成距离测量。

2. 全站仪电子电路

全站仪电子电路包括两部分,一部分是由光栅度盘或编码度盘、光电转换器、放大器、计数器、显示器和逻辑电路等组成的测角部分;另一部分是由发光二极管、接收管、电子电路组成的距离测量部分,两者之间用串行通信连接成一个整体,从而完成电子经纬仪及测距仪的全部功能。

图 4-28 全站仪望远镜的光路图

与全站仪配合使用的主要测量器材是反射棱镜。棱镜分单棱镜、三棱镜、九棱镜等几种形式,常用的主要是单棱镜和三棱镜两种。单棱镜主要用于测短距离,三棱镜主要用于测长距离。如图 4-29 所示。

图 4-29 全站仪棱镜

二、全站仪的常用功能

全站仪可以同时完成水平角、垂直角和距离测量,加之仪器内部有固化的测量应用程序,因而可以现场完成多种测量工作,提高了野外测量的效率和质量。

1. 角度测量

全站仪具有电子经纬仪的测角系统,除一般的水平角和垂直角测量外,还具有以下附加功能:

(1)水平角设置:将某方向水平读数设置为零或任意值;任意方向值的锁定(照准部旋转时方向值不变);右角/左角的测量(照准部顺时针旋转时角值增大/照准部逆时针旋转时角值增大);角度重复测量模式(多次测量取平均值)。

(2)垂直角显示变换:可以用天顶距、高度角、倾斜角、%坡度等方式显示垂直角。

（3）角度单位变换：可以 360°、400gon 等方式显示角度。

（4）角度自动补偿：使用电子水准器,可以测定出仪器在各个方向的倾斜量,从而具有自动补偿竖轴误差、横轴误差和视准轴误差等对角度观测的影响。

在高精度测量中,有时要对水平角进行多个测回观测,以提高水平角观测精度,全站仪机载多测回观测功能可满足此要求。

2. 距离测量

（1）全站仪具有光电测距仪的测距系统,除了能测量仪器至反射棱镜的距离(斜距)外,还可根据全站仪的类型、反射棱镜数目和气象条件,改变其最大测程,以满足不同的测量目的和作业要求。

（2）测距模式的变换

①按具体情况,可设置为高精度测量和快速测量模式。

②可选取距离测量的最小分辨率,通常有 1cm、1mm、0.1mm 3 种。

③可选取测距次数,主要有：单次测量(能显示一次测量结果,然后停止测量);连续测量(可进行不间断测量,只要按停止键,测量马上停止);指定测量次数;多次测量平均值自动计算(根据所设定的测量次数,测量完成后显示平均值)。

（3）可设置测距精度和时间,主要有：精密测量(测量精度高,需要数秒测量时间);简易测量(测量精度低,可快速测量);跟踪测量(自动跟踪反射棱镜进行测量,测量精度低)。

（4）各种改正功能：在测距前设置相关参数,距离测量结果可自动进行棱镜常数改正、气象(温度和气压)改正和大气折射率误差改正等。

（5）斜距归算功能：由测量的垂直角(天顶距)和斜距可计算出仪器至棱镜的平距和高差,并立即显示出来。如事先输入仪器高和棱镜高,测距测角后便可计算出测站点与目标点间平距和高差。

3. 坐标测量

对仪器进行必要的参数设定后,全站仪可直接测定点的三维坐标,如在地形测量数据采集时使用可大大提高作业效率。

首先,在一已知点安置仪器,输入测站点的三维坐标(X_A,Y_A,H_A),并输入仪器高(i),照准另一已知点(称为定向点或后视点)进行定向,即后视定向。后视定向的目的是设置水平角 0° 方向与坐标北方向一致。经后视定向后,照准轴处于任意位置时,水平角读数即为照准方向的方位角。接着再照准目标点上的反射棱镜,输入棱镜高(v),按坐标测量键,即可得到目标点的三维坐标$(X_i、Y_i、H_i)$,其计算公式为：

$$\left.\begin{aligned}X_i &= X_A + D\sin z \cdot \cos\alpha_{Ai}\\Y_i &= Y_A + D\sin z \cdot \sin\alpha_{Ai}\\H_i &= H_A + D\cos z + i - v\end{aligned}\right\} \quad (4\text{-}25)$$

其中,$\alpha_{Ai} = \alpha_{A0} + \beta - 360°$。

4. 自由设站

全站仪自由设站功能是通过后方交会原理,通过测量测站点到各个已知点的角度和距离,解算出未知测站点坐标,并自动对仪器进行设置,以方便坐标测量或放样。

5. 单点放样

将待建物的设计位置在实地标定出来的测量工作称为放样。全站仪经测站设置和定向后,便可照准棱镜测量,仪器自动显示棱镜位置与设计位置的差值,据此修正棱镜位置直至到达设计位置。依据放样元素的不同,可采用极坐标法、直角坐标法和正交偏距法等方式。

6. 面积测量

通过顺序测定地块边界点坐标,按照任意多边形面积计算方法,可确定地块面积。

7. 悬高测量

悬高测量是测定无法放置棱镜的地物(如电线、桥梁等)高度的功能。如架空的电线和管道等因远离地面无法设置反射棱镜,而采用悬高测量,就能测量其高度。如图4-30所示,把反射棱镜设在欲测目标正下方,输入反射棱镜高,然后照准反射棱镜进行距离测量,再转动望远镜照准目标,便能显示地面至目标的高度。目标的高度由式(4-26)计算:

$$H_1 = h_1 + h_2$$
$$h_2 = S \cdot \sin z_1 (\cot z_2 - \cot z_1) \tag{4-26}$$

图4-30　悬高测量

8. 主要辅助功能

(1)休眠和自动关机功能:当仪器长时间不操作时,可自动进入休眠状态,需要操作时可按功能键唤醒,仪器恢复到先前状态。也可设置仪器在一定时间内无操作时自动关机,以节省电源。

(2)电子水准器:由仪器内部的倾斜传感器检测竖轴的倾斜状态,以数字和图形形式显示,指导测量员高精度置平仪器。

(3)数据管理功能:测量数据可存储到仪器内存、扩展存储器(如PC卡),还可由数据输出端口实时输出到其他记录设备中,可实时查询测量数据。

三、全站仪的数据记录与传输

全站仪观测数据的记录,随仪器结构的不同有三种方式:一种是通过电缆,将仪器的数据传输直接存储在外接记录器中,外接记录器可以是电子手簿、掌上电脑、智能手机、笔记本等;

另一种是仪器内部有一个大容量的存储器,用于记录数据,仪器内存记录的数据可以通过数据电缆传输到计算机上,或通过 USB 接口直接复制到移动存储器上;还有的仪器是采用数据记录卡,测量数据直接记录到数据卡上,再通过读卡器或数据电缆将数据传输到计算机上。

全站仪除了可以实时显示测量结果,存储测量数据到内存或存储卡中,还可以将数据通过输出端口传输到其他设备。外业测量中常用计算机或专用电子手簿作为接收设备,对测量数据进行现场检核、处理和存储。另外,通过外接设备可以对仪器进行参数设置和指令控制,让仪器完成特定的测量工作,已知控制点数据和放样数据文件等可以上传到仪器内存或存储卡中,在作业时使用,多数全站仪是通过串行通信实现上述操作的。

1. 全站仪的数据结构及控制指令

(1)输出数据结构

全站仪的输出数据由规定格式的 ASCⅡ字符串组成,各厂家标准格式不同,详细格式需参阅仪器技术手册。

(2)输入数据结构

已知点数据或放样数据可作为全站仪的输入数据,作业前在计算机上编辑成文件或由软件直接生成,而后上传到仪器中。不同仪器要求的输入数据文件格式不同,编辑时可参考仪器技术手册进行。

(3)控制指令

全站仪可由计算机来控制进行测量、记录、变更测量模式等操作,它是通过计算机向全站仪发送字符串形式的指令实现的。不同的仪器操作指令的格式、内容是不同的,在仪器的技术手册中有详细的描述。例如某种全站仪要启动测量获得水平角,并将数据发送到计算机,指令为:

GET/M/WI21 < CR/LF >

其中:GET/M/表示启动测量并从全站仪获得测量值,WI21 表示测量水平角,CR(ASCII 13)/LF(ASCII 10)为回车换行。

2. 数据通信的实现

实现全站仪与外设(PC 机、掌上电脑或智能手机)的通信,除需要了解仪器的接口功能、数据格式及控制指令外,还需要通信软件,目前可以用操作系统自带的超级终端或其他专用数据通信软件,将全站仪内存或数据卡记录的数据传输到外设上,再进行数据格式转换,也可以自己编写相应的数据通信程序,直接进行数据传输和格式转换。

四、自动全站仪

自动全站仪是一种能自动识别、照准和跟踪反射棱镜的一种全站仪,又称为测量机器人。图 4-31 是几种自动全站仪。

自动全站仪由伺服电动机驱动照准部和望远镜的转动和定位。它的基本原理是:仪器向目标发射激光束,经反射棱镜返回,并被仪器中的 CCD 相机接收,从而计算出反射光点中心位置,得到水平方向和天顶距的改正数,最后启动电动机,驱动全站仪转向棱镜,自动精确照准目标。

a)Leica TM30　　　　　b)Topcon MS 05　　　　　c)Trimble S8

图 4-31　几种自动全站仪

自动全站仪具有自动跟踪与识别目标的功能,因此可以进行全天候的数据采集,如在变形监测、多角多测回测量数据采集中都可以使用,具体流程包括测站设置、限差设置、学习测量和自动测量等。

1. 测站设置

测站设置时可以输入测站坐标、观测测回数、仪器高等信息。

2. 限差设置

在自动测量之前可以进行各项限差的设置,如水平角多测回观测可以设置水平角 $2C$ 限差、半测回归零差、一测回 $2C$ 互差、测回间方向值之差等,设置完各项限差后,可以开始学习测量。

3. 学习测量

在最初的半个测回,需要人工照准各个测量点,输入各个测量点的点号、棱镜高等信息,完成学习测量,此时仪器会自动确定各个测量点之间的相对关系,以便进行后续的自动测量。

4. 自动测量

在自动测量时,可以从学习测量的点列表中选择需要自动测量的点,仪器即可按照预先设置的各项参数,自动完成后续测量工作,并将原始数据自动记录下来。在测量完成后,可以让仪器自动进行相关数据处理,或将仪器记录数据导入电脑中,进行其他后处理工作。

第六节　三维激光扫描仪

三维激光扫描仪是无合作目标激光测距仪与角度测量系统组合的自动化快速测量系统,在复杂的现场和空间对被测物体进行快速扫描测量,直接获得激光点所接触的物体表面的水平方向、天顶距、斜距和反射强度,自动存储并计算,获得点云数据。最远测量距离一千多米,最高扫描频率可达每秒几十万,纵向扫描角接近 90°,横向可绕仪器竖轴进行全圆扫描,扫描数据可通过 TCP/IP 协议自动传输到计算机,外置数码相机拍摄的场景图像可通过 USB 数据线同时传输到计算机中。点云数据经过计算机处理后,结合 CAD 可快速重构出被测物体的三维模型及线、面、体、空间等各种制图数据。

目前,生产三维激光扫描仪的公司有很多,典型的有瑞士的 Leica 公司、美国的 3D DIGITAL 公司和 Polhemus 公司、加拿大的 OpTech 公司等。它们各自产品的测距精度、测距范围、数据采样率、最小点间距、模型化点定位精度、激光点大小、扫描视场、激光等级、激光波长等指标会有所不同,可根据不同的情况如成本、模型的精度要求等因素进行综合考虑之后,选用不同的三维激光扫描仪产品。图 4-32 是几种不同型号的地面三维激光扫描仪。

a)ScanStation C10   b)VZ-400   c)Focus 3D X330   d)ILRIS-3D

图 4-32　几种地面三维激光扫描仪

一、地面三维激光扫描仪测量原理

三维激光扫描仪的主要构造是由一台高速精确的激光测距仪,配上一组可以引导激光

图 4-33　地面三维激光扫描仪测量原理图

并以均匀角速度扫描的反射棱镜。激光测距仪主动发射激光,同时接收由自然物表面反射的信号,从而可以进行测距,针对每一个扫描点可测得测站至扫描点的斜距,再配合扫描的水平和垂直方向角,可以得到每一扫描点与测站的空间相对坐标。如果测站的空间坐标是已知的,则可以求得每一个扫描点的三维坐标。地面三维激光扫描仪测量原理图如图 4-33 所示。

地面三维激光扫描仪测量原理主要分为测距、扫描、测角、定向四个方面。

1. 测距原理

激光测距作为激光扫描技术的关键组成部分,对于激光扫描的定位、获取空间三维信息具有十分重要的作用。目前,测距方法主要有:脉冲法和相位法。

脉冲法和相位法测距各有优缺点,脉冲测量的距离最长,但精度随距离的增加而降低。相位法适合于中程测量,具有较高的测量精度。

2. 扫描和测角原理

三维激光扫描仪通过内置伺服驱动电动机系统精密控制多面扫描棱镜的转动,决定激光束出射方向,从而使脉冲激光束沿横轴方向和纵轴方向快速扫描。目前,扫描控制装置主

要有:摆动平面扫描镜和旋转正多面体扫描镜。

三维激光扫描仪的测角原理区别于电子经纬仪的度盘测角方式,激光扫描仪通过改变激光光路获得扫描角度。把两个步进电机和扫描棱镜安装在一起,分别实现水平和垂直方向扫描。步进电机是一种将电脉冲信号转换成角位移的控制微电机,它可以实现对激光扫描仪的精确定位。

3. 定向原理

三维激光扫描仪扫描的点云数据都在其自定义的扫描坐标系中,但是数据的后处理要求是大地坐标系下的数据,这就需要将扫描坐标系下的数据转换到大地坐标系下,这个过程就称为三维激光扫描仪的定向。

二、地面三维激光扫描仪的点云数据

点云数据是指通过3D扫描仪获取的海量点数据。以点的形式记录,每一个点包含有三维坐标,有些可能含有颜色信息或反射强度信息。颜色信息通常是通过相机获取彩色影像,然后将对应位置的像素的颜色信息赋予点云中对应的点。强度信息的获取是激光扫描仪接收装置采集到的回波强度,此强度信息与目标的表面材质、粗糙度、入射角方向,以及仪器的发射能量,激光波长有关。

一般扫描仪采用内部坐标系:X 轴在横向扫描面内,Y 轴在横向扫描面内与 X 轴垂直,Z 轴与横向扫描面垂直,如图 4-34 所示。测量每个激光脉冲从仪器发出经被测物表面再返回仪器所经过的时间(或者相位差)来计算距离 S,同时内置精密时钟控制编码器,同步测量每个激光脉冲横向扫描角度观测值 α 和纵向扫描角度观测值 θ,因此任意一个被测云点 P 的三维坐标为:

$$\begin{cases} x_P = S \cdot \cos\theta \cdot \cos\alpha \\ y_P = S \cdot \cos\theta \cdot \sin\alpha \\ z_P = S \cdot \sin\theta \end{cases} \tag{4-27}$$

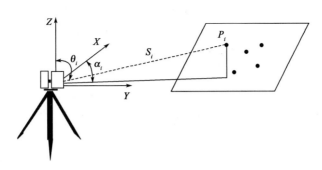

图 4-34　地面三维激光扫描仪测量原理

三、地面三维激光扫描仪的应用

地面三维激光扫描仪具有非接触测量、数据采样率高、高分辨率、高精度、数字化采集,兼容性好等优点。被广泛应用于测绘、文物数字化保护、土木工程、自然灾害调查、数字城市模型可视化、城乡规划等领域(图4-35)。

目前三维激光扫描技术已经开始应用于测绘领域。利用三维激光扫描技术制作的地形图精度优于传统方法,且可大大缩短外业工作时间,将大部分时间转为在软件中对扫描数据的内业处理,改变了传统测绘的作业流程,提高了作业效率,降低了外业人员的劳动强度,自动化程度也显著提高。特别适合于危险或人不可到达的小范围区域的大比例尺数字地形图测绘。三维激光扫描技术还应用于测绘行业的其他方面,主要包括建筑测绘、道路测绘、矿山测绘、数字城市地形可视化等。

图4-35 三维激光扫描技术的应用

在变形监测中,三维激光扫描通过对变形的实体表面进行精密扫描,然后进行同步或事后测量,利用数据处理软件可直接获得变形体的变化比对的毫米级断面图形数据,变形体变形数据的定量分析。并且可以通过三维模型更直观获取变形的趋势。

在文物保护中利用三维激光扫描技术可以快速地对文物及现场进行数据采集及建模,并且由于其非接触式测量的特点,也大大降低了测量过程中对文物的损坏,这些都使其在文物保护中发挥着重要的作用。

在医学方面,其建立的模型可以用在外科整形、人体测量以及一些矫正手术等,用以缩短治疗周期和提高患者的治疗效果;并且可以帮助医疗设备厂商制造新产品来提高医疗质量和挽救患者生命。

在制造业上,使用三维激光扫描仪可以设计新的3D模型,并且方便随时修改以满足客户需求,也可以更精确地建立实物模型,以制造出更高质量地新的产品。

在自然灾害防治中,可对一些滑坡等自然灾害进行模型建立,更直观地展开地质灾害研究分析,以采取适当的防治措施。

思考题与习题

1. 何谓水平角、竖直角、天顶距、竖盘指标差、度盘、对中与整平、测回、测回法、方向观测法、正镜与倒镜、距离测量、相位法测距、视距法测量?

2. 水平角测量原理是什么？观测水平角时，对中与整平的目的是什么？

3. 简述编码度盘测角系统、光栅度盘测角系统的基本原理。

4. 水平角测量的主要误差有哪些？

5. 用 J6 经纬仪按测回法观测水平角两测回，结果见表4-6，试完成表中计算。

测回法观测记录　　　　　　　　　　　　　　　表 4-6

测站	测回	目标	读数 盘左 (° ′ ″)	读数 盘右 (° ′ ″)	半测回 方向值 (° ′ ″)	一测回 方向值 (° ′ ″)	各测回 平均方向值 (° ′ ″)	备注
O	1							
		A	0 00 24	180 00 30				
		B	35 18 36	215 18 48				
	2	A	90 01 06	270 01 12				
		B	125 19 24	305 19 36				

6. 距离测量的方法有哪些？光电测距基本原理是什么？相位式测距的基本原理是什么？

7. 影响光电测距精度的因素有哪些？测距成果应加哪些改正？

8. 全站仪的基本结构如何？全站仪有哪些常用功能？

9. 简述地面三维激光扫描技术的原理及其应用。

第五章 高程测量

测定地面点高程的工作,称为高程测量。根据测量方法和所使用仪器的不同,可分为水准测量、三角高程测量、GPS高程测量、气压高程测量和液体静力水准测量等多种类型。本章重点介绍水准测量和三角高程测量这两种常用方法。

第一节 水准测量原理

水准测量是测定地面点高程的主要方法之一。水准测量就是使用水准仪和水准尺,根据水准仪提供的水平视线,并借助水准尺来测定两点之间的高差,从而由已知点的高程推求未知点的高程。

如图5-1所示,若已知A点的高程H_A,欲求未知点B的高程H_B。则首先应测出A点与B点之间的高差h_{AB},于是B点的高程H_B为:

$$H_B = H_A + h_{AB} \tag{5-1}$$

由此可计算出B点的高程H_B。

图5-1 水准测量原理

测定 A、B 两点之间高差 h_{AB} 的原理如下:在 A、B 两点上各竖立一根带有标准刻度的水准尺,并在 A、B 两点之间安置一台水准仪,根据水准仪提供的水平视线在前后水准尺上分别读数。设水准测量的前进方向是由 A 点(已知高程点)向 B 点(未知高程点),则规定 A 点为后视点,其水准尺读数为 a,称为后视读数;B 点为前视点,其水准尺读数为 b,称为前视读数。则 A、B 两点间的高差即为后视读数减前视读数:

$$h_{AB} = a - b \tag{5-2}$$

于是 B 点的高程 H_B 可按下式计算:

$$H_B = H_A + (a - b) \tag{5-3}$$

高差 h_{AB} 可正可负,当 a 大于 b 时,h_{AB} 值为正,即 B 点高于 A 点;当 a 小于 b 时,h_{AB} 值为负,即 B 点低于 A 点。

为了避免计算高差时发生正、负号的错误,在书写高差 h_{AB} 时必须注意 h 下标的写法。例如 h_{AB} 表示由 A 点至 B 点的高差;而 h_{BA} 表示由 B 点至 A 点的高差,即

$$h_{AB} = - h_{BA} \tag{5-4}$$

此外,从图 5-1 中还可以看出,B 点的高程也可以利用水准仪的视线高程 H_i(也称为仪器高程)来计算,即

$$H_i = H_A + a$$
$$H_B = H_A + (a - b) = H_i - b \tag{5-5}$$

式(5-3)是直接利用高差 h_{AB} 计算 B 点高程的,称为高差法;式(5-5)是利用仪器的视线高程 H_i 计算 B 点高程的,称为仪高法或视线高法。

当安置一次水准仪需测出若干个未知点的高程时,用仪高法比高差法方便。仪高法在各种施工测量中被广泛使用。

第二节 水准仪及其使用

一、水准仪的构造

水准仪是用于水准测量的仪器,目前我国水准仪是按仪器所能达到的每千米往返测高差中数的偶然中误差这一精度指标划分的,共分为四个等级,如表 5-1 所示。

水准仪系列的分级及主要用途 表 5-1

水准仪系列型号	DS05	DS1	DS3	DS10
每千米往返测高差中数的偶然中误差	≤0.5mm	≤1mm	≤3mm	≤10mm
主要用途	国家一等水准测量及地震监测	国家二等水准测量及其他精密水准测量	国家三、四等水准测量及一般工程水准测量	一般工程水准测量

表中"D"和"S"是"大地"和"水准仪"汉语拼音的第一个字母,通常在书写时可省略字母"D","05""1""3"及"10"等数字表示该类仪器的精度。S3 级和 S10 级水准仪称为普通水准仪,用于国家三、四等水准及普通水准测量,S05 级和 S1 级水准仪称为精密水准仪,用于国家一、二等精密水准测量。由于一般工程测量和施工测量中广泛使用 S3 级水准仪,因此,本章将着重介绍这类仪器。

根据水准测量的原理,水准仪的主要作用就是提供一条水平视线,并能照准水准尺进行读数,从而获得两点间的高差。根据其工作原理的不同,水准仪可分为光学水准仪和电子水准仪两种。

1. 光学水准仪

光学水准仪的基本结构可分为望远镜、水准器和基座三部分。图 5-2 即为 S3 微倾式水准仪。

图 5-2　S3 型水准仪

1-望远镜物镜;2-水准管;3-簧片;4-支架;5-微倾螺旋;6-基座;7-脚螺旋;8-圆水准器;9-望远镜目镜;10-物镜调焦螺旋;11-气泡观察镜;12-制动螺旋;13-微动螺旋;14-缺口;15-准星

图中的望远镜 1 和水准管 2 连成一个整体,在靠近望远镜物镜一端用一弹簧片 3 与支架 4 相连,转动微倾螺旋 5,可使顶杆升降,从而使望远镜和水准管相对于支架作上、下微倾,使水准管气泡居中,导致望远镜的视线水平。由于用微倾螺旋使望远镜上、下倾斜有一定限度,所以,应该使支架首先大致水平,支架的旋转轴即仪器的纵轴,插在基座 6 的轴套中,转动基座的三个脚螺旋 7,使支架上的圆水准器 8 的气泡居中,使支架面大致水平。这时,再转动微倾螺旋,使水准管的气泡居中,望远镜的视线水平。

图 5-2 中的 9 是望远镜目镜调焦螺旋,转动它,可使十字丝像清晰;10 是望远镜物镜调焦螺旋,转动它,可使目标(水准尺)的像清晰。11 是水准管气泡观察镜。12 是制动螺旋,能控制水准仪在水平方向的转动,转紧它再旋转微动螺旋 13,可使望远镜在水平方向做微小的转动,便于瞄准目标。望远镜上方的缺口 14 和准星 15 是用于从望远镜外面寻找目标。

(1)望远镜

水准仪上的望远镜用于瞄准远处目标和读数,它主要由物镜、目镜、调焦透镜、分划板组成。

S3 级水准仪望远镜中的十字丝分划板为刻在玻璃板上的三根横丝及一根纵丝,如图 5-3 中 7 所示。中间的长横丝称为中丝,用于读取水准尺上分划的读数。上、下两根较短的横丝分别称为上丝和下丝,总称为视距丝,用以测定水准仪至水准尺的距离(视距)。

(2)水准器

水准器是用来指示视准轴是否水平或仪器竖轴是否竖直的装置,分为管水准器(又称为水准管)和圆水准器两种,其结构与经纬仪的基本相同。管水准器用来指示视准轴是否水平;圆水准器用来指示竖轴是否竖直。

图5-3 望远镜

1-物镜;2-目镜;3-调焦透镜;4-十字丝分划板;5-物镜调焦螺旋;6-目镜调焦螺旋;7-十字丝放大像

①水准管与符合棱镜

为了提高目估水准管气泡居中的精度,微倾式水准仪的水准管上方都装有符合棱镜,如图5-4所示,借助符合棱镜的反射作用,把气泡两端的影像反映到望远镜旁的水准管气泡观察镜内,当气泡两端的半像吻合时,表示气泡居中;当气泡的半像错开时,则表示气泡不居中,此时,应转动微倾螺旋,使气泡两端的半像吻合。

②圆水准器

圆水准器的灵敏度较低,仅用于粗略整平仪器。它可使水准仪的竖轴大致处于竖直位置,便于用微倾螺旋使水准管的气泡精确居中。

(3)基座

基座的作用是支承仪器的上部并与三脚架连接(图5-2)。

利用微倾式水准仪进行水准测量时,每次在水准尺上读数都要用微倾螺旋将水准管气泡调至居中位置,这对于提高水准测量的速度和精度是很大的障碍。自动安平水准仪上没有水准管和微倾螺旋,使用时只需将水准仪上的圆水准器的气泡居中,然后借助安平补偿器自动地把视准轴置平,在十字丝交点上读得的便是视线水平时应该得到的读数。因此,使用自动安平水准仪可以大大缩短水准测量的工作时间。同时,安平补偿器还可以对由于水准仪安置不当、地面有微小的振动或脚架的不规则下沉等造成的视线不水平状况进行调整,从而迅速地得到正确的读数。

图5-5是苏州光学仪器厂生产的DSZ2自动安平水准仪。

图5-4 水准管与符合棱镜

图5-5 DSZ2自动安平水准仪

1-脚螺旋;2-圆水准器;3-外瞄准器;4-目镜调焦螺旋;5-物镜调焦螺旋;6-微动螺旋;7-补偿器检查按钮;8-物镜

2. 电子水准仪

电子水准仪,又称数字水准仪,是以自动安平水准仪为基础,在望远镜光路中增加了分光镜和光电探测器(CCD),采用条码水准标尺和图像处理系统构成的光机电测量一体化的水准仪(图 5-6)。数字水准仪具有速度快、精度高、自动读数、使用方便、能减轻作业劳动强度、可自动记录存储测量数据、易于实现水准测量内外业一体化的优点。

a) Leica DNA03 b) Trimble DINI03 c) South DL-2003

图 5-6 部分电子水准仪

与光学水准仪相比,电子水准仪的主要不同点是在望远镜中安置了一个由光敏二极管构成的线阵探测器,仪器采用数字图像识别处理系统,并配用条码水准标尺。水准尺的分划用条纹编码代替厘米间隔的米制长度分划。线阵探测器将水准尺上的条码图像用电信号传送给信息处理机。信息经处理后即可求得水平视线的水准尺读数和视距值。因此,电子水准仪将原有的用人眼观测读数彻底改变为由光电设备自动探测水平视准轴的水准尺读数。

目前电子水准仪采用的自动电子读数方法有以下三种:相关法,如 Leica 公司 NA2002,NA3003、DNA10 和 DNA03 电子水准仪;几何位置法,如 Zeiss 公司的 DiNi10,DiNi20 电子水准仪;相位法,如 Topcon 公司的 DL-101C,DL-102C 电子水准仪。

下面以 NA2002 电子水准仪为例,介绍相关法电子水准仪的基本原理。

(1)电子水准仪的一般结构

电子水准仪的望远镜光学部分和机械结构与光学自动安平水准仪基本相同。图 5-7 为 NA2002 电子水准仪望远镜光学部分和主要部件的结构略图。图中的部件较自动安平水准仪多了调焦发送器、补偿器监视、分光镜和线阵探测器 4 个部件。

图 5-7 NA2002 电子水准仪结构略图

调焦发送器的作用是测定调焦透镜的位置,由此计算仪器至水准尺的概略视距值。补偿器监视的作用是监视补偿器在测量时的功能是否正常。分光镜则是将经由物镜进入望远镜的光分离成红外光和可见光两个部分。红外光传送给线阵探测器作标尺图像探测的光源,可见光源穿过十字丝分划板经目镜供观测员观测水准尺。基于 CCD 摄像原理的线阵探测器是仪器的核心部件之一,其长约$6.5\mathrm{mm}$,由256个光敏二极管组成。每个光敏二极管的口径约为$25\mu\mathrm{m}$,构成图像的一个像素。这样水准尺上进入望远镜的条码图像将分成256个像素,并以模拟的视频信号输出。

（2）相关法的基本原理

线阵探测器获得的水准尺上的条码图像信号（即测量信号）,通过与仪器内预先设置的"已知代码"（参考信息）按信号相关方法进行比对,使测量信号移动以达到两信号的最佳符合,从而获得标尺读数和视距读数。

进行数据相关处理时,要同时优化水准仪视线在标尺上的读数（即参数h）和仪器到水准尺的距离（即参数d）,因此这是一个二维（d和h）的离散相关函数。为了求得相关函数的峰值,需要在整条尺子上搜索。在这样一个大范围内搜索最大相关值大约要计算50000个相关系数,较为费时。为此,采用了粗相关和精相关两个运算阶段来完成此项工作。由于仪器距水准尺的远近不同时,水准尺图像在视场中的大小也不相同,因此粗相关的一个重要步骤就是用调焦发送器求得概略视距值,将测量信号的图像缩放到与参考信号大致相同。即距离参数d由概略视距值确定,完成粗相关,这样可使相关运算次数减少约80%。然后再按一定的步长完成精相关的运算工作,求得图像对比的最大相关值h_0,即水平视准轴在水准尺上的读数。同时亦求得精确的视距值d_0。

由相关计算的过程可知,计算方法可分为如下三个部分：

①调焦发送器：根据调焦量确定概略视距,而不用在全部的视距范围进行二维相关,可以减少约80%的计算量。

②粗相关：CCD的A/D转换为一位,测量信号的一位灰度值与参考信号相关,确定一个大致的视距范围。计算量小,精度低。

③精相关：CCD的A/D转换为八位,在粗相关确定的范围内进行高精度计算,确定高程和精确的视距读数。

相关法计算的硬件实现如图5-8所示。

图5-8　相关法计算的硬件实现

与传统的光学水准仪相比,电子水准仪具有以下优点：

①读数客观。不存在误读、误记问题,没有人为读数误差。

②精度高。视线高和视距读数都是采用大量条码分划图像经过处理后取平均值得出来的,因此削弱了标尺分划误差的影响;多数仪器都有进行多次读数取平均的功能,可以削弱外界条件如振动、大气扰动等的影响;这同时也就要求标尺条码要有足够的可见范围,用于测量的条码不能遮挡。

③速度快。由于省去了报数、听记、现场计算以及人为出错的重测数量，测量时间与传统仪器相比可以节省 1/3 左右。

④效率高。只需调焦和按键就可以自动读数，减轻了劳动强度；视距还能自动记录、检核、处理并能输入计算机进行后处理，可实现内外业一体化。

⑤操作简单。由于仪器实现了读数和记录的自动化，并预存了大量测量和检核程序，在操作时还有实时提示，因此测量人员可以很快掌握使用方法，减少了培训时间，即使不熟练的作业人员也能进行高精度水准测量。

二、水准尺和尺垫

三、四等水准测量或普通水准测量所使用的水准尺是用干燥木料或玻璃纤维合成材料制成，一般长 3～5m，按其构造不同可分为折尺、塔尺、直尺等数种。折尺可以对折，塔尺可以缩短，这两种尺运输方便，但用旧后的接头处容易损坏，影响尺长的精度，所以三、四等水准测量规定只能用直尺。为使尺子不弯曲，其横剖面做成丁字形、槽形、工字形等。尺面每隔 1cm 涂有黑白或红白相间的分格，每分米有数字注记。为倒像望远镜观测方便起见，注字常倒写。尺子底面钉以铁片，以防磨损。水准尺一般式样如图 5-9 所示。

三、四等水准测量采用的是尺长为 3m，以 cm 为分划单位的区格式木质双面水准尺。双面水准尺的一面分划黑白相间称为黑面尺（也叫主尺），另一面分划红白相间称为红面尺（也叫辅助尺）。黑面分划的起始数字为"零"，而红面底部起始数字不是"零"，一般为 4687mm 或 4787mm。为使水准尺能更精确地处于竖直位置，可在水准尺侧面装一圆水准器。

作为转点用的尺垫［或称尺台，如图 5-10a)所示］系用生铁铸成，一般为三角形，中央有一突起的圆顶，以便放置水准尺，下有三尖脚可以插入土中。尺垫应重而坚固，方能稳定。在土质松软地区，尺垫不易放稳，可用尺桩［或称尺钉，如图 5-10b)所示］作为转点。尺桩长约 30cm，粗 2～3cm，使用时打入土中，比尺垫稳固，但每次需用力打入，用后又需拔出。

a)直尺　　b)折尺　　c)塔尺

图 5-9　水准尺

a)　　　　　b)

图 5-10　尺垫与尺桩

一、二等水准测量使用尺长更稳定的铟瓦水准尺,这种水准尺的分划是漆在铟瓦合金带上,铟瓦合金带则以一定的拉力引张在木质尺身的沟槽中。这样铟瓦合金带的长度不会受木质尺身伸缩变形的影响。

铟瓦水准标尺的分格值有 10mm 和 5mm 两种。分格值为 10mm 的铟瓦水准标尺如图 5-11a)所示,它有两排分划,尺面右边一排分划注记从 0～300cm,称为基本分划,左边一排分划注记从 300～600cm,称为辅助分划,同一高度的基本分划与辅助分划读数相差一个常数,称为基辅差,通常又称尺常数。水准测量作业时,可以用尺常数检查读数的正确性。

分格值为 5mm 的铟瓦水准尺如图 5-11b)所示,它也有两排分划,但两排分划彼此错开 5mm,所以实际上左边是单数分划,右边是双数分划,也就是单数分划和双数分划各占一排,而没有辅助分划。木质尺面右边注记的是米数,左边注记的是分米数,整个注记从0.1～5.9m,实际分格值为 5mm,分划注记比实际数值大了一倍,所以用这种水准标尺所测得高差值必须除以 2 才是实际的高差值。

与电子水准仪相配套的是条码水准尺,其条码设计随电子读数方法不同而不同,目前,采用的条纹编码方式有二进制码条码、几何位置测量条码、相位差法条码等。

图 5-11 铟瓦水准尺

图 5-12 条码水准尺

NA2002 水准仪配用的条码标尺是用膨胀系数小于 10×10^{-6} 的玻璃纤维合成材料制成,重量轻,坚固耐用。该尺一面采用伪随机条形码(属于二进制码),见图 5-12,供电子测量用;另一面为区格式分划,供光学测量使用。尺子由三节 1.35m 长的短尺插接使用,三节全长 4.05m。使用时仪器至标尺的最短可测量距离为 1.8m,最远为 100m。并要注意标尺不被障碍物(如树枝等)遮挡,因为标尺影像的亮度对仪器探测会有较大影响,可能会不显示读数。

用于精密水准测量的电子水准仪,其配用的条码标尺有两种,一种为铟瓦尺,另一种为玻璃钢尺。

三、水准仪的使用

使用微倾式水准仪的基本操作包括安置水准仪、粗略整平、瞄准、精确整平和读数等步骤。

1. 安置水准仪

在测站上打开三脚架,张开三脚架使其高度适中且架头大致水平,检查脚架腿是否安置稳固,脚架伸缩螺旋是否拧紧。然后从仪器箱中取出水准仪,安放在三脚架头上,一手握住仪器,一手立即将三脚架中心连接螺旋旋入仪器基座的中心螺孔中,适度旋紧,使仪器固定在三脚架头上。

2. 粗略整平

粗略整平(简称粗平)是用脚螺旋使圆水准器气泡居中,从而使仪器的竖轴大致铅直。粗平的操作步骤与经纬仪整平类似。若水准仪架设在土质比较坚实的地面上或水泥地面上,有经验的测量人员只需移动两个脚架腿即可将水准仪粗略整平;若水准仪架设在土质松软的地面上,则需将三个脚架腿的脚尖踩实,然后用伸缩脚架腿或移动脚螺旋的方法来粗略整平仪器。

3. 瞄准

在用望远镜瞄准目标之前,首先要进行目镜对光,即把望远镜对着明亮的背景,转动目镜调焦螺旋,使十字丝清晰。瞄准目标应首先使用望远镜上的瞄准器,在基本瞄准水准尺后立即用制动螺旋将仪器制动。若望远镜内已经看到水准尺但成像不清晰,可以转动物镜调焦螺旋至成像清晰,注意消除视差。最后用微动螺旋转动望远镜使十字丝的竖丝对准水准尺的中间稍偏一点以便读数。

4. 精确整平与读数

读数之前应用微倾螺旋调整水准管气泡居中,使视线精确水平。由于气泡的移动有惯性,所以转动微倾螺旋的速度不能快,特别在符合水准器的两端气泡影像将要对齐时尤应注意。只有当气泡已经稳定不动而又居中时才达到精平的目的。

仪器精确整平后即可在水准尺上读数。为了保证读数的准确性,并提高读数的速度,可以首先看好厘米的估读数(即毫米数),然后再将全部读数报出。一般习惯上是报四个数字,即 m、dm、cm、mm,并且以 mm 为单位。如图 5-13 所示,水准标尺的黑面读数为 1608(即 1.608m),红面读数为 6295(即 6.295m)。

黑面读数1608
a)

红面读数6295
b)

图 5-13 水准仪读数

带有光学测微器装置的水准仪,使用铟瓦水准尺。在仪器精平后,十字丝横丝往往不是恰好对准水准尺上某一整分划线,这时转动测微螺旋,使视线上、下移动,使十字丝的楔形丝正好夹住一个整分划线,水平视线在水准标尺的全部读数应为分划线读数加上测微器读数。图 5-14 是 N3 水准仪的读数视场图,读数为 14865(即 1.4865m)。图 5-15 是 S1 型水准仪的读数视场图,读数为 19815(即 1.9815m)。

精确整平和读数虽是两项不同的操作步骤,但在水准测量的实施过程中,却把两项操作视为一个整体。即每次读数时都要先精确整平后读数,读数后还要检查管水准气泡是否完全符合。只有这样,才能取得准确的读数。

图 5-14　N3 水准仪的读数视场图

图 5-15　S1 型水准仪的读数视场图

用数字水准仪进行水准测量,需配合相应的条码水准标尺。仪器的安置、整平、照准、调焦等步骤与光学水准仪一样。测量时,选取好测量模式,瞄准标尺,点击测量键开始测量,仪器将同时测量距离和标尺上的读数。距离和高差等结果就显示在屏幕上,并可按记录键保存测量结果。

数字水准仪也可像普通自动安平水准仪一样配合分划水准标尺使用,不过这时的测量精度低于电子测量的精度。特别是对于精密水准测量,由于数字水准仪没有光学测微器,当成普通自动安平水准仪使用时,其精度更低。

第三节　水准测量的实施

一、水准测量的基本方法

水准测量是用水准仪和水准尺测定地面上两点间高差的方法,因其简便易行而在高程测量中被广泛采用,也是高程测量中最常用的测量方法。

图 5-1 中所表示的水准测量是当 A、B 两点相距不远的情况,这时通过水准仪可以直接在水准尺上读数,且能保证一定的读数精度。如果两点之间的距离较远,或高差较大时,仅安置一次仪器不能测得它们的高差,这时需要加设若干个临时的立尺点,作为传递高程的过渡点,称为转点。如图 5-16 所示,欲求 A 点至 B 点的高差 h_{AB},选择一条施测路线,用水准仪依次测出 $A1$ 的高差 h_{A1}、12 的高差 h_{12} 等,直到最后测出 nB 的高差 h_{nB}。每安置一次仪器,称为一个测站,而 1、2、3、$\cdots$、n 等点即为转点。高差 h_{AB} 可由下式算得:

$$h_{AB} = h_{A1} + h_{12} + \cdots + h_{nB} \tag{5-6}$$

式中各测站的高差均为后视读数减去前视读数之值,即

$$h_{A1} = a_1 - b_1$$
$$h_{12} = a_2 - b_2$$
$$\cdots$$
$$h_{nB} = a_n - b_n \tag{5-7}$$

式中等号右端用下标 1、2、$\cdots$、n 表示第 1 站、第 2 站、$\cdots$、第 n 站的后视读数和前视读

数。因此,有:

$$h_{AB} = (a_1 - b_1) + (a_2 - b_2) + \cdots + (a_n - b_n)$$

$$= \sum_1^n (a - b) = \sum_1^n a - \sum_1^n b \qquad (5\text{-}8)$$

图 5-16　水准高程传递示意图

在实际作业中可先算出各测站的高差,然后取它们的总和而得 h_{AB}。再根据式(5-8),即用后视读数之和减去前视读数之和来计算高差 h_{AB},检核计算是否正确。

二、普通水准测量

国家三、四等以下的水准测量为普通水准测量。

一般情况下,从一已知高程的水准点出发,要用连续水准测量的方法,才能算出另一待定水准点的高程,其施测程序如下:

将水准尺立于已知高程的水准点上作为后视,水准仪置于施测路线附近合适位置,在施测路线的前进方向上取仪器至后视大致相等的距离设置第一个转点 TP_1,在转点上放置尺垫,在尺垫上竖立水准尺作为前视。观测员将仪器用圆水准器粗平后瞄准后视标尺,用微倾螺旋将水准管气泡居中,用中丝读后视读数至 mm。然后掉转望远镜瞄准前视标尺,再次将水准管气泡居中,用中丝读前视读数至 mm。记录员根据观测员的读数在手簿中记录相应数字,并立即计算高差。此为第一测站的全部工作。

第一测站结束后,记录员通知标尺员向前转移,用同样的方法在前进方向上设置第二个转点作为第二测站的前视点,并将仪器迁至第二测站。此时,第一测站的前视点成为第二测站的后视点。依第一测站相同的工作程序进行第二测站的工作。依次沿水准路线方向施测终点为止。

表 5-2 为普通水准测量的手簿记录和高程计算示例。

根据上述的施测方法,若其中一个读数测错,都会影响高程计算的正确性。因此,对每一站的高差,都必须采取措施进行检核测量。常用的方法有变动仪器高法或双面尺法。

变动仪器高法是在同一个测站上用两次不同的仪器高度,测得两次高差以相互比较进行检核。双面尺法是仪器的高度保持不变,而立在前视点和后视点上的水准尺分别用黑面和红面各进行一次读数,测得两次高差,相互进行检核。

水准测量手簿　　　　　　　　　　　　　　　　　　表 5-2

日期:2015 年 6 月 8 日　　　　　仪器型号:DS3　　　　　观测者:××

天气:晴　　　　　　　　　　　　地　　点:××　　　　　记录者:××

测站	点号	水准尺读数		高差 h(mm)	高程 H(m)	备注
		后视读数 a(mm)	前视读数 b(mm)			
1	A	0347			46.215	
	TP1		1631	−1284		
2	TP1	0306				
	TP2		2624	−2318		
3	TP2	0833				
	TP3		1516	−0683		
4	TP4	2368				
	B		0694	+1674	43.604	
计算检核	Σ	$\sum a = 3.854\text{m}$	$\sum b = 6.465\text{m}$	$\sum h = -2.611\text{m}$		
		$\sum a - \sum b = -2.611\text{m}, \sum h = -2.611\text{m}$				

三、国家三、四等水准测量

国家三、四等水准测量的精度要求较普通水准测量的精度高,其技术指标见表 5-3。三、四等水准测量的水准尺,通常采用木质的两面有分划的红黑面双面标尺,表 5-3 中的黑红面读数差,即指一根标尺的两面读数去掉常数之后所容许的差数。

三、四等水准测量作业限差　　　　　　　　　　　表 5-3

等级	仪器类型	标准视线长度(m)	前后视距差(m)	前后视距差累计(m)	黑红面读数差(mm)	黑红面所测高差之差(mm)	检测间歇点高差之差(mm)
三等	S3	65	3.0	6.0	2.0	3.0	3.0
四等	S3	80	5.0	10.0	3.0	5.0	5.0

三、四等水准测量在一测站上水准仪照准双面水准尺的顺序为:

(1)照准后视标尺黑面,进行视距丝、中丝读数。

(2)照准前视标尺黑面,进行中丝、视距丝读数。

(3)照准前视标尺红面,进行中丝读数。

(4)照准后视标尺红面,进行中丝读数。

这样的顺序简称为"后、前、前、后"(黑、黑、红、红)。

四等水准测量每站观测顺序也可为"后、后、前、前"(黑、红、黑、红)。

无论采用何种观测顺序,中丝的读数必须在水准管气泡居中时读取。

四等水准测量的观测记录及计算的示例,见表 5-4。表中带括号的号码为观测读数和计算的顺序。(1)～(8)为观测数据,其余为计算数据。

<h2 align="center">三(四)等水准测量观测手簿</h2>

表 5-4

测自　A01　至　S06 　　　　　　　　　　　　　　　　　　2016 年 5 月 22 日

时刻：始 8 时 25 分　　　　　　　　　　　　　　　　　天气：晴

末 8 时 55 分　　　　　　　　　　　　　　　　　　　成像：清晰

测站编号	后尺 下丝 上丝	前尺 下丝 上丝	方向及尺号	标尺读数		K + 黑 − 红	高差中数	备考
	后距	前距		黑面	红面			
	视距差 d	∑d						
	(1)	(5)	后	(3)	(8)	(10)		
	(2)	(6)	前	(4)	(7)	(9)		
	(12)	(13)	后一前	(16)	(17)	(11)		
	(14)	(15)						
1	1571	0739	后 5(A01)	1384	6171	0		
	1197	0363	前 6	0551	5239	−1		
	374	376	后一前	+0833	+0932	+1	+0832.5	
	−0.2	−0.2						
2	2121	2196	后 6	1934	6621	0		
	1747	1821	前 5	2008	6796	−1		
	374	375	后一前	−0074	−0175	+1	−0074.5	
	−0.1	−0.3						
3	1914	2055	后 5	1726	6513	0		
	1539	1678	前 6	1866	6554	−1		
	375	377	后一前	−0140	−0041	+1	−0140.5	
	−0.2	−0.5						
4	1965	2141	后 6	1832	6519	0		
	1700	1874	前 5(S06)	2007	6793	+1		
	265	267	后一前	−0175	−0274	−1	−0174.5	
	−0.2	−0.7						

1. 测站上的计算与校核

高差部分：

$$(9) = (4) + K - (7)$$
$$(10) = (3) + K - (8)$$
$$(11) = (10) - (9)$$

(10)及(9)分别为后、前视标尺的黑红面读数之差,(11)为黑红面所测高差之差。K 为后、前视标尺的红黑面零点的差数(尺常数);在表 5-4 的示例中,5 号尺之 K = 4787,6 号尺

之 $K = 4687$。

$$(16) = (3) - (4)$$
$$(17) = (8) - (7)$$

（16）为黑面所算得的高差，（17）为红面所算得的高差。由于两根尺子红黑面零点差不同，所以（16）并不等于（17）[表5-4的示例中，（16）与（17）应相差100]。由此，（11）尚可作一次检核计算，即：

$$(11) = (16) \pm 100 - (17)$$

视距部分：

$$(12) = (1) - (2)$$
$$(13) = (5) - (6)$$
$$(14) = (12) - (13)$$
$$(15) = 本站的(14) + 前站的(15)$$

其中，（12）为后视距离，（13）为前视距离，（14）为前后视距差，（15）为前后视距累计差。

2. 观测结束后的计算与校核

高差部分：

$$\sum(3) - \sum(4) = \sum(16) = h_黑$$
$$\sum\{(3) + K\} - \sum(8) = \sum(10)$$
$$\sum(8) - \sum(7) = \sum(17) = h_红$$
$$\sum\{(4) + K\} - \sum(7) = \sum(9)$$
$$h_中 = \frac{1}{2}(h_黑 + h_红)$$

其中，$h_黑$，$h_红$ 分别为一测段黑面、红面所得高差；$h_中$ 为高差中数。

视距部分：

$$末站(15) = \sum(12) - \sum(13)$$
$$总视距 = \sum(12) + \sum(13)$$

若测站上有关观测限差超限，在本站检查发现后可立即重测。若迁站后才检查发现，则应从最近的水准点或间歇点起，重新观测。

3. 注意事项

（1）将三脚架中心螺旋与仪器基座牢固连接，防止摔坏仪器。

（2）当符合水准气泡居中时方可读数，读数完成后需再次检查符合水准气泡是否居中。

（3）记录员要给观测员回报并确认每一个读数，防止听错或记错。

（4）在观测员未完成本站观测时，立尺员不得碰动尺垫或尺桩。

（5）每一测段的往测与返测，其测站数均应为偶数，否则应加入标尺零点差改正。由往测转为返测时，前后两根水准标尺必须互换位置，并应重新安置仪器。

（6）除路线拐弯处外，每一测站上仪器和前后视标尺的3个位置，应尽可能接近于一条直线。

第四节 水准测量的误差分析

水准测量的误差包括仪器误差、观测误差和外界条件的影响三个方面。

一、仪器误差

1. 水准管轴与视准轴不平行的误差

由水准测量原理及水准仪的基本构造可知,水准管轴与视准轴应保持互相平行,否则将引起水准测量误差。两者不平行在垂直面上投影的交角,称为 i 角误差。i 角误差的影响与距离成正比,只要观测时注意使前、后视距离相等,便可消除或减弱此项误差的影响。在水准测量中,对视距差及其累计做限差要求即为减弱 i 角误差对观测高差的影响。

i 角误差可用下述方法进行检验:

(1)如图 5-17 所示,在 S_1 处安置水准仪,从仪器向两侧各量约 40m,定出等距离的 A、B 两点。

图 5-17 i 角误差示意图

(2)在 S_1 处用变动仪器高法(或双面尺法)测出 A、B 两点的高差。若两次测得的高差之差不超过 3mm,则取其平均值 h_{AB} 作为最后结果。由于距离相等,水准管轴与视准轴不平行的误差 Δ 可在高差计算中自动消除,故 h_{AB} 值不受 i 角误差的影响。

(3)安置仪器于 B 点附近的 S_2 处,离 B 点约 3m,精平后读得 B 点水准尺上的读数为 b_2,因仪器离 B 点很近,水准管轴与视准轴不平行引起的读数误差可忽略不计。故根据 b_2 和 A、B 两点的正确高差 h_{AB} 算出 A 点尺上应有读数为:

$$a_2 = b_2 + h_{AB} \tag{5-9}$$

(4)然后,瞄准 A 点水准尺,读出水平视线读数 a_2'。如果 a_2' 与 a_2 相等,则说明水准管轴与视准轴平行,否则就存在 i 角,其值为:

$$i'' = \frac{\Delta h}{D_{AB}} \rho'' \tag{5-10}$$

式中:$\Delta h = a_2' - a_2$;

D_{AB}——A、B 两点间的距离。

对于 S3 级微倾水准仪, i 角值不得大于 $20''$, 如果超限, 则需要校正。

2. 水准尺误差

由于水准尺刻划不准确、尺长变化、弯曲等因素会影响水准测量的精度和可靠性, 因此, 水准尺须经过检验才能使用。至于水准标尺的零点差, 可用在一水准测段中使测站为偶数的方法予以消除。

二、观测误差

观测误差主要有水准管气泡居中误差、读数误差、视差影响和水准尺倾斜影响等。由于精密水准仪上均装有微倾螺旋、符合水准器和光学测微装置, 可以有效提高气泡居中精度和读数精度, 因此水准管气泡居中误差和读数误差可以控制在很小的范围内。下面仅介绍视差影响和水准尺倾斜影响。

1. 视差影响

当存在视差时, 十字丝平面与水准尺影像不重合, 若眼睛观察的位置不同, 便读出不同的读数, 因而也会产生读数误差。所以, 在观测时应注意消除视差的影响。

2. 水准尺倾斜影响

水准尺倾斜将使尺上读数增大, 如水准尺倾斜 $3°30'$, 在水准尺上 1m 处读数时, 将会产生 2mm 的误差; 若读数大于 1m, 误差将超过 2mm。消除或减弱水准尺倾斜影响的办法是在水准尺上安装圆水准器, 确保尺子铅垂。如果尺子上的水准器不起作用, 应用"摇尺法"进行读数, 即: 在读数时, 尺子前、后俯仰摇动, 使尺上读数缓慢改变, 读变化中的最小读数, 即为尺子铅垂时的读数。

三、外界条件的影响

1. 仪器下沉

由于仪器下沉, 使视线降低, 从而引起高差误差。若采用"后、前、前、后"的观测程序, 可减弱其影响。

2. 尺垫下沉

如果在转点处发生尺垫下沉, 将使下一站后视读数增大, 这将引起高差误差。若采用往返观测的方法, 并取观测高差成果的中数, 可以减弱其影响。

3. 地球曲率及大气折光影响

如图 5-18 所示, 用水平视线代替大地水准面在尺上读数产生的误差为 Δh[见式(1-16)], 此处用 C 代替 Δh, 则有:

$$C = \frac{D^2}{2R} \tag{5-11}$$

式中: D——水准仪到水准尺的距离;

　　R——地球的平均半径, 为 6371km。

实际上, 由于大气折光的影响, 视线并非是水平的, 而是一条曲线(图 5-18), 曲线的曲率半径约为地球半径的 7 倍, 其折光量的大小对水准尺读数产生的影响为:

$$r = \frac{D^2}{2 \times 7R} \tag{5-12}$$

图 5-18　地球曲率及大气折光的影响

折光影响与地球曲率影响之和为：

$$f = C - r = \frac{D^2}{2R} - \frac{D^2}{14R} = 0.43\frac{D^2}{R} \tag{5-13}$$

如果使前后视距离 D 相等，则由式(5-13)计算的 f 值也相等，地球曲率和大气折光的影响将得到消除或大大减弱。

4.温度影响

温度的变化不仅会引起大气折光的变化，而且当烈日照射水准管时，由于水准管本身和管内液体温度的升高，气泡会向着温度高的方向移动，从而影响仪器水平，产生气泡居中误差。因此，在烈日下进行水准测量时应注意给仪器撑伞遮阳。

第五节　三角高程测量

在高程测量中，除采用水准测量外，还可用经纬仪或全站仪观测竖直角进行三角高程测量。三角高程测量的基本思想是根据由测站向照准点所观测的垂直角(或天顶距)和它们之间的距离，计算出测站点与照准点之间的高差。这种方法简便灵活，受地形条件的限制较少，故适用于在地形起伏较大的地区(例如山区)测定地面点的高程。

在进行三角高程测量之前，必须用水准测量的方法在测区内引测一定数量的水准点，作为高程起算的依据。

一、三角高程测量原理

三角高程测量是根据两点间的距离和竖直角来计算两点间的高差的。如图 5-19 所示，已知 A 点的高程 H_A，欲测定 B 点的高程 H_B，可在 A 点上安置经纬仪或全站仪，量取仪器高 i(即仪器水平轴至测点的高度)，并在 B 点设置观测标志(称为觇标)。用望远镜中丝瞄准觇标的顶部 M 点，测出竖直角 α，量取觇标高 v(即觇标顶部 M 至目标点 B 的高度)，再根据 A、B 两点间的倾斜距离 S 或水平距离 D，则可算得 A、B 两点间的高差 h_{AB} 为：

$$h_{AB} = S\sin\alpha + i - v = D\tan\alpha + i - v \tag{5-14}$$

B 点的高程 H_B 即为：

$$H_B = H_A + h_{AB} = H_A + D\tan\alpha + i - v \tag{5-15}$$

图 5-19　三角高程测量原理

当 A、B 两点间的水平距离 D 大于 300m 时,在式(5-15)中应考虑地球曲率和大气折光对高差的影响,其值 f(称为两差改正)为 $(1-K)D^2/2R$,其中 K 为大气垂直折光系数。K 随气温、气压、日照、时间、地面情况和视线高度等因素而改变,一般取其平均值为 0.14,则 $f=0.43D^2/R$。此时,B 点的高程 H_B 为:

$$H_B = H_A + h_{AB} = H_A + D\tan\alpha + i - v + f \tag{5-16}$$

为了消除或减弱地球曲率和大气折光的影响,三角高程测量一般应进行对向观测(或双向观测),亦称直、反觇观测。由 A 向 B 观测称为直觇,由 B 向 A 观测称为反觇。三角高程测量的对向观测,所求得的高差较差不应大于 $0.1D(m)$,其中 D 为水平距离,以 km 为单位。若符合要求,则取两次高差的平均值作为该点的观测高差。

二、三角高程测量的方法

(1)将全站仪(或经纬仪)安置在测站 A 上,用钢尺量仪器高 i 和觇标高 v,分别量两次,精确至 0.5cm,两次量测结果之差不大于 1cm 时,取其平均值记入表 5-5 中。

三角高程测量计算表　　　　　　　　　　表 5-5

待求点	B	
起算点	A	
觇法	直	反
斜距 $S(m)$	351.84	350.66
平距 $D(m)$	341.23	341.23
竖直角 $\alpha(m)$	+14°06′30″	-13°19′00″
$D\tan\alpha(m)$	+85.76	-80.77
仪器高 $i(m)$	+1.31	+1.43
觇标高 $v(m)$	-3.80	-4.00
两差改正 $f(m)$	+0.01	+0.01
高差 $h(m)$	+83.28	-83.33
平均高差 (m)	+83.30	
起算点高程 (m)	279.25	
待求点高程 (m)	362.55	

（2）用全站仪十字丝的中丝瞄准 B 点觇标顶端 M，读出水平距离 D（或倾斜距离 S）和竖直角 α 的值，记入表 5-5 相应的栏中。竖直角 α 也可采用经纬仪进行测量，观测时要注意使竖盘水准管气泡居中，进行盘左、盘右观测，并读取竖直度盘读数 L 和 R，从而完成一测回的观测。竖直角观测测回数及限差规定如表 5-6 所示。

竖直角观测测回数及限差规定

表 5-6

等级 仪器 项目	一、二级小三角		一、二、三级导线		图根控制
	DJ2	DJ6	DJ2	DJ6	DJ6
测回数	2	4	1	2	1
各测回 竖直角互差 指标差互差	15″	25″	15″	25″	25″

（3）将仪器搬至 B 点，同法对 A 点进行观测。

三、三角高程测量的记录和计算

外业观测结束后，按式（5-14）、式（5-15）或式（5-16）即可计算两点间的高差和待求点的高程，计算实例见表 5-5。

四、三角高程的误差分析

三角高程测量的精度受竖角观测误差、边长误差、大气折光误差、仪器高和目标高的量测误差等诸多因素的影响。其中边长误差的大小决定于测量的方法。对于仪器高和目标高的测定误差，用于测定地形控制点高程的三角高程测量，仅要求达到厘米级；当用光电测距三角高程测量代替四等水准测量时，仪器高和棱镜高的测定要求达到毫米级，用小钢卷尺认真地量测两次取平均，准确读数至 1mm 是不困难的，若采用对中杆量取仪器高和棱镜高，其误差可小于 ±1mm。因此，可认为三角高程测量的主要误差来源是竖角观测误差、大气垂直折光系数的误差。

竖角观测误差中有照准误差、读数误差及竖盘指标水准管气泡居中误差等。就现代仪器而言，主要是照准误差的影响。目标的形状、颜色、亮度、空气对流、空气能见度等都会影响照准精度，给竖角测定带来误差。竖角观测误差对高差测定的影响与推算高差的边长成正比，边长越长，影响越大。

大气折光的影响与观测条件密切相关，大气垂直折光系数 K，是随地区、气候、季节、地面覆盖物和视线超出地面高度等条件不同而变化的，要精确测定它的数值，目前尚不可能。通过实验发现，K 值在一天内的变化，大致在中午前后数值最小，也较稳定，日出、日落时数值最大，变化也快。因而竖角的观测时间最好在当地时间 10～16 时之间，此时 K 值在 0.08～0.14 之间。

在三角高程测量中折光影响与距离平方成正比，因此，根据分析论证，对于短边三角高程测量在 400m 以内的短距离传递高程，大气折光的影响不是主要的。只要在最佳时刻测距和观测竖直角，采用合适的照准标志，精确地量取仪器高和目标高，达到毫米级的精度是可能的。

精密光电测距仪使测距精度有较为显著的提高,特别是短边测距精度可在毫米以内;对折光误差影响的研究也有了长足的进展;照准目标的改进和采取必要的观测措施,使竖角的观测精度得到进一步的提高。因此当前利用光电测距仪作三角高程测量已经相当普遍。

思考题与习题

1. 什么是高程测量?高程测量的方法有哪几种?

2. 水准测量的基本原理是什么?水准测量常用的仪器和工具有哪些?

3. 目前我国水准仪的精度等级是如何划分的?共分为几个等级?

4. 微倾式水准仪主要由哪几个部分构成?

5. 试简述电子水准仪的优点。

6. 水准仪的基本操作步骤包括哪些?

7. 在水准测量中,转点有何作用?

8. 设 A 为后视点,B 为前视点;A 点高程是 19.827m,当后视读数为 1.234m,前视读数为 1.467m,问 A、B 两点的高差是多少?B 点比 A 点高还是低?B 点的高程是多少?并绘图说明。

9. 试完成表 5-7 中所列水准测量成果的计算,并求出 BM2 点的高程。

水准测量成果计算　　　　表 5-7

测站	测点	水准尺读数		高　　差		高程
		后视读数	前视读数	正(+)	负(-)	
1	BM1 TP1	1.464	0.897			24.889 (BM1)
2	TP1 TP2	1.879	0.935			
3	TP2 TP3	1.126	1.765			
4	TP3 BM2	1.612	0.711			(BM2)
	计算 检核					

10. 为什么把水准仪安置在距离前、后视两根尺子大致相等的地方?

11. 试简述三角高程测量的基本原理。

12. 试简述三角高程测量的方法。

13. 三角高程测量的主要误差来源有哪些?

第六章 GPS卫星定位测量

GPS是"导航卫星授时与测距/全球定位系统(Navigation System Timing and Ranging/Global Positioning System)"的英文缩写,它是随着现代科学技术的迅速发展而建立起来的新一代精密全球卫星导航定位系统。全球卫星导航定位系统的出现,不仅是定位、导航技术的巨大革命,也是空间信息获取技术的巨大革命。它完全实现了从局部测量定位到全球测量定位,从静态定位到实时高精度动态定位,从限于地表的二维定位到从地表到近地空间的全三维定位,从受天气影响的间歇性定位到全天候连续定位;其绝对定位精度也把传统精密天文定位的十米级提高到厘米级水平,把$10^{-5} \sim 10^{-6}$相对定位精度提到$10^{-8} \sim 10^{-9}$水平,把定时精度从传统的毫秒级($10^{-3} \sim 10^{-4}$s)提高到纳秒($10^{-9} \sim 10^{-10}$s)级水平。由于全球卫星导航定位系统的这些优良特性,从更广泛的意义上说,它的出现也推动了当今信息获取技术,特别是地球空间信息技术的革命。

目前,GPS定位技术在测绘中被广泛应用于大地测量、摄影测量、地质测量、矿山测量、建筑测量、房地产测量、线路测量、桥隧测量及各种类型的变形监测等工程领域。

第一节 GPS 卫星定位系统概述

一、卫星定位测量发展概况

1957年10月4日,世界上第一颗地球人造卫星发射成功,它使空间科学技术的发展迅速进入了一个崭新的时代。随着地球人造卫星不断入轨运行,利用地球人造卫星进行定位测量已成为现实。20世纪60年代,卫星定位测量技术问世,并逐渐发展成为利用地球人造卫星解决大地测量问题的一项空间技术。追溯卫星定位测量技术的发展过程,大致可归结为如下三个阶段:卫星三角测量,卫星多普勒定位测量,GPS卫星定位测量。

1.卫星三角测量原理

卫星定位测量问世之初,地球人造卫星仅仅作为一种空间的动态观测目标,由地面上的测站拍摄卫星的瞬时位置而测定地面点的坐标,称为卫星三角测量。如图6-1所示,设A、B是地面上两个已知点,C是待定点,A、B两个测站上分别用卫星摄影仪(计时照相仪)同步拍

摄影卫星 S_1 的相片,由此得到的摄影底片,既有卫星 S_1 在两张相片上的同步影像 S_a 和 S_c,又有某些恒星的影像 S^*。在天文年历中可查出恒星 S^* 的坐标,并以此为起算数据在相片上量算 S_a 和 S_c 的坐标,进而推算方向 AS_1 和 CS_1,获得同步平面 ACS_1。用同样的方法观测另一颗卫星 S_2,也可得另一同步平面 ACS_2。两平面的交线即弦 AC。类似地,在 B、C 设站,同样观测卫星 S_1 和 S_2,则可得弦 BC。弦 AC 与 BC 的交点,即待定点 C。如果 A、B 两测站位于大陆,而 C 点在远海岛屿上,则用上述卫星三角测量的方法可实现大陆与海岛间的联测定位,这是常规大地测量技术所不及的。

1966～1972 年间,美国国家大地测量局在美国和联邦德国测绘部门的协作下,应用上述卫星三角测量的方法,测量了具有 45 个测站的全球三角网,并获得了 5m 的点位精度。但是,卫星三角测量资料处理过程复杂,且定位精度不高,不能获得待定点三维地心坐标,因此,目前已成为一种过时的测量技术。卫星三角测量是卫星定位测量历史发展的初级阶段,随着科学技术的进一步发展,卫星定位测量也由初级阶段进入高级阶段。

2. 卫星多普勒定位测量

1958 年 12 月,美国海军和詹斯·霍普金斯(Johns Hopkins)大学应用物理实验室开始联合研制美国海军导航卫星系统(Navy Navigation Satellite System),简称为 NNSS 系统。1959 年 9 月发射了第一颗试验卫星。美国海军研制 NNSS 系统的目的,是为了给北极星核潜艇提供全球性的导航系统。经过几年试验研究,该系统于 1964 年建成并投入使用。1967 年,美国政府宣布 NNSS 系统解密并提供民用。NNSS 系统又称子午卫星导航系统,由 6 颗工作卫星组成所谓子午卫星星座(图 6-2)。卫星高度在 950～1200km 之间,运行周期约为 107min,卫星轨道近于圆形且经过地球南、北极上空,故称子午卫星(Transit)。子午卫星导航系统的出现,标志着卫星大地测量技术由初级阶段进入高级阶段,其特点是:

(1)卫星不再作为一种单纯的空间动态观测目标,而是通过其轨道参数介入定位计算的动态已知点。

(2)观测不再采用传统的几何模式,而是通过地面测站接收卫星发射的信号测定站星距离定位。

图 6-1　卫星三角测量原理　　　　　　　　图 6-2　子午卫星运行图

利用子午卫星射电信号测定地面点位置的技术,称为卫星多普勒定位技术。

卫星多普勒定位技术具有经济、快速和不受天气、时间限制等许多优点。在地球上任何地方只要能见到子午卫星,便可进行单点定位和联测定位,采集两天数据可获得具有分米级定位精度的测站三维地心坐标。世界许多国家都采用了卫星多普勒定位技术,美洲大陆及其附近大约测设了 500 个多普勒点;西欧各国测设了 30 多个多普勒点;法国除在本土建立了多普勒网以外,还在阿尔及利亚、利比亚、圭亚那和加蓬等国测设了 115 个多普勒点。

我国也测设了近百个多普勒点,并布设了全国性的多普勒网,实现了大陆和西沙、南沙群岛的联测。尽管卫星多普勒定位技术在导航与定位技术的发展中具有划时代的意义,子午卫星系统被称为第一代卫星导航定位系统,但是该系统仍有许多明显的缺点,主要如下:

(1)卫星颗数少,不能实现连续实时导航定位。

(2)卫星轨道高度低,难以实现精密定轨。

(3)信号频率低,难以补偿电离层效应的影响。

子午卫星导航定位系统的上述缺陷,使其应用受到较大的限制。为了突破子午卫星导航系统的局限性,实现全天候、全球性和高精度的实时导航与定位,美国国防部于 1973 年 12 月批准陆海空三军联合研制的一种新的军用全球卫星导航定位系统——NAVSTAR GPS,即导航卫星授时与测距/全球定位系统,简称为全球定位系统(GPS)。

3. GPS 卫星定位测量

GPS 卫星定位系统的研制计划分 3 个阶段实施:

(1)原理与可行性实验阶段,自 1973 年 12 月起,到 1978 年 2 月 22 日第一颗试验卫星发射成功为止,历时 5 年。

(2)系统研制与实验阶段,由 1978 年 2 月 22 日起,到 1989 年 2 月 14 日第一颗工作卫星发射成功为止,历时 11 年。

(3)工程发展与完成阶段,由 1989 年 2 月 14 日起,到 1995 年 4 月 27 日为止,历时 7 年。

1995 年 4 月 27 日美国国防部宣布:"GPS 系统已具备全部运作能力。"意即在全世界任何地方、任意时刻都可以实现全天候的导航、定位和定时。GPS 计划的实现历时 23 年、耗资 130 多亿美元,截至 2000 年,在轨道上正常工作的有 28 颗卫星,其中 26 颗为早期发射的 BLOCK II A 型卫星,2 颗为 1999 年发射的 BLOCK II R 型卫星。

GPS 系统是第二代卫星导航定位系统,它的出现导致测绘行业一场深刻的技术革命。和子午卫星导航定位系统相比,GPS 系统具有如下一些显著的优点:

(1)提供全天候、全球性的导航、定位服务。GPS 系统卫星数目多而且分布合理,地球上任何地点、任意时刻均可连续同步观测到 4 颗以上卫星。从而保证了该系统导航、定位服务的全天候和全球性。

(2)可进行高精度、高速度的实时精密导航和定位。GPS 卫星在轨道平均高度、卫星钟稳定度以及信号频率等方面,都比子午卫星提高了 1 个数量级以上,其定位精度也相应地提高到厘米甚至毫米级,观测时间则缩短到几小时甚至几秒钟。目前,GPS 单点实时定位观测几秒钟,定位精度可达 $10 \sim 15$m;静态相对定位观测 $1 \sim 3$ h,精度可达 $10^{-6} \sim 10^{-7}$;如采用快速静态相对定位技术,观测时间可缩短到几分钟。近期发展起来的 GPS 差分定位技术(Differential Global Position System,简称 DGPS)和载波相位差分实时动态定位技术(Real Time

Kinematic,简称 RTK),进一步缩短了观测时间,提高了定位精度,实现了厘米级实时导航和定位。图 6-3 比较了各种定位方法的精度,该图说明,在 5~500km 距离内,GPS 定位的精度优于其他各种定位方法。GPS 信号除了用于导航、定位以外,还可用于高精度的测速和测时。目前,GPS 测速精度可达 0.1m/s,而测时精度为数十纳秒。

图 6-3　GPS 和其他定位方法的精度比较

(3)用途广泛,操作简便。GPS 技术的用途十分广泛,诸如海空导航、车辆引行、导弹制导、精密定位、工程测量、动态观测、设备安装、时间传递、速度测量等许多方面,都可以应用这一技术。尤其是对于大地和工程测量来讲,GPS 定位技术不仅精度高、速度快,而且自动化程度很高,操作十分简便。在一个测站上,作业员仅需安置和开关仪器、量取天线高以及监视仪器的工作状态。而捕获、跟踪卫星、记录卫星信号等一系列测量工作都由仪器自动完成。

二、GPS 系统的组成

GPS 系统由 3 部分组成,即空间部分、地面监控部分和用户接收设备部分。

1. 空间部分——GPS 卫星星座

GPS 卫星星座由 24 颗卫星组成,其中 21 颗工作卫星,3 颗备用卫星,均匀分布在 6 个地心轨道平面内(图 6-4),每个轨道 4 颗卫星。卫星轨道平面相对地球赤道面的倾角为 55°,各个轨道平面的升交点赤经相差 60°,轨道平均高度 20200km,卫星运行周期为 11 小时 58 分(恒星时),同一轨道上各卫星的升交角距为 90°,GPS 卫星的上述时空配置,保证了在地球上的任何地点,在任何时刻均至少可以同时观测到 4 颗卫星,以便满足精密导航和定位的需要(图 6-5)。

GPS 卫星的主体呈圆柱形,直径约为 1.5m,重约 774kg(其中包括 310kg 燃料),两侧各安装两块双叶太阳能电池板,能自动对日定向,以保证卫星正常工作的用电(图 6-6)。每颗 GPS 卫星带有 4 台高精度原子钟,其中 2 台为铷钟,2 台为铯钟。原子钟为 GPS 定位提供高精度的时间标准。

GPS 卫星具有以下 3 个基本功能:

(1)执行地面监控站的指令,接收和储存由地面监控站发来的导航信息。

GPS工作卫星星座

GPS星座的卫星分布

图 6-4 GPS 工作卫星星座及卫星分布

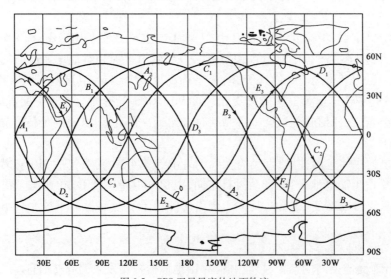

图 6-5 GPS 卫星星座的地面轨迹

（2）向GPS用户播送导航电文，提供导航和定位信息。

（3）通过高精度卫星钟（铯钟和铷钟）向用户提供精密的时间标准。

GPS卫星上设有微处理机，可进行必要的数据处理工作。并可根据地面监控站指令，调整卫星姿态、启动备用卫星。至今已发射的GPS卫星，包括Ⅰ型卫星、Ⅱ型和ⅡA型卫星、ⅡR型卫星。其中，Ⅰ型卫星（BLOCK Ⅰ）共研制发射了11颗，用于全球定位系统的实验，通常称Ⅰ型卫星为实验卫星。Ⅱ型和ⅡA型卫星（BLOCK Ⅱ与BLOCK ⅡA）用于组成GPS工作卫星星座，通常称为GPS工作卫星。Ⅱ型和ⅡA型卫星共研制了28颗，卫星的设计寿命为7.5年，自1989年初开始发射，至1994年发射完成，当时在天空中运行的GPS卫星大部分就是这种Ⅱ型和ⅡA型卫星。自1997年起，美国开始发射BLOCK ⅡR型卫星，这是Ⅱ型卫星中的第二代卫星，它有比Ⅱ型和ⅡA型卫星原子种频率稳定度高一个数量级的新铷原子钟，

可提高用户收到信号的功率，并能发送和接收其他GPS卫星的导航数据形成GPS卫星间相互定位的能力。此后，ⅡR型卫星逐渐替换了Ⅱ型和ⅡA型卫星，并在2004~2006年间发射了改进的Block ⅡR星系列（ⅡR-M）。2006年之后，美国又陆续发射新型的GPS Block ⅡF卫星。2010年以后，美国开始研制开发新型的GPS BlockⅢ型卫星系列，实施新一代GPSⅢ计划。截至2016年8月22日，共有32颗GPS卫星在轨运行，其中包括12颗新型的GPS Block ⅡF卫星。随着GPS卫星的不断更新换代，GPS卫星导航和定位的精度、稳定性和可靠性将有较大幅度的提高。

图6-6 GPS卫星示意图

2. 地面监控部分

GPS系统的地面监控网络区段目前由5个地面站组成。其中包括主控站、地面天线站和监测站，其分布见图6-7。

图6-7 GPS地面监控站的分布

主控站设在美国本土科罗拉多·斯平士(Colorado Spings)的联合空间执行中心。主控站协调、管理所有地面监控网络的工作,它主要有以下4项任务:

(1)根据各监测站提供的观测资料推算编制各颗卫星的星历、卫星钟差和大气层修正参数等,并把这些数据传送到注入站。

(2)提供全球定位系统的时间基准。各监测站和GPS卫星的原子钟均应与主控站的原子钟同步或测出其间的钟差,并将钟差信息编入导航电文送到注入站。

(3)调整偏离轨道的卫星,使之沿预定的轨道运行。

(4)启用备用卫星以取代失效的工作卫星。

地面天线站现有3个,分别设在印度洋的迭哥加西亚(Diego Garcia)、南大西洋的阿松森岛(Ascencion)和南太平洋的卡瓦加兰(KFajalein)。地面天线站的主要设备包括一台直径为3.6 m的天线、一台C波段发射机和一台计算机。其主要任务是在主控站的控制下,将由主控站推算和编制的卫星星历、钟差、导航电文和其他控制指令等注入相应卫星的存储系统,并监测注入信息的正确性。

监测站的主要任务是为主控站编算导航电文提供观测数据。监测站现有5个,其中4个和主控站以及地面天线站重叠,另外一个设在夏威夷(Hawaii)。每个监测站均用双频GPS信号接收机,对每颗可见卫星每6s进行一次伪距测量和积分多普勒观测,并采集气象要素等数据。整个GPS的地面监控网络,除MCS外均无人值守。各站间用现代化的通信系统联系起来,在原子钟和计算机的驱动和精确控制下,各项工作实现了高度的自动化和标准化。

3.用户设备部分

GPS系统的用户设备部分由GPS接收机硬件和相应的数据处理软件以及微处理机及其终端设备组成。GPS接收机硬件包括接收机主机、天线和电源,它的主要功能是接收GPS卫星发射的信号,以获得必要的导航和定位信息及观测量,并经简单数据处理而实现实时导航和定位。GPS软件是指各种机内软件、后处理软件、具有差分定位功能或RTK定位功能的实时处理软件,它们通常由厂家提供,其主要作用是对观测数据进行加工,以便获得比较精密的定位结果。由于GPS用户的要求不同,GPS接收机也有许多不同的类型,一般可分为导航型、测量型和授时型三类。用于测量工作的接收机,目前已有众多的生产厂家,且产品更新率很快。我国各个测量单位也从不同国家的厂家,引进了许多种型号的GPS接收机,为我国的国民经济建设做出了巨大贡献。此外,在GPS接收机的国产化方面,我国的几家测绘仪器制造公司也已取得了长足进步,例如南方测绘仪器公司、中海达测绘仪器公司等。

三、其他卫星导航定位系统

GPS系统的广泛应用,引起了各国科学家的关注和研究。前苏联、欧洲以及我国的科学家们在积极开发利用GPS信号资源的同时,还致力于研究各自的卫星导航定位系统。

前苏联自1982年10月开始,就陆续发射第二代导航卫星,目标是建成自己的第二代卫星导航定位系统——GLONASS(Global Navigation Satellite System)全球卫星导航系统(已由俄罗斯接管)。到1995年年底,就已经建成了GLONASS工作卫星星座,与GPS工作卫星星座一样,该系统包括21颗工作卫星和3颗备用卫星,均匀分布在3个轨道平面内(图6-8),

每个轨道上运行着 8 颗 GLONASS 卫星。卫星高度为 19100km，轨道平面倾角 64.8°，卫星运行周期 11 小时 15 分(恒星时)，卫星信号频率 1.6×10^3 MHz 和 1.2×10^3 MHz。GLONASS 系统是在认真吸取 GPS 系统的成功经验的基础上发展起来的，因此和 GPS 系统极其类似。在做距离测量时，GLONASS 系统也是采用被动式测距原理，即用户接收机天线只接收来自导航卫星的定位信号，从而获得天线至导航卫星的距离。

欧盟自 1999 年起开始筹建一种民用卫星导航系统，称为伽利略(Galileo)卫星导航定位系统(Galileo Satellite Navigation System)。Galileo 系统包括 30 颗 Galileo 中轨卫星，其中 27 颗为工作卫星，3 颗为在轨备用卫星，均匀分布在 3 个轨道面上，轨道高度是 23616km，轨道倾角为 56°，图 6-9 即为 Galileo 工作卫星星座。Galileo 系统原计划于 2008 年建成，但由于经济等多种因素的影响，该计划一再推迟，目前仍在持续建设中。Galileo 系统计划总投资为 32 亿~36 亿欧元，其中 11 亿欧元为启动经费，21 亿~25 亿欧元为系统开发经费。Galileo 系统卫星数量多、轨道位置高、轨道面少，Galileo 卫星信号分成公开、安全、商业、政府 4 种服务模式。由于 Galileo 系统的地面部分与 GPS 和 GLONASS 相比，增加了对系统差分、增强与完好性监测，使得 Galileo 具有比上述两个系统更高的定位精度、可用性和更好的连续性。因此，Galileo 可以满足航空、道路交通管理等与人身安全紧密相关的应用要求。

图 6-8　GLONASS 工作卫星星座

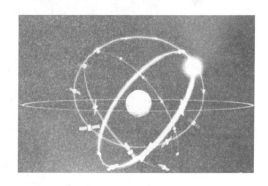

图 6-9　Galileo 工作卫星星座

早在 1983 年，我国科学家就提出了创建北斗双星导航定位系统的设想，该系统由两颗位于我国上空的地球同步卫星，以及地面控制中心与用户终端三部分组成。2000 年 10 月 31 日，我国第一颗自行研制的导航定位卫星(北斗导航试验卫星)在西昌发射成功。同年 12 月 21 日，第二颗北斗导航试验卫星正确进入轨道。2003 年 5 月 25 日，第三颗"北斗"导航备份卫星成功发射，这标志我国已拥有自主研制的卫星导航定位系统，称为北斗导航定位系统。北斗双星导航定位系统具有快速实时定位(精度与 GPS 相当)，简短通信(可一次传送 120 个汉字的短文)，精密授时(可提供 20ns 的时间同步精度)等功能，覆盖区域为中国及其周边国家和地区，无通信盲区，提供 24h 全天候服务。

北斗双星导航定位系统是我国的第一代导航定位系统，尽管有许多不足，但也具有 GPS 系统所没有的优点，更重要的是它结束了我国无自主导航定位系统以及完全依赖美国 GPS 系统的历史。

目前，我国正在进行第二代卫星导航定位系统——北斗卫星导航系统(BeiDou Navigation Satellite System，简称为 BDS)的建设工作。北斗卫星导航系统(BDS)的基本构想为：在继承第一代北斗导航定位系统已有成熟技术的基础上,建立"静止星+斜轨星+中轨星"的全球覆盖星座框架,采用单向时间被动式测距,实现无源定位,用户容量不受限制的导航系统体制。也就是说,北斗卫星导航系统(BDS)将从根本上克服第一代"北斗"双星定位系统的弱点。按照计划,我国已于2007年4月发射了第一颗BDS系统的中轨道导航卫星,于2009年4月发射了第一颗静止轨道导航卫星,于2010年8月发射了首颗倾斜轨道卫星。至2016年6月12日为止,我国共发射了23颗北斗导航卫星。

根据BDS系统建设总体规划,2012年12月27日,北斗系统空间信号接口控制文件正式版正式公布,标志着我国的BDS系统首先具备了覆盖亚太地区的无源定位、导航和授时以及短报文通信服务能力;到2020年左右,我国将全面建成覆盖全球的北斗卫星导航系统。

北斗卫星导航系统(BDS)是我国自主发展、独立运行的全球卫星导航系统。系统建设目标是:建成独立自主、开放兼容、技术先进、稳定可靠的覆盖全球的北斗卫星导航系统,促进卫星导航产业链形成,形成完善的国家卫星导航应用产业支撑、推广和保障体系,推动卫星导航在国民经济社会各行业的广泛应用。

第二节 GPS卫星定位的基本原理

一、GPS定位方法分类

应用GPS卫星信号进行定位的方法,可以按照用户接收机天线在测量中所处的状态,或者按照参考点的位置,分为以下几种:

1. 静态定位和动态定位

如果在定位过程中,用户接收机天线处于静止状态,或者认为待定点在协议地球坐标系中的位置是固定不动的,那么确定这些待定点位置的定位测量就称为静态定位。由于地球本身在运动,因此严格地说,接收机天线的所谓静止状态,是指相对周围的固定点天线位置没有可觉察的变化,或者变化非常缓慢,以致在观测期内觉察不出而忽略。

在进行静态定位时,由于待定点位置固定不动,因此可通过大量重复观测提高定位精度。正是由于这一原因,静态定位在大地测量、工程测量、地球动力学研究和大面积地壳形变监测中,获得了广泛的应用。随着快速解算整周未知数技术的出现,快速静态定位技术已在实际工作中使用,静态定位作业时间大为减少,从而在地形测量和一般工程测量领域内也将获得广泛的应用。

相反,如果在定位过程中,用户接收机天线处在运动状态,这时待定点位置将随时间变化。确定这些运动着的待定点的位置,称为动态定位。例如,为了确定车辆、船舰、飞机和航天器运行的实时位置,就可以在这些运动着的载体上安置GPS信号接收机,采用动态定位方法获得接收机天线的实时位置。

2. 绝对定位和相对定位

根据参考点位置的不同,GPS定位测量又可分为绝对定位和相对定位。

绝对定位是以地球质心为参考点,测定接收机天线(即待定点)在协议地球坐标系中的绝对位置。由于定位作业仅需使用一台接收机工作,所以又称为单点定位。

单点定位外业工作和数据处理都比较简单,但其定位结果受卫星星历误差和信号传播误差影响较显著,所以定位精度较低。这种定位方法,适用于低精度测量领域,例如船只、飞机的导航,海洋捕鱼,地质调查等。

如果选择地面某个固定点为参考点,确定接收机天线相位中心相对参考点的位置,则称为相对定位。由于相对定位至少使用 2 台以上接收机,同步跟踪 4 颗以上 GPS 卫星,因此相对定位所获得的观测量具有相关性,并且观测量中所包含的误差也同样具有相关性。采用适当的数学模型,即可消除或者削弱观测量所包含的误差,使定位结果达到相当高的精度。相对定位既可作静态定位,也可作动态定位,其结果是获得各个待定点之间的基线向量,即三维坐标差:$(\Delta x, \Delta y, \Delta z)$。目前,静态相对定位由于其精度可达 $10^{-6} \sim 10^{-9}$,所以是精密定位的基本模式。

此后,随着整周未知数快速逼近技术的发展,快速静态相对定位方法也曾被采用,并且已在某些应用领域内取代传统的静态相对定位方法。另外,还有一种准动态相对定位作业模式,它也是一种快速定位技术,但其定位精度不理想,且要求在作业过程中卫星不能失锁,因此应用不广。

在动态相对定位技术中,差分 GPS 定位即所谓 DGPS 定位受到了普遍重视。在进行 DGPS 定位时,一台接收机被安置在参考点上固定不动,其余接收机则分别安置在需要定位的运动载体上(图6-10)。固定接收机和流动接收机可分别跟踪 4 颗以上 GPS 卫星的信号,并以伪距作为观测量。根据参考点的已知坐标,可计算出定位结果的坐标改正数或距离改正数,并可通过数据传

图 6-10　DGPS 定位示意图

输电台(数据链)发射给流动用户,以改进流动站定位结果的精度。

DGPS 是建立在 C/A 码伪距测量基础上的一种实时定位技术,其定位精度为米级,主要用于导航、地质勘探、水深和水下地形测量等精度要求不太高的测量项目。

20 世纪 90 年代中期开发出来了一种载波相位差分实时动态定位技术,称为 RTK GPS 技术。由于这种技术采用了载波相位观测量作为基本观测量,其定位精度能够达到厘米级。在 RTK GPS 测量作业模式下,位于参考站的 GPS 接收机,通过数据链将参考点的已知坐标和载波相位观测量一起传输给位于流动站的 GPS 接收机,流动站的 GPS 接收机根据参考站传递的定位信息和自己的测量成果,组成差分模型,并进行基线向量的实时解算,可获得厘米级精度的定位结果。RTK GPS 测量极大地提高了 GPS 测量的工作效率,特别适用于各类工程测量以及各种用途的大比例尺测图或 GIS 数据采集,为 GPS 测量开拓了更广阔的应用前景。

二、GPS 卫星定位测量的主要误差来源

正如其他测量工作一样,GPS 测量同样不可避免地会受到测量误差的干扰。按误差性质来讲,影响 GPS 测量精度的误差主要是系统误差和偶然误差,其中,系统误差的影响又远

大于偶然误差,相比之下,后者甚至可以忽略不计。从误差来源分析,GPS 测量误差大体上又可分为以下三类:

1. 与 GPS 卫星有关的误差

这类误差主要包括卫星星历误差和卫星钟误差,两者都是系统误差。在 GPS 测量作业中,可通过一定的方法消除或者削弱其影响,也可采用某种数学模型对其进行改正。

2. 与 GPS 卫星信号传播有关的误差

GPS 卫星发射的信号,需穿过地球上空电离层和对流层才能到达地面。当信号通过电离层和对流层时,由于传播速度发生变化而产生时延,使测量结果产生系统误差,称为 GPS 信号的电离层折射误差和对流层折射误差。在 GPS 测量作业中,同样可通过一定的方法消除或者削弱其影响,也可通过观测气象元素并采用一定的数学模型对其进行改正。

当卫星信号到达地面时,往往受到某些物体表面反射,使接收机收到的信号不单纯是直接来自卫星的信号,而包含了一部分反射信号,从而产生信号的多路径误差。多路径误差取决于测站周围的环境,具有随机性质,是一种偶然误差。

3. 与 GPS 信号接收机有关的误差

这类误差包括接收机的分辨率误差、接收机的时钟误差以及接收机天线相位中心的位置偏差。

接收机的分辨率误差即 GPS 测量的观测误差,具有随机性质,是一种偶然误差,通过增加观测量可以明显减弱其影响。接收机时钟误差,是指接收机内部安装的高精度石英钟的钟面时间相对 GPS 标准时间的偏差。这项误差与卫星钟误差一样属于系统误差,并且一般比卫星钟误差大,同样可通过一定的方法消除或削弱。在进行 GPS 定位测量时,是以接收机天线相位中心代表接收机位置的。理论上讲,天线相位中心与天线几何中心应当一致,但事实上天线相位中心随着信号强度和输入方向的不同而变化,使天线相位中心偏离天线几何中心而产生定位系统误差。

在 GPS 定位测量中,除了上述 3 种主要误差源以外,还受到其他一些误差来源的影响。其中,最主要的是地球自转影响和相对论效应。

卫星在协议地球坐标系中的瞬间位置,是根据信号传播的瞬间时刻计算的,当信号到达测站时,由于地球自转影响,卫星在上述瞬间的位置也产生了相应的旋转变化。因此,对于卫星瞬时位置,应加地球自转改正。

根据相对论原理,处在不同运动速度中的时钟振荡器会产生频率偏移,而引力位不同的时钟振荡器会产生引力频移现象。在进行 GPS 定位测量时,由于卫星钟和接收机时钟所处的状态不同,即它们的运动速度和引力位不同,因此卫星钟和接收机时钟就会由于相对论原因而产生相对钟差,称为相对论效应。

人们想了很多办法来削弱和消除上述各种误差的影响,比如,针对实时广播星历提供的卫星坐标精度不高的问题,国际上的 GPS 服务机构 IGS 提供了事后的 GPS 卫星的精密星历,其轨道坐标精度可达 $3 \sim 5cm$。同时也提供卫星钟差、电离层延迟的精密事后修正数据,利用这些数据,人们可以进行多种精密定位和定时。

三、GPS 绝对定位的基本原理

GPS 绝对定位所依据的观测量,是根据码相关测距原理测定的卫星至测站间的伪距。

由于定位仅需使用一台接收机,速度快,灵活方便,被广泛应用于低精度测量和导航中。

1.绝对定位原理及基本方程

已知数据信号:如图 6-11 所示,卫星坐标三维向量 r^j,由广播星历或精密星历提供相应参数后计算出来,其向量形式为:$r^j = (x^j, y^j, z^j)$。

观测数据信号:卫星至测站的距离 ρ_i^j(因其中含有多项定位误差而称之为"伪距"),目前有五种不同的观测值方式,包括:C/A 码伪距观测值、P_1 和 P_2 码伪距观测值、L_1 和 L_2 载波相位伪距观测值。其向量形式为:$e_i^j \rho_i^j$,e 为 ρ 方向上的单位向量(方向余弦)。

待求量:R_i,测站点在地球上的三维位置向量,$R_i = (x_i, y_i, z_i)$。

在图 6-11 所示的空间直角坐标系中,有如下的向量方程:

$$R_i = r^j - e_i^j \rho_i^j \qquad (6-1)$$

R_i 中有三个未知数,但 ρ_i^j 只有一个观测量,不能解出三个未知数,因此从原理上说至少应有三个不同卫星的伪距观测值 $\rho_i^j (j = 1, 2, 3)$ 才能解算出上述方程的三个未知数。

如图 6-12 所示,已知三颗卫星的坐标三维向量:r^1, r^2, r^3;观测值为卫星至地面点的伪距:$\rho_i^1, \rho_i^2, \rho_i^3$;待求量为地面点的三维坐标:$R_i = (x_i, y_i, z_i)$。

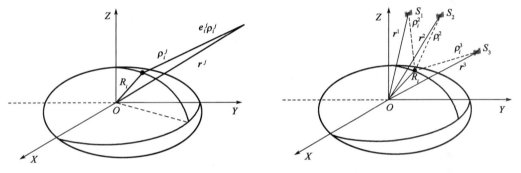

图 6-11　GPS 定位原理示意图(1)　　　　图 6-12　GPS 定位原理示意图(2)

按向量运算法则,有方程式:$\| r^j - R_i \| = \rho_i^j (j = 1, 2, 3)$,其中,$\| \bullet \|$ 表示求向量的模,即长度,亦即

$$\sqrt{(x^j - x_i)^2 + (y^j - y_i)^2 + (z^j - z_i)^2} = \rho_i^j \qquad (j = 1, 2, 3) \qquad (6-2)$$

从上面的分析可以看出,从原理上说,已知三个卫星至测站点的伪距观测值,就可实现地面点三维坐标的定位。

2.伪距观测值方程及其解

在实际测量中,我们不能直接观测到卫星到地面点的几何距离,而是观测到包含了时间延迟等误差的伪距离 ρ_i^j,称为"伪距观测值"。为了建立伪距观测方程,引进如下符号:

t^j(GPS)表示第 j 颗卫星发出信号瞬间的 GPS 标准时间;t^j 是相应的卫星钟钟面时刻;t_i(GPS)表示接收机在第 i 个测站上收到卫星信号瞬间的 GPS 标准时间;t_i 是相应的接收机钟钟面时刻;δt^j 代表卫星钟钟面时相对 GPS 标准时间的钟差;而 δt_i 则是接收机钟钟面时相对 GPS 标准时间的钟差。

显然,卫星钟和接收机钟钟面时与 GPS 标准时间之间,存在如下关系:

$$t^j = t^j(\text{GPS}) + \delta t^j \tag{6-3}$$

$$t_i = t_i(\text{GPS}) + \delta t_i \tag{6-4}$$

由此,卫星信号由卫星到达测站的钟面传播时间:

$$\Delta t_i^j = t_i - t^j = t_i(\text{GPS}) - t^j(\text{GPS}) + \delta t_i - \delta t^j \tag{6-5}$$

如果不考虑大气折射(电离层和对流层折射)的影响,那么由钟面传播时间 Δt_i^j 乘以光速 c,即得卫星 S^j 至测站 T_i 间的伪距:

$$\rho_i^j = c\Delta t_i^j = c[t_i(\text{GPS}) - t^j(\text{GPS})] + c(\delta t_i - \delta t^j) \tag{6-6}$$

并且,引用记号 D_i^j 表示卫星 S^j 至测站 T_i 间的几何距离;δt_i^j 表示接收机钟与卫星钟的相对钟差,于是,显然有:

$$D_i^j = c[t_i(\text{GPS}) - t^j(\text{GPS})] \tag{6-7}$$

与

$$\delta t_i^j = \delta t_i - \delta t^j \tag{6-8}$$

将式(6-7)与式(6-8)代入式(6-6)即得伪距表达式的简化形式:

$$\rho_i^j = D_i^j + c\delta t_i^j \tag{6-9}$$

式中第二项 $c\delta t_i^j$ 表示接收机钟与卫星钟之相对钟差的等效距离误差。现顾及大气层折射影响,则 t 时刻的伪距观测方程可写成:

$$\rho_i^j(t) = D_i^j(t) + c\delta t_i^j + \delta I_i^j(t) + \delta T_i^j(t) \tag{6-10}$$

式中:$\delta I_i^j(t)$——t 时刻电离层折射延迟的等效距离误差;

$\delta T_i^j(t)$——t 时刻对流层折射延迟的等效距离误差。

式(6-10)中 $D_i^j(t)$ 是非线性项,表示测站与卫星之间的几何距离。显然有:

$$D_i^j(t) = \sqrt{[x^j(t) - x_i]^2 + [y^j(t) - y_i]^2 + [z^j(t) - z_i]^2} \tag{6-11}$$

这里 $x^j(t)$、$y^j(t)$、$z^j(t)$ 为 t 时刻卫星 S^j 的三维地心坐标,为已知值;x_i、y_i、z_i 则是测站 T_i 的三维地心坐标,为待求量。

由此可见,在卫星钟差已知的前提下,伪距就等于真空的几何距离加电离层延迟和对流层延迟,再加上未知的卫星接收机钟差的延迟。

图 6-13　GPS 定位的几何原理

在式(6-10)中,$\delta I_i^j(t)$ 和 $\delta T_i^j(t)$ 可以通过信号传播的电离层和对流层的理论预先确定,δt^j 可由广播星历或精密星历的计算确定。

这样一来,式(6-10)中共有 x_i、y_i、z_i 和 δt_i 四个未知数,观测地面点至四颗卫星的伪距即可唯一确定上述四个未知参数。图 6-13 所示即为 GPS 定位的几何原理。

以上定位原理说明,用 GPS 技术可以同时实现三维定位与接收机时间的测定。一般来说,利用 C/A 码进行实时绝对定位,各坐标分量精度在 5～10m,三维综合精度在 15～30m;利用军用 P 码进行实时绝对定位,各坐标分量精度在 1～3m,三维综合精度在 3～6m;利用载波相位观测值进行绝对定位技术比较复杂,目前其实时或准实时定位各坐标分量的精度为 $0.1 \sim 0.3\mathrm{m}$，事后 24h 连续定位三维精度可达 $2 \sim 3\mathrm{cm}$。

四、GPS 相对定位的基本原理

由绝对定位的原理可知 GPS 绝对定位的精度一般较低，对于 GPS 卫星定位来说，主要是由于卫星轨道误差、卫星钟误差、接收机时钟误差、电离层延迟误差和对流层延迟等误差的影响不易用物理或数学的方法加以完全消除。但是对于相对定位来说，主要是确定 T_2 点相对 T_1 点的三维位置关系（如图 6-14 所示）。利用 GPS 定位技术，在 T_2 点和 T_1 点上同步观测伪距 $\rho_2^{s^k}$ 和 $\rho_1^{s^k}$（$k = 1,2,3,4$），只要 T_2 离 T_1 点不太远，例如小于 30km，那么由于卫星信号通过大约相似的大气层，其电离层和对流层延迟误差几乎相同，利用 $\rho_2^{s^k}$ 和 $\rho_1^{s^k}$ 组成新的观测量，又称差分观测量，即

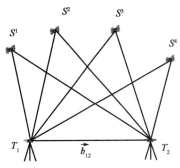

图 6-14　GPS 相对定位原理

$$\Delta\rho_{12}^{s^k} = \rho_2^{s^k} - \rho_1^{s^k} \qquad (k = 1,2,3,4) \tag{6-12}$$

这种差分观测量不仅可以大大削弱电离层和对流层延迟误差的影响，还可以大大削弱卫星 S^k 的轨道误差影响，几乎完全消除卫星 S^k 钟误差的影响。

又如组成另一类新的差分观测量：

$$\Delta\rho_i^{s^k s^q} = \rho_i^{s^q} - \rho_i^{s^k} \qquad (i = 1,2) \tag{6-13}$$

它几乎可以完全消除测站点上接收机的时钟误差，并削弱其通道误差的影响。

同理，在一次差分观测量的基础上还可组成二次差分观测量：

$$\Delta\nabla\rho_{ij}^{s^k s^q} = \Delta\rho_{ij}^{s^q} - \Delta\rho_{ij}^{s^k} = (\rho_j^{s^q} - \rho_i^{s^q}) - (\rho_j^{s^k} - \rho_i^{s^k}) \tag{6-14}$$

这种二次差分观测量又称为双差观测量，可大大削弱卫星轨道误差、电离层和对流层延迟误差的影响，几乎可以完全消除卫星钟误差和接收机钟误差的影响。用它们来进行相对定位，精度就可以大大提高。

相对定位的原理及其观测方程如下：

已知量　$r_{sk}(k = 1,2,3,4)$，$r_{sk} = (x^{s^k}, y^{s^k}, z^{s^k})^T$；

观测量　$\rho_i^k, \rho_j^k(k = 1,2,3,4)$；

待求量　$\vec{b}_{ij} = (\Delta x_{ij}, \Delta y_{ij}, \Delta z_{ij})^T$。

观测方程为：

（1）对于伪距差分

$$\vec{b}_{ij} = f(r_{sk}, \Delta\rho_{ij}^{s^k}) \qquad (k = 1,2,3,4)$$

（2）对于载波相位差分

$$\vec{b}_{ij} = f(r_{sk}, \Delta\nabla\phi_{ij}^{s^k s^q}) \qquad (k = 1, q = 2、3、4, \text{此时 } s^1 \text{ 卫星为参考卫星})。$$

这里，用 f 表示待求量 $\vec{b}_{ij}$ 与已知量 r_{sk}、观测量 ρ_i^k, ρ_j^k、$\Delta\rho_{ij}^{s^k}$ 或 $\Delta\nabla\phi_{ij}^{s^k s^q}$ 之间的某种函数关系，即测站点 T_j 相对于参考点 T_i 的三维位置是双差观测量和卫星坐标的函数。

GPS 相对定位的精度对于 C/A 码伪距测量可以达到 $0.5 \sim 5m$，相对定位的两点之间距离可以为 $5m \sim 200km$。

对于载波相位测量，相对定位的精度可以达到厘米级乃至毫米级，相对定位的点间距离可以从几米一直到几千公里。

如果用平均误差与两点间的长度之比的相对精度（K）来衡量 GPS 载波相位相对定位的精度，其相对定位精度一般可以达 10^{-6}（1ppm），最高可接近 10^{-9}（1ppb）。

第三节　GPS 静态相对定位测量的实施

GPS 静态相对定位工作主要包括 GPS 外业观测和数据处理。

一、GPS 控制网的外业观测

GPS 静态相对定位的外业观测工作包括天线安置、观测作业、观测记录和观测数据检查等。

1. 天线安置

天线精确安置是实现精确定位的重要条件之一，因此要求天线应尽量利用三脚架安置在标志中心的垂线方向上直接对中观测。一般最好不要进行偏心观测。对于有观测墩的强制对中点，应将天线直接强制对中到中心。

对天线进行整平，使基座上的圆水准气泡居中。天线定向标志线指向正北。定向误差不大于 $\pm 5°$。

天线安置后，应在各观测时段前后，各量测天线高一次。两次测量结果之差不应超过 3mm，并取其平均值。

天线高指的是天线相位中心至地面标志中心之间的垂直距离。而天线相位中心至天线底面之间的距离在天线内部无法直接测定，由于其是一个固定常数，通常是由厂家直接给出，天线底面至地面标志中心的高度可直接测定，两部分之和为天线高。

对于有觇标、钢标的标志点，安置天线时应将觇标顶部拆除，以防止对 GPS 信号的遮挡，也可采用偏心观测，归心元素应精确测定。

2. 观测作业

GPS 定位观测主要是利用接收机跟踪接收卫星信号，储存信号数据，并通过对信号数据的处理获得定位信息。

利用 GPS 接收机作业的具体操作步骤和方法，随接收机的类型和作业模式不同而有所差异。总体而言，GPS 接收机作业的自动化程度很高，随着其设备软硬件的不断改善发展，性能和自动化程度将进一步提高，需要人工干预的地方越来越少，作业将变得越来越简单，尽管如此，作业时仍需注意：

（1）首次使用某种接收机前，应认真阅读操作手册，作业时应严格按操作要求进行。

（2）在启动接收机之前，首先应通过电缆将外接电源和天线连接到接收机专门接口上，并确认各项连接准确无误。

（3）为确保在同一时间段内获取相同卫星的信号数据，各接收机应按观测计划规定的时间作业，且各接收机应具有相同获取信号数据的时间间隔（采样间隔）。

（4）接收机跟踪锁住卫星，开始记录数据后，如果能够查看，作业员应注意查看有关观测卫星数量、相位测量残差、实时定位结果及其变化和存储介质的记录情况。

（5）在一个观测时段中，一般不得关闭并重新启动接收机；不准改变卫星高度角限值，数据采样间隔及天线高的参数值。

（6）在出测前应认真检查电源电量是否饱满，作业时，应注意供电情况，一旦听到低电压报警要及时更换电池，否则可能会造成观测数据被破坏或丢失。

（7）在进行长距离或高精度 GPS 测量时，应在观测前后测量气象元素，如观测时间长，还应在观测中间加测气象元素。

（8）每日观测结束后，应及时将接收机内存中的数据传输到计算机中，并保存在软、硬盘中，同时还需检查数据是否正确完整，当确保数据正确无误地记录保存后，应及时清除接收机内存中的数据以确保下次观测数据的记录有足够的存储空间。

3. 观测记录

GPS 接收机获取的卫星信号由接收机内置的存储介质记录，其中包括：载波相位观测值及相应的观测历元，伪距观测值，相应的 GPS 时间、GPS 卫星星历以及卫星钟差参数，测站信息及单点定位近似坐标值。

在观测现场，观测者还应填写观测手簿，对于测站间距离小于 10km 的边长，可不必记录气象元素。为保证记录的准确性，必须在作业过程中随时填写，不得测后补记。

4. 观测数据检查

为了确保有效的观测时间和原始观测数据的质量，数据采集工作结束后，应将 GPS 观测数据文件转换为标准化的 RINEX 格式（Receiver Independent Exchange Format），并采用 TE-QC 软件（Translation, Editing and Quality Checking）对所有的 GPS 原始观测数据进行质量检验，将不合格的观测数据剔除。

二、数据处理

与所有测量任务相同，由 GPS 定位技术所获得的测量数据，同样需要经过数据处理，方能成为合理而实用的成果。

GPS 外业观测结束后，应及时对所获得的外业数据进行处理，解算出基线向量，并对基线向量的解算结果进行质量评估。然后对由合格基线向量所构建成的 GPS 基线向量网进行平差计算，得出网中各点的坐标成果。

此外，由于 GPS 定位结果属于协议地球地心坐标系（WGS-84 坐标系），在 GPS 定位测量数据处理中，还需要考虑如何将 GPS 测量成果由 WGS-84 世界地心坐标系转换至实用的国家坐标系或地方独立坐标系。

1. GPS 基线向量解算

对两台及两台以上接收机同步观测的数据，需根据双差模型和三差模型对每一个观测值建立相应的观测方程，双差模型共应建立 $(n_i-1)(n^j-1)n_t$ 个方程，三差模型共应建立 $(n_i-1)(n^j-1)(n_t-1)$ 个方程（n_i 为测站数，n^j 为观测的卫星数，n_t 为观测历元数），无论采用哪种模型,均应按最小二乘原理对其进行求解,从而求出方程中的未知参数。

由于通常一个时段接收的卫星数据量非常大,所列的方程数也很多,所以,相对定位的基线向量一般均采用仪器厂家提供的专门软件来求解。不同厂家的软件功能和使用上均可能有所不同,但大体上均包括如下基本处理过程:

(1)数据传输:将 GPS 接收机记录的观测数据传输到计算机内存或存储介质上。

(2)数据分流:从原始数据中,剔除无效观测值和冗余信息,形成各种数据文件,如星历文件、载波相位和伪距观测文件、测站信息文件。

(3)GPS 数据的预处理:对数据进行平滑滤波检验,剔除粗差;统一数据文件格式,将不同类型接收机的数据记录格式统一为标准化的文件格式,周跳探测,修复观测值。

(4)基线向量解算:一般先采用三差模型法对基线向量进行预求解,然后再采用双差模型对基线向量进行精确求解。

2. GPS 网平差与坐标转换

由同步观测和异步观测的基线向量互相连接构成 GPS 网,称为 GPS 基线向量网。由于存在观测误差,网中由不同时段观测的基线向量组成的闭合图形存在不符值。因此,应在 WGS-84 坐标系统下,以 GPS 基线向量及其相应的方差阵作为观测信息,对 GPS 网进行平差计算,消除不符值,获得网中点的平差后的三维坐标、基线边长的平差值、基线向量观测值改正数及其对观测值、点位坐标的精度评定。

GPS 网平差可采用多种平差方法进行。为检验基线向量观测值的网内部符合精度以及观测值是否存在系统误差和粗差,一般常采用无约束平差法,即以 WGS-84 坐标下一个点的三维坐标作为位置基准的平差,该平差避免了基准信息误差,因此,平差后的结果,可以准确地反映观测值的精度。并可通过单位权方差检验,观测值改正数的分布及其粗差检验,发现网中可能存在的系统误差及粗差。

常用的 GPS 网平差,还有约束平差和联合平差。约束平差是以国家大地坐标或地方坐标系下的某些点的坐标、边长、方位角作为网平差的基准信息,也就是作为平差的约束条件,再考虑 GPS 网的 WGS-84 坐标系与国家或地方坐标系之间的转换参数进行平差计算。平差后不但可获得 GPS 网的坐标平差值及精度评定,而且还实现了将 WGS-84 坐标系统成果向国家或地方坐标系统的转换。联合平差是 GPS 基线向量观测值与地方常规观测值的联合平差,平差计算中除包含基线观测值和基准约束数据外,还包含边长、方位、高差等一些常规观测值。由于联合平差仍带有约束条件,所以,平差后也可将 GPS 成果转换到国家或地方坐标系。

三、技术总结

在完成了 GPS 网的布测后,应该认真完成技术总结。每项 GPS 工程的技术总结不仅是工程一系列必要文档的主要组成部分,而且它还能够使各方面对工程的各个细节有完整而充分的了解,从而便于今后对成果的充分而全面地利用。另一方面,通过对整个工程的总结,测量作业单位能够总结经验,发现不足,为今后开展新的工程项目提供参考。

技术总结的内容一般应包括:

(1)测区范围与位置,自然地理条件,气候特点,交通及经济等情况。

（2）任务来源，测区已有测量成果的情况，施测目的和基本精度要求。

（3）施测单位，施测起止时间，技术依据，作业人员情况，使用接收机类型和数量以及检验情况，观测方法，重测、补测情况，作业环境，重合点情况，工作量与工作日情况。

（4）野外数据检核情况和分析，起算数据和坐标系统，数据后处理内容、方法及软件情况，精度分析。

（5）外业观测数据质量分析与野外检核情况。

（6）方案实施与规范执行情况。

（7）工作量与定额计算。

（8）提交成果中尚存在的问题和需要说明的其他问题。

（9）上交资料清单。

（10）各种附表与附图。

第四节　GPS RTK 测量方法

测距码伪距差分 GPS，能以米级精度实时地给出运动载体的位置，满足车辆、舰艇的导航、引航，以及水下测量等动态定位的需要。但由于测距码自身结构及测量中随机噪声误差的限制，很难达到更高的精度。载波相位测量的噪声误差远远小于测距码测量噪声误差，在静态相对定位中已实现 $10^{-6} \sim 10^{-9}$ 的相对定位精度。但是，整周模糊度（整周未知数）求解需进行长时间的静止观测，以及数据的事后处理，均限制了载波相位测量在动态定位中的应用，因此也限制了载波相位定位的应用范围。

由于快速求解整周模糊度技术的出现，并不断改进，使整周未知数可以被迅速确定。而差分 GPS 的出现，使利用载波相位差分实时求解载体的位置成为可能，这一具有快速高精度定位功能的载波相位差分实时动态测量技术，通常简称为 GPS RTK（Real Time Kinematic，缩写为 RTK）测量技术。

一、GPS RTK 测量的基本原理

载波相位实时差分 GPS 定位与伪距差分 GPS 原理相类似，其基本思想是：在基准站上安置一台 GPS 接收机，对卫星进行连续观测，并通过无线电传输设备实时地将观测数据及站坐标信息传送给用户（流动）站；流动站一方面通过接收机接收 GPS 卫星信号，同时还通过无线电接收设备接收基准站传送的观测数据，然后根据相对定位原理，实时地进行处理数据，并实时地以厘米级的精度给出用户站的三维坐标。

二、GPS RTK 测量系统的组成

载波相位差分实时动态 GPS 测量系统（RTK）的构成，主要包括 GPS 接收设备、数据传输系统、软件系统三部分。其硬件构成如图 6-15 所示。

1. GPS 接收设备

GPS RTK 测量系统中至少应包含两台 GPS 接收机，其中一台安置在基准站上，另一台

或若干台分别安置在不同的流动站上。基准站应设在坐标已知且观测条件较好的控制点上。作业期间,基准站的接收机应连续跟踪全部可见的 GPS 卫星,并将观测数据通过数据传输系统,实时地发送给流动站。GPS 接收机可以是单频或双频,当系统中包含多个用户接收机时,基准站上的接收机宜采用双频接收机。

基准站　　　　流动站

图6-15　GPS RTK 测量系统示意图

2.数据传输系统

基准站与用户站之间的联系是由数据传输系统(数据链)完成的,数据传输设备是实现实时动态测量的关键设备之一,它由调制解调器和无线电台组成。在基准站上,调制解调器将有关的数据进行编码和调制,然后由无线电发射台发射出去。用户站上的无线电接收台将其接收下来,并由解调器将数据解调还原,送入用户站上的 GPS 接收机中。

3.实时动态测量的软件系统

软件系统的质量与功能,对于保障实时动态测量的可行性、测量结果的精确性与可靠性,具有决定性的意义。实时动态测量的软件系统应具有如下主要功能:

(1)整周未知数的动态快速解算。

(2)实时解算用户站在 WGS-84 地心坐标系下的三维坐标。

(3)求解坐标系之间的转换参数。

(4)根据转换参数,进行坐标系统的转换。

(5)解算结果质量分析与精度评定。

(6)测量结果的显示与绘图。

三、GPS RTK 测量的步骤

GPS RTK 测量包括测量前的准备工作、基准站设置、流动站设置、系统初始化、数据采集五个部分。

1.测量前的准备工作

RTK 测量系统的硬件部分至少由一组收发电台和两台 GPS 接收机组成,一台接收机作为基准站(参考站),另一台为流动站。在赴野外进行工作之前,一定要检查 RTK GPS 测量系统在运输箱中的所有必需部件和测量所需的已知数据以及其他资料是否齐备,电池电量是否饱满,以免影响工作。

2.基准站设置

(1)选择合适的基准站点

要成功地进行 RTK 测量,首先要选择合适的站点来安置基准站系统。选择基准站点有两个问题需要考虑:

①基准站 GPS 天线与卫星之间应无遮挡物,保证地平线15°以上没有障碍。尽管在基准站站点附近可允许有一些障碍物,但最好的情况是对空开阔,以保证 RTK 系统可接收到最多的可用卫星数量。

②相对于周围的地形,基准站点应处于较高处,目的是为了获得基准站电台传输的最大可能作用半径。若基准站和流动站之间有明显障碍,其作用域将会缩小。

（2）基准站系统的架设

基准站接收机通常要安置在已知点上,接收机天线可架设在三脚架或固定高度的 GPS 观测墩上,架设好之后要从互为 120°角的三个方向分别量测基准站 GPS 接收机的天线高度,并取其平均值作为最终结果,以确保天线高正确无误。

如果电缆的长度够长,电台天线可架设在基准站点附近的任何位置。在选好合适的位置后,用相应的电缆将电台天线与电台、电台与 GPS 接收机、电台与外接电源、GPS 天线与 GPS 接收机、电子手簿与 GPS 接收机分别连接起来,这些电缆的长度将决定电台天线的可能位置。此外,可用所提供的托架将电台天线架设在 GPS 天线三脚架上,或者将电台天线另行架设。有时也会将电台天线架设在高杆上,以获得基准站和流动站之间的更大工作范围。设置好的基准站系统如图 6-16 所示。

（3）基准站功能验证

按一下 GPS 接收机上的电源开关,接通电源。打开电子手簿,确认所有部件电源接通。GPS 接收机和电台上均有 LED 指示灯明示电源已接通,部件处于启动状态。然后设置 GPS 接收机为 RTK 基准站模式,并用电子手簿中的 RTK 软件确定基准站系统是否工作正常。至此,基准站系统已设置完毕。

3. 流动站设置

流动站系统的设置同基准站系统基本一样。为了便于进行 RTK 测量,流动站 GPS 接收机一般放置在背包里,而 GPS 天线则安置在一根固定高度的测杆上,该测杆可精确地在测点上对中、整平。由于流动站的电台是接收电台,功率较小,电台天线可安置在流动站背包外的可伸缩杆上。对于目前比较流行的一体机而言,由于接收机的天线、主机和电台均集成在一起,故只需将其安置在固定高度的测杆顶部即可,电子手簿一般固定在测杆的中部,以方便操作。

在所有部件都连接好之后,接通电源,打开电子手簿,设置流动站接收机为 RTK 模式,然后确认流动站系统是否工作正常,完成流动站系统的设置。设置好的流动站系统如图 6-17 所示。

图 6-16　设置好的 RTK 基准站系统

图 6-17　设置好的 RTK 流动站系统

4. 系统初始化

用流动站系统进行测量定位和数据采集之前,首先必须完成初始化过程。初始化是保证高精度定位的必需过程。在初始化前,流动站系统会以低精度来计算点位,其精度可以是几分米,或是几米。初始化是在已知基线上为求解整周模糊度而采集足够数据的过程。初始化过程完成之后,流动站系统会以额定的精度水平工作,直至失锁(需重新初始化)为止。

为实现 RTK 的厘米级定位,必须采集足够多的数据来计算一组整周模糊度参数。一旦整周模糊度计算出来,就可以精确地确定当前位置。解算整周模糊度是 RTK 数据采数中最耗时间的部分。整周模糊度求解成功后,测点定位便告确立。而且,在运动过程中只要保持锁定至少五个卫星,整周模糊度将保持固定。如果由于遮挡物使卫星失去锁定(或锁定的卫星数目降到五个以下),整周模糊度也随之丢失,此时必须重新初始化才能继续测量(在丢失整周模糊度以前所采集到的全部数据不受影响)。

动态测量的初始化可由两种方式来实现:

(1)用静态测量方法做初始化

动态测量的初始化可以通过静态测量来实现,这是最耗时间的初始化方法,要求观测时间 5min 或更长(视基准站和流动站之间的距离而定)。下面是采用该方法的一个例子:

到达动态测量的新测区后,如果没有足够的已知点,必须用静态测量来做动态测量初始化。在一个已知坐标点或有近似坐标的任意点上设立基准站,其编号为 0001。在离基准点大约 10m 处打桩来标定另一个点,其编号为 0100。在该点上设置流动站系统,输入点号并观测 5min。保证所采集的数据足够静态定位解算。至此,初始化即宣告成功。然后用流动站系统开始进行测量作业。

(2)在已知点上重新初始化

动态测量的初始化可在另一个已知点上进行短时间的数据采集来实现,该点相对于基准站的坐标是已知的。这是最快的动态初始化方法,只需在已知点上观测大约 10s 即可完成。

5. 数据采集

初始化完毕后,即可用 RTK 流动站系统开始进行数据采集。此时,流动站上采集的所有数据都将达到厘米级精度。无论是流动采数或安置于测点之上采数,存储在内存中的每一个数据都将得到厘米级的定位结果。如果将记录间隔设置为 2s,数据样本每隔 2s 就会写入内存一次。连续行进采数后,系统将绘制出所走过的路线图。如果行进中,停留在某一测点观测 10s,就会为这一测点观测到五个数据样本,从而获得比走动时更精确的定位结果。

四、GPS RTK 测量中的坐标转换

1. 平面坐标转换

目前解决 GPS 成果坐标转换问题有两种方法:一是进行 GPS 基线向量网的约束平差(约束条件为地面网坐标、边长和方位角)或进行 GPS 基线向量网与地面网常规的观测值联合平差。二是利用相对定位方法在全国范围内布设高精度 GPS 大地控制网,该网中若干点

具有精密 WGS-84 地心坐标,以这些精密的地心坐标为起算数据,建立 WGS-84 系内绝对定位精度很高的 GPS 网。若该网的许多点都是国家大地坐标系中的高等级点,则可利用七参数法来精确求出 WGS-84 坐标系与国家大地坐标系之间的转换参数。我国虽然已经建立了高精度的 GPS 大地控制网,但目前暂时还无法利用第二种方法,故常用的是第一种方法。

GPS 动态定位中,所提供的是 WGS-84 坐标。但在工程应用中,一般为北京 54 坐标、西安 80 坐标或当地任意坐标。动态定位的坐标转换不同于静态测量。一方面,它不可能利用较多的已知点进行计算,以求得最佳的转换参数;另一方面,它又要求实时地进行转换,即 GPS 提供的数据应是所要求的当地坐标。因此,动态定位的坐标转换必须满足下列条件:

(1)实时快速,便于现场设置。

(2)精度要满足规范要求。

(3)能满足任何一种坐标系统。

根据测区所提供的已知数据的不同,可以采用如下方法对 RTK 测量中坐标转换参数进行求解:

方法一:适用于已知点有地方坐标但无 WGS-84 坐标的情况。

平面已知控制点只有地方坐标而无对应的 WGS-84坐标,只有通过 RTK 坐标联测的方式,取得已知点相应的WGS-84系下的坐标才能求解出坐标转换参数。此方法较烦琐,但也是唯一的方法。此时至少联测两个平面控制点,高程转换至少联测三个高程控制点(平面拟合),也可联测六个及六个以上高程点作曲面拟合。采取此方法时,基准点可以设在未知点上,待联测求解出转换参数后,基准站坐标便可转换为本地坐标,这里以基准站在已知点 O 上、方位点在 A 上为例(如表6-1和图6-18所示),i 为任意待定点。

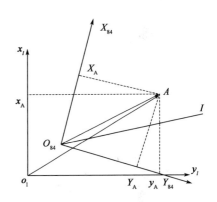

图 6-18 已知点有地方坐标但无 WGS-84 坐标的转换关系

已知点有地方坐标但无 WGS-84 坐标的转换关系 表 6-1

点 名	WGS-84 坐标系		当地坐标系	
	测量值	测量后计算值	已知值	欲求值
基准点 O	B_0, L_0	X_0, Y_0	x_0, y_0	
方位点 A	B_A, L_A	X_A, Y_A	x_A, y_A	
测量点 i	B_i, L_i	X_i, Y_i		x_i, y_i

其基本步骤如下:

(1)将基准点和方位点的 WGS-84 坐标投影到平面上,即由(B_0, L_0)、(B_A, L_A)分别计算出(X_0, Y_0)、(X_A, Y_A)。

(2)利用静态测量方法求出基准站和方位点的基线矢量,即求出该基线在 WGS-84 坐标中的各种参数:

坐标增量

$$\begin{bmatrix} \Delta X \\ \Delta Y \end{bmatrix}_{84} = \begin{bmatrix} X_A \\ Y_A \end{bmatrix}_{84} - \begin{bmatrix} X_O \\ Y_O \end{bmatrix}_{84} \qquad (6\text{-}15)$$

方位角

$$\alpha_{84} = \tan^{-1} \left(\frac{\Delta Y}{\Delta X} \right)_{84} \qquad (6\text{-}16)$$

边长

$$S_{84} = \sqrt{\Delta X^2 + \Delta Y^2} \qquad (6\text{-}17)$$

（3）利用基准点和方位点的已知当地坐标求出该基线在当地坐标系的各种参数：

坐标增量

$$\begin{bmatrix} \Delta x \\ \Delta y \end{bmatrix}_l = \begin{bmatrix} x_A \\ y_A \end{bmatrix}_l - \begin{bmatrix} x_O \\ y_O \end{bmatrix}_l \qquad (6\text{-}18)$$

方位角

$$\alpha_l = \tan^{-1} \left(\frac{\Delta y}{\Delta x} \right)_l \qquad (6\text{-}19)$$

边长

$$S_l = \sqrt{\Delta x^2 + \Delta y^2} \qquad (6\text{-}20)$$

（4）由式（6-15）~式（6-20）可求出由 WGS-84 坐标系向当地坐标系转换的平移参数、旋转角和尺度因子：

平移参数

$$\begin{bmatrix} D_x \\ D_y \end{bmatrix} = \begin{bmatrix} X_O \\ Y_O \end{bmatrix}_{84} - \begin{bmatrix} x_O \\ y_O \end{bmatrix}_l \qquad (6\text{-}21)$$

旋转角

$$\theta = \alpha_{84} - \alpha_l \qquad (6\text{-}22)$$

尺度因子

$$m = \frac{S_{84} - S_l}{S_{84}} \qquad (6\text{-}23)$$

（5）将测量点的 WGS-84 坐标投影到平面上，即将 (B_i, L_i) 分别计算成 (X_i, Y_i)。

（6）求出测量点相对于基准点在 WGS-84 平面上的坐标增量：

$$\begin{bmatrix} \Delta X_i \\ \Delta Y_i \end{bmatrix}_{84} = \begin{bmatrix} X_i \\ Y_i \end{bmatrix}_{84} - \begin{bmatrix} X_O \\ Y_O \end{bmatrix}_{84} \qquad (6\text{-}24)$$

（7）将式（6-24）计算得到的坐标增量转换成当地坐标系下的坐标增量：

$$\begin{bmatrix} \Delta x_i \\ \Delta y_i \end{bmatrix}_l = (1 + m) \begin{bmatrix} \cos\theta & \sin\theta \\ -\sin\theta & \cos\theta \end{bmatrix} \begin{bmatrix} \Delta X_i \\ \Delta Y_i \end{bmatrix}_{84} \qquad (6-25)$$

（8）最后，求出测量点在当地坐标系中的坐标：

$$\begin{bmatrix} x_i \\ y_i \end{bmatrix}_l = \begin{bmatrix} X_O \\ Y_O \end{bmatrix}_{84} + \begin{bmatrix} \Delta x_i \\ \Delta y_i \end{bmatrix}_l - \begin{bmatrix} D_x \\ D_y \end{bmatrix} = \begin{bmatrix} x_O \\ y_O \end{bmatrix}_l + \begin{bmatrix} \Delta x_i \\ \Delta y_i \end{bmatrix}_l \qquad (6-26)$$

坐标转换参数即为：D_x、D_y（平移参数），θ（旋转参数），m（尺度参数）。当地坐标系可以是北京54坐标系或西安80坐标系，也可以是任意坐标系。

高程求解则采用拟合的方法。

方法二：适用于已知点既有地方坐标又有WGS-84坐标的情况。

用GPS做控制测量时，同时提供有WGS-84坐标系下的控制点坐标。这些点的坐标与参考点的相对关系是正确的，但参考点的绝对坐标不一定准确，这些点同时又具有地方坐标系下的坐标。利用同一点的两种坐标便可反求出两坐标系间的转换参数。

如表6-2所示，选取两个同时具有WGS-84坐标和地方坐标的点来求解坐标转换参数。

已知点既有地方坐标又有 WGS-84 坐标的转换关系

表6-2

点　名	WGS-84 坐标系		当地坐标系	
	已知值	已知的计算值	已知值	欲求值
P_1	B_1, L_1	X_1, Y_1	x_1, y_1	
P_2	B_2, L_2	X_2, Y_2	x_2, y_2	
测量点 i	B_i, L_i	X_i, Y_i		x_i, y_i

在这种情况下，由于已知点的WGS-84坐标和地方坐标都已知，所以我们可以直接采用平面坐标系统的转换模型来达到求解转换参数的目的。即利用式（6-27）将P_1、P_2两已知点代入求解四个坐标转换参数ΔX、ΔY（平移参数），θ（旋转参数）、m（尺度参数），如图6-19所示。

$$\begin{bmatrix} x_i \\ y_i \end{bmatrix}_l = \begin{bmatrix} \Delta X \\ \Delta Y \end{bmatrix} + (1 + m) \begin{bmatrix} \cos\theta & \sin\theta \\ -\sin\theta & \cos\theta \end{bmatrix} \begin{bmatrix} X_i \\ Y_i \end{bmatrix}_{84} \qquad (6-27)$$

然后，利用转换参数即可以求出任意测量点在当地坐标系（可以是北京54坐标系或西安80坐标系）中的坐标。

此外，转换参数及待定点坐标的求解也可参照方法一进行，此处只是测区已知点的已知条件发生了变化，此时可更加方便地求解坐标转换参数，求解的方法可以有多种，但基本思路是一致的。

高程求解仍采用拟合方法。

方法三：适用于已知WGS-84坐标系与地方坐标系之间转换参数的情况。

因为WGS-84系和地方坐标系之间的转换参数已

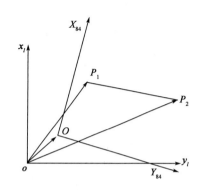

图6-19　已知点既有地方坐标又有 WGS-84
坐标的转换关系

知,所以将参数直接代入式(6-25)、式(6-26)或式(6-27)便可得地方坐标系下的坐标。但在求解待定点坐标时,应当知道基准点相对其他控制点在 WGS-84 系下的纬度、经度和大地高。

在利用式(6-26)和式(6-27)时,实际作业的方法和计算程序的设计会有所不同。

高程求解仍采用拟合方法。

方法四:适用于自定义假定坐标系的情况。

我们可以在只有一个已知点或无已知点情况下做坐标转换工作。如果没有已知点,可选用一个点并假定它的坐标。这样除了点位是假设之外,它和只有一个已知点的情况是一样的。此时,定向与尺度尚未确定。定向可取真北方向(以基准点子午线为准);尺度就直接取用基于大地高的尺度。在具体操作时,首先在对空视野开阔的某一点设立基准站并任意假定其坐标,联测另一点(设为假定坐标系下一个点),先得出假定坐标系下两点的坐标,而后求解坐标转换参数。测量工作先不与已知坐标系取得联系,但各测点之间相互关系应是正确的。此假定坐标系的参考点位是"联测的另一点",而方位、尺度与 WGS-84 坐标系一致。

在这种情况下,我们可以利用式(6-27)实现地方自定义坐标系与 WGS-84 坐标系之间的转换,并求解出坐标转换参数。也就是说,只要知道自定义独立坐标系下两点坐标和此两点在 WGS-84 坐标系下的坐标就能求出坐标转换参数。假定有两点 P_1、P_2,假设它们的坐标为 (x_{P_1}, y_{P_1})、(x_{P_2}, y_{P_2}),测出它们在 WGS-84 系下的坐标 (X_{P_1}, Y_{P_1})、(X_{P_2}, Y_{P_2}),然后代入式(6-27)求解坐标转换参数。

如果需要,此方法所测坐标可以通过坐标平移、旋转进行坐标转换,化成统一地方系下的坐标。

高程求解依旧采用拟合法。

2. 高程转换

上文中方法一至方法四中均详细论述了平面坐标转换参数的求解方法,而对于高程的转换(从大地高转换到实用的正常高),一般是采用数值拟合计算方法进行的。目前,主要的数值拟合计算方法有:平面拟合法二次曲面拟合法、多面函数拟合法、样条函数法等。下面分别进行简要介绍:

(1)平面拟合法

在小区域且较为平坦的范围内,可以考虑用平面逼近局部似大地水准面。作平面拟合时至少要联测三个高程控制点。

据有关文献,此方法在 $120km^2$ 的平原地区,拟合精度可达 $3 \sim 4cm$。

(2)二次曲面拟合法

似大地水准面的拟合也可采用二次曲面拟合法,此时测区内至少需有 6 个公共点。二次曲面拟合还可进一步扩展为多项式曲面拟合法。

此方法适合于平原与丘陵地区,在小区域范围内,拟合精度可优于 3cm。

(3)多面函数法

多面函数法的基本思想是:任何数学表面和任何不规则的圆滑表面,总可以用一系列有规则的数学表面的总和以任意精度逼近。

用多面函数法拟合高程异常,如果核函数和光滑因子等选取的合适,其拟合精度不低于二次曲面拟合法。

（4）样条函数法

高程异常曲面也可以通过构造样条曲面拟合,样条曲面拟合解法与多面函数法大致相同。此方法适合于地形比较复杂的地区,拟合精度也可达 3cm 左右。

曲面拟合法中还有非参数回归曲面拟合法、有限元拟合法、移动曲面法等。

当 GPS 点布设成测线时,还可应用曲线内插法、多项式曲线拟合法、样条函数法和 Akima 法等。

无论采用哪种模型,拟合的基本思想都是相同的,即利用区域内若干同时具有 GPS 高程和水准高程的重合点,求出这些点上的高程异常值,并按照一定的曲面函数关系,建立高程异常与曲面坐标之间的函数模型关系式,拟合出局部似大地水准面,即求出各点的高程异常值,从而实现 GPS 大地高到正常高的转换。

在进行 RTK 测量作业时,可以根据测区及布测情况来选取不同的数值拟合方法,以取得最佳的拟合效果。

第五节　网络 RTK 和 CORS 技术

利用 GPS 精密定位技术,在一个国家、一个地区或一个城市布设分布密度各不相同的、长年运行的 GPS 卫星永久性跟踪站,通过数据通信网络把这些站的精确坐标和 GPS 卫星跟踪数据发播给用户,用户只需用一台不同类型的 GPS 接收机,采用不尽相同的软件和作业方式,就可以进行毫米级、厘米级、分米级乃至米级、十米级、数十米级的实时、准实时、快速或事后定位,这种技术称为网络 RTK 技术。

同时,这些 GPS 卫星永久性跟踪站也构成了一个基准站网络,并利用现代自动控制技术对这些基准站实现无人值守的连续运行,通过有线无线数字通信网络,使系统的数据实现局部或全球范围内的共享,这就是所谓的连续运行参考站系统——CORS(Continuous Operation Reference Stations)。

当前,在国际上建立这种卫星定位导航服务网络取代传统的静态定位控制网是一个正在兴起的潮流。其原因除了这类系统具有全自动、全天候、实时的定位导航功能外,它还可以进行天气预报、灾害监测、电网及通信网络的时间同步等多种功能。

一、网络 RTK

1. 网络 RTK 的定义

网络 RTK 也称多基准站 RTK,是近年来在常规 RTK 和差分 GPS 定位方法的基础上建立起来的一种新技术。常规 RTK 技术是一种对动态用户进行实时相对定位的技术,该技术也可用于快速静态定位。进行常规 RTK 工作时,基准站需将自己所获得的载波相位观测值(最好加上测码伪距观测值)及站坐标通过数据通信链实时播发给在其周围工作的动态用户。于是,这些动态用户就能依据自己获得的相同历元的载波相位观测值(最好加上测码伪距观测值)和广播星历进行实时相对定位,并进而根据基准站的站坐标求得自己的瞬时位置。为消除卫星钟和接收机钟的钟差,削弱卫星星历误差、电离层延迟误差和对流层延迟误差的影响,在 RTK 中通常都采用双差观测值。

网络 RTK 是由基准站网、数据处理中心和数据通信线路组成的。基准站上应配备双频全波长 GPS 接收机,该接收机最好能同时提供精确的双频伪距观测值。基准站的站坐标应精确已知,其坐标可采用长时间 GPS 静态相对定位等方法来确定。此外,这些基准站还应配备数据通信设备及气象仪器等。基准站应按规定的采样率进行连续观测,并通过数据通信链实时将观测资料传送给数据处理中心。数据处理中心根据流动站送来的近似坐标(可据伪距法单点定位求得)判断出该站位于由哪三个基准站所组成的三角形内。然后根据这三个基准站的观测资料求出流动站处所受到的系统误差,并播发给流动用户来进行修正以获得精确的结果。基准站与数据处理中心间的数据通信可采用数字数据网或无线通信等方法进行。流动站和数据处理中心间的双向数据通信则可通过移动通信等方式进行。目前网络 RTK 大体可采用内插法、线性组合法及虚拟站等方法进行。图 6-20 为一个典型的网络 RTK 系统的基准站、控制中心、数据通信和用户的示意图。

图 6-20　网络 RTK 系统结构示意图

2. 网络 RTK 的优势

(1)覆盖范围更广

网络 RTK 系统可以有多个基准站,最少需要 3 个。如按边长 70km 计算,一个三角形覆盖面积为 2200 多 km^2。实际上,网络 RTK 系统可提供两种不同精度的差分信号,分别为厘米级和亚米级。若是精度要求更低,这个距离(70km)还可以扩展到几百公里。

(2)成本更低

网络 RTK 技术的应用,使得用户不需要再架设自己的基准站。而 70km 的边长,只用很少的几个基准站就能覆盖很大范围,从而使建设 GPS 参考站网络的费用大大地降低。与传统的 GPS 网络相比,网络 RTK 在扩大覆盖范围的同时,节约成本近 70% 。

（3）精度和可靠性更高

在网络 RTK 网络的控制范围内,精度可始终保持在 1 ~ 2cm。由于采用了多个参考站的联合数据,定位结果的可靠性也得到较大幅度的提高。

（4）应用范围更广

网络 RTK 技术可以应用于道路建设、城市规划、市政建设、交通管理、气象预报、环保、公共安全、工程与地壳形变监测、农业和林业资源普查以及所有在室外进行的各类勘察和测绘工作中。

（5）初始化时间更短

网络 RTK 技术可以更好地消除流动站的综合误差,因此可以更快速、更准确地确定流动站的整周模糊度,从而大大缩短了 RTK 作业的初始化时间。

二、连续运行参考站网系统（CORS）

1. CORS 的定义

连续运行参考站系统（Continuous Operation Reference Stations,简称 CORS 系统）可以定义为一个或若干个固定的、连续运行的 GPS 参考站,利用现代计算机、数据通信和互联网技术组成的网络,实时地向不同的类型、不同需求、不同层次的用户自动地提供经过检验的不同类型的 GPS 观测值（载波相位,伪距）,各种改正数、状态信息以及其他有关的 GPS 服务项目的系统。

2. CORS 的优点

与传统的 GPS 作业相比较,连续运行参考站系统具有作用范围大、精度高、野外单机作业等众多优点,目前国内一大批省、市、自治区和行业正经历着一个连续运行参考站网络系统的建设高潮。

连续运行参考站系统的优点如下:

（1）具有跨行业特性,可为不同行业、不同类型的用户提供服务。

（2）可同时满足不同需求的用户在定位实时性方面的差异,能同时提供 RTK、DGPS、静态或动态后处理及现场高精度准实时定位的数据服务。

（3）能兼顾不同层次的用户对定位精度指标的要求,提供覆盖米级、分米级、厘米级的数据。

（4）具有覆盖范围广、作业效率高、一次投资长期收益的特点,成为国家基础设施建设的新方向。

（5）可构建和维持稳定、统一的大地坐标系统。

（6）可提高作业精度和数据质量。

（7）可提高生产效率,单人测量系统将成为 GPS 测量的主流作业模式。

连续运行参考站系统不仅可以构成国家的新型大地测量动态框架体系,目前也正在构成城市地区新一代动态参考站网体系。它们不仅满足各种测绘、基准需求,还满足多种环境变迁动态信息监测需求。

第六节 精密单点定位测量方法

精密单点定位(Precise Point Positioning,简称 PPP)就是利用全球若干地面跟踪站的 GPS 观测数据计算出的精密卫星轨道和卫星钟差,以及 GPS 定位中的各类误差改正模型,对单台 GPS 接收机所采集的相位和伪距观测值进行定位解算,直接确定单测站在 ITRF 框架下三维坐标的一种定位方式。在这种定位方式中,用户只需要利用单台 GPS 接收机的观测数据,在数千万平方公里乃至全球范围内的任意位置都可以 cm~dm 级的精度进行实时动态定位,或以 mm~cm 级的精度进行较快速的静态定位。

精密单点定位的优点在于:在进行精密单点定位时,除了能直接解算出测站坐标之外,还能同时解算出接收机钟差、码间偏差、电离层和对流层延迟改正信息等参数,这些结果可以满足不同层次用户的需要(如研究授时、电离层、接收机钟差及地球自转等)。因此,精密单点定位技术出现之后,便很快在精密定位、卫星定轨、导航、精密授时、测绘及相关行业中得到广泛应用。

一、精密单点定位的基本原理

与传统的 GPS 相对定位技术相比,精密单点定位技术具有以下的优点:①定位时仅需要一台 GPS 接收机,不需要多台 GPS 接收机进行同步观测,外业观测作业灵活方便、效率高,且大大节约了观测作业的成本;②定位精度不受测站与基准站之间距离长短的限制;③定位精度较高,目前已与 GPS 相对定位的精度相当。因此,PPP 技术已成为目前 GPS 领域的研究热点之一。

在精密单点定位中,一般是利用卫星钟差估计值消去卫星钟差项,并且采用双频观测值消除了电离层一阶项的影响,即著名的无电离层组合模型(Ionospheric-free),其观测值误差方程如下:

$$v_p^j(i) = \rho^j(i) + C \cdot \delta t(i) + \delta\rho_{\text{trop}}^j(i) - P^j(i) + \varepsilon_p \qquad (6\text{-}28)$$

$$v_\Phi^j(i) = \rho^j(i) + C \cdot \delta t(i) + \delta\rho_{\text{trop}}^j(i) + \lambda \cdot N^j(i) - \lambda \cdot \Phi^j(i) + \varepsilon_\Phi \qquad (6\text{-}29)$$

式中: j——卫星号;

      i——相应的观测历元;

      C——真空中光速;

    $\delta t(i)$——接收机钟差;

    $\delta\rho_{\text{trop}}^j(i)$——对流层延迟影响;

    ε_p、ε_Φ——多路径、观测噪声等未模型化的误差影响;

$P^j(i)$、$\Phi^j(i)$——相应卫星在第 i 历元消除了电离层一阶项影响的组合观测值,而 $v_p^j(i)$、

          $v_\Phi^j(i)$ 为其观测误差;

    λ——相应的波长;

$\rho^j(i)$——信号发射时刻的卫星位置到信号接收时刻接收机位置之间的几何距离；

$N^j(i)$——消除了电离层一阶项影响的组合观测值的整周未知数。

将式(6-28)和式(6-29)线性化得：

$$V(i) = AX(i) + L(i) \tag{6-30}$$

$$A = \begin{bmatrix} \dfrac{\partial f(P)}{\partial X} & \dfrac{\partial f(P)}{\partial Y} & \dfrac{\partial f(P)}{\partial Z} & \dfrac{\partial f(P)}{\partial \delta t} & \dfrac{\partial f(P)}{\partial \delta \rho_{\text{trop}}} & \dfrac{\partial f(P)}{\partial N^j_{(j=1,\text{nsat})}} \\[3mm] \dfrac{\partial f(\Phi)}{\partial X} & \dfrac{\partial f(\Phi)}{\partial Y} & \dfrac{\partial f(\Phi)}{\partial Z} & \dfrac{\partial f(\Phi)}{\partial \delta t} & \dfrac{\partial f(\Phi)}{\partial \delta \rho_{\text{trop}}} & \dfrac{\partial f(\Phi)}{\partial N^j_{(j=1,\text{nsat})}} \end{bmatrix} \tag{6-31}$$

其中：

$$\frac{\partial f}{\partial X} = \frac{x - X_s}{\rho}, \frac{\partial f}{\partial Y} = \frac{y - Y_s}{\rho}, \frac{\partial f}{\partial Z} = \frac{z - Z_s}{\rho}$$

$$\frac{\partial f}{\partial \delta t} = C, \frac{\partial f}{\partial \delta \rho_{\text{trop}}} = M(\theta), \frac{\partial f}{\partial N^j_{(j=1,\text{nsat})}} = 0 \text{ 或 } 1 \tag{6-32}$$

$$X(i) = \begin{bmatrix} x & y & z & \delta t & \delta \rho_{\text{trop}} & N^j_{(j=1,\text{nsat})} \end{bmatrix}^{\text{T}}$$

以上式中：A——相应的设计矩阵；

$L(i)$——相应的观测值减去概略理论计算值得到的常数项；

$X(i)$——待估参数，其中(x,y,z)为三维位置参数；

δt——接收机钟差参数；

$\delta \rho_{\text{trop}}$——对流层延迟参数；

N^j——整周未知数参数；

X_s, Y_s, Z_s——已知的卫星坐标；

$M(\theta)$——投影函数。

二、精密单点定位数据处理

1. 数据预处理

在精密单点定位中，必须首先进行数据预处理，其主要内容和步骤包括：野值剔除、周跳探测与修复、相位平滑伪距等。数据预处理的目的是得到"干净"的非差相位观测值和较为精确的伪距观测值。数据预处理工作的好坏，直接关系到精密单点定位的平差处理和解算精度。

利用上述步骤进行数据预处理后，观测值中可能还包含小周跳，会对定位结果产生影响。可以通过分析数据处理后的观测值残差的方法来检测和修复这种小周跳，消除其影响。

在精密单点定位数据预处理中，周跳探测和修复是关键，其方法有差分法、电离层组合法、多项式拟合法、线性拟合法、Turboedit方法等。其中，Turboedit方法是常用且比较有效的方法之一。当然，Turboedit方法也存在一些局限性，如四舍五入取整影响、历元较短时无法检测以及两个频率出现相同大小周跳时无法探测等。

2. 精密单点定位数据处理

在数据预处理之后,利用上述精密单点定位观测模型,即可采用序贯最小二乘法或卡尔曼滤波法进行非差精密单点定位计算。在解算时,位置参数在静态情况下可以作为未知参数处理;在未发生周跳或修复周跳的情况下,整周未知数可当作常数处理,在发生周跳的情况下,整周未知数则当作一个新的常参数进行处理;由于接收机钟较不稳定且存在着明显的随机抖动,因此将接收机钟差参数当作白噪声处理;而对流层影响变化较为平缓,可以先利用对流层模型加以改正,再利用随机游走的方法估计其残余影响。

三、精密单点定位的主要误差及其改正模型

在精密单点定位中,影响其定位结果的误差主要包括:与卫星有关的误差(卫星钟差、卫星轨道误差、天线相位偏差、相对论效应);与接收机和测站有关的误差(接收机钟差、接收机天线相位误差、地球潮汐、地球自转等);与信号传播有关的误差(对流层延迟误差、电离层延迟误差和多路径效应)。

由于精密单点定位没有使用双差分观测值,所以有很多误差没有被消除或削弱,必须组成各类误差估计方程来消除或削弱之。一般可采用两种方法来解决:①对于可以精确模型化的误差,采用模型改正。②对于无法精确模型化的误差,加入参数估计或者使用组合观测值。例如,双频观测值组合可以消除电离层延迟;不同类型观测值之间的组合,不但可以消除电离层延迟,也可以消除卫星钟差、接收机钟差等;不同类型的单频观测值之间的线性组合还可以消除伪距测量的噪声等。

四、精密单点定位与 RTK 测量方法的对比

精密单点定位测量采用非差观测值模型,可用观测值多,保留了所有观测信息;能直接得到测站坐标;不同测站的观测值不相关,显然误差也不相关,测站与测站之间无距离限制。但精密单点定位方法的缺点是未知参数多,无法采用站间或星间差分的方法消除误差影响,必须利用完善的改正模型加以改正;另外,其整周未知数不具有整数特性。

RTK 测量采用双差模型观测模型,其重要优点是消除卫星钟差、接收机钟差的影响。对于短基线情况,可以进一步消除电离层和对流层延迟的影响,整周未知数具有整数特性。RTK 测量方法的缺点是差分后观测值减少且相关,必须至少在一个已知测站上进行同步观测才能求解出测站坐标,且在同步观测卫星较少时实现有困难,会影响作业效率。

与 RTK 测量等差分定位方法相比,精密单点定位无须和任何基准站或参考站同步观测,利用单台接收机即可在全球任意地方进行高精度定位,是一种非常高效的定位方法。除了个别对精度要求较高的情况外,它能满足大多数情况下的定位和测量需求。

采用精密单点定位技术,利用单个测站上的 GPS 观测数据就可以达到几个厘米的精度,即传统 RTK 测量方法可以达到的精度,且其不受野外观测作业距离的限制、不需要额外的基准站数据支持,这无疑大大提高了高精度定位作业的灵活性,降低了作业成本。因此,精密单点定位技术在卫星定轨、国土资源调查、GIS 数据采集与更新、时间传递、气象预报、精密海洋工程测量、海岸线测量、海洋测量、大面积航空摄影测量等方面具有广阔的应用前景。

思考题与习题

1. GPS 卫星定位系统由哪几部分组成？各部分的作用是什么？

2. 试简述 GPS 定位方法的分类。

3. GPS 卫星定位测量的主要误差来源有哪些？

4. 试述 GPS 绝对定位的基本原理，并写出伪距法绝对定位的基本方程。

5. 试述 GPS 相对定位的基本原理。

6. 试述 GPS 静态相对定位在建立 GPS 控制网方面的特点。

7. 试简述 GPS 测量的外业观测过程。

8. 试简述 GPS 基线向量的解算过程。

9. GPS 基线向量网平差分哪几种类型？它们有哪些特点？

10. 试简述 RTK 测量的基本原理。

11. RTK 测量系统由哪几部分组成？如何进行 RTK 测量？

12. 什么是网络 RTK？网络 RTK 有哪些优点？

13. 什么是 CORS？CORS 有哪些优点？

14. 试简述精密单点定位测量方法的基本原理。

15. 精密单点定位与 RTK 测量方法各有哪些优缺点？

第七章 控 制 测 量

第一节 控制测量概述

一、控制测量的概念

在测量工作中,首先在测区内选择一些对整体具有控制作用的点,组成一定的几何图形,用相对精确的测量手段和计算方法,在统一坐标系中,确定这些点的平面坐标和高程,然后以它为基础来测定其他地面点的点位或进行施工放样,或其他测量工作。其中,这些具有控制意义的点称为控制点;由控制点组成的几何图形称为控制网;对控制网进行布设、观测、计算,确定控制点位置的工作称为控制测量。

控制测量分为平面控制测量和高程控制测量。在传统测量工作中,平面控制与高程控制网通常分别单独布设,有时也将两种控制网合起来布设成三维控制网。

二、平面控制测量

测定控制点平面坐标所进行的测量工作,称为平面控制测量。平面控制测量的主要方法有三角测量、导线测量、交会测量、GNSS 控制测量等。目前,GNSS 控制测量和导线测量是最常用的方法。

三、高程控制测量

测定控制点的高程所进行的测量工作,称为高程控制测量。高程控制测量的主要方法有水准测量、三角高程和 GNSS 高程测量。用水准测量方法建立的高程控制网称为水准网。三角高程测量主要用于地形起伏较大、直接利用水准测量较困难的地区建立高程控制网,以及为地形测图提供高程控制。GNSS 高程测量可精确测定控制点的大地高,也可通过高程异常模型将其转化为正常高。

四、国家基本控制网

在全国范围内建立的控制网,称为国家基本控制网,分为国家平面控制网和国家高程控制网。国家平面控制网提供全国性的、统一的空间定位基准,是全国各种比例尺测图和工程建设的基本控制,同时也为空间科学技术和军事提供精确的点位坐标,并为研究地球的形状和大小、地壳运动以及地震预报提供重要依据。

我国原有国家平面控制网主要采用三角测量和精密导线测量建立起来的。按精度分为一、二、三、四等。一、二等三角测量是国家基本控制测量,三、四等三角测量属于加密控制测量。

20 世纪 80 年代末,GPS 开始在我国用于建立平面控制网。GPS 控制网按其精度分为 A、B、C、D、E 等。

"2000 国家 GPS 控制网"由国家测绘局布设的高精度 GPS A、B 级网,总参测绘局布设的 GPS 一、二级网,中国地震局、总参测绘局、中国科学院、国家测绘局共建的中国地壳运动观测网组成。该控制网整合了上述三个大型的、有重要影响力的 GPS 观测网的成果,共2609 个点,通过联合处理将其归于一个坐标参考框架,形成了紧密的联系体系,可满足现代测量技术对地心坐标的需求,同时为建立我国新一代的地心坐标系统打下了坚实的基础。

在全国范围内采用水准测量方法建立的高程控制网,称为国家水准网。国家水准网按精度高低分为一、二、三、四等。国家一等水准网是国家高程控制的骨干。二等水准网是在一等水准网环内布设,是国家高程控制网的全面基础。国家三、四等水准网是国家高程控制点的进一步加密,附合于高级水准点之间。它直接为地形测图和工程建设提供高程控制点。

五、城市控制网

在城市地区,为满足 1∶500 ~ 1∶2000 比例尺地形测图和城市建设施工放样的需要,应进一步布设城市平面控制网和高程控制网。城市平面控制网在国家控制网的控制下布设,按城市范围大小布设不同等级的平面控制网,分为二、三、四等三角网或三、四等导线网和一、二级小三角网或一、二、三级导线网。高程控制网主要是水准网,等级依次为二、三、四等。城市首级高程控制网不应低于三等水准,而且应布设成闭合环线。加密网可布设成附合路线、结点网和闭合环,一般不允许布设支水准路线。

六、工程控制网

为工程建设而布设的测量控制网称为工程控制网。按其用途分为测图控制网、施工控制网和变形监测网。其内容包括平面控制网和高程控制网。直接为测图而建立的控制网称为图根控制网。图根控制网一般应在测区的首级控制网或在上一级控制网的控制下,采用图根导线等方法布设,但不宜超过两次附合;为建(构)筑物等工程的施工放样而建立的测量控制网称为施工控制网,分为场区控制网和建筑物控制网;为建筑物、构筑物的变形观测而建立的测量控制网称为变形监测网,主要有为沉降观测的高程控制网和为位移观测的平面控制网。

在小于 $10km^2$ 的范围内建立的控制网,称为小区域控制网。在这个范围内,水准面可视为水平面,采用平面直角坐标系,计算控制点的坐标,不需将测量成果归算到高斯平面上。小区域平面控制网,应尽可能与国家控制网或城市控制网联测,将国家或城市高级控制点坐标作为小区域控制网的起算和校核数据。如果测区内或测区附近无高级控制点,或联测较为困难,也可建立独立平面控制网。

国家制定了一系列相应的控制测量规范[如《国家一、二等水准测量规范》(GB/T 12897—2006)、《国家三、四等水准测量规范》(GB/T 12898—2009)、《城市测量规范》(CJJ/T 8—2011)、《工程测量规范》(GB 50026—2007)以及《卫星定位城市测量技术规范》(CJJ/T 73—2010)等],对各种控制测量的技术要求做了详细的规定。在测量工作中应严格遵守和执行这些测量规范。

七、控制测量的一般作业步骤

控制测量作业包括技术设计、实地选点、标石埋设、观测和平差计算等主要步骤。在常规的高等级平面控制测量中,当某些方向受到地形条件限制不能使相邻控制点间直接通视时,需要在控制点上建立测标。采用 GPS 定位技术建立平面控制网,由于不要求相邻控制点间通视,因此不需要建立测标。

控制测量的技术设计主要包括精度指标的确定和控制网的网形设计。在实际工作中,控制网的等级和精度标准应根据测区大小和控制网的用途来确定。控制网网形设计是在收集测区的地形图、已有控制点成果等资料的基础上,进行控制网的图上设计,然后到实地踏勘,判明图上标定的已知点是否与实地相符,并查明标石是否完好;查看预选的路线和控制点点位是否合适,通视是否良好;如有必要再做适当的调整并在图上标明。根据图上设计的控制网方案,到实地选点,确定控制点的最适宜位置。控制点点位一般应满足:点位稳定,等级控制点应能长期保存;便于扩展、加密和观测。经选点确定的控制点点位,要进行标石埋设,将它们在地面上固定下来。控制点的测量成果以标石中心的标志为准,因此标石的埋设、保存至关重要。标石类型很多,按控制网种类、等级和埋设地区地表条件的不同而有所差别,图 7-1 ~ 图 7-4 是一些标石埋设示意图。

图 7-1 城市一、二级小三角点标石埋设图(尺寸单位:cm)

图 7-2 城市建筑物等级平面控制点标石埋设图
(尺寸单位:cm)

控制网的观测内容按控制网的种类不同而不同,有水平角或方向观测、距离测量、高程测量以及竖直角(或天顶距)观测。观测工作完成后,应对观测数据进行检核,保证观测成果满足要求,然后进行平差计算。对于高等级控制网需进行严密平差计算,而低等级的控制网允许采用近似平差计算。

图7-3　普通水准标石埋设图(尺寸单位:cm)

图7-4　城市墙角水准点标志埋设图(尺寸单位:cm)

八、平面控制点坐标计算基础

在控制网平差计算中,必须进行坐标方位角的推算和平面坐标的正、反算。

1. 坐标方位角的推算

如图7-5所示,已知直线 AB 的坐标方位角为 α_{AB},B 点处的转折角为 β,当 β 为左角时[图7-5a)],则直线 BC 的坐标方位角 α_{BC} 为:

$$\alpha_{BC} = \alpha_{AB} + \beta - 180° \tag{7-1}$$

当 β 为右角时[图7-5b)],则直线 BC 的坐标方位角 α_{BC} 为:

$$\alpha_{BC} = \alpha_{AB} - \beta + 180° \tag{7-2}$$

由式(7-1)、式(7-2)可得出推算坐标方位角的一般公式为:

$$\alpha_{前} = \alpha_{后} \pm \beta \pm 180° \tag{7-3}$$

式(7-3)中,β 为左角时,其前取" + ",β 为右角时,其前取" – "。如果推算出的坐标方位角大于 360°,则应减去 360°,如果出现负值,则应加上 360°。

2. 平面直角坐标正、反算

如图7-6所示,设 A 为已知点,B 为未知点,当 A 点坐标 $(x_A、y_A)$、A 点至 B 点的水平距离 S_{AB} 和坐标方位角 α_{AB} 均为已知时,则可求得 B 点坐标 $(x_B、y_B)$。通常称为坐标正算问题。由图7-6可知:

图7-5　坐标方位角推算

图7-6　坐标正、反算

$$x_B = x_A + \Delta x_{AB} \atop y_B = y_B + \Delta y_{AB} \qquad\qquad (7\text{-}4)$$

式中:

$$\Delta x_{AB} = S_{AB} \cdot \cos\alpha_{AB} \atop \Delta y_{AB} = S_{AB} \cdot \sin\alpha_{AB} \qquad\qquad (7\text{-}5)$$

所以,式(7-4)亦可写成

$$x_B = x_A + S_{AB} \cdot \cos\alpha_{AB} \atop y_B = y_B + S_{AB} \cdot \sin\alpha_{AB} \qquad\qquad (7\text{-}6)$$

式中:Δx_{AB}、Δy_{AB}——坐标增量。

直线的坐标方位角和水平距离可根据两端点的已知坐标反算出来,这称之为坐标反算问题。如图 7-6 所示,设 A、B 两已知点的坐标分别为 x_A、y_A 和 x_B、y_B,则直线 AB 的坐标方位角 α_{AB} 和水平距离 S_{AB} 为:

$$\alpha_{AB} = \arctan\frac{\Delta y_{AB}}{\Delta x_{AB}} \qquad\qquad (7\text{-}7)$$

$$S_{AB} = \frac{\Delta y_{AB}}{\sin\alpha_{AB}} = \frac{\Delta x_{AB}}{\cos\alpha_{AB}} = \sqrt{\Delta x_{AB}^2 + \Delta y_{AB}^2} \qquad\qquad (7\text{-}8)$$

上两式中,$\Delta x_{AB} = x_B - x_A$;$\Delta y_{AB} = y_B - y_A$。

由式(7-8)能算出多个 S_{AB},可做相互校核。

应当指出,式(7-7)中 Δy_{AB}、Δx_{AB} 应取绝对值,计算得到的为象限角 R,而测量工作中通常用坐标方位角表示直线的方向,因此,计算出象限角 R 后,应将其转化为坐标方位角。

第二节 导 线 测 量

一、导线测量的概念

将相邻控制点用直线连接起来形成折线,称为导线,这些控制点称为导线点,点间的折线边称为导线边,相邻导线边之间的夹角称为转折角(又称导线折角,导线角)。另外,与坐标方位角已知的导线边(称为定向边)相连接的转折角,称为连接角(又称定向角)。通过观测导线的边长和转折角,根据起算数据经计算而获得导线点的平面坐标,即为导线测量。导线测量布设简单、每点仅需与前、后两点通视,选点方便,特别是在隐蔽地区和建筑物多而通视困难的城市,应用起来方便灵活。

二、导线的布设形式

导线可被布设成单一导线和导线网。两条以上导线的汇聚点,称为导线的结点。单一导线与导线网的区别,在于导线网具有结点,而单一导线则不具有结点。

单一导线可被布设为附合导线、闭合导线和支导线。所谓附合导线是指起始于一个已知点而终止于另一个已知点的导线［图7-7a）］；闭合导线是指起闭于同一个已知点的导线［图7-7b）］；支导线是指从一个已知出发，既不附合于另一个已知点，也不闭合于起始点的导线［图7-7c）］。附合导线具有较好的检核条件，闭合导线虽然有内角和条件对观测角值进行检核，但却无法检核出距离测量的系统偏差和导线的定向偏差。支导线由于缺乏检核条件而属限制采用之列。

导线网可被布设为附合导线网和自由导线网。所谓附合导线网是指具有一个以上已知点或具有附合条件的导线网［图7-7d）］，而自由导线网中仅有一个已知点和一个起始方位角［图7-7e）］。

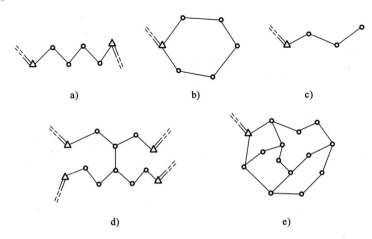

图7-7 导线的布设形式

三、导线的观测

导线的观测包括转折角和导线边的观测，以及导线点的高程测量。

1. 导线角的观测

转折角的观测一般采用测回法进行。当导线点上应观测的方向数多于两个时，应采用方向观测法进行。各测回间应按规定进行水平度盘配置。各等级导线测量水平角观测的技术要求见表7-1。

导线测量的主要技术指标   表7-1

等级	导线长度（km）	平均边长（km）	测角中误差（″）	测距中误差（mm）	测 回 数			方位角闭合差（″）	导线全长相对闭合差
					DJ$_1$	DJ$_2$	DJ$_6$		
三等	15	3	1.5	18	8	12	–	$3\sqrt{n}$	≤1/60000
四等	10	1.6	2.5	18	4	6	–	$5\sqrt{n}$	≤1/40000
一级	3.6	0.3	5	15	–	2	4	$10\sqrt{n}$	≤1/14000
二级	2.4	0.2	8	15	–	1	3	$16\sqrt{n}$	≤1/10000
三级	1.5	0.12	12	15	–	1	2	$24\sqrt{n}$	≤1/6000

注：n 为测站数。

在进行一、二和三级导线转折角观测时,一般应观测导线前进方向的左角。对于闭合导线,若按逆时针方向进行观测,则观测的导线角既是闭合多边形的内角,又是导线前进方向的左角。对于支导线,应分别观测导线前进方向的左角和右角。以增加检核条件。

当观测短边之间的转折角时,测站偏心和目标偏心对转折角的影响将十分明显。因此,应对所用仪器、觇牌和光学对中器进行严格检校,并且要特别仔细进行对中和精确照准。

2. 导线边的观测

导线边长可采用电磁波测距仪测量,亦可采用全站仪在测取导线角的同时测取导线边的边长。导线边长应对向观测,以增加检核条件。电磁波测距仪测量的通常是斜距,还需观测竖直角,用以将倾斜距离改化为水平距离,必要时还应将其归算到椭球面上和高斯平面上。

3. 导线点的高程测量

导线点的高程测量可采用水准测量或三角高程测量进行。目前,大多采用电磁波测距三角高程测量进行对向观测来确定导线点的高程,此时必须观测竖直角、量取仪器高和目标高。

4. 全站仪导线观测

通常使用三个既能安置全站仪又能安置带有觇牌的基座和脚架,基座应有通用的光学对中器。如图7-8所示,将全站仪安置在测站 i 的基座中,带有觇牌的反射棱镜安置在后视点 $i-1$ 和前视点 $i+1$ 的基座中,进行导线测量。迁站时,导线点 i 和 $i+1$ 的脚架和基座不动,只取下全站仪和带有觇牌的反射棱镜,在导线点 $i+1$ 上安置全站仪,在导线点 i 的基座上安置带有觇牌的反射棱镜,并将导线点 $i-1$ 上的脚架迁至导线点 $i+2$ 处并予以安置,这样直到测完整条导线为止。

图7-8 三联脚架法导线观测

在观测者精心安置仪器的情况下,三联脚架法可以减弱仪器和目标对中误差对测角和测距的影响,从而提高导线的观测精度,减少了坐标传递误差。

在城市或工业区进行导线测量时,可在夜间进行作业,以避免白天作业时行人、车辆的干扰,夜间作业,空气稳定、仪器振动小,并可避免太阳暴晒,从而可提高观测成果的精度。

四、导线测量的近似平差计算

导线测量的目的是获得各导线点的平面直角坐标。计算的起始数据是已知点坐标、已知坐标方位角,观测数据为观测角值和观测边长。通常情况下,导线平差应进行严密平差,但对于二级及其以下等级的图根导线允许采用近似平差方法进行计算。

在进行导线测量平差计算之前,首先要按照规范要求对外业观测成果进行检查和验算,确保观测成果无误并符合限差要求,然后对边长进行加常数改正、乘常数改正、气象改正和倾斜改正。

1. 支导线的计算

以图 7-9 为例,支导线计算步骤如下:

(1)设直线 MA 的坐标方位角为 α_{MA},按式(7-3)计算各导线边的坐标方位角。

(2)由各边的坐标方位角和边长,按式(7-5)计算各相邻导线点的坐标增量。

(3)按式(7-4)依次推算 P_2、P_3、$\cdots$、P_{n+1} 各导线点的坐标。

图 7-9 支导线计算

2. 仅有一个连接角的附合导线的计算

如图 7-10 所示为仅有一个连接角的附合导线,A、B 为已知点,P_2、P_3、$\cdots$、P_n 为待定点,$\beta_i(i=1,2,\cdots,n+1)$ 为转折角,S_{ij} 为导线的边长。导线的计算顺序与支导线相同,但其最后一点为已知点 B,故最后求得的坐标 x'_B 和 y'_B 的值由于观测角度和边长存在误差,必然与已知的坐标 x_B 和 y_B 不相同,它将产生坐标闭合差 f_x、f_y,即

$$\left.\begin{array}{l} f_x = x'_B - x_B \\ f_y = y'_B - y_B \end{array}\right\} \tag{7-9}$$

图 7-10 仅有一个连接角的附合导线计算

可见,这种导线较之支导线增加了一项处理坐标闭合差的计算,最简便的处理方法为按各导线边的长度成比例地改正它们的坐标增量,其改正数为:

$$\left.\begin{array}{l} v_{\Delta x_{ij}} = \dfrac{-f_x}{\sum S} \cdot S_{ij} \\ v_{\Delta y_{ij}} = \dfrac{-f_y}{\sum S} \cdot S_{ij} \end{array}\right\} \tag{7-10}$$

改正后的坐标增量为:

$$\left.\begin{array}{l} \Delta x_{ij} = \Delta x'_{ij} + v_{\Delta x_{ij}} \\ \Delta y_{ij} = \Delta y'_{ij} + v_{\Delta y_{ij}} \end{array}\right\} \tag{7-11}$$

求得改正后的坐标增量后,即可按式(7-4)依次推算 P_2、P_3、$\cdots$、$B(P_{n+1})$ 各导线点的坐标,此时,B 点的坐标应等于已知值。

在仅有一个连接角的附合导线计算中,导线全长相对闭合差是评定导线精度的重要指标,它是全长绝对闭合差 f_S 与其导线全长 $\sum S$ 的比值,通常用 k 表示,即

$$k = \frac{1}{\dfrac{\sum S}{f_S}} \tag{7-12}$$

式中:$f_S = \sqrt{f_x^2 + f_y^2}$。

3. 具有两个连接角的附合导线计算

如图 7-11 所示为具有两个连接角的附合导线,由于 B 点观测了连接角,因此可由已知坐标方位角 α_{MA} 推求 BN 的坐标方位角 α'_{BN},由于各转折角存在观测误差,使得 α'_{BN} 不等于已知坐标方位角 α_{BN},而产生坐标方位角闭合差 f_β,即

$$f_\beta = \alpha'_{BN} - \alpha_{BN} \tag{7-13}$$

图 7-11 具有两个连接角的附合导线计算

由于各转折角都是按等精度观测的,所以坐标方位角闭合差 f_β 可平均分配到每个角度上,即每个角度应加上改正数 v_{β_i},β_i 为左角时,其改正数为:

$$v_{\beta_i} = \frac{-f_\beta}{n+1} \tag{7-14}$$

β_i 为右角时,其改正数为:

$$v_{\beta_i} = \frac{f_\beta}{n+1} \tag{7-15}$$

各转折角的观测值改正后的导线计算,与仅有一个连接角的附合导线的计算相同。

具有两个连接角的附合导线的精度可用坐标方位角闭合差和导线全长相对闭合差来评定,在图根导线测量中,通常以坐标方位角闭合差不应超过其限值来控制其测角精度。坐标方位角闭合差的限值,一般应为相应等级测角中误差先验值 m_β 的 $2\sqrt{n+1}$ 倍,即

$$f_{\beta容} = 2\sqrt{n+1} \cdot m_\beta \tag{7-16}$$

导线全长相对闭合差的计算与仅有一个连接角的附合导线相同。

具有两个连接角的附合导线算例见表 7-2。

4. 闭合导线的计算

如图 7-12 所示为闭合导线,由于角度观测值存在误差,使得多边形内角和的计算值不等于其理论值,而产生角度闭合差,即

$$f_\beta = \left[\beta_内\right]_1^n - (n-2) \cdot 180° \tag{7-17}$$

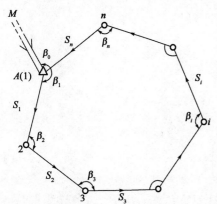

图 7-12 单一闭合导线计算

具有两个连接角的附合导线计算　　　　　　　　　　　　　　　　　表 7-2

点名	观测角 (° ′ ″)	坐标方位角 (° ′ ″)	边长 S(m)	Δx (m)	Δy (m)	x (m)	y (m)
M							
		237　59　30					
$A(P_1)$	+7 99　01　00					2507.69	1215.63
		157　00　37	225.85	+4 −207.91	−4 +88.21		
P_2	+7 167　45　36					2299.82	1303.80
		144　46　20	139.03	+2 −113.57	−2 +80.20		
P_3	+7 123　11　24					2186.27	1383.98
		87　57　51	172.57	+3 +6.13	−3 +172.46		
P_4	+7 189　20　36					2192.43	1556.41
		97　18　34	100.07	+2 −12.73	−1 +99.26		
P_5	+7 179　59　18					2179.72	1655.66
		97　17　59	102.48	+2 −13.02	−2 +101.65		
$B(P_6)$	+7 129　27　24					2166.72	1757.29
		46　45　30	$\Sigma = 740.00$	$\Sigma = -341.10$	$\Sigma = +541.78$		
N							
Σ	888　45　18	$\alpha_n - \alpha_0 = -191°14'00''$		$f_x = -0.13\text{m}$ $f_y = +0.12\text{m}$ $f_S = \sqrt{f_x^2 + f_y^2} = 0.18\text{m}$		$x_B - x_A$ $= -340.97\text{m}$	$y_B - y_A$ $= +541.66\text{m}$

$$f_\beta = -42''　　　　f_{\beta容} = \pm 40''\sqrt{6} = \pm 97''　　　　K = \frac{f_S}{\sum S} = \frac{0.18}{740.00} = \frac{1}{4100} < \frac{1}{4000}$$

其角度观测值改正数 v_{β_i} 可按下式计算：

$$v_{\beta_i} = \frac{-f_\beta}{n} \tag{7-18}$$

角度改正后的导线计算，与仅有一个连接角的附合导线的计算相同，只是在计算坐标闭合差时，采用式(7-19)计算。

$$\left.\begin{array}{l} f_x = \left[\Delta x\right]_1^n \\ f_y = \left[\Delta y\right]_1^n \end{array}\right\} \tag{7-19}$$

式中：Δx_i、Δy_i——各导线边的坐标增量($i = 1, 2, \cdots, n$)。

闭合导线的精度评定与具有两个连接角附和导线精度评定相同，可采用角度闭合差和导线全长相对闭合差来评定，但因连接角或已知方位角错误都将导致整个闭合图形的旋转，因此闭合导线的可靠性较差，所以在实际测量工作中应避免单独使用。

5. 无连接角附合导线的计算

由于无连接角导线没有观测导线两端的连接角，致使推算各导线边的方位角发生困难。

解决这一问题的途径是：首先假定导线第一条边的坐标方位角作为起始方向，依次推算出各导线边的假定坐标方位角，然后按支导线的计算方法推求各导线点的假定坐标。由于起始边的定向不正确以及转折角和导线边观测误差的影响，导致终点的假定坐标与已知坐标不相等。为消除这一矛盾，可用导线固定边的已知长度和已知方位角分别作为导线的尺度标准和定向标准对导线进行缩放和旋转，使终点的假定坐标与已知坐标相等，进而计算出各导线点的坐标平差值。

如图 7-13 所示为一无连接角导线，$A(x_A, y_A)$、$B(x_B, y_B)$ 为已知点，S_{AB}、α_{AB} 分别为导线固定边 AB 的边长和坐标方位角；β_i'、S_i' 和 β_i、S_i 分别为转折角和导线边的观测值和平差值；(x_i', y_i') 和 (x_i, y_i) 分别为导线点坐标的计算值和平差值。

图 7-13　无连接角导线计算

设起始边 $A1$ 的假定坐标方位角为 α_{A1}'，根据导线角的观测值可推算各导线边的坐标方位角的计算值，进而计算各导线边坐标增量的计算值，最终算得固定边 AB 的坐标增量的计算值 $\Delta x_{AB}'$、$\Delta y_{AB}'$。由此可计算出固定边的边长计算值 S_{AB}' 和坐标方位角计算值 α_{AB}'。

若令导线的旋转角为 δ，缩放比为 Q，则有：

$$\frac{S_{A1}}{S_{A1}'} = \frac{S_{A2}}{S_{A2}'} = \cdots = \frac{S_{Ai}}{S_{Ai}'} = \cdots = \frac{S_{AB}}{S_{AB}'} = Q \tag{7-20}$$

$$\alpha_{A1} - \alpha_{A1}' = \alpha_{A2} - \alpha_{A2}' = \cdots = \alpha_{Ai} - \alpha_{Ai}' = \cdots = \alpha_{AB} - \alpha_{AB}' = \delta \tag{7-21}$$

由于 $\Delta x_{Ai} = x_i - x_A = S_{Ai} \cdot \cos\alpha_{Ai}$；$\Delta y_{Ai} = y_i - y_A = S_{Ai} \cdot \sin\alpha_{Ai}$，由式（7-20）和式（7-21），得

$$\Delta x_{Ai} = Q \cdot S_{Ai}' \cdot \cos(\alpha_{Ai}' + \delta) = Q \cdot S_{Ai}'(\cos\alpha_{Ai}' \cdot \cos\delta - \sin\alpha_{Ai}' \cdot \sin\delta)$$

$$\Delta y_{Ai} = Q \cdot S_{Ai}' \cdot \sin(\alpha_{Ai}' + \delta) = Q \cdot S_{Ai}'(\sin\alpha_{Ai}' \cdot \cos\delta + \cos\alpha_{Ai}' \cdot \sin\delta)$$

令 $Q_1 = Q \cdot \cos\delta$；$Q_2 = Q \cdot \sin\delta$，则有：

$$\left.\begin{array}{l} \Delta x_{Ai} = Q_1 \cdot \Delta x_{Ai}' - Q_2 \cdot \Delta y_{Ai}' \\ \Delta y_{Ai} = Q_1 \cdot \Delta y_{Ai}' + Q_2 \cdot \Delta x_{Ai}' \end{array}\right\} \tag{7-22}$$

当导线点 i 为终点 B 时，式（7-22）可变为：

$$\left.\begin{array}{l} \Delta x_{AB} = Q_1 \cdot \Delta x_{AB}' - Q_2 \cdot \Delta y_{AB}' \\ \Delta y_{AB} = Q_1 \cdot \Delta y_{AB}' + Q_2 \cdot \Delta x_{AB}' \end{array}\right\}$$

在上式中，Δx_{AB}、Δy_{AB} 为已知值，$\Delta x_{AB}'$、$\Delta y_{AB}'$ 为坐标增量计算值。由此解出 Q_1 和 Q_2，即

$$\left.\begin{array}{l} Q_1 = \dfrac{\Delta x_{AB}' \cdot \Delta x_{AB} + \Delta y_{AB}' \cdot \Delta y_{AB}}{(\Delta x_{AB}')^2 + (\Delta y_{AB}')^2} \\[3mm] Q_2 = \dfrac{\Delta x_{AB}' \cdot \Delta y_{AB} - \Delta y_{AB}' \cdot \Delta x_{AB}}{(\Delta x_{AB}')^2 + (\Delta y_{AB}')^2} \end{array}\right\} \tag{7-23}$$

将 Q_1、Q_2 代入式（7-22），可得计算各导线点坐标的公式：

$$\left.\begin{array}{l} x_i = x_A + Q_1(x_i' - x_A) - Q_2(y_i' - y_A) \\ y_i = y_A + Q_1(y_i' - y_A) + Q_2(x_i' - x_A) \end{array}\right\} \tag{7-24}$$

无连接角导线的精度可采用固定边长相对闭合差 k 来评定,即

$$k = \frac{1}{\dfrac{S_{AB}}{|f_S|}} \tag{7-25}$$

式中:$f_S = S'_{AB} - S_{AB}$,S'_{AB}、S_{AB} 可按式(7-8)计算。

五、导线测量错误的检查方法

在导线计算中,角度闭合差或导线全长相对闭合差超限时,很可能是转折角或导线边观测值含有粗差,或可能在计算时有错误。测角错误将表现为角度闭合差超限,而测边错误或计算中用错导线边的坐标方位角则表现为导线全长相对闭合差超限。

1. 角度闭合差超限,检查角度错误

如图 7-14 所示的附合导线中,假设转折角中含有粗差,则可根据未经调整的转折角观测值自 A 向 B 计算各导线边的坐标方位角和各导线点的坐标,并同样自 B 向 A 推算之。如果只有一点的坐标极为接近,而其余各点坐标均有较大的差数,则表明坐标很接近的这一点上,其测角有错误。若错误较大(如 $5°$ 以上),直接用图解法也可发现错误所在。即先自 A 向 B 用量角器和比例直尺按角度和边长画导线,然后再由 B 向 A 画导线,则两条导线相交的导线点上测角有错误。

图 7-14　检查导线测量角度错误

对于闭合导线亦可采用此法进行检查,不过不是从两点对向检查,而是从一点开始以顺时针方向和逆时针方向分别计算各导线点的坐标并按上述方法作对向检查。

2. 导线全长相对闭合差超限,检查边长或坐标方位角错误

由于在角度闭合差未超限时才进行导线全长相对闭合差的计算,所以导线全长相对闭合差超限,可能是边长或坐标方位角错误所致。若边长含有粗差,如图 7-15 中的 de 边上错了 ee',则闭合差 BB' 将平行于该导线边。若计算坐标增量时用错了 ef 的坐标方位角,则闭合差 BB' 将大致垂直于错误方向的导线边。为确定错误所在,就必须先确定全长闭合差的方向。

由图 7-16 所示,导线全长闭合差 BB' 的坐标方位角的正切值为:

$$\tan\alpha = \frac{f_y}{f_x}$$

图 7-15　检查导线测量边长错误　　　　　　图 7-16　检查导线测量坐标方位角错误

根据上式求得 α 后,则将其与各边的坐标方位角相比较,若有与之相差 $90°$ 者,则检查该坐标方位角有无用错或算错。若有与之平行或大致平行的导线边,则应检查该边长的计算。如果从手簿记录或计算中检查不出错误,则应到现场检查相应的边长观测。

上述导线测量错误检查方法,仅对只有一个错误存在时有效。

第三节 交 会 测 量

交会测量是加密控制点常用的方法,它可以在数个已知控制点上设站,分别向待定点观测方向或距离,也可以在待定点上设站向数个已知控制点观测方向或距离,而后计算待定点的坐标。

常用的交会测量方法有前方交会、后方交会、测边交会和自由设站法。

一、前方交会

前方交会即在已知控制点上设站观测水平角,根据已知点坐标和观测角值,计算待定点坐标的一种控制测量方法。

图 7-17 前方交会

如图 7-17 所示,根据已知点 A、B 的坐标 $(x_A、y_A)$ 和 $B(x_B、y_B)$,通过平面直角坐标反算,可获得 AB 边的坐标方位角 α_{AB} 和边长 S_{AB},由坐标方位角 α_{AB} 和观测角 α 可推算出坐标方位角 α_{AP},由正弦定理可得 AP 的边长 S_{AP}。由此,根据平面直角坐标正算公式,即可求得待定点 P 的坐标,即

$$\left.\begin{array}{l} x_P = x_A + S_{AP} \cdot \cos\alpha_{AP} \\ y_P = y_A + S_{AP} \cdot \sin\alpha_{AP} \end{array}\right\}$$

当 A、B、P 按逆时针编号时,$\alpha_{AP} = \alpha_{AB} - \alpha$,将其代入上式,得:

$$\left.\begin{array}{l} x_P = x_A + S_{AP} \cdot \cos(\alpha_{AB} - \alpha) = x_A + S_{AP} \cdot (\cos\alpha_{AB}\cos\alpha + \sin\alpha_{AB}\sin\alpha) \\ y_P = y_A + S_{AP} \cdot \sin(\alpha_{AB} - \alpha) = y_A + S_{AP} \cdot (\sin\alpha_{AB}\cos\alpha - \cos\alpha_{AB}\sin\alpha) \end{array}\right\}$$

由 $x_B - x_A = S_{AB} \cdot \cos\alpha_{AB}$;$y_B - y_A = S_{AB} \cdot \sin\alpha_{AB}$,则有:

$$\left.\begin{array}{l} x_P = x_A + \dfrac{S_{AP} \cdot \sin\alpha}{S_{AB}}[(x_B - x_A) \cdot \cot\alpha + (y_B - y_A)] \\ y_P = y_A + \dfrac{S_{AP} \cdot \sin\alpha}{S_{AB}}[(y_B - y_A) \cdot \cot\alpha - (x_B - x_A)] \end{array}\right\} \tag{7-26}$$

由正弦定理可知:

$$\frac{S_{AP} \cdot \sin\alpha}{S_{AB}} = \frac{\sin\beta}{\sin P}\sin\alpha = \frac{\sin\alpha \cdot \sin\beta}{\sin(\alpha + \beta)} = \frac{1}{\cot\alpha + \cot\beta}$$

将上式代入式(7-26),并整理得:

$$\left.\begin{array}{l} x_P = \dfrac{x_A \cdot \cot\beta + x_B \cdot \cot\alpha + (y_B - y_A)}{\cot\alpha + \cot\beta} \\ y_P = \dfrac{y_A \cdot \cot\beta + y_B \cdot \cot\alpha - (x_B - x_A)}{\cot\alpha + \cot\beta} \end{array}\right\} \tag{7-27}$$

式(7-27)即为前方交会计算公式,通常称为余切公式,是平面坐标计算的基本公式之一,在平面坐标计算中占有重要地位。

在此应指出:式(7-27)是在假定△ABP的点号 A(已知点)、B(已知点)、P(待定点)按逆时针编号的情况下推导出的。若 A、B、P 按顺时针编号,则相应的余切公式为:

$$
\left.
\begin{aligned}
x_P &= \frac{x_A \cdot \cot\beta + x_B \cdot \cot\alpha - (y_B - y_A)}{\cot\alpha + \cot\beta} \\
y_P &= \frac{y_A \cdot \cot\beta + y_B \cdot \cot\alpha + (x_B - x_A)}{\cot\alpha + \cot\beta}
\end{aligned}
\right\}
\tag{7-28}
$$

一般测量中,通常将前方交会布设成三个已知点的情形,如图 7-18 所示。此时,可分两组利用余切公式计算交会点坐标。先按△ABP 由已知点 A、B 的坐标和观测角 α_1、β_1 计算交会点 P 的坐标 (x_P', y_P'),再按△BCP 由已知点 B、C 的坐标和观测角 α_2、β_2 计算交会点 P 的坐标 (x_P'', y_P''),若两组坐标的较差 e 在允许限差之内,则取两组坐标的平均值为 P 点的最后坐标。对于图根控制测量,两组坐标较差的限差可按不大于两倍测图比例尺精度来规定,即

$$
e = \sqrt{(x_P' - x_P'')^2 + (y_P' - y_P'')^2} \leqslant 2 \times 0.1 \times M \quad (\text{mm})
$$

式中:M——测图比例尺分母。

图 7-18　前方交会检核

在前方交会测量中,交会点 P 的点位中误差计算公式(推证略)为:

$$
M_P = \frac{m}{\rho} \cdot \frac{S_{AB}}{\sin^2\gamma} \cdot \sqrt{\sin^2\alpha + \sin^2\beta}
\tag{7-29}
$$

由式(7-29)可以看出,除了测角中误差 m 和已知边长 S_{AB} 对交会点精度产生影响外,交会点精度还受交会图形形状的影响。由未知点至两相邻已知点方向间的夹角称为交会角(γ)。前方交会测量中,要求交会角一般应大于 30°并小于 150°。前方交会算例见表 7-3。

前方交会计算 表 7-3

点名	观测角值(° ′ ″)				角之余切		纵坐标(m)		横坐标(m)	
P							x_P'	52396.761	y_P'	86053.636
A	α_1	72	06	12	$\cot\alpha_1$	0.322927	x_A	52845.150	y_A	86244.670
B	β_1	69	01	00	$\cot\beta_1$	0.383530	x_B	52874.730	y_B	85918.350
					Σ	0.706457				
P							x_P''	52396.758	y_P''	86053.656
B	α_2	55	51	45	$\cot\alpha_2$	0.678006	x_B	52874.730	y_B	85918.350
C	β_2	72	36	57	$\cot\beta_2$	0.313078	x_C	52562.830	y_C	85656.110
					Σ	0.991083	x_P	52396.760	y_P	86053.646
$e = \sqrt{(x_P' - x_P'')^2 + (y_P' - y_P'')^2} = 0.01\,\text{m} \leqslant 0.2\,\text{m}(M\ \text{取}\ 1000)$										

二、测边交会

在交会测量中,除了观测水平角外,也可测量边长交会定点,通常采用三边交会法。如图 7-19 所示,A、B、C 为已知点,P 为待定点,A、B、C 按逆时针排列,a、b、c 为边长观测值。

由已知点反算边的坐标方位角和边长为 α_{AB}、α_{CB} 和 S_{AB}、S_{CB}。在 $\triangle ABP$ 中,由余弦定理得:

$$\cos A = \frac{S_{AB}^2 + a^2 - b^2}{2a \cdot S_{AB}}$$

因 $\alpha_{AP} = \alpha_{AB} - A$,则:

$$\left.\begin{array}{l} x_P' = x_A + a \cdot \cos\alpha_{AP} \\ y_P' = y_A + a \cdot \sin\alpha_{AP} \end{array}\right\} \qquad (7\text{-}30)$$

同理,在 $\triangle BCP$ 中,

$$\cos C = \frac{S_{CB}^2 + c^2 - b^2}{2c \cdot S_{CB}}$$

$$\alpha_{CP} = \alpha_{CB} + C$$

$$\left.\begin{array}{l} x_P'' = x_C + c \cdot \cos\alpha_{CP} \\ y_P'' = y_C + c \cdot \sin\alpha_{CP} \end{array}\right\} \qquad (7\text{-}31)$$

按式(7-30)和式(7-31)计算的两组坐标,其较差在容许限差内,则取它们的平均值作为 P 点的最后坐标。

三、自由设站

自由设站法是在待定控制点上设站,向多个已知控制点观测方向和距离,并按间接平差方法计算待定点坐标的一种控制测量方法。通常用于控制点的加密和工程施工测量中。

如图 7-20 所示,在 k 点安置全站仪,依据全站仪的观测程序,输入已知点 $1 \sim i$(最多 10 个已知点)的坐标。然后分别瞄准已知点,测出夹角和距离,利用全站仪的内部计算程序即可计算出 k 点的坐标。

图 7-19　平面测边交会　　　　　　　图 7-20　自由设站

全站仪种类繁多,其观测程序和计算方法不尽相同,使用时要详细阅读使用说明书。

第四节　三 角 测 量

三角测量是以三角形为基本图形构成的测量控制网,按观测值的不同,三角测量分为三角测量、三边测量和边角测量。三角测量观测各三角形内角和少数边长(称为基线),三边测量观测所有的三角形边长和少量用于确定方位角的角度,而边角测量是在三角测量中多测一些边或在三边测量中多测一些角度或观测三角网中的所有角度和边长。在三角网中没有观测的角度和边长可以通过三角形解算计算出来,实际作业中,为了进行观测值校核,提高图形强度,往往增加一些多余观测值。

三角测量是常规布设和加密控制网的主要方法。在电磁波测距仪普及之前,由于测角要比测边容易得多,因而三角测量是建立平面控制网的最基本方法。由于全站仪的应用,目前三角测量以边角测量较为实用。由于三角网要求每点与较多的相邻点相互通视,所以在通视困难的地区通常需要建造较高的觇标。随着 GPS 技术在控制测量中的普遍应用,目前国家平面控制网、城市平面控制网、工程平面控制网已很少应用三角测量方法,只是在小范围内采用三角测量方法布设和加密控制网。

三角测量的实施有两种扩展形式:一是同时向各个方向扩展而构成网状,称为三角网(图 7-21)。它的优点在于点位分布均匀,各点之间相互牵制,图形强度较高,但缺点是扩展比较慢;二是向某一方向推进而构成锁状,称为三角锁(图 7-22)。它具有扩展迅速,能通过适当选择推进方向而避开困难地带的优点,但图形强度不如三角网。

图 7-21　三角网

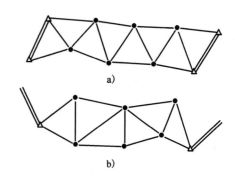

图 7-22　三角锁

根据已知点的数量和位置,三角锁又可布设成单三角锁[图 7-22a)]或线形三角锁[图 7-22b)]。两者的区别在于:单三角锁的已知边(或基线边)是三角形的某条边;而线形三角锁的已知边则不是三角形的边。

三角测量的图形也可布设成三角网(锁)的基本图形:单三角形、中心多边形、大地四边形和在固定角内插点的扇形网。

三角测量的平差计算方法有严密平差法和近似平差法两种。国家等级的三角网(锁)的平差计算应采用严密平差法,小三角网(锁)可采用近似平差法。

第五节 高程控制测量

高程控制测量主要采用水准测量和三角高程测量方法,测定各等级水准点和平面控制点的高程。国家高程系统,现采用"1985 国家高程基准"。城市和工程高程控制,凡有条件的都应采用国家高程系统。

一、水准测量路线的布设

水准测量路线的布设分为单一水准路线和水准网。单一水准路线的形式有三种,即附合水准路线、支水准路线和闭合水准路线。如果是从一个已知高程的水准点开始,沿一条路线进行水准测量,以测定其他若干水准点的高程,最后联测至另外一个已知高程的水准点上,称为附合水准路线[图 7-23a)]。如果最后没有联测到已知高程的水准点,则称之为支水准路线[图 7-23c)]。为了对水准测量成果进行检核,支水准路线必须进行往返观测或单程双转点观测。从一个已知高程的水准点开始,沿一条环形路线进行水准测量,测定沿线若干水准点的高程,最后又回到起始水准点上,称之为闭合水准路线[图 7-23b)]。

水准网由若干条单一水准路线相互连接构成。单一路线相互连接的交点称为结点。在水准网中,如果只有一个已知高程的水准点,则称为独立水准网[图 7-23d)];如果已知高程的水准点的数目多于一个,则称为附合水准网[图 7-23e)]。

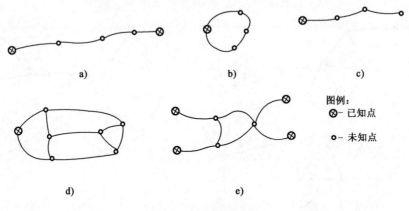

图 7-23　水准路线布设

二、水准测量的施测

一、二等水准测量采用精密水准仪和铟瓦水准尺,用光学测微法读数,进行往返观测。三等水准测量采用中丝读数法,进行往返观测,当用光学测微法观测时,也可以用单程双转点法观测。四等水准测量采用中丝读数法,当水准路线为附合路线或闭合路线时,可只进行单程观测。凡跨越江河、洼地、山谷等障碍地段的水准测量,采用跨河水准测量方法施测。

三、水准测量数据处理

水准测量数据处理的目的是为了检查外业观测成果的质量,消除观测数据中的系统误差,对偶然误差进行平差处理,以及对观测成果和平差结果进行精度评定。

1. 单一附合水准路线平差

如图 7-24 所示为一附合水准路线。A、B 为高程已知的水准点,点 $1,2,3,\cdots,n-1$ 为待定高程的水准点,经观测和概算后的各测段高差为 $h_i(i=1,2,3,\cdots,n)$。

图 7-24 单一附合水准路线平差

平差计算步骤如下:

(1)求待定点最或然高程

由于存在测量误差,观测高差之和一般不等于 A、B 两点间的高差,其差值称为路线的高程闭合差 f_h,即

$$f_h = H_A + h_1 + h_2 + h_3 + \cdots + h_n - H_B = [h] - (H_B - H_A) \tag{7-32}$$

显然各测段的观测高差改正数 v_i 之和,应与闭合差等值反号,即

$$[v_i] + f_h = 0 \tag{7-33}$$

根据水准测量的定权公式,可知各测段观测高差之权为:

$$P_i = \frac{C}{L_i} \quad 或 \quad P_i = \frac{C}{n_i} \tag{7-34}$$

式中:C——定权的任意常数;

L_i——测段的水准路线长度;

n_i——测段的测站数。

由最小二乘原理可导出:各测段高差改正数的大小,应与其权倒数成正比。再由式(7-34)可知,各测段高差改正数应与路线长度或测站数成正比,即

$$v_i = -\frac{f_h}{[L]} \cdot L_i \quad 或 \quad v_i = -\frac{f_h}{[n]} \cdot n_i \tag{7-35}$$

求出各测段观测高差的改正数后,即可计算各测段观测高差的平差值 $\bar{h}_i$ 和各待定点高程平差值 H_i,即

$$\left. \begin{array}{l} \bar{h}_i = h_i + v_i \\ H_i = H_A + \bar{h}_1 + \bar{h}_2 + \cdots + \bar{h}_i \end{array} \right\} \tag{7-36}$$

(2)精度评定

单位权中误差为:

$$\mu = \sqrt{\frac{[Pvv]}{N-t}}$$

式中:N——测段数;

t——待定水准点的个数。

任一点高程中误差为:

$$m_i = \pm \frac{\mu}{\sqrt{P_i}}$$

式中: $P_i = \frac{C}{[L]_1^i} + \frac{C}{[L]_{i+1}^n}$ 。

由此可见,单一附合水准路线点的平差计算可这样进行:将该水准路线的高程闭合差反号、按与水准路线长度(或测站数)成正比例地分配到各测段的观测高差上,然后,按改正后的高差计算各水准点的高程。

在单一附合水准路线平差计算时应注意到:

①按式(7-32)计算附合水准路线的高差闭合差,应与相应等级的限差相比较。若超限,要查明原因,并分别进行相应处理;若不超限,则可继续下面的计算。

②按式(7-35)计算各测段观测高差改正数时,改正数的取位一般与观测高差取位相同,改正数的总和应恰好与路线高程闭合差等值反号。

③逐点计算各待定水准点的高程平差值,直到另一已知高程点,此时计算值应等于已知值。

(3)算例

单一附合水准路线平差计算在表7-4中,A、B 为已知高程点,1 和 2 为待定水准点。

单一附合水准路线平差计算表　　　　　　　　　　　　　　表7-4

点名	观测高差 h（m）	距离 L（km）	权 $p = \frac{1}{L}$	高差改正数 v（mm）	最或然高程 H（m）	pvv
(1)	(2)	(3)	(4)	(5)	(6)	(7)
A					47.231	
	+7.231	4.5	0.22	+8		14.08
1					54.470	
	−4.326	7.2	0.14	+13		23.66
2					50.157	
	−8.251	7.0	0.14	+12		20.16
B					41.918	
Σ	−5.346	18.7		+33		57.90

$$f_h = \sum h + (H_A - H_B) = -5.346 + (47.231 - 41.918) = -33\,(\text{mm})$$

单位权中误差为: $\mu = \pm \sqrt{\frac{[Pvv]}{N-t}} = \pm \sqrt{\frac{57.90}{3-2}} = \pm 7.6\,(\text{mm})$

1 点高程中误差为: $m_1 = \frac{\mu}{\sqrt{P_1}} = \pm \frac{7.6}{\sqrt{0.29}} = \pm 13.9\,(\text{mm})$

2 点高程中误差为: $m_1 = \frac{\mu}{\sqrt{P_2}} = \pm \frac{7.6}{\sqrt{0.23}} = \pm 15.8\,(\text{mm})$

2. 单一闭合水准路线的平差

单一闭合水准路线可以看作首尾相连的附合水准路线。因此,闭合水准路线的平差计算与附合水准路线相同,只是路线高程闭合差的计算公式略有不同。在式(7-32)中,若顾及 $H_A = H_B$,则可得:

$$f_h = h_1 + h_2 + \cdots h_n = [h] \tag{7-37}$$

上式即为单一闭合水准路线高程闭合差的计算公式。

3. 往返测水准路线的平差

对于往返测水准路线,各测段的最或然高差显然应为相应测段往返测高差的算术平均值。故对往返测水准路线进行平差时,应首先计算出往返测高差不符值,并与相应等级的限差相比较。若不超过限差,则求出各测段往返测高差的算术平均值作为其平差值,进而从已知高程点开始,逐点推算各待定水准点的高程。最后一点与起始点高程之差,应等于各测段高差平差值之和。

四、三角高程控制测量

当用三角高程测量方法测定平面控制点的高程时,应组成闭合的或附合的三角高程路线。每条边均要进行对向观测。用对向观测所求得的高差平均值,计算闭合环线或附合路线的高差闭合差为:

$$f_h = \pm 0.05\sqrt{[D^2]} \quad (\text{m}) \tag{7-38}$$

式中:D——各条边的水平距离(km)。

三角高程的计算方法与相应的水准网的计算方法基本相同,所不同的是其定权方法不同。

三角高程单向观测边的高差的权为:

$$P = \frac{C}{2S^2}$$

而双向观测边的高差的权为:

$$P = \frac{C}{S^2}$$

式中:S——边长(km);

C——常数。

第六节　GPS 控制测量

目前,GPS 定位技术被广泛应用于建立各种级别、不同用途的 GPS 控制网。在这些方面,GPS 定位技术已基本上取代了常规的测量方法,成了主要手段。较之于常规方法,GPS 在布设控制网方面具有测量精度高、选点灵活、不需要造标、费用低、可全天候作业、观测时间短、观测与数据处理全自动化等特点。

GPS 控制测量的主要内容包括技术设计、外业观测和 GPS 数据处理。有关 GPS 外业观测和数据处理的内容详见第六章第三节,本节主要对 GPS 控制网技术设计的内容进行介绍。

GPS 控制网的技术设计主要包括控制网精度指标的确定和控制网的图形设计。

一、GPS 控制网的精度指标

根据我国 2009 年颁布的《全球定位系统(GPS)测量规范》(GB/T 18314—2009),GPS 测量按照精度和用途分成了 A、B、C、D、E 五个级别(其中 A 级 GPS 网由卫星定位连续运行基准站构成)。表 7-5 是我国《全球定位系统(GPS)测量规范》(GB/T 18314—2009)中有关 GPS 网测量精度指标的有关内容。

GPS 测量的精度指标　　　　　　　　表 7-5

级别	坐标年变化率中误差		相 对 精 度	地心坐标各分量年平均中误差(mm)
	水平分量(mm/年)	垂直分量(mm/年)		
A	2	3	1×10^{-8}	0.5

级别	相邻点基线分量中误差		相邻点间平均距离(km)
	水平分量(mm)	垂直分量(mm)	
B	5	10	50
C	10	20	20
D	20	40	5
E	20	40	3

《全球定位系统(GPS)测量规范》(GB/T 18314—2009)中有关各类 GPS 网的用途如下:

(1)A 级网用于建立国家一等大地控制网,进行全球性的地球动力学研究、地壳形变测量和精密定轨等的 GPS 测量。

(2)B 级网用于建立国家二等大地控制网,建立地方或城市坐标基准框架、区域性的地球动力学研究、地壳形变测量、局部形变监测和各种精密工程测量等的 GPS 测量。

(3)C 级网用于建立三等大地控制网,以及建立区域、城市及工程测量的基本控制网等的 GPS 测量。

(4)D 级网用于建立四等大地控制网的 GPS 测量。

(5)E 级网用于中小城市、城镇以及测图、地籍、土地信息、房产、物探、勘测、建筑施工等的控制测量的 GPS 测量。

二、GPS 控制网的图形设计

目前的 GPS 控制测量,基本上都是采用相对定位的测量方法。这就需要两台以及两台以上的 GPS 接收机在相同的时间段内同时连续跟踪相同的卫星组,即实施所谓同步观测。同步观测时各 GPS 点组成的图形称为同步图形。

不同台数 GPS 接收机同步观测一个时段,便组成以下各种不同同步图形结构(图 7-25)。总之,当 T 台接收机同步观测获得的同步图形由 n 条基线构成,其中 $n = T(T-1)/2$。

a)两台接收机　　　b)三台接收机　　　c)四台接收机

d)五台接收机

图 7-25　同步图形示例

同步图形是构成 GPS 网的基本图形。而在组成同步图形的 n 条基线中,只有$(T-1)$条是独立基线,其余基线均为非独立基线,可由独立基线推算得到。由此,也就在同步图形中形成了若干坐标闭合差条件,称为同步图形闭合差。由于同步图形是在相同的时间观测相同的卫星所获得的基线解构成的,基线之间是相关的观测量。因此,同步图形闭合差不能作为衡量精度的指标,但它可以反映野外观测质量和条件的好坏。

在 GPS 测量中,与同步图形相对应的,还有非同步图形或称为异步图形,即由不同时段的基线构成的图形。由异步图形形成的坐标闭合差条件称为异步图形闭合差。当某条基线被两个或多个时段观测时,就有了所谓重复基线坐标闭合差条件。异步图形闭合条件和重复基线坐标闭合条件是衡量精度、检验粗差和系统差的重要指标。

GPS 网是由同步图形作为基本图形扩展延伸得到的,当采用不同的连接方式,网形结构随之会有不同形状。GPS 网的布设就是如何将各同步图形合理地衔接成一个有机的整体,使之能达到精度高,可靠性强,且作业量和作业经费少的要求。

GPS 网的布设按网的构成形式分为:星形网、点连式网、边连式网、网连式网。下面我们按照布网的形式,逐一讨论各种构网方式的优劣。

1. 星形网

星形网的图形如图 7-26 所示。这种网形在作业中只需要两台 GPS 接收机,作业简单,是一种快速定位作业方式,常用在快速静态定位和准动态定位中。但由于各基线之间不构成任何闭合图形,所以其抗粗差的能力非常差。一般只用在工程测量、边界测量、地籍测量和碎部测量等一些精度要求较低的测量中。

图 7-26　星形网图形

2. 点连式网

所谓点连式网,就是相邻同步图形间仅由一个公共点连接成的网,其网形如图 7-27 所示。

任意一个由 m 个点组成的网,由 T 台接收机观测,则完成该网至少需要 n 个同步图形:

$$n = 1 + \text{int}\left[\frac{m - T}{T - 1}\right] \tag{7-39}$$

例如,当 $m = 30$ 时,采用三、四、五台接收机观测,最少同步图形分别为 15、10、8。网的必要观测基线数为 $m - 1$,而网中 n 个同步图形总共有 $n \times (T - 1)$ 条独立基线。

显然,以这种方式布网,没有或仅有少量的异步图形闭合条件。因此,所构成的网形抗粗差能力仍不强,特别是粗差定位能力差,网的几何强度也较弱。在这种网的布设中,可以在 n 个同步图形的基础上,再加测几个时段,增加网的异步图形闭合条件的个数,从而提高网的几何强度,使网的可靠性得到改善。

3. 边连式网

边连式布网是指相邻同步图形之间通过两个公共点相连,即同步图形由一条公共基线连接。

任意一个由 m 个点构成的网,若用 T 台($T \geq 3$)接收机采用边连式布网方法进行观测,则完成该测量任务的最少同步图形个数 n 为:

$$n = 1 + \text{int}\left[\frac{m - T}{T - 2}\right] \qquad (T \geq 3) \tag{7-40}$$

相应观测获得的总基线数为 $n \times (T - 1) \cdot T/2$,其中独立基线数为 $n \times (T - 1)$,而网的多余观测基线数为 $n \times (T - 1) - (m - 1)$。边连式构网图形如图 7-28 所示。

a)三台接收机　　　　b)四台接收机

图 7-27　点连式 GPS 网

图 7-28　边连式 GPS 网

比较边连式与点连式布网方法,可以看出,采用边连式布网方法有较多的非同步图形闭合条件,以及大量的重复基线边,因此,用边连式布网方式布设的 GPS 网其几何强度较高,具有良好的自检能力,能够有效发现测量中的粗差,具有较高的可靠性。

4. 网连式网

所谓网连式布网是指相邻同步图形之间有两个以上公共点相连接,相邻同步图形之间存在互相重叠的部分,即某一同步图形的一部分是另一同步图形中的一部分。

这种布网方式通常要 4 台或更多的 GPS 接收机,这样密集的布网方法,其几何强度和可靠性指标是相当高的,但其观测工作量以及作业经费均较高,仅适用于网点精度要求较高的测量任务。

三、GPS 控制测量的外业工作

1. 选点

由于 GPS 观测是通过接收天空卫星信号实现定位测量,一般不要求观测站之间相互通视。而且,由于 GPS 观测精度主要受观测卫星的几何状况的影响,与地面点构成的几何状况无关。因此,网的图形选择也较灵活。所以,选点工作较常规控制测量简单方便。但由于 GPS 点位的适当选择,对保证整个测绘工作的顺利进行具有重要的影响。所以,应根据本次控制测量的目的、精度、密度要求,在充分收集和了解测区范围、地理情况以及原有控制点的精度、分布和保存情况的基础上,进行 GPS 点位的选定与布设。在 GPS 点位的选点工作中,一般应注意:

(1)点位应紧扣测量目的布设。例如:测绘地形图,点位应尽量均匀;线路测量点位应为带状点对。

(2)应考虑便于其他测量手段联测和扩展,最好能与相邻 1~2 个点通视。

(3)点应选在交通方便、便于到达的地方,便于安置接收机设备。视野开阔,视场内周围障碍物的高度角一般应小于 15°。

(4)点位应远离大功率无线电发射源(如电视台、电台、微波站等)和高压输电线,以避免周围磁场对 GPS 信号的干扰。

(5)点位附近不应有对电磁波反射强烈的物体,例如:大面积水域、镜面建筑物等,以减弱多路径效应的影响。

(6)点位应选在地面基础坚固的地方,以便于保存。

(7)点位选定后,均应按规定绘制点记,其主要内容应包括点位及点位略图,点位交通情况以及选点情况等。

2. 外业观测

GPS 测量的观测步骤如下:

(1)观测组应严格按规定的时间进行作业。

(2)安置天线:将天线架设在三脚架上,进行整平对中,天线的定向标志线应指向正北。观测前、后应各量一次天线高,两次较差不应大于 3mm,取平均值作为最终成果。

(3)开机观测:用电缆将接收机与天线进行连接,启动接收机进行观测;接收机锁定卫星并开始记录数据后,可按操作手册的要求进行输入和查询操作。

(4)观测记录:GPS 观测记录形式有以下两种:一种由 GPS 接收机自动记录在存储介质上;另一种是外业观测手簿,在接收机启动前和观测过程中由观测者填写,包括控制点点名、接收机序列号、仪器高、开关机时间等相关测站信息,记录格式参见有关规范。

四、GPS 测量数据处理

GPS 测量数据处理可以分为观测值的粗加工、预处理、基线向量解算(相对定位处理)和 GPS 网或其与地面网数据的联合处理等基本步骤,其过程如图 7-29 所示。

图 7-29　GPS 测量数据处理的基本流程

1. 数据预处理

数据预处理是将接收机采集的数据通过传输、分流,解译成相应的数据文件,通过预处理将各类接收机的数据文件标准化,形成平差计算所需的文件。预处理的主要目的在于:

（1）对数据进行平滑滤波,剔除粗差,删除无效或无用数据。

（2）统一数据文件格式,将各类接收机的数据文件加工成彼此兼容的标准化文件。

（3）GPS 卫星轨道方程的标准化,一般用一多项式拟合观测时段内的星历数据（广播星历或精密星历）。

（4）诊断整周跳变点,发现并恢复整周跳变,使观测值复原。

（5）对观测值进行各种模型改正,最常见的是大气折射模型改正。

2. 基线向量的解算

基线向量,如图 7-30 所示,两台 GPS 接收机 i 和 j 之间的相对位置,即基线$\vec{ij}$,可以用某一坐标系下的三维直角坐标增量或大地坐标增量来表示,因此,它是既有长度又有方向特性的矢量。

基线解算一般采用双差模型,有单基线和多基线两种解算模式。

GPS 控制测量外观测的全部数据应经同步环、异步环和复测基线检核,满足同步环各坐标分量闭合差及环线全长闭合差、异步环各坐标分量闭合差及环线全长闭合差、复测基线的长度较差的要求。

图 7-30　基线向量图

3. GPS 网平差

GPS 网平差的类型有多种,根据平差的坐标空间维数,可将 GPS 网平差分为三维平差和二维平差,根据平差时所采用的观测值和起算数据的类型,可将平差分为无约束平差、约束平差和联合平差等。

（1）三维平差与二维平差

三维平差:平差在三维空间坐标系中进行,观测值为三维空间中的基线向量,解算出的结果为点的三维空间坐标。GPS 网的三维平差,一般在三维空间直角坐标系或三维空间大地坐标系下进行。

二维平差:平差在二维平面坐标系下进行,观测值为二维基线向量,解算出的结果为点的二维平面坐标。二维平差一般适合于小范围 GPS 网的平差。

(2)无约束平差、约束平差和联合平差

无约束平差:GPS 网平差时,不引入外部起算数据,而是在 WGS-84 系下进行的平差计算。

约束平差:GPS 网平差时,引入外部起算数据(如 P54、C80 及 CGCS2000 坐标系的坐标、边长和方位)所进行的平差计算。

联合平差:平差时所采用的观测值除了 GPS 观测值以外,还采用了地面常规观测值,这些地面常规观测值包括边长、方向、角度等。

思考题与习题

1.什么是控制测量? 控制测量的目的是什么? 何谓国家平面控制网? 何谓城市平面控制网?

2.建立平面控制网的方法有哪些? 建立高程控制网的方法有哪些? 简述控制测量的一般作业步骤。

3.何谓坐标正、反算? 试分别写出其计算公式?

4.何谓导线测量? 它有哪几种布设形式? 试比较它们的优缺点。

5.如图 7-31 所示为一附合导线,起算数据及观测数据如下。

起算数据:$x_B = 200.000$m,$y_B = 200.000$m,$x_C = 155.372$m,$y_C = 756.066$m,$\alpha_{AB} = 45°00'00''$,$\alpha_{CD} = 116°44'48''$。

观测数据:$\beta_B = 120°30'00''$,$\beta_2 = 212°15'30''$,$\beta_3 = 145°10'00''$,$\beta_C = 170°18'30''$,$D_{B2} = 297.26$m,$D_{23} = 187.81$m,$D_{3C} = 93.40$m。

图 7-31　符合导线

(1)试计算导线各点的坐标及导线全长相对闭合差。

(2)若在导线两端已知点 B、C 上均未测连接角,试按无定向附合导线计算 P_2、P_3 点的坐标。

6.何谓交会测量? 交会测量有哪些常用形式? 何谓三角测量?

7.高程控制测量的主要方法有哪些? 各有何优缺点? 水准测量路线的布设形式有哪些? 各有何优缺点?

8.一条附合水准路线的起算数据及观测数据载于表 7-6。试计算各水准点的高程。

某附合水准线的起算数据及观测数据   表 7-6

点　　名	距离(km)	高差(m)	高程(m)
BM12			73.702
	0.36	+2.864	
301			
	0.30	+0.061	
302			
	0.48	+6.761	
303			
	0.32	−4.031	
304			
	0.30	−1.084	
305			
	0.26	−2.960	
306			
	0.20	+1.040	
BM31			76.365

9. 试简述 GPS 测量的精度及各级 GPS 网的用途。

10. 在 GPS 测量中,何谓同步图形和异步图形?

11. 试述 GPS 控制测量的观测步骤以及数据处理的内容和步骤。

第八章 摄影测量与遥感

第一节 摄影测量与遥感概述

摄影测量与遥感是对非接触式传感器系统获得的影像及其数字表达进行记录、量测、解译,从而获得自然物体和环境的可靠信息的一门工艺、科学和技术(国际摄影测量与遥感协会 ISPRS 第 16 届大会,1988)。它是研究利用电磁波传感器获取目标物的影像数据,从中提取语义和非语义信息,用以测定目标物的形状、大小和空间位置,并判定其性质及相互关系,并用图形、图像和数字形式予以表达的理论和技术的学科。

摄影测量学最早源于 1851~1859 年法国陆军上校劳塞达特提出并进行的交会摄影测量。1858 年 12 月,法国人纳达乘坐热气球,拍摄了人类历史上第一幅航空照片。1903 年莱特兄弟发明了飞机,使航空摄影测量成为可能。

遥感技术是 20 世纪 60 年代发展起来的对地观测综合性技术,它与现代物理学、空间技术、计算机技术、数学和地理学密切相关。20 世纪 70 年代,美国陆地资源卫星(Landsat)发射后,遥感技术已广泛应用于各种领域,成为世界各国地球环境资源调查和规划不可缺少的有效手段。

随着 SPOT、IKONOS、资源三号等卫星立体测图技术的发展,遥感技术打破了摄影测量学长期以来过分局限于被测物体形状与大小等数据的几何处理,尤其是航空摄影测量呈长期以来只偏重于测制地形图的局面。在遥感技术中,除了使用可见光的框幅式黑白摄影机外,还使用彩色摄影、彩红外摄影、全景摄影、红外扫描仪、多光谱扫描仪、成像光谱仪、合成孔径侧视雷达等手段。它们以不同平台的空间飞行器作为载体,围绕地球长期运行,提供了大量的多时相、多光谱、多空间分辨率的丰富影像信息,而且,所有的航天遥感传感器也可用于航空遥感。正由于遥感技术对摄影测量学的作用,早在 1980 年汉堡大会上,国际摄影测量学会正式更名为国际摄影测量与遥感学会(ISPRS)。

另一方面,解析摄影测量,尤其是数字摄影测量也推动了遥感技术的发展。例如,遥感影像的高精度几何定位和几何纠正就是解析摄影测量现代理论的重要应用;数字摄影测量中的影像匹配理论可用来实现多时相、多传感器、多种分辨率遥感图像的复合和几何配准;自动定位理论可用来快速、及时地提供有"地学编码"的遥感影像。摄影测量的主要成果,如数字高程模型(DEM)、地形测量数据库和专题图数据库,是支持和改善遥感图像分类效果的有效信息;至于影像判读和目标识别分类的自动化和智能化,则是摄影测量和遥感技术共同研究的课题。因此,随着遥感技术与摄影测量技术的发展,两者会更有机地结合在一起,都是地理信息系统(GIS)技术中的数据采集和更新的重要手段。

下面将分别就摄影测量和遥感两方面的基本知识加以阐述。

一、摄影测量基本原理和任务

传统摄影测量学是利用光学摄影机获取像片,经过处理以获取被摄物体的形状、大小、位置、特性及其相互关系的一门学科。摄影测量获取空间物体几何位置信息的原理来源于测量学中的前方交会。如图 8-1 所示,测量学中,已知 A、B 两个测站点的坐标 (X_A,Y_A,Z_A)、(X_B,Y_B,Z_B) 以及在 A、B 两个测站所测得的水平角度、垂直角度 (α_A,β_A)、(α_B,β_B),就能够解求出某个点 C 的空间坐标 (X,Y,Z)。与此类似,摄影测量中获取物体几何位置的原理如下:在两个不同的空间位置(通常称为摄站,相当于图 8-1 中的测站 A、B)对某空间物体(C 点是该物体上的某点)进行摄影,从而得到两张具有一定重叠度的影像(分别称为左影像、右影像)。然后用摄影测量仪器分别对左、右影像上同一物体的相同位置(通常称为同名点)进行测量,从而得到该物体上各点(如 C 点)的空间坐标。

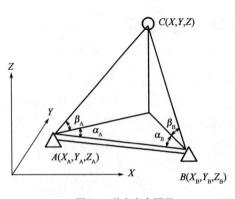

图 8-1　前方交会原理

摄影测量的主要任务是为国家提供各种比例尺的基础地理信息产品,最基本的产品包括:数据高程模型(DEM),数字正射影像(DOM),数字线划图(DLG)和数字栅格地图(DRG)。此外,根据需要,建立地形数据库,并为各种地理信息系统和土地信息系统提供基础数据。该技术的主要特点是在对影像进行量测和解译,无须接触被测物体本身,因而很少受自然和地理条件的限制。拍摄的影像是客观物体或目标的真实反映,信息丰富、逼真,人们可以从中获得被测物体的大量几何信息和物理信息。

二、摄影测量的分类

以下从不同角度对摄影测量进行分类。

按照用途,可分为地形摄影测量和非地形摄影测量两大类。地形摄影测量研究的内容是地球表面的形态,以空间物体与其影像之间的几何关系为基础,最终根据摄影的像片测绘出摄影区域的地形图。地形摄影测量主要用于测绘国家基本比例尺的地形图、工程勘察设计和城镇、农业、林业、铁路、交通等各部门的规划与资源调查用图和建立相应的数据库;非地形摄影测量一般是指近景摄影测量,顾名思义,研究的对象在体积和面积上较小,摄影机到被测目标的距离较近,一般小于 300m,测量精度要求相应的有所提高。近景摄影测量是通过摄影手段以确定(地形以外)目标的外形和运动状态,可应用于工程、工业、建筑、生物、考古、医学等多个领域。

按照摄站的位置,可分为航天摄影测量、航空摄影测量、地面摄影测量和水下摄影测量这几大类。航天摄影测量是利用航天器如人造地球卫星、高空飞机进行摄影。航空摄影测量是指从各类航空飞行器(有人驾驶航空飞机、无人机、汽艇等)上对地面进行摄影,主要目的是测绘地形图,属于地形摄影测量。地面摄影测量有时也称为近景摄影测量,属于非地形摄影测量。水下摄影测量将摄影机置于水下,对水下地表面进行摄影以绘制水下地形图。

按技术处理手段,可分为模拟摄影测量、解析摄影测量和数字摄影测量。模拟摄影测量的直接成果为各种图件(地形图、专题图等),它们必须经过数字化才能进入计算机。而解析和数字摄影测量可以直接为各种地理数据库和信息系统提供数字形式的基础地理信息。

第二节　摄影测量技术基础

摄影测量顾名思义就是先对空间物体进行摄影,再利用获得的影像测量出物体上某点空间坐标的过程。其中,摄影是按小孔成像原理,在小孔处先安装一个摄影机物镜(物镜组),在成像处放置感光材料(或元器件),物体反射的光线经摄影物镜成像于感光材料上,最后感光材料记录或存储了被摄物体的影像信息。

下面对摄影测量中单张影像涉及的基本概念、基本几何关系式,以及基本理论和方法进行介绍。

一、摄影测量的基本概念

1. 摄影比例尺

通常所说的摄影比例尺是指:假设把像片当作水平像片,地面取平均高程,在这种情况下像片上的一个长为 l 的线段与地面上相应水平距离 L 的比值为摄影比例尺($1/m$),即

$$\frac{1}{m} = \frac{f}{H} = \frac{l}{L} \tag{8-1}$$

式中:f——摄影机主距;

H——摄影航高。

摄影比例尺越大,地面的影像越清晰。严格意义上的摄影比例尺是指水平航摄像片上一个长为 l 的线段与地面上相应线段水平距离 L 的比值。但是,由于地形有起伏,像片有倾角,不可能同时满足上述假设条件,所以影像上各点的摄影比例尺通常不相等。

2. 中心投影与正射投影

用一组假想的直线将空间物体向几何面投射称为投影。其投影线称为投影射线。投影的几何面通常取平面(称为投影平面)。投影平面的图形称为该物体在投影平面上的投影。

投影可分为中心投影与平行投影,而平行投影又有倾斜投影与正射投影之分。其中,当投影射线汇聚于一点时,称为中心投影;当投影射线与投影平面正交时,称为正射投影。航空像片是地面的中心投影,地形图是地面的正射投影,因此,摄影测量的主要任务之一就是把地面按中心投影规律获得的某航摄比例尺的像片转换成按成图比例尺要求的正射投影的地形图。

3.像片的重叠度

当相邻的两张像片拍摄的区域有重叠时,重叠部分占整张像片的比例,称为像片的重叠度。通常要求:航向重叠度 $p_x > 60\%$,旁向重叠度 $p_y > 30\%$ 。高山及困难地区: $p_x > 53\%$, $p_y > 15\%$ 。

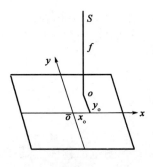

图 8-2　摄影机内方位元素

4.内方位元素

摄影中心与所摄像片的相对位置称为像片的内方位,因此,描述摄影中心 S 与像片平面位置关系的参数称为内方位元素,包括:摄影机主距 f ,以及像主点 o 在框标坐标系 $\bar{o} - xy$(对光学相机而言)或像素坐标系(对数码相机而言)中的坐标 (x_o, y_o) 。其中,像主点即是物镜主光轴与像平面的交点,如图 8-2 所示。

内方位元素决定了投影光束的形状。对量测型摄影机而言,内方位元素 (f, x_o, y_o) 通常可以从航摄仪鉴定书中获得。因此,测量专用摄影机在出厂前已对摄影机进行严格校验的,其内方位元素是已知的。

5.内定向

对于光学摄影机,在摄影影像上有框标:对角框标和四边中点框标。通过量测 4 个(或 8 个)框标点的像片架坐标(或扫描仪坐标)(其像点坐标认为是理论值),再用仿射变换等数学模型建立两种坐标的关系,用最小二乘法解算就可求出内定向元素及模型变换系数,实现像点坐标从像片架坐标(或扫描仪坐标)向像主点为原点的像平面坐标的转换,这一过程称为影像的内定向。对数字影像来说,内定向是实现像素坐标向以像主点为原点的像平面坐标的转换。

6.外方位元素

描述航摄像片空间方位的参数称为外方位元素。包括三个线元素和三个角元素。线元素确定了拍摄瞬间投影中心 S 在地面坐标系中的坐标 (X_S, Y_S, Z_S) ,角元素则确定了像片在地面坐标系中的空间姿态,即航向倾角 φ ,旁向倾角 ω 、像片旋角 κ ,如图 8-3 所示的是以 Y 轴为主轴的 φ 、 ω 、 κ 角元素的描述方法。除此之外,还有其他常用的转角系统。

外方位元素决定了投影光束在空间的方位,如果已知每张像片的 6 个外方位元素。就能确定摄影瞬间被摄物体与航摄像片的关系,重建地面的立体模型。但通常需要根据已知地面控制点来求取各像片的外方位元素。

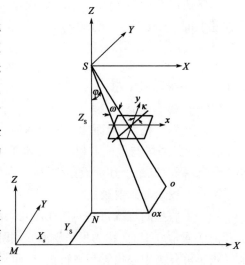

图 8-3　像片外方位元几何示意图

二、摄影测量常用的坐标系

摄影测量几何定位是根据像片上像点的位置来确定相应地面点的空间位置。为此,首先必须选择适当的坐标系来定量地描述像点和地面点之间的位置关系,然后才能从像点坐标量测值出发,求出相应点在物方的坐标,实现坐标系的变换。摄影测量中,有多种常用的坐标系,用于描述像点在像平面的位置,统称为像方坐标系;用于描述像素在空间的位置,统称为像空间坐标系;用于描述地面点的位置,统称为物方空间坐标系。而在像点坐标向物方坐标转换的过程中,还需要用到一系列过渡坐标系。

1. 像平面坐标系

描述像点在像平面上位置的坐标系称为像平面坐标系,通常采用右手坐标系,x、y 轴的选择按需要而定。在摄影测量解析计算中,像点的坐标通常采用以像主点为原点的像平面坐标系 o-xy 中的坐标。但是,对光学相机获取的影像有框标,由此需建立以物理单位(如 mm)表示的像平面坐标,即框标坐标系 $\bar{o}$-xy,如图 8-4a)所示。

对于数字影像,需建立以像素为单位的像平面坐标系,即,图像像素坐标系 o'-uv,如图 8-4b)所示。当像主点与框标坐标系原点或像素坐标系原点不重合时,需将像点在框标坐标系或像素坐标系中的坐标转化至以像主点为原点的像平面坐标系。

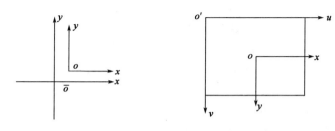

a)框标坐标系与像主点坐标系　　　b)像素坐标系与像主点坐标系

图 8-4　像平面坐标系

2. 像空间坐标系 S-xyz

描述像点在像空间位置的坐标系称为像空间直角坐标系。它是以摄影中心 S 为坐标原点,x、y 轴与像平面坐标系的 x、y 轴平行,Z 轴与主光轴重合,通常采用右手系。某一像点的像平面坐标(x,y)转换成像空间坐标为$(x,y,-f)$,其中,f 为摄影机主距(常用摄影机焦距近似表示)。

3. 像空间辅助坐标系 S-XYZ

每张像片的像空间坐标系不统一,会给计算带来困难。为此,需要建立一种相对统一的坐标系——像空间辅助坐标系 S-XYZ。此坐标系的原点仍选在摄站点 S(也称为摄影中心或投影中心),坐标轴系的选择视需要而定。

4. 物方空间坐标系

物方空间坐标系用于描述地面点在物空间的位置,用摄影测量方法求得的地面点坐标最终是以地面测量坐标系 T-$X_tY_tZ_t$ 的形式提供给用户使用。地面测量坐标系 T-$X_tY_tZ_t$ 通常指地图投影坐标系,也就是大地测量所用坐标系,目前主要采用以下两种坐标系:一是传统采用的高斯—克吕格 3°带或 6°带投影(1980 西安平面直角坐标系)和 1985 黄海高程系,X_t 轴指向正北方向,系左手系。另一种是我国新建立的当今空间时代全球通用的基本大地坐标系——2000 中国大地坐标系(CGS2000),它是以地球质量中心为原点的地心大地坐标系,可以满足大地测量、地球物理、天文、导航和航天应用以及经济、社会发展的广泛需求。目前,一般根据生产要求选择坐标系。但是,在获得各地面点的地面测量坐标之前,通常需要借助以下两种过渡性坐标系:

(1)摄影测量坐标系 $P\text{-}X_pY_pZ_p$:将像空间辅助坐标系 $S\text{-}XYZ$ 沿着 Z 轴反方向平移至地面点 P,得到的坐标系。

(2)地面摄影测量坐标系 $M\text{-}X_{tp}Y_{tp}Z_{tp}$:原点是测区内的某一点 M,X_{tp} 与摄影测量坐标系的 X_p 轴大致一样,但是水平,Z_{tp} 铅垂,构成右手直角坐标系(后续章节中将该坐标系简写成 $M\text{-}XYZ$),它是摄影测量坐标系与地面测量坐标系之间的一种过渡性坐标系。

像平面坐标、像空间坐标、像空间辅助坐标以及地面测量坐标之间的相互关系如图 8-5 所示。

三、单像空间后方交会

获取各像片的外方位元素是摄影测量的核心问题。传统的获取外方位元素的方法是采用空间后方交会的方法。单像空间后方交会是利用均匀分布在单张像片上至少 3 个已知地面控制点的物方坐标与其对应像点的像平面坐标,根据共线条件方程反求该像片的 6 个外方位元素的过程,其求解方法通常采用最小二乘法迭代解算外方位元素。

下面,以框幅式摄影获取的单中心投影影像为例,其共线条件方程(或称为构像方程)描述如下。

描述像点、投影中心 S 和相应地面点三点共线(如图 8-6 所示)这一几何关系的方程称为共线条件方程,简称共线方程(也称为构像方程)。对于单中心投影成像传感器获取的影像共线方程表示如式(8-2a)、式(8-2b)所示。

图 8-5 常用坐标系及相互关系示意图

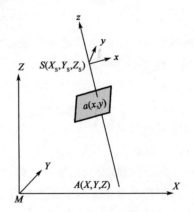

图 8-6 共线条件示意图

$$x - x_0 = -f\frac{a_1(X - X_S) + b_1(Y - Y_S) + c_1(Z - Z_S)}{a_3(X - X_S) + b_3(Y - Y_S) + c_3(Z - Z_S)} \tag{8-2a}$$

$$y - y_0 = -f\frac{a_2(X - X_S) + b_2(Y - Y_S) + c_2(Z - Z_S)}{a_3(X - X_S) + b_3(Y - Y_S) + c_3(Z - Z_S)} \tag{8-2b}$$

式中: (x,y)——像点 a 在框标坐标系中的坐标;

(X,Y,Z)——其对应物点在地面坐标系 $M\text{-}XYZ$ 中的坐标;

(X_S, Y_S, Z_S)——摄影中心 S 在地面坐标系 $M\text{-}XYZ$ 中的坐标；

$(x_0, y_0, -f)$——内方位元素；

$(a_1, b_1, c_1, \cdots, c_3)$——用外方位角元素 $(\varphi, \omega, \kappa)$ 的正余弦表示的旋转矩阵中 9 个元素。

共线方程反映了空间物体和其构像之间的投影关系，因此，摄影测量的过程实质上是一种摄影过程的几何反转，它是利用像点与物方点之间存在的几何关系来实现的。共线方程是摄影测量中最基本、最重要的公式，具有广泛的应用，常见的应用有：空间后方交会、正射影像生成、光束法区域网平差、影像模拟等。

但是，随着传感器集成技术的不断发展，目前，利用定位定向系统（Position Orientation System，简称 POS）的集成可以直接获取外方位元素。

四、双像解析摄影测量

1.人造立体视觉原理

单眼观察自然界景物时，不能够直接获得空间感视觉，即不能正确判断景物的远近。只有用双眼观察景物时才能够判断物体的远近，得到景物的立体效应，这种现象称为人眼的立体视觉。

为什么只有用双眼才能够观察景物的远近呢？这是由于双眼观察同一物体时，在左右两眼的视网膜上成像的位置不同，如图 8-7 所示，远近不同的两点 A、B 通过晶状体上的点 s_1、s_2 在左、右视网膜上的构像分别为 $a_1'b_1'$ 和 $a_2'b_2'$，其在视网膜上构成的弧长 $a_1'b_1'$ 和 $a_2'b_2'$ 不相等，其差数 $\delta = a_1'b_1' - a_2'b_2'$，称为生理视差。生理视差通过视觉神经传到大脑，通过大脑的综合作用，作出景物远近的判断，就产生了物体的立体感。若在双眼前放一对摄影机获取的具有一定重叠度的左、右像片 p_1 和 p_2，通过左、右眼球分别看影像中的同名像点 $a_1(b_1)$ 和 $a_2(b_2)$，则可看到处于不同空间位置的虚拟的 A、B 两点。基于此原理，可得到与原物体一样的立体感觉，这就是人造立体视觉。像对的立体观察，就是基于这一原理。但要产生人造立体视觉必须满足以下四个基本条件：

图 8-7　人造立体视觉原理示意

（1）必须采用不同站点拍摄的具有一定重叠的立体像对。

（2）立体像对的左、右像片的比例尺接近（差别 <15%）。

（3）两眼分别观察一张像片上的同名像点。

（4）使同名像点连线与眼基线大致平行。

2.摄影过程几何反转与双像立体测图

在航空摄影中，飞机沿着航线方向在不同的空间点（摄站）进行摄影，得到了多张具有一定重叠度的航摄影像。如果能够将这些航摄影像恢复到摄影时的真实状态，那么根据人造立体视觉原理，就能够再现摄影时地面的实际状况。而将航摄影像恢复到摄影真实状态的这一过程称之为摄影过程的几何反转。利用光学投影方法实现摄影过程中几何反转的原理如下：

如图 8-8 所示，从空中对地面区域 $ACDM$ 摄影获取了相邻的两幅重叠影像 p_1 和 p_2，而 S_1 和 S_2 是其对应的摄站点，它们之间的距离 S_1S_2 称为摄影基线 B。若将影像 p_2 沿着基线的反

方向移动到位置 S_2'。然后,在室内将像片 p_1 和 p_2 放在与摄影机一样的投影器内(图8-9),并保持两投影器的方位与摄影时摄影机的空间方位相同,但两投影器间的距离缩小于 B'(B' 为按测图比例尺缩小的摄影基线)。在投影器上,用聚光灯照明,则两投影器光束中所有同名光线(如 $A'S_1'$ 与 $A'S_2'$)仍对对相交,构成空间的交点 A'、C'、D'、M' 等。所有这些交点的集合构成了与地面相似的几何模型 $A'C'D'M'$。

图 8-8　摄影过程几何反转示意图　　　　图 8-9　双像立体测图示意图

要实现摄影过程的几何反转,其核心就是恢复左、右影像的外方位元素,以建立一个三维立体模型。在构建的立体模型中,用有标志的测绘器,在承影面上利用测绘器的升降使测标与地面(即几何模型)相切,再加上测绘器的平面移动,测绘器下的绘图笔就可测绘出地形图,这就是双像立体测图的原理,其示意图如图8-9所示。

3. 双像空间前方交会

已知某立体像对中左、右像片的内、外方位元素的情况下,通过量测某一地面点 A 在左、右像片上的像点坐标 $a_1(x_1,y_1)$、$a_2(x_2,y_2)$,确定该地面点在物方空间坐标系中的坐标 $A(X,$

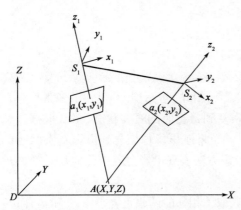

图 8-10　双像空间前方交会几何示意图

$Y,Z)$ 的方法称为双像空间前方交会,其几何示意图如图 8-10 所示。求解地面点坐标的方法通常有点投影系数法和基于共线方程的严密解法两种。

因此,采用"依次进行内定向、单像空间后方交会、双像空间前方交会"的方法便可确定某同名像点对应的地面点的物方坐标。

4. 立体像对的相对定向

确定一个立体像对中左、右影像的相对位置关系称为相对定向。它是利用左、右像片的摄影中心 S_1、S_2 以及某一物方点 A 三点共面的几何关系来恢复两张像片的相对位置和姿态,达到同名光线对对相交,建立一个相对立体模型的目的。

由图 8-11 可知,S_1、S_2、A 三点共面,亦即三个矢量 $\overrightarrow{S_1A}$、$\overrightarrow{S_2A}$ 和 $\overrightarrow{S_1S_2}$ 共面。根据矢量代数,三个矢量的混合积等于零,即 $\overrightarrow{S_1S_2} \cdot (\overrightarrow{S_1A} \times \overrightarrow{S_2A}) = 0$,这就是共面条件方程。

要实现立体像对的相对定向,需要对左、右像片一方或同时进行平移、旋转操作,直到立体像对中所有同名光线对对相交,即满足共面条件方程,此时,便可恢复两张像片的相对位置和方位关系,建立起一个相对立体模型。而平移、旋转的大小可用相对定向元素来描述。因此,相对定向的过程就是利用共面条件方程求解相对定向元素的过程。

根据立体像对选取的像空间辅助坐标系不同,分为连续法相对定向和单独法相对定向。两种方法中相对定向元素的定义也不同。下面以连续法相对定向为例描述一个立体像对的相对定向原理。

连续法相对定向是以左像片为基础,以左片的像空间坐标系 $S_1\text{-}X_1Y_1Z_1$ 为本像对的像空间辅助坐标系。设 (X_1,Y_1,Z_1) 为左像点 $a_1(x_1,y_1)$ 在左像空间辅助坐标系 $S_1\text{-}X_1Y_1Z_1$ 中的坐标,(X_2,Y_2,Z_2) 是右像点 $a_2(x_2,y_2)$ 在右像空间辅助坐标系 $S_2\text{-}X_2Y_2Z_2$ 中的坐标,B_x、B_y、B_z 是摄影基线 B 在左像空间辅助坐标系 $S_1\text{-}X_1Y_1Z_1$ 中的三个坐标分量。此时,共面条件方程可进一步表示为:

$$\begin{vmatrix} B_x & B_y & B_z \\ X_1 & Y_1 & Z_1 \\ X_2+B_x & Y_2+B_y & Z_2+B_z \end{vmatrix} = \begin{vmatrix} B_x & B_y & B_z \\ X_1 & Y_1 & Z_1 \\ X_2 & Y_2 & Z_2 \end{vmatrix} = 0$$

基于上述共面条件方程,利用最小二乘平差方法可以求解出连续法相对定向的五个相对定向元素 B_y、B_z、φ_2、ω_2、κ_2(图 8-11)。因此,相对定向的过程就是求解相对定向元素的过程。在连续法相对定向中,相对定向元素是假设左像片在左像空间坐标系中的角元素是已

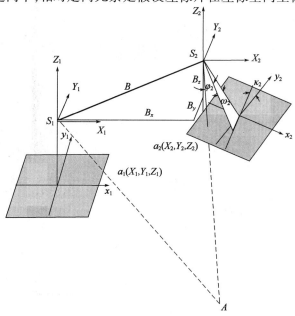

图 8-11　相对定向几何示意图

知的,右像片光束(或右像片的像空间坐标系)在左像空间坐标系中的"外方位元素",φ_2、ω_2、κ_2 是右像片相对于左像片的三个相对定向角元素。

在相对定向中,上下视差是衡量同名光线是否相交的标志。

如图 8-12 所示,在没有恢复左右像片的相对关系之前,同名点的投影光线 S_1A_1 和 S_2A_2 在空间不相交,其差异可分解到 X 和 Y 两个方向上,在 X 方向上的差异称为左右视差 P_x,在 Y 方向上的差异称为上下视差 Q。若同名光线不相交,即,同名点 a_1、a_2 的上下视差 $Q \neq 0$,表明该像对未实现相对定向。当该像对所有同名像点的上下视差均为零($Q = 0$)时,即,该像对同名光线对对相交,表明恢复了该立体像对左右像片的相对位置和姿态关系。因此,相对定向的实质是通过立体像对左、右像片的平移和旋转来消除像对上同名像点的上下视差。

a)左右视差P_x和上下视差Q　　　b)同名光线不相交($Q \neq 0$)　　　c)同名光线相交($Q \neq 0$)

图 8-12　立体像对上下/左右视差示意图

5. 立体模型的绝对定向

在完成相对定向后,立体像对上的同名光线对对相交,建立了一个与地面外形相似的相对立体模型。但此时该模型的比例尺和空间方位均是任意的。为了实现对立体模型的测量,获取各种数字产品,还需要将该模型纳入地面测量坐标系中,并符合规定的测图比例尺,这一过程称为立体模型的绝对定向。

绝对定向是对相对定向所建立起来的模型进行平移,旋转和缩放,利用一定数量的地面控制点反求平移、旋转和缩放变换中的七个绝对定向元素,从而将模型纳入到地面测量坐标系中,并归化为测图比例尺,如图 8-13 所示。

图 8-13　绝对定向示意图

因此,采用"依次进行内定向、双像相对定向、模型绝对定向"的方法便可确定某像点对应的地面点的物方坐标。

五、解析空中三角测量

在摄影测量立体测图中,每个立体像对都要在野外测至少四个地面控制点,这样对于多条航带构成的区域网的处理需要测量的地面控制点个数很多,导致外业工作量太大,效率不高。因此,在实际生产作业中,通常需要先经过空中三角测量,在内业用摄影测量的方法加密出每个立体像对需要的控制点物方坐标,然后用于各立体像对的测图。

1. 解析空中三角测量的定义

解析空中三角测量是以像片上量测的像点坐标为依据,采用严密的数学模型,按最小二乘法原理,用少量地面控制点求出单个模型测图所需控制点的地面坐标,以及平差区域内所有影像的外方位元素的方法,也称为空三加密或摄影测量加密。

2. 解析空中三角测量的分类

根据平差中采用的数学模型,可以分为航带法、独立模型法和光束法三种区域网平差方法。其中,光束法是理论最严密的、应用最广泛的一种方法。它是直接由每幅影像的光线束出发,以像点坐标为观测值,通过每个光束在三维空间的平移、旋转和缩放,使同名光线在物方最佳地交会在一起,并使之纳入规定的物方坐标系,从而加密出待求点的物方坐标和影像的方位元素。其原理示意图如图8-14所示。

光束法平差的特点是以像点坐标等原始观测值列误差方程式,能最方便地考虑影像系统误差的影响,便于引入非摄影测量附加观测值,如POS观测数据和大地测量观测值。它还可以严密地处理非常规摄影以及非量测相机的影像数据。目前,光束法已被广泛应用于各种高精度的空中三角测量和点位测定实际生产中。但是,光束法平差未知数多、计算量大,计算速度也相对较慢。它不能像前两种方法那样,可将平面和高程坐标分开处理,只能进行三维网的平差。

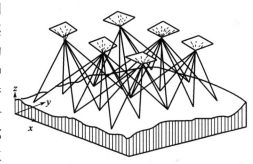

图8-14　光束法空中三角测量原理示意图

根据平差范围的大小,解析空中三角测量还可分为单航带法、独立模型法和区域网法。

3. 解析空中三角测量的作业流程

空中三角测量作业的大致流程如下:

(1)建立测区及相关数据的准备(包括相机参数,控制点的录入,影像格式的转换)。

(2)建立影像列表并对影像进行内定向。

(3)在此基础上进行航线内部和航线间的自动转点,影像的相对定向,模型连接等(具体步骤依据采用的平差模型来定)。

(4)连接点编辑并进行平差解算,求解加密点的地面坐标和各影像的外方位元素。

近年来,随着POS系统[主要包括惯性导航单元(IMU)和全球导航定位系统(GPS)]在摄影测量立体测图中的应用,开始了POS辅助的空中三角测量。

经过空中三角测量,便可获得测区中加密点的地面坐标(即,每个立体像对测图所需要的控制点地面坐标),然后,采用"相对定向+绝对定向"或"空间后方交会+空间前方交会"的方法计算测区中各个待定点的地面坐标(最终需纳入地面测量坐标系中),从而实现了目标的空间几何定位。

六、摄影测量产品

在完成外业数据采集、空中三角测量、影像定向几个步骤后,一个与地面一致的立体模型就建立起来,通过这个立体模型就能够完成各类产品的生产。其中,最基本的 4D 产品包括:数字高程模型(DEM)、数字正射影像(DOM)、数字线划图(DLG)、数字栅格地图(DRG)。其中,DEM 是最基本且应用最广的。除此之外,根据生产需要,还可生产三维景观图、立体透视图、坡度坡向图、等高线等其他形式的数字产品。这里只对 4D 产品加以简单介绍。

1. 数字高程模型(Digital Elevation Model, 简称 DEM)

数字高程模型是表示区域 D 上地形的三维向量有限序列 $\{V_i = (X_i, Y_i, Z_i), i = 1, 2, \cdots, n\}$,其中 $(X_i, Y_i) \in D$ 是平面坐标,Z_i 是 (X_i, Y_i) 对应的高程。数字高程模型的表示形式主要有以下两种:

(1)规则矩形格网 DEM

若利用一系列在 X、Y 方向上都是等间隔排列的地形点的高程 Z 表示地形,则形成一个矩形格网(Grid DEM),如图 8-15a)所示。这种形式的 DEM 其特点是:无须记录每个格网点的平面坐标 X、Y(可由起始原点坐标推算),只需记录各格网点的高程 Z。规则矩形格网 DEM 的特点是:数据结构及使用和管理都相对简单,但它不能准确地表示复杂地形的结构与细部,基于 Grid 绘制的等高线也不能准确地表示地貌。

(2)不规则三角网 DEM

若将按地形特征采集的点按一定规则连接成覆盖整个区域且互不重叠的许多三角形,构成一个不规则三角网(TIN)表示的 DEM,通常称为不规则三角网 DEM 或 TIN,最常见的构三角网的算法是 Delaunay 算法,如图 8-15b)所示。TIN 表示 DEM 的特点是能较好地顾及地貌特征点、线,表示复杂地形表面比矩形格网精确。但是,需记录的数据量较大,数据结构较复杂,使用与管理也较复杂。

a)格网DEM示意图   b)Delaunay三角网DEM

图 8-15 数字高程模型示意图

此外,德国 Ebner 教授等提出了矩形格网和三角网混合形式的 DEM 表示方法,对于这种形式的 DEM,较平坦地区使用矩形格网数据结构,而地形复杂多变地区则沿地形特征附加三角网数据结构。这种形式的 DEM 实现了矩形格网和三角网 DEM 的优势互补。

数字高程模型的建立一般要经过数据取样、数据处理和数据存储三个过程。数据取样是对已采样到的平面及高程数据点的选取和其坐标值的量测。数据处理是以数据点作为控制基础,用某一数字模型来模拟地表面,进行内插计算,以取得一种密集矩形格网结点处的坐标值。数据存储是采用一定的数据结构将高程模型以数字的形式记录于存储器内。

建立格网 DEM 的方法有多种,移动曲面拟合法是其中一种。该方法原理如下:首先将数据点进行分块存储,构成分块格网,使得数据点的分布根据地形起伏,尽量均匀。然后以 DEM 中某一个节点(待定点)$P(x_P, y_P)$ 为中心,选择适当的半径 r,在半径 r 的圆内对相应的分块格网进行搜索,使得包含足够的已知数据点(参考点),并用二次曲面拟合。那么待定点的高程 v_i 可以由式(8-3)求得。若点数不够($n < 6$),则需扩大搜索半径,直到满足条件为止。

$$v_i = AX_i + BY_i + CX_iY_i + DX_i^2 + EY_i^2 + F - Z_i \qquad (8-3)$$

建立 TIN 表示的 DEM 的方法也很多,其中,三角网生长法是任取一数据点,找与它距离最近的点相连成一条 TIN 的边。按构成 TIN 的条件寻找与此边构成三角形的第三个顶点。重复这一过程,直到所有的数据被连接进三角形中。这一算法的时间复杂度是数据量的函数。

此外,由 DEM 可自动绘制等高线,反之,通过等高线的内插也可以生成 DEM。

2. 数字正射影像(DOM)

数字正射影像图(Digital Orthophoto Map,简称 DOM)是利用 DEM,对航空(或航天、近景)像片进行数字微分纠正和镶嵌,按一定图幅范围裁剪生成的数字正射影像。其实质是将中心投影的原始影像转化成正射投影的正射影像的过程。因此,它同时具有地图几何精度和影像特征的图像。DOM 具有精度高、信息丰富、直观逼真、获取快捷等优点,可作为地图分析背景控制信息,也可从中提取自然资源和社会经济发展的历史信息或最新信息,为防治灾害和公共设施建设规划等应用提供可靠依据,还可从中提取和派生新的信息,实现地图的修测更新。此外,还可用于其他数据的精度评价,现实性和完整性都很优良。

3. 数字线划图(DLG)

数字线划地图(Digital Line Graphic,简称 DLG)是以点、线、面形式或地图特定图形符号形式表达地形要素的地理基础要素的矢量数据集,且保存各要素间的空间关系和相关的属性信息,因此,也叫全要素地图。DLG 是我国基础地理信息数字成果的主要组成部分。

数字线划地图的基本特征如下:

(1)基础地理要素对传统地图要素做了必要的精简压缩,缩短了生产与更新的周期。

(2)基础地理要素突出了地图要素在信息意义上的主要特征,图形输出为矢量格式,任意缩放均不变形,便于提取、检索和分析。其地图地理内容、分幅、投影、精度、坐标系统与同比例尺地形图一致。

(3)基础地理要素的分层分类代码结构便于与其他数字产品(如数字正射影像)复合,生成信息更丰富、专题更突出的新图种。

DLG 的制作过程主要包括以下两个步骤:

(1)数据采集。地理要素的采集通常采用以下两种方法:一是地形图扫描数字化法,即,对所提取的基础地理要素分层分类矢量化。二是数字摄影测量法。必须配备 X、Y、Z 输入装置和立体观察装置及数字摄影测量系统,对定向后建立的立体模型自动/半自动地三维跟踪基础地理要素,分层分类数字化,并赋予代码等属性。

(2)图形编辑。选择合适的计算机图形编辑软件,按 GIS 的要求对所采集的基础地理要素进行点、线、面几何特征、拓扑关系和属性的编辑,并检查和修改。图形编辑后,应将 DLG 要素符号化,输出其模拟产品。

数字线划地图是一种更为方便的放大、漫游、查询、检查、量测、叠加地图。其数据量小，便于分层，能快速地生成专题地图，因此，也称作矢量专题信息。此数据能满足地理信息系统进行各种空间分析要求，视为带有智能的数据，可随机地进行数据选取和显示，与其他几种产品叠加，便于分析、决策。

4. 数字栅格地图（DRG）

数字栅格地图（Digital Raster Graphic，简称 DRG）：是根据现有纸质、胶片等地形图经扫描和几何纠正及色彩校正后，形成在内容、几何精度和色彩上与地形图保持一致的栅格数据集。

生成 DRG 时，原图必须平整、无折，点线清晰、色彩标准；原图现势性应符合标准要求。一张纸质模拟地图，通过扫描仪，其中 CCD 线阵传感器对图形进行分割，生成二维阵列系统，同时对每一系统的灰度（或分色）进行量化，再经二值化处理、图形定向、几何校正即形成一幅数字栅格地图。

DRG 可作为背景用于数据参照或修测拟合其他地理相关信息，可用于 DLG 的数据采集、评价和更新，还可与 DOM、DEM 等数据信息集成使用，派生出新的可视信息，从而提取、更新地图数据，绘制纸质地图。

七、数字摄影测量系统

数字摄影测量系统的基本组成：硬件系统和软件系统。其中，硬件系统主要包括：计算机、立体观测设备（常用的有红绿眼镜或偏振光眼镜）、手轮、脚盘及控制设备。软件是一个数字摄影测量数据处理软件。

针对卫星影像、传统航空影像、无人机数据以及近景影像的数据处理及立体测图，国内外先后开发了多种数字摄影测量系统。例如：数字摄影测量网格系统 DPGrid（较早称为 VirtuoZo 系统）、中国测绘科学研究院开发的 JX-4，航天远景公司的 MapMatrix，美国 Intergraph 公司的 ImageStation SSK，美国 Inpho 摄影测量系统，以及合并的 Leica 与 Helava 系统（简称 LH 系统）。此外，还有 ERDAS IMAGINE、法国的 Pixel Factory，以及加拿大的 PCI Geomatica 系统等。上述系统大多是集成航空、航天摄影测量测图与遥感图像处理、地理空间分析等功能一体化的多功能软件系统。近年来，随着无人机航空摄影技术、倾斜摄影技术、近景摄影测量技术的发展及应用，也研发出了相应的摄影测量数据处理软件，如，Icaros 摄影测量系统（IPS），Pixel4D Mapper 系统，我国的 Lensphoto 以及加拿大 EOS 公司的 Photo Modeler Scanner 近景摄影测量系统。各个数字摄影测量系统在自动化程度、功能及其完善程度有所差异。

以 JX4A 为例，如图 8-16 所示，通常的数字摄影测量系统包括：装有数字摄影测量软件的计算机，控制设备，立体眼镜，手轮、脚盘、脚踏。

图 8-16　JX4 数字摄影测量系统

第三节　遥感技术基础

一、遥感的定义

遥感(RS)一词来自英语 Remote Sensing,即"遥远的感知"。广义理解泛指一切无接触的远距离探测,包括对电磁场、力场、机械波(声波、地震波)等的探测。

关于遥感有很多定义,下面给出几个典型的定义:

(1)遥感是一门关于获取、处理和判读记录了电磁能量和地物之间相互关系的影像科学。

(2)遥感是获取有关特定对象、区域或现象信息的一门科学和艺术,它是通过对特定设备获取的教据进行分析进而获得所调查对象、区域或现象的相关信息,并且该特定设备是应用探测仪器,不与探测目标相接触,从远处把目标的电磁波特性记录下来,通过分析,揭示出物体的特征性质及其变化的综合性探测技术。

(3)遥感是以一定距离观测地球表面,并进而对观测得到的影像或数据进行判读,以获取地球上特定对象有用信息的设备、技术和方法。

上述三种定义的共同之处是有关地球表面特征的数据是由不直接接触观测对象的设备收集的,其获得的数据通常存储为影像格式的数据,而传感器记录的特征是地球表面反射或发射的电磁波能量。记录的电磁波能量为电磁波光谱的特定波段的信息。

从不同的角度出发,对遥感技术可进行如下划分:

(1)按照遥感的探测波段划分,分为紫外遥感、可见光遥感、红外遥感、微波遥感。此外,根据探测波段划分的粗细,可进一步分为多光谱遥感和高光谱遥感。

(2)按遥感工作方式划分,分为:

①被动遥感:传感器被动收集来自地面目标自身发射和对自然辐射源反射的电磁波。

②主动遥感:由探测器主动向地面目标发射一定能量的电磁波,然后再由传感器收集返回的电磁波信号。

(3)按工作平台划分,分为:

①地面遥感:传感器设置在地面平台上,如车载、船载、手提、固定或活动高架平台上。

②航空遥感:传感器以飞机或飞艇为平台。

③航天遥感:传感器以卫星、空间站或航天飞机为平台。

④航宇遥感:传感器设置在宇宙飞船上,用于对地球系统外的目标进行探测。

(4)按是否成像划分,分为:

①成像遥感:把目标物体反射或发射的某波段电磁波强度,用深浅色调或彩色的影像直观地表现出来。

②非成像遥感:传感器接收的目标电磁波信号不能形成图像,而是用曲线等其他数据形式表示出来。

(5)按遥感应用领域划分,通常可分为环境遥感、资源遥感、农业遥感、林业遥感、地质遥感、气象遥感、水文遥感、海洋遥感等。

二、遥感技术系统

遥感技术系统包括:被测目标的特征、信息获取平台及传感器、信息的传输与记录、信息处理、信息应用五大部分。

1. 被测目标的特征(目标物的电磁波特性)

任何目标物都具有发射、反射和吸收电磁波的性质,这是遥感的信息源。目标物与电磁波的相互作用,构成目标物的电磁波特性,它是遥感探测的依据。

2. 信息获取平台及传感器

接收、记录目标物电磁波特征的仪器,称为传感器或遥感器。如扫描仪、雷达、摄影/相机、辐射计等。

装载传感器的平台称遥感平台,主要有地面平台、空中平台、空间平台。

3. 信息的传输与记录

传感器接收到目标地物的电磁波信息,记录在数字磁介质或胶片上。胶片是由人或回收舱送至地面回收,而数字磁介质记录的信息则可通过卫星上的微波天线传输给地面的卫星接收站。

4. 信息处理

地面站接收到遥感卫星发送来的数字信息,记录在高密度的磁介质上,并进行一系列的处理,如信息恢复、辐射校正、卫星姿态校正、投影变换等,再转换为用户可使用的通用数据格式,或转换成模拟信号,才能被用户使用。

地面站用户还可根据需要进行精校正处理和专题信息处理、分类等。

5. 信息的应用

遥感获取信息的目的是应用。这项工作由各专业人员按不同的应用目的进行。在应用过程中,也需要大量的信息处理和分析,如不同遥感信息融合及遥感与非遥感信息的复合等。

三、遥感技术的特点

1. 大面积的同步观测

对地球进行大范围的资源和环境调查,仅仅依靠传统的地面调查,实施起来是非常困难。而遥感观测则可为此提供有效的获取信息的方式,并且不受地形阻隔等限制。遥感平台越高,视角越宽广,可以同步探测到的地面范围就越大,容易发现地球一些重要目标物空间分布的宏观规律,而有些宏观规律,依靠地面观测是难以发现或必须经长期大面积调查才能发现的。

2. 时效性

遥感探测,尤其是空间遥感探测,可以在短时间内对同一地区进行重复探测,发现地球上许多事物的变化,这对于研究地球上不同周期的动态变化非常重要。不同高度的遥感平台其重复观测的周期不同。地球同步轨道卫星可以每半个小时(甚至更短)对地观测一次;

太阳同步轨道卫星可以每天 2 次对同一地区进行观测。地球资源卫星则可以 4~26 天对同一地区重复观测一次,以获得一个重访周期内某些目标物动态变化的数据。而传统的地面调查则须在大量的人力、物力,用几年甚至几十年的时间才能获得地球上大范围地区动态变化的数据。

3. 数据的综合性和可比性

遥感获得的地物电磁波特性数据综合地反映了地球上许多自然、人文信息。红外遥感昼夜均可探测,微波遥感可全天时全天候探测,人们可以从中有选择地提取所需的信息。地球资源卫星所获得的地物电磁波特性均可以较综合地反映地质、地貌、土壤、植被、水文等特征而具有广阔的应用领域。由于遥感的探测波段、成像方式、成像时间、数据记录等均可按要求设计,使其获得的数据具有同一性或相似性。同时考虑到新的传感器和信息记录都可向下兼容,所以,数据具有可比性。与传统地面调查和考察比较,遥感数据可以较大程度地排除人为干扰。

4. 经济性

遥感的费用投入与所获取的效益,与传统的方法相比,可以大大地节省人力、物力、财力和时间,具有较高的经济效益和社会效益。特别是对于自然条件极为恶劣,人类难以到达,如沙漠、沼泽、崇山峻岭等地区,遥感可方便、及时地采集这些地区的信息。

四、遥感成像物理基础

遥感技术主要是建立在物体反射或发射电磁波的原理之上。一般成像原理只记录电磁波的振幅信息(只有全息成像时,才既记录振幅又记录相位)。

1. 地物的电磁波谱

电磁波的波长范围非常宽,从波长最短的 γ 射线到最长的无线电波。遥感采用的电磁波波段可以从紫外一直到微波波段。遥感器就是通过探测不同波段电磁波谱的发射、反射辐射能级而成像的,因此,电磁波的存在是获取图像的物理前提。在实际的遥感工作中,根据不同的目的选择不同的波谱段。

2. 地物的光谱反射率

地物的光谱反射率是物体的反射辐射通量与入射辐射通量之比。实际上,由于物体固有的属性,因此,不同波长的电磁波对该物体的反射率不同。另一方面,不同物体其固有属性不同,因此,同一波长的电磁波对不同物体的反射率也不同。也就是说,遥感之所以能够根据收集到的电磁波来判断地物目标和自然现象,是因为一切物体,由于其种类、特征和环境条件的不同而具有不同的电磁波的反射或发射辐射特征。

3. 地物的反射波谱特性曲线

某物体的反射波谱是该物体的反射率(或反射辐射能)随波长变化的规律,以波长为横坐标、反射率为纵坐标所得的曲线称为该物体的反射波谱特性曲线。

通常来说,不同物体,由于其结构和组成成分不同,反射波谱特性是不同的,即各种物体的反射特性曲线的形状是不一样的,例如图 8-17 所示的雪、沙漠、湿地、小麦四种地物的反射特性曲线,不同地物的反射光谱曲线不同,从图中我们可以看出:

0.4～0.5μm 波段可以把雪和其他地物区分开;0.5～0.6μm 波段可以把沙漠和小麦、湿地区分开;0.7～0.9μm 波段可以把小麦和湿地区分开。

但是,即使同类地物,其反射波谱曲线也会有所差异。如图 8-18 所示,自然状态下,土壤表面的反射率没有明显的峰值和谷值,一般来说,土质越细,反射率越高;有机质和含水率越高,反射率越低;土类与肥力也对土壤反射率有影响。但由于其波谱曲线较平滑,所以在不同光谱段的遥感影像上土壤亮度区别并不明显。

图 8-17　雪、沙漠、湿地、小麦反射波谱曲线　　　　　图 8-18　三种土壤的反射波谱曲线

因此,在地物的光谱分析以及识别上应采用多光谱或高光谱成像传感器进行地物探测。但是,在实际情况下,有很多因素会影响地物光谱反射率,如太阳位置、传感器位置、地理位置、地形、季节、气候变化、地面湿度变化、地物本身的变异、大气状况等。因此,在影像判读和解译时,需考虑成像时各种影响因素对地物光谱反射率的影响。

五、遥感图像处理

遥感信息提取通常分为遥感图像处理(主要包括辐射校正、几何校正、图像增强等)、遥感图像分析(主要包括图像分割,图像特征提取等)、遥感图像分类(聚类或分类)三个阶段。下面就遥感图像处理过程中几个主要的步骤加以阐述。

1. 图像预处理

获取遥感影像之后,首先要对影像进行预处理。预处理的主要内容是对图像进行几何校正及辐射校正,其目的是校正成像过程中造成的各种灰度、几何方面的畸变,以获得合乎一定精度及投影要求的图像,使之能反映地面景物的真实情况,较少受外界环境条件的影响。

图像辐射校正主要包括传感器的辐射校正(由传感器仪器本身产生的图像辐射畸变)、大气校正(云层等大气对图像辐射值的影响),其目的是消除图像灰度的失真或干扰。

图像几何校正就是校正成像过程中造成的各种几何畸变,包括几何粗校正和几何精校正。几何粗校正是针对引起畸变的原因而进行的校正,我们得到的卫星遥感数据一般都是经过几何粗校正处理的。几何精校正是利用地面控制点进行的几何校正,它是用一种数学模型来近似描述遥感图像的几何畸变过程,并利用标准图像与畸变遥感图像之间的一些对应点(地面控制点数据对)求得这个几何畸变模型,然后利用此模型进行几何畸变的校正。

此外,若仅一景影像不能覆盖整个研究区,还需要进行图像镶嵌处理。图像镶嵌是将具有地理参考的若干相邻图像合并成一幅图像或一组图像。在进行图像拼接时,要选取一幅参考图像作为输出拼接图像的基准,并决定拼接图像的对比度匹配,以及输出图像的地图投影、像元大小和数据类型。为了去除影像衔接处影像不一致的问题,还要对拼接处进行羽化处理,使衔接线变得模糊并融入影像中。

2. 图像增强

经过上述处理后的遥感图像,虽然相对于实际地面景物只有很小的失真,但仍不利于判读及解译。这是由于遥感图像在获取的过程中受到大气的散射、反射、折射或者天气等因素的影响,获得的图像难免会带有噪声或目视效果不好,如对比度不够、图像模糊;有时总体效果较好,但是所需要的信息不够突出,如线状地物或面状地物的边缘部分;或者,有些图像的波段较多、数据量较大,如 Landsat/TM 图像,但各波段的信息存在一定的相关性,为进一步处理造成困难。因此,还需要对图像进行增强处理。

图像增强的主要目的有:改变图像的灰度等级和灰度范围,提高图像的对比度;抑制噪声,平滑图像;突出地物边缘和线状地物、锐化图像;合成彩色图像;压缩图像数据量,突出主要信息等。图像增强的方法主要可以分为辐射增强、空间域图像增强、频率域图像增强、彩色增强、多波段代数运算等。

空间域图像增强是通过改变单个像元及相邻像元的灰度值来增强图像,主要包括点运算的空间增强和邻域运算的空间增强。

频率域图像增强是对图像进行傅里叶变换,然后对变换后的频率域图像的波谱进行修改,达到增强的目的。

彩色增强主要是通过将灰度图像变为彩色图像,对多光谱图像进行彩色合成,或进行彩色变换,以达到突出所需信息的目的。

多波段代数运算是通过经空间配准的两幅或多幅单波段遥感图像进行一系列的代数运算,从而达到突出目标特征的目的。

因此,需要根据不同的目的来选择合适的图像增强方法。

3. 图像融合

单一传感器获取的图像信息有限,往往难以满足应用需要,通过图像融合,可以从不同的遥感图像中获得更多的有用信息,补充单一传感器的不足。图像融合(Image Fusion)是指将多波段遥感图像按照一定的算法,在规定的地理坐标系中生成新的遥感图像的过程。图像融合分为三个层次:像素级、特征级和决策级。其中,像素级图像融合是将不同空间分辨率和光谱分辨率的全色与多光谱图像,采用一定的算法融合处理,使处理后的遥感图像既具有高的空间分辨率,又具有多光谱特性,从而达到图像增强的目的。例如,ETM + 全色波段具有高的空间分辨率(15m),其多光谱图像光谱信息丰富(常用的有 7 个波段),但其空间分辨率较低(30m),为提高 ETM + 多光谱图像的空间分辨率,可以将全色图像融合进多光谱图像中,通过融合,既提高多光谱图像空间分辨率,又保留其多光谱特性,也称为图像分辨率融合。因此,图像融合也可看作图像增强的一种技术。

图像融合的关键是融合前两幅图像的配准,以及处理过程中融合方法的选择,只有将不同空间分辨率的图像精确地配准,才可能得到满意的融合效果;而对融合方法的选择则取决于被融合图像的特征以及融合的目的。

常用的像素级图像融合方法有主成分分析法(Principle Component Analysis,简称 PCA)、IHS(Intensity,Hue,Saturation)变换、Brovey 变换等。其中,主成分分析法的原理是把给定的一组相关变量通过线性变换转成另一组不相关的变量,这些新的变量按照方差依次递减的顺序排列。在数学变换中保持变量的总方差不变,使第一变量具有最大的方差,称为第一主成分,第二变量的方差次大,并且和第一变量不相关,称为第二主成分。依次类推,i 个变量就有 i 个主成分,因此,也称主分量变换。

PCA 变换常用于全色和多光谱影像融合中,其融合的基本思想是:对多光谱影像进行PCA 变换,根据变换矩阵的特征值与对应的特征向量计算各主分量。并用全色图像代替第一主分量图像,再进行 PCA 逆变换,便可得到融合后的多光谱影像。

其具体流程如图 8-19 所示。

图 8-19　主分量变换的影像融合流程图

主分量变换融合法的主要优点是:融合后的图像光谱特性保持好,尤其在波段数较多的情况下。

六、遥感图像分割

遥感图像分割就是根据一定的准则将遥感图像划分为多个同质区,它是遥感图像处理和分析的关键步骤,也是遥感图像后续处理和应用的基础。它可以将原始图像转化为更抽象、更紧凑的形式,使得高层的分析和决策成为可能。为了有效地分割各种各样的图像,人们已经提出了很多分割方法。按分割的途径和实现原理的不同,主要分为以下三种形式:基于边缘提取的方法、基于区域的方法以及两者结合的方法。其中,基于区域的分割方法是以直接寻找区域为基础的分割技术,通常有区域生长和区域分裂与合并两类算法。前者是从单个像素出发,逐步合并以形成所需的分割区域;后者是从全局出发,逐步切割至所需的分割区域。

近年来,随着各学科许多新理论和新方法的提出,先后出现了许多结合一些特定理论、方法和工具的图像分割技术。在遥感领域中,常用的分割算法有:基于区域增长的分割算法(如分形网络演化方法)、均值漂移(Mean Shift)算法、分水岭(Watershed)算法。

　　近年来,随着国内外对地观测技术的迅猛发展,高分辨率遥感图像应用的越来越广泛,高分辨率遥感图像分析也越来越成为信息提取的重要环节。而由于高分辨率遥感图像具有高的空间分辨率,使得地物细节在影像上清晰可见,使得地物特征随空间尺度的变化而变化,因此,对这类影像的分割需体现多尺度性,即不同的空间尺度下,地物目标的分割结果不同,从而导致表现出的的地物特征不同。上述几种分割算法都可以实现多尺度影像分割。下面以分形网络演化算法为例,阐述遥感图像多尺度分割的基本思想。

　　分形网络演化方法(Fractal Net Evolution Approach,简称 FNEA)是目前广泛应用的一种多尺度分割算法,也是目前流行的面向对象影像分析技术的基础及核心内容,该算法目前已作为其核心分割算法应用到商业遥感软件 eCognition 中,得到了较好的应用效果。

　　FNEA 算法是基于区域增长的思想,利用模糊子集理论提取感兴趣的影像对象,在感兴趣的尺度范围内,影像的大尺度对象与小尺度对象同时存在,从而形成一个多尺度影像对象层次等级网络,如图 8-20 所示。其基本思想是基于像素从下向上的区域增长的分割算法,遵循异质性最小的原则,把特征相似的邻近像元合并为一个同质的影像对象,分割后属于同一对象的所有像元都赋予相同标记。影像分割过程中对影像对象的空间特征、光谱特征和形状特征同时进行操作,因此生成的影像对象不仅包括了光谱同质性,而且包括了空间特征与形状特征的同质性。

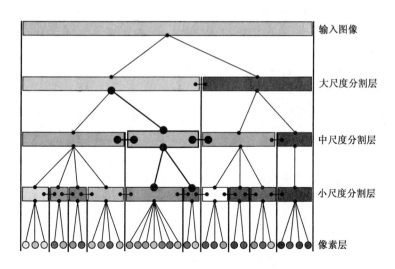

图 8-20　影像的多尺度层次等级网络体系

　　上述多尺度影像分割算法可在任何选定的尺度下进行大规模的与知识无关的同质的影像对象提取,并且可在任意数目波段的情况下同时工作,特别适合于高分辨率影像和影像差异小的数据。该算法在进行分割的过程中可根据不同的目标场景设置不同的分割尺度参数,从而生成不同尺度的影像对象层,与原始遥感影像不同的是,分割后影像层中的基本单元已不再是单个像元,而是具有丰富空间、纹理与邻域信息的有意义的对象(object),有时也称为区域(region)或图斑(segment),用各区域的光谱均值表示的分割图像如图 8-21(浅灰色表示区域边界)。

　　由此,在后续的目标分类识别等处理中,以分割后的对象特征参与分类。

a)遥感图像　　　　　　　　　　b)某尺度下分割后的图像

图 8-21　图像分割示意图

七、特征提取及选择

在遥感图像信息提取过程中特征提取、特征选择是一个极其重要的环节。对于中、低空间分辨率的遥感图像来说,光谱特征、纹理特征是常用的两类特征。随着遥感影像空间分辨率的日益提高,面向对象的影像分析及信息提取方法的研究越来越受到重视。

在这类方法中,分割后对象的光谱、纹理、几何特征是最常用的特征类型,每一类特征都会有多种特征提取方法。对于光谱特征,可以采用主成分分析方法选取部分有效的光谱波段,也可以采用波段代数运算方法产生各类指数(如,归一化植被指数 NDVI);对于纹理特征,常用的纹理特征提取算法有:灰度共生矩阵产生的熵、对比度等特征;采用 Gabor、Texton、LBP 算法进行纹理特征提取;对于几何特征,通常采用边缘、圆形度、长宽比、面积与周长的比值等特征来反映。

近年来,对影像空间上下文以及语义关系特征的提取、研究越来越多,它们对于高分辨率遥感影像的分析与解译起着十分重要的作用。因此,如何提取上述各类特征成为后续影像分类的关键步骤。

经过特征提取,可用一个高维特征矢量来描述各个对象的特征,但是,如果将所有特征均参与分类,会导致信息冗余及计算效率低下的问题,因此,需要进行特征选择,选取部分有效的特征参与后续的影像分类。主成分分析是一种常用的特征选择方法,它可以从 m 个特征中选取 $n(m>n)$ 个代表性的特征,参与后续的分类。在实际问题的分析中,常选前几个最大的主成分,以达到数据降维及消除变量相关性的目的。

八、遥感图像分类

经过遥感图像处理与分析之后,便可从影像中提取感兴趣目标的信息。目前,对于遥感数字影像的信息提取通常采用计算机自动分类来实现,必要时借助少量目视判读操作来辅助。

1.遥感图像自动分类

遥感影像的计算机自动分类是指利用计算机来模拟人类的感知和识别智能,利用模式识别、人工智能等技术实现对图像内容的自动标记和属性的识别。因此,它是一种自动的、智能化的影像判读方法。分类的理论依据是:通常情况下,同类地物在遥感图像上具有相同或相似的特征,不同的地物其在遥感图像上的特征不同。因此,按具有相同或相似特征的像元或对象(像元集合),选取某种分类准则,将每个像元或对象划分到各个类别,从而生成一个分类图像。

遥感图像分类的基本流程如图 8-22 所示。

上述过程中,分类后处理就是对分类结果进行聚类、剔除等操作后,以去除小的多边形,或将小的同类多边形合并,使得分类结果更符合目视解译的效果。此外,分类后必须要对分类的精度与可靠性进行评价。常用的精度检验方法是根据地物的分类结果与其真实或参考类标签对比,生成混淆矩阵,从而计算出总精度、生产者精度、用户精度以及 Kappa 系数等指标进行精度评价。

2.遥感图像分类算法

上述分类过程中,分类算法的选择是十分关键的。

从是否需要研究区分各类地物样本的先验知识,遥感图像的自动分类方法通常分为监督分类法、非监督分类法以及两者的结合。

监督分类是从图像上已知目标类别区域中提取样本数据、统计出代表总体特征的训练数据,然后进行分类。采用这类方法必须事先知道图像中包含哪几种类别的地物。其中,训练样本的选取是十分关键的,选择的样本要具有代表性。根据判别规则不同,常用的监督分类算法有:平行多面体法、最小距离法、马氏距离法、最大似然法和支持向量机(Support Vector Machine,SVM)法、随机森林(Random Forest, RF)神经网络法。Erdas、ENVI、PCI 等遥感专业软件都包含了这几类常用的分类方法。

非监督分类法是指在遥感图像中按一定的准则自动搜索特征相似的点形成集群的过程。该类方法不需对影像地物获取先验知识,仅依靠影像上地物的特征,通过度量各点间特征的差异来达到聚类的目的。也称为聚类分析或点群分类,常用的非监督分类算法有:K 均值法和迭代自组织数据分析(ISODATA)法。

上述两类方法各自特点对比见表 8-1。

图 8-22　遥感影像分类的工作流程

非监督分类和监督分类方法的对比　　表 8-1

方　　法	优　点	缺　点	适 用 范 围
非监督分类	工作量小	精度低	无先验知识
监督分类	精度高	工作量大	有先验知识

总的来说,非监督分类一般适用于缺少足够可靠的训练样本的情况。另外,非监督分类也往往被人们用作后续的监督分类的数据,作为预分析的一种手段,为制订监督分类方案提供依据。

从图像分类的基元划分,可分为:基于像素的分类和基于对象(或图斑)的分类两大类方法。前者是以单个像素为分类的基本单元,传统的最大似然法和 SVM 方法都是以像素为分类的基本单元。面向对象(object-oriented)的分类是以预分割后的对象(如图 8-21 所示)为分类的基本单元,提取分割后对象的有效特征,再采用最近邻法、SVM,随机森林,决策树等分类器进行分类。此类方法已被广泛应用于以高空间分辨率遥感影像为代表的遥感信息提取任务中,代表性的商业软件如 eCognition 软件。目前,ENVI 等专业软件也可以实现面向对象的分类。

从分类的理论基础划分,可分为:统计分类法、神经网络分类法、模糊分类法等,其中,统计分类方法是应用最普遍的一类分类方法。

九、遥感专题图制作

在获得满足精度要求的分类图像基础上,根据需要和用途,设置地图投影、比例尺、图例等要素,制作遥感专题图,或将分类后的栅格图像以矢量格式输出,供其他系统使用。

遥感专题制图是以遥感资料为主要数据源,经过图像处理、分析和专题信息提取,最后生成专题地图的一种制图方法。当用计算机为主要制作工具来制图,称为计算辅助遥感制图。遥感专题地图的制作过程如下:

(1)地理基础底图的选取。

(2)遥感图像处理,包括:遥感图像的辐射、几何纠正,遥感图像的增强,遥感影像镶嵌与地理基础底图拼接等。

(3)遥感图像解译:对处理后的遥感图像进行专题信息提取。

(4)专题解译图与地理基础底图的复合。

(5)地图制作与印刷。

典型的遥感专题图如图 8-23 所示。

图 8-23　土地利用遥感专题图

第四节　遥感技术的应用

经过几十年的发展,遥感技术已被广泛应用于国土资源、地质、生态环境、海洋、军事等很多领域,在应用过程中,提高了作业效率,节约了成本。

一、遥感技术在地质灾害中的应用

遥感技术应用于大面积的地质灾害调查,可达到及时、详细、准确且经济的目的。在不同地质地貌背景下能监测出地质灾害隐患区段,还能对突发性地质灾害进行实时或准实时的灾情调查、动态监测和损失评估。为此,我国设立了专门的"地质灾害遥感综合调查"课题,经过多年实践,已摸索了一套较为合理、有效的滑坡、泥石流等地质灾害遥感调查方法。在"5.12"汶川大地震的后续救援工作中,遥感技术就发挥了突出作用,第一时间提供了地质地貌变化情况,为政府做出正确决策提供了依据。

二、遥感技术在地质矿产勘查中的应用

随着经济建设对矿产资源需求的不断增大,寻找地表矿床的难度不断加深,找矿方向渐趋于寻找隐伏的、半隐伏的矿床,并日益重视在研究程度较差、覆盖一半地区开展工作。遥感技术应用于地质找矿主要是在工作的初始阶段,在地质工作程度低、交通及地理条件较差的地区尤为重要。工作的目的是应用遥感影像的地质信息去分析成矿地质条件,确定找矿远景区和圈定成矿有利地段,为进一步开展地质评价工作提供依据。

多年来,遥感技术作为矿产勘查的一种手段应用于找矿,并取得了一定成就。遥感找矿的直接应用是蚀变遥感信息的提取,其间接应用包括地质构造信息、植被的光谱特征及矿床改造信息等方面。

在遥感蚀变信息提取方面,通常,根据遥感影像色调、形态异常,直接圈定优先勘查靶区。在如 Landsat 多光谱遥感影像上,可以发现一些不同于地层色调和形态的"特殊"影像体,往往由原生矿体露头、氧化矿露头及铁帽、围岩蚀变和矿床分散晕等形成。因此,遥感影像上这些特殊影像体的识别是遥感找矿的一个重要环节。近矿围岩蚀变形成的蚀变岩石与周围的正常岩石在结构、颜色等方面都有差异,导致岩石反射光谱特征的差异,并且在某些特定的光谱波段形成了特定蚀变岩石的光谱异常。而高光谱遥感影像具有多个细化的光谱探测波段,可为岩矿类型的鉴别提供重要的信息。

但由于近年来矿藏形成的复杂性,仅利用单一数据源或单一技术难以奏效。因此,基于遥感与物探、化探地学数据以及各种地质图件的多元信息融合进行矿产探测是必然趋势。多源数据的融合处理能够避免单一信息的片面性,使融合结果更加准确和客观。

遥感与物探、化探等多元信息融合技术作为一种新的找矿手段,在找矿难度日益增大的情况下,越来越为人们所重视,由试验研究向实用化发展,目前已在地质找矿中取得了显著成效。例如,在新疆东天山等地区的金矿、铁矿带勘查中采用多元信息融合技术,成功地发现了新疆西天山阿吾拉勒成矿带,取得了重大的经济和社会效益。

三、遥感技术在生态环境中的应用

伴随着社会的进步和发展,气候变化、环境污染成为人类世界所面临的发展瓶颈。遥感技术应用于宏观生态环境要素的监测,具有视野广阔、获取的信息量多、效率高、适应性强、可用于动态监测等众多优点,同时其技术方法较成熟。为此,采用遥感这一先进技术,是环境科学研究的必要途径,它不仅可以为我们提供大面积、全天时、全天候的环境监测手段,更重要的是能够为我们提供常规环境监测手段难以获得的全球性的环境遥感数据,这些数据将成为我们进行环境监测、预报和科学研究不可缺少的基础。

遥感技术应用于环境监测上既可宏观观测空气、土壤、植被和水质状况,为环境保护提供决策依据,也可实时快速跟踪和监测突发环境污染事件的发生、发展,及时制定处理措施,减少污染造成的损失。其从空中对地表环境进行大面积同步连续监测,如赤潮遥感监测,突破了以往从地面研究环境的局限性。

四、遥感技术在农业中的应用

1. 在农业气象灾害中应用

目前我国农业生产基础设施薄弱,抗灾能力差,对气象环境的依赖性很大。农业气象灾害对国民经济,特别是农业生产造成了极为不利的影响。利用遥感技术,可以绘制更加清晰、逼真的气象图;进行气候资源监测评价;气象灾害评估;气象灾害预警、气候分析评价等气象服务;建设基于遥感技术和地理信息系统(Geographic Information System,简称 GIS)支持下农业气象灾害监测系统开发;利用气象数据,结合 GIS 背景资料对危害区域、危险程度、受害作物面积进行分析、计算、评估,预测洪涝灾害的演变规律,提供受灾区域、受灾人口与损失估算报告,并根据已有的抗洪措施形成后期应急反应方案以及防灾系统建设方案。

2. 在农作物估产中的应用

遥感技术可以迅速获取资料,时效性强,周期短。遥感平台放置的高低直接决定了它视角的宽广,位置越高,视角也就越宽广,观察的范围也就越大。遥感农作物估产是建立作物光谱与产量之间联系的一种技术,通过光谱来获取作物的生长信息。在实际工作中,常常用绿度或植被指数作为评价生长状况的标准,植被指数中包括作物长势和面积两方面的信息。光谱产量模式的基本思想是将各种形式的植被指数与作物单产建立回归方程,筛选出方程拟合率高、相对剩余标准差小的估产模式。遥感估产的两个关键问题:一是作物识别和面积估算,二是作物长势分析,单产模型构建。这两个问题的解决都是通过遥感信息处理实现的。相对于传统估产的方法,遥感估产更加具有经济效益和社会效益。

3. 在农作物病虫害监测中的应用

农作物病虫害监测目前在数据采集上主要依靠植保人员田间调查、田间取样等传统方式,不仅耗时、费力,而且存在以点代面的代表性差、主观性强和时效性差等弊端,难以满足大范围病虫害实时监测的需求。近年来遥感技术的发展,为大面积、快速获取作物和环境信息提供了重要的手段,是未来大面积病虫害监测和预测预报与产量损失评估的重要手段。

光学遥感监测是目前植物病虫害监测中研究最为聚集、应用最为广泛的领域。植物在病虫害侵染条件下会在不同波段上表现出不同程度的吸收和反射特性的改变,即病虫害的光谱响应,通过形式化表达成为光谱特征后作为植物病虫害光学遥感监测的基本依据。

五、遥感技术在军事中的应用

随着人类社会向信息化方向发展,现代战争中信息对抗的含量越来越高,由军事技术革命引发的数字化战场建设成为现代战争的主流。遥感技术在军事领域中的作用越来越重要,遥感影像的获取和处理成为获取军事情报的重要手段之一。遥感在军事方面的应用有:军事情报的获取、目标定位和识别、地形分析与制图、作战任务规划和指挥控制。遥感与军事地理信息系统(MGIS)、全球定位系统(GPS)的结合,在军事信息保障和指挥决策方面发挥着重要作用。

六、遥感技术在海洋中的应用

海洋覆盖着地球面积的71%,容纳了全球97%的水量,为人类提供了丰富的资源和广阔的活动空间。随着人口的增长和陆地非再生资源的大量消耗,开发利用海洋对人类生存与发展的意义日显重要。而随着遥感技术的发展,利用遥感技术让人们全面而深入地认识和了解海洋,指导人们科学合理地开发海洋是必然趋势。遥感技术在海洋中的应用主要有以下几个方面。

1. 在海岸开发中的应用

我国海岸线长,海岸带面积广,其中泥沙问题比较突出,特别是黄河、长江、杭州湾、珠江口等大的河口。如果我们掌握了泥沙的运动规律,很好地加以利用,就是一笔巨大的财富;反之,则会带来巨大的灾难。利用多时相的卫星遥感图像不仅可以反映大面积海区水体表层悬浮泥沙的分布规律和变化动态,而且还可以确定大风天时高含沙量的活动范围。这些信息对新港口选址、新航道的开辟、近海石油开采以及解决旧港口淤积等问题是必不可少的依据。

2. 在海洋渔业中的应用

卫星遥感信息可以用于渔场海洋环境研究,主要如下:

(1)水温反演:海水温度与鱼类的生存、洄游有着密切关系,各种鱼类不仅有自己最适生存温度范围,而且随季节进行适温洄游。气象卫星可提供大面积海面温度信息,为渔业生产服务。

(2)流隔研究:海洋中存在着不同的流系,不同流系之间存在着较大的温度梯度,成为流隔。计算机对红外图像进行密度分割处理后,可以清楚反映出不同流系分布,为确定中心渔场提供指标。

(3)渔场小尺度水文现象监测:当利用卫星监测到渔场存在着直径为几十到几百公里的中、小尺度冷水涡旋时,在涡旋中心附近可形成中心渔场。

(4)叶绿素浓度分析:海洋捕捞资源是以浮游生物年产量为基础,通过浮游生物年产量的测定,来估算捕捞资源潜力。而海洋叶绿素又是反映海洋浮游生物光合作用的重要参数。气象卫星可以提供海洋中叶绿素相对浓度分布。

3. 海水水质监测方面的应用

随着海洋经济所占国民经济总产值比重的提高,海洋近岸水污染也越来越严重,对海洋近岸水质传统的监测方法,由于空间覆盖小和观测频度低,已无法满足实际要求,迫切需要利用遥感等高新技术对海洋近岸水质实现近实时、高频率的监测。为此,我国建立了"近岸水质遥感实时监测和信息快速报送系统"。该系统可以自动接收多颗卫星数据,并提供水质分类图像、水温、悬浮物、赤潮和水体污染状态等,通过卫星进行水质监测并通过互联网把信息实时上报给相关政府部门。

4. 海洋灾害监测方面的应用

海洋环境与灾害应急天空地遥感综合监测技术系统及应用项目针对海洋环境监测及灾害应急响应的重大需求,综合利用卫星、航空、地面监测的多源遥感数据,构建从数据获取、处理、分析到应用服务的天空地海洋遥感综合监测技术体系,建立了海洋环境与灾害应急天空地遥感综合监测技术系统。该系统在2008年青岛奥运会帆船赛场浒苔应急监测、2008年广西北部湾溢油事故监测、渤海环境监测、珠江口盆地油气资源遥感综合探测、南沙南部岛礁及岸线遥感识别等方面得到了成功应用,取得了显著的社会经济效益。

综上所述,遥感技术的应用非常广泛,特别是近年来,我国已发射和即将发射的高分系列卫星使得我国遥感技术的应用更加深入和广泛。

但是遥感技术在应用中还存在一些局限性,比如在城市规划应用中存在以下问题:

(1)图像解译后的结果往往是对地物的大致估计或间接信息,与实际需求不完全相符。

(2)用计算机解译的精度通常低于熟练的人工解译精度,因此,在实际应用中,应该以人机交互的方式进行解译。

(3)城市规划中需要地物的社会属性,但靠遥感只能间接获取,因此,这类信息还需靠实地调查解决。

(4)面向应用的遥感图像解译通常需要多个交叉领域的专业知识,因此,需要不同专业背景的技术人员的配合才能完成。

思考题与习题

1. 什么是摄影测量?并简述摄影测量几何定位的基本原理。

2. 请画图并简述摄影测量常用的坐标系定义及相互关系。

3. 航空摄影测量中,内、外方位元素是如何定义的?

4. 什么是共线方程?它都有哪些应用?

5. 请画图并简述相对定向的原理。

6. 什么是绝对定向?其目的是什么?

7. 请简述解析空中三角测量的定义、目的与意义。

8. 摄影测量内、外业各包括哪些作业步骤?各步骤的主要工作有哪些?

9. 简述遥感的概念和特点。

10. 遥感图像预处理包含哪些内容?

11. 简述遥感图像多尺度分割概念及目的。

12. 简述遥感图像自动分类的概念及流程。

13. 什么是遥感专题图?其制作流程是什么?

14. 列举出几种常见的遥感图像处理专业软件名称。

15. 以你最熟悉的应用领域为例,谈谈遥感技术在该领域的应用情况。

16. 简述遥感与摄影测量的区别与联系。

第九章 大比例尺地形图测绘与应用

第一节 大比例尺地形图测绘概述

一、大比例尺地形图测绘的概念

大比例尺地形图通常是指 1:5000、1:2000、1:1000 和 1:500 的地形图。由于在国民经济建设中,大比例尺地形图是各项工程建设的常用图件,所以它的测绘和应用较为频繁。大比例尺地形图测绘的特点是:测区范围小、比例尺大、精度要求高,在如何真实地反映地表形态和地物分布方面,具有特殊的矛盾。

在大比例尺地形图测绘中,地物的测绘就是地物平面形状的测绘。地物平面形状即地物平面轮廓线的形状,它由轮廓线上的拐点或中心点等特征点来表征,因此,地物的测绘可归结为地物特征点的测绘。至于地貌,尽管形态十分复杂,但可将其归结为许多不同方向、不同坡度的平面交合而成的几何体,其平面交线就是方向变化线和坡度变化线。只要确定这些线上的方向和坡度变换点(称为地貌特征点)的平面位置和高程,地貌的基本形态也就反映出来了。因此,不论地物还是地貌,它们的形态都是由一些特征点(称为碎部点)的点位所决定。地形图测绘的实质就是测定碎部点的平面坐标和高程,因此,地形图测绘又被称为碎部测图(量)。

二、大比例尺地形图测绘的基本要求

大比例尺地形图测绘必须遵循国家统一颁发的《城市测量规范》(CJJ/T 8—2011)、《工程测量规范》(GB 50026—2007)等相关规范,地形图上的地物和地物轮廓必须按国家统一制定的《国家基本比例尺地图图式 第 1 部分:1:500、1:1000、1:2000 地形图图式》(GB/T 20257.1—2007)规定的符号表示,地貌用等高线配合地貌符号和注记来表示。

大比例尺地形图测绘的平面坐标和高程系统,一般均应采用国家统一坐标系和高程系统。各级平面控制点的坐标,应在 3°带高斯投影平面直角坐标系内进行计算,3°带的中央子午线按国家统一规定选取。只有在测区跨于两个投影带时,可采用两投影带间的分带子午线作为中央子午线。在独立地区为工程需要而测图时,若与国家坐标系联测的确有困难,可采用独立坐标系。

三、大比例尺地形图测绘的基本程序

在进行大比例尺地形图测绘时,应按照一定的程序进行工作,即:在收集资料和现场初步踏勘的基础上,拟定技术计划;进行测区的基本控制测量和图根控制测量;进行测图前的准备工作,以保证测图工作的顺利进行;逐步完成碎部测图工作;检查、验收及资料整理等结束工作。

四、大比例尺地形图测绘的方法

大比例尺地形图测绘的方法有经纬仪(平板仪)测图等传统测图法、地面数字测图法、数字摄影测量法、三维激光扫描法。传统测图法的实质即图解测图,具有测图周期长、精度低等缺点,目前基本不再使用;数字摄影测量测图具有速度快、精度均匀、效率高等优点。它可以将大量野外测绘工作移到室内进行,以减轻测绘工作者的劳动强度。尤其对高山区或人不易到达的地区,数字摄影测量更具有优越性。目前,数字摄影测量被广泛用于大面积的地形图测绘;地面数字测图法由于具有自动化程度高、精度高、不受图幅限制、便于使用管理等优点,所以地面数字测图已成为获取大比例尺数字地形图、各类地理信息系统以及保持其现势性所进行的空间数据更新的主要方法。

数字测图是对利用各种手段采集到的地表数据进行计算机处理,而自动生成以数字形式存储在计算机介质上的地形图的方法。根据采集数据的手段不同分为地面数字测图、数字摄影测量测图和地形图数字化三种方法。

第二节 大比例尺地形图传统测绘

大比例尺地形图的传统测绘方法有经纬仪、平板仪等,其工作程序包括准备工作、碎部点测量、地形图绘制、地形图拼接以及检查验收等。下面以经纬仪测图为例简单介绍传统测图的基本方法。传统测图应按照一定的程序进行工作,即:

(1)在收集资料和现场初步踏勘的基础上,依据任务书及相关规范拟定技术计划。

(2)进行测区的基本控制测量和图根控制测量。

(3)进行测图前的一系列准备工作,以保证测图工作的顺利进行。

(4)在测站点密度不够时对测站点进行加密。

(5)逐点完成碎部测图工作。

(6)进行图边测图和野外接图。

(7)组织检查和验收。

(8)野外原图整饰及清绘等工作。

测图准备工作包括:资料准备,仪器与工具准备,图板准备等。资料准备包括收集测图规范、地形图图式、控制点成果以及任务书和技术计划书等。测图用的仪器与工具种类繁多,特别是小物件较多,测图前应认真准备,以免遗漏,测图前应对测图仪器按规定进行检

查、检验与校正,使其能满足测图要求。图板准备一般包括图纸的准备、绘制坐标格网和展绘控制点。

经纬仪测图所用的图纸为一面打毛的聚酯薄膜,其厚度为 $0.07 \sim 0.1\,\text{mm}$,并经过热定型处理。它具有伸缩性小、无色透明、不怕潮湿等优点,便于使用和保管。

测图前,要将控制点展绘在图纸上。为能准确展绘控制点,首先要在图纸上精确地绘制直角坐标格网,大比例尺地形图采用 $10\,\text{cm} \times 10\,\text{cm}$ 的方格网。坐标格网绘制可采用绘图仪、专用格网尺等工具进行。坐标格网绘制好后,必须进行检查,检查内容及要求包括:方格网的长对角线长度与其理论值之差应小于 $0.3\,\text{mm}$;各小方格的顶点应在同一条对角线上,小方格的边长与其理论值之差应小于 $0.1\,\text{mm}$;图廓的边长与其理论值之差应小于 $0.2\,\text{mm}$。检查后,若发现超限,必须重新进行绘制。

在展绘控制点时,首先确定待展点所在的方格。如图 9-1 中,控制点 2 的坐标 $x_2 = 5674.16\,\text{m}$、$y_2 = 8662.72\,\text{m}$,根据 2 点的坐标知道它是在 $klnm$ 方格内,然后从 m 点和 n 点根据比例尺(本例为 1:1000)分别向上量取 $74.16\,\text{mm}$,得出 a、b 两点,再从 k、m 分别向右量取 $62.72\,\text{mm}$,得出 c、d 两点。ab 与 cd 的交点即为 2 点的位置。

同法将其余各点展绘在图纸上,各点展绘好后,必须进行检查,除检查各点坐标外,还须量取图上各控制点之间的距离,并与已知的边长(可由控制点坐标反算)相比较,其最大误差不得超过图上 $0.3\,\text{mm}$,否则应重新展绘。所有控制点检查无误后,注明其点名、点号和高程。

经纬仪测图方法如图 9-2 所示,将经纬仪安置在测站点 A 上,并量取仪器高,瞄准已知点 B,并将水平度盘配至零度进行定向,再瞄准另一已知点进行检查。在测站点 A 附近适当位置安置图板,并将分度规的中心圆孔固定在图板上的 A 点,然后用经纬仪照准碎部点 P 上的标尺,读取碎部点方向与起始方向间的水平角(称为碎部点方向角)、视距、垂直角,计算出测站点至碎部点的水平距离和碎部点的高程,按碎部点方向角放置分度规,并在分度规直径刻划线上依照比例尺量取测站点至碎部点水平距离的图上长度,即可定出 P 点在图上的位置,并在点旁注记碎部点的高程,按此方法依次测定其余碎部点。

图 9-1 控制点展绘

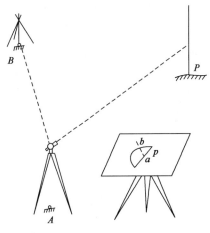

图 9-2 经纬仪测图

第三节　大比例尺地面数字地形图测绘

地面数字测图是指对利用全站仪、GPS 接收机等仪器采集的数据及其编码,通过计算机图形处理而自动绘制地形图的方法。

地面数字测图的基本思想是利用上述技术将采集到的地形数据传输到计算机,并由成图软件进行数据处理、成图显示,再经过编辑、处理,生成数字地形图,最后将地形数据和地形图分类建立数据库,或用数控绘图仪或打印机完成地形图和相关数据的输出(图9-3)。地面数字测图系统基本硬件包括:全站仪或 GPS-RTK、计算机和绘图仪等。软件基本功能主要有:野外数据的输入和处理、图形文件生成、等高线自动生成、图形编辑与注记和地形图自动绘制。

图9-3　地面数字测图系统

一、野外数据采集

野外数据采集即以控制点为基础测定碎部点的三维坐标并对其进行编码。包括碎部点的选取、测定及编码。

1. 测定碎部点的基本方法

在地面数字测图中地物和地貌形态特征点的测定与选取与经纬仪测图法相同,只不过是数字化的数据采集。在地面数字测图中,根据测区情况,测定碎部点坐标的基本方法主要有极坐标法、距离交会法、方向交会法、直角坐标法等,或直接采用 GPS RTK 进行数据采集。

2. 全站仪外业数据采集

全站仪外业数据采集的步骤如下:

(1)仪器安置:在测站点上安置全站仪,进行对中、整平。

(2)测站设置:安置好全站仪后,进行测站设置(初次还要进行项目设置),即把测站点坐标值输入到全站仪,并量取仪器高和棱镜高,把其值输入仪器。

(3)后视定向:测站设置好后,用全站仪瞄准后视已知点进行定向,即把后视点坐标值输入仪器并进行精确瞄准定向,测定后视点位坐标和高程进行复核,定向完成后最好再找另一已知点进行复核。

(4)测定碎部点:用全站仪瞄准碎部点上的棱镜并进行观测,即可直接获得碎部点的三维坐标,并将其保存在全站仪中。

(5)工作草图绘制:野外数据采集除采集碎部点的坐标外,还要获取与绘图有关的其他信息,如碎部点的地形要素名称、碎部点连接线形等,以便计算机生成图形文件,进行图形处理。为了便于室内机助成图,一般还要在野外绘制工作草图,也就是在工作草图上记录地形要素名称、碎部点连接关系。然后在室内将碎部点显示在计算机屏幕上,根据工作草图,采用人机交互方式连接碎部点绘制成地形图。如果条件允许,也可在现场直接成图。

(6)迁站:在一个测站上将测站四周所要测的全部碎部点测完后,经过全面检查无误和无遗漏后,即可迁至下一测站,重新按上述方法、步骤进行施测。

在全站仪进行外业数据采集时,应注意的事项如下:

(1)每次观测时,要注意检查水准管气泡是否居中;如重新对中、整平后,应重新定向。

(2)立镜人员应将棱镜杆立直,并随时观察立尺点周围地形,弄清碎部点间关系;地形复杂时还需协助草图绘制人员绘制草图。

(3)一测站工作结束时,应检查有无地物、地貌遗漏,确认无遗漏后,方可迁站。

3. GPS RTK 野外数据采集

利用 GPS RTK 测定碎部点的作业步骤为基准站设置、流动站设置、碎部点的数据采集(包括外业草图的绘制),其方法见第六章第四节。

GPS RTK 数据采集时应注意的事项如下:

(1)电台不宜放在离 GPS 接收机过近的地方,否则电台信号会干扰 GPS 卫星信号。同时,电台的信号线和电源线过长时不宜卷起来,这样会因为涡流而产生磁场,干扰 GPS 信号,基准站 GPS 天线与无线电发射天线间最好相距 3m 以上。

(2)流动站无线电的频率与基准站的相同。

(3)流动站的位置应在基准站的控制范围之内(一般不应超过 20km)。

(4)在量取天线高时,应注意所量至的位置应与设置的位置一致。

(5)基准站宜布设在测区内中央最高控制点上,旁边不能有大面积水面、高大树木、建筑物或电磁干扰源(如电台的发射塔、高压电线等)。

(6)GPS 信号失锁时需要重新进行初始化,等到重新锁定卫星时再进行碎部点观测,为了确保安全可靠,最好回到一参考点上进行校核。

(7)在作业结束时,应先保存好数据后再关机,否则,有可能造成测量数据的丢失。

(8)在 RTK 接收信号困难地区,可用全站仪配合测量。

二、数字地形图的绘制和输出

在地形数字测图中,当野外数据采集完毕后,还需对采集的碎部点数据进行预处理,并利用计算机和绘图软件进行人机交互编辑,才能生成所需数字地形图。

1. 数据的组织与处理

野外数据采集的碎部点数据一般都是点的位置等散点信息,当这些散点信息传输到计算机之后,要对原始记录数据做检查,并修改含有错误的信息码并生成点文件,该点文件是建立数字地面模型(Digital Terrain Model,简称 DTM)的基础。点文件建好后,并不能绘出地物,还需要知道地物点的属性信息,即地物点的连接顺序及线型以及地物类型等信息。这就存在着野外采集的数据与实地或图形之间的对应关系问题,为了解决这一问题,各个成图软件都需要对建立的点文件进行地形信息编码和连接,但无论采用何种成图软件,其地物属性的数据组织都大同小异。

为使绘图人员或计算机能够识别所采集的数据,便于对其进行加工、处理,必须对所采集的每一个碎部点给予一个确定的地形信息编码,即图形信息码。按照《国家基本比例尺地形图图式 第 1 部分:1∶500、1∶1000、1∶2000 地形图图式》(GB/T 20258.1—2007)标准,地形图要素分为 9 个大类:测量控制点、水系、居民地及设施、交通、管线、境界、地貌、植被与土质、注记。按照《基础地理信息要素分类与代码》(GB/T 13923—2006),地形图要素分类代码由六位数字码组成(图 9-4),例如图根点分类代码为 110103,普通建成房屋分类代码为 310301,围墙分类代码为 380201,地铁分类代码为 430101,等等。

图 9-4 地形要素分类代码结构

同时为了描述点间的关系,后面还可加一位连接线信息,如用数字 1、2、3 分别表示直线、曲线和圆弧线,又称连接码。例如现测量一条道路编码为 4321,其野外测点关系图如表 9-1 和图 9-5 所示。在表 9-1 中,可根据具体情况分为三个单元,即 1、2、3、4 为一单元,5、6、7 为一单元,8 单独分为一单元。因 4 为断点,其中第七列的连接点 7 表示既与上一记录点 6 相连,又与 4 点连接,连接线形 −2 表示本单元以曲线相连接,而绘图顺序却和上一单元相反。在实际工作时,亦可用屏幕光标指示被连接的点及线型菜单。连接信息码和线型码可由软件自动搜索生成,无须人工输入。

图形信息的编码   表 9-1

点 号	编 码	连 接 点	连 接 线 形
1	420400	1	
2	420400		
3	420400		2
4	420400		
5	420400	5	
6	420400		−2
7	420400	− 4	
8	420400	5	1

图 9-5 图形信息

确定好每个地物由哪些点组成、各点的连接顺序及线形、属于哪类地物等属性信息后,根据各成图软件的地形信息编码规则,即可绘制出规范的数字地形图。由于大多地形图成图不是在现场绘制,而是在室内依据建立的点文件数据,由计算机软件自动处理(自动识别、检索、连接、自动调用图式符号等)和人机交互方式将碎部点显示在计算机屏幕上成图,这就需要野外绘制工作草图。因此野外绘制工作草图显得尤为重要。

地貌的描绘需借助等高线来表现,它是用与等高线有关的点记录生成等高线图形文件,一般是利用生成的等高线点文件数据,在建立数字地面模型(DTM)的基础上生成等高线图形文件。由于地形构造的复杂性,所以生成等高线图形文件需要足够且布局合理的点位信息数据。对于有些特殊地貌如冲沟、雨裂、砂(土)崩崖、陡崖、滑坡等不能用等高线表示的,可用测绘地物的方法,测绘出这些地貌的轮廓位置,用图式规定的符号表示。

2. 图形的编辑和输出

在地物和地貌图形文件都生成后,还需进一步的编辑和修改才能输出,其内容包括:

(1)查看是否有地物和地貌遗漏和测错,如有,则需到进行实地对照检查补测、修改和编绘。

(2)在满足用图要求和精度的条件下,为使图形美观大方,可对部分地物进行修饰和配置。

(3)对地形图上的有关道路、河流、村庄、单位等名称进行注记和说明,尤其重要地物要标注。

(4)图廓生成。即生成内外图廓线、方里网、接图表及内外图廓的各种注记说明等。

当完成地图图形文件修改、编辑后,就可以存储起来或借助打印机或绘图仪进行图形的打印输出。该数字图件输出时,可以根据要求分类、分层专题输出,也可以放大、缩小进行输出。也可以直接在数字地形图上进行各项辅助设计(如道路、管线的设计)及计算(如体积、面积的量算),达到一测多用,一图多用的目的,同时该图件在建立拓扑结构后并经过数据的完整性、逻辑一致性、位置精度、属性精度等数据质量的控制与评价后就可进入地形图数据库,从而作为 GIS 的数据源。

第四节　数字摄影地形测量

数字摄影地形测量作业过程分为外业、内业两部分,其作业步骤及主要内容如下:

(1)影像数据采集:利用搭载在飞机等设备上的航摄仪按既定的路线和摄影规范采集影像数据。

(2)控制点的测量:利用 GPS 或全站仪等测量仪器测量内业测图所需要的像片控制点的地面坐标。

(3)像片判读:根据航摄像片上的影像与相应目标在形状、大小、色调、阴影、纹形、布局和位置等特征(这些特征称为判读特征),识别目标和解释某种现象。

(4)像片调绘:像片调绘是以像片判读为基础的,把摄影像片上所代表的地物识别和辨认出来,并按照规定的图式符号和注记方式表示在摄影像片上。目前大多采用先内业判绘,后野外检查补绘的方法来完成。

(5)内业成图:内业数字测图的作业流程,如图 9-6 所示(以 Virtuozo 数字摄影测量系统为例)。

由原始航空影像生成的 DLG 与 DOM 叠加显示图如图 9-7 所示。

图 9-6 数字摄影测量系统立体测图的作业流程

1995年6月航摄，1996年11月调绘。
1954年北京坐标系。
1956年黄海高程系等高距为10m。
1987年图式，1996年出版。

1:1000

图 9-7 DLG 与 DOM 叠加显示图

第五节 三维激光扫描仪地形测量

地面三维激光扫描仪是以扫描仪中心为原点建立的独立局部扫描坐标系，为建立一个统一的测量坐标系，需要先建立地面控制网，通过获取扫描仪中心与后视靶标坐标，将扫描仪坐标系转换到控制网坐标系,从而建立起统一的坐标系统。其工作内容包括数据采集、点云数据处理、数字地形图生成等。

一、数据采集

地面点云数据的采集主要包括场地踏勘、控制网布设、靶标布设、扫描作业四个步骤。

1.场地踏勘

场地踏勘的目的是根据扫描目标的范围、形态及需要获取的重点目标等,完成扫描作业方案的整体设计,其中主要是扫描仪设站位置的选择。

2.控制网布设

对大场景可采用导线网和 GPS 控制网等,对扫描仪测站点与后视点可用 GPS RTK 进行测设。若采用闭合导线形式布设扫描控制网,控制点之间通视良好,各控制点的点间距大致相同,控制点选在有利于仪器安置,且受外界环境影响小的地方。平面控制可按二级导线技术要求进行测量,高程可按三等水准进行测量,经过平差后得到各控制点的三维坐标。

3.靶标布设

扫描测站位置选定后,按照测站的分布情况进行靶标的布设。通过靶标配准统一各测站点云坐标时,靶标的布设具有一定要求,具体如下:

(1)相邻两测站之间至少需扫描到三个或三个以上靶标位置信息,以作为不同测站间点云配准转换的基准。

(2)靶标应分散布设,不能放置在同一直线或同一高程平面上,防止配准过程中出现无解情况。

(3)条件许可的情况下,尽量选择球形靶标,这不仅可以克服扫描位置不同所引起的靶标畸变问题(平面靶标易产生畸变,不利于后续靶标坐标的提取),同时也可提高配准精度。

4.扫描作业

扫描目的是获取地形的三维坐标数据,建立精确的数字地面模型,提取等高线为工程应用等方面服务。扫描点云数据配准统一坐标时,每个测站至少需要三个靶标参与坐标转换,每次测站扫描的点云坐标通过靶标中心坐标进行转换,因此多个测站点云数据的配准不产生累积误差。如图 9-8 所示,测站 1 与测站 2 附近分别放置 4 个球靶标,扫描仪同时扫描 4 个球靶标,通过球靶标上点云拟合出靶标中心坐标,然后采用全站仪观测球靶标中心在控制

图 9-8　基于控制网的球靶标布设

网中的坐标,通过两组公共坐标计算出坐标转换参数,将每个测站扫描的点云坐标转换为控制网的统一坐标。

根据场地实际情况确定扫描方案后,在设置好的每个扫描测站中,应采用不同的分辨率进行扫描,首先以非常低的分辨率(如1/20的分辨率)扫描整体场景,然后选择欲采集区域,按照正常分辨率(如1/4的分辨率)扫描该区域,这样一站扫描结束后分别保存区域点云文件。在提取扫描测站点与后视靶标坐标时,应确保提取精度,否则无法将各测站的点云转换到同一个坐标系统。

二、点云数据处理及地形图绘制

首先对获取的点云数据进行处理,处理内容包括点云拼接、点云去噪、重采样、模型生成。再将模型数据转换为点数据并按一定的间距进行抽稀,将抽稀后的数据导入到数字地形图绘制软件进行地形图绘制。如图9-9为点云数据处理框图,图9-10为某山体的点云图,图9-11为该山体的等高线地形图。

图9-9　点云数据处理步骤

图9-10　某山体的点云数据

图9-11　某山体的等高线

第六节　数字地形图的应用

数字地形图与纸质地形图相比,具有明显的优势和广阔的应用前景。如数字地形图可以传输、处理和多用户共享;可以自动提取点位坐标、两点距离、方位以及地块面积等;通过接口,还可以将数字图传输给工程 CAD 使用;可供 GIS 建库使用;可依软件的性能,方便地进行各种处理(如分层处理),从而可绘出各类专题图(如房屋图、道路图、水系图等);还可进行局部更新,如对改扩建的房屋建筑、变更了的地籍或房产等都可以方便地做到局部修测、局部更新,始终保持数字地图整体的现势性。

由此可见,数字地形图赋予图以巨大的生命力,大大提高了地形图的自身价值,扩大了地形图的服务范围。因此为了更好地利用地形图,我们应当具备地形图应用的基本知识及地形图的识读能力。但数字地形图获取数据的基础原理基本是和传统测图数据获取一致的,因此我们在熟悉数字地形图应用的前提下,需先了解一下传统纸质地形图的应用。

一、地形图的识读

在获得一幅地形图后,从图廓外的注记我们就可以知道测图的时间及测图单位,以及该地形图的坐标系统、高程系统、比例尺大小及基本等高距等情况。另外还可以了解到该图的图名、图号,以及相邻图幅的名称等内容。

对于地形图地物的判读,首先要熟悉地形图常用的符号。以图 2-1 为例,从图上可看出北部为山区,而南部较平坦,居民区与农田集中于此,而最大居民区为大后村,一条公路在居民区南侧由西向东南,居民区西侧有一条简易公路与大路相连,公路两侧多为水田和旱地,在居民区和山地的东部有一条水渠由东北流向南部,居民区中有高压电网通过。图中其他的一些符号可参看地形图图式。

对于地貌,首先根据典型地貌的等高线表示方法进行判别,并根据等高线的疏密程度就可看出地形的起伏状态。

由于现代社会发展很快,地形图上的地物和地貌变化也较快,因此,在地形图的识读过程中,要紧密结合实地勘察,对地形图做全面正确的了解。

二、地形图的基本应用

1. 求点的坐标

如图 9-12 所示,欲求图上 2 点的平面坐标,可利用该图廓坐标格网的坐标值来求出。首先找出 2 点所在方格的西南角坐标 x_0、y_0,图中 $x_0 = 5600$m,$y_0 = 8600$m。然后通过 2 点作坐标格网的平行线 ab、cd,再按测图比例尺(1:2000)量出 $a2$ 和 $d2$ 的长度分别为 8mm 和 6mm,则

$$x_2 = x_0 + d2 \times 2000 = 5600 + 12 = 5612 (\text{m})$$

图 9-12　点坐标的求取

$$y_2 = y_0 + a2 \times 2000 = 8600 + 16 = 8616(\text{m})$$

2. 求两点间的水平距离

求图上两点的水平距离可用以下两种方法求解。

(1) 解析法

解析法求两点的水平距离，就是先在图上分别量出 A、B 两点的坐标 x_A、y_A 和 x_B、y_B。然后用式(9-1)计算 AB 的水平距离。

$$D_{AB} = \sqrt{(x_A - x_B)^2 + (y_A - y_B)^2} \tag{9-1}$$

(2) 图解法

图解法就是直接量取 AB 两点的长度，再与图示比例尺比量即可得出 AB 的水平距离。

3. 确定直线的方位角

求取某直线的方位角，可以在图上直接量取，也可先量取两点的坐标 x_A、y_A 和 x_B、y_B，则可以利用坐标反算公式(7-7)求得坐标方位角。

4. 求点的高程

在地形图上欲求某一点的高程，可根据等高线或其高程注记来完成。如图 9-13 所示。

当所求点恰好在某一条等高线上，则该点高程即为该等高线的高程。如果所求点位于两等高线之间，则可根据等高线内插的方法，即通过该点 P 作相邻等高线的垂线 mn，从图上量取平距 $mn = d$，$mp = d_1$。则 p 的高程：

$$H_P = H_m + \Delta h = H_m + \frac{d_1 \times h}{d} \tag{9-2}$$

式中：H_m——点 m 的高程；

h——基本等高距。

5. 在图上量取直线的坡度与按一定坡度选定最短路线

坡度是地面上两点间的高差与其水平距离的比，用 i 表示。欲求图上某直线的坡度，可先求出直线的水平距离 D 与高差 h，即可计算出其坡度：

$$i = \frac{h}{D} = \frac{h}{d \times M} \tag{9-3}$$

图 9-13 高程的求取

式中：d——图上两点间的长度；

M——比例尺分母。

坡度是在线路（如铁路、公路等）工程设计时经常遇到的问题，为了达到最佳路线并减少工程量，降低施工费用，常要求在不超过坡度限值的前提下选择一条最短的路线。如图 9-14 所示，在比例尺为 1∶1000，等高距为 1m 的地形图上，要从 A 点到 B 点选一条最短路线，路线的坡度限值为 5%。为了满足坡度限值的要求，按求坡度公式求出路线经过相邻两条等高线之间的允许最短平距为 20mm。

然后以 A 点为圆心，以 $d = 20$mm 为半径画弧，弧线与

至 B 点方向的相邻等高线相交于点 1,再以点 1 为圆心,以 d 为半径继续画弧,弧线与至 B 点方向上的另一相邻等高线相交于点 2,依次类推直至 B 点,将 A、1、2、…、B 相连即为 A 点至 B 点且坡度不超过 5% 的最短路线。

但有时在选线时,将出现不止一条最短路线的情况,例如图中的最短路线 A、1′、2′、…、B,这时可综合考虑地形、地质及本地的经济发展等要素,从中选择一条最佳路线。另外,如果相邻两等高线间的平距大于 d,所画圆弧与等高线将无交点,则说明地面坡度小于限制坡度,这时可按至 B 点的前进方向径直画一直线段与上一条等高线相连。

6. 按一定的方向绘制断面图

所谓断面图,就是指在一定方向的竖直面与地面的交线,它反映了在这一指定方向上地形的高低起伏形态,又称剖面图。它是线路规划、设计、施工和预算的重要依据资料之一。如图 9-14 所示,欲沿直线 MN 方向绘制纵断面图,其方法如下:

首先在方格纸上或绘图纸上绘制 MN 水平线,过 M 点作 MN 的垂线,并将此垂线作为高程轴线(图 9-15),为了使地面起伏变化明显,一般高程比例尺比水平距离比例尺大 10 ~ 20 倍,而水平距离比例尺一般与地形图比例尺一致。然后以 M 点作起点,沿地形图上 MN 方向线量取与等高线的交点 a、b、c、…、N 之间的距离,并依次将它们截取于 MN 水平线上,再依次将各点的高程作为纵坐标在各点的上方标出。最后将图中的各点用光滑曲线连接,即得 MN 方向上的断面图。

图 9-14　最短路线的选择

图 9-15　断面图的绘制

7. 在地形图上确定汇水面积

在设计铁路、公路跨越河流或山谷时,就必须修建桥梁或涵洞,而修建水库时要筑拦水坝。桥梁、涵洞的大小与结构、拦水坝的设计位置与高度等,都要取决于通过桥梁或涵洞的水流量,而水流量又与该地区汇集水量的面积有关,此面积称之为汇水面积。

由于雨水是沿山脊线(又称分水线)处向两侧山坡分流,所以汇水面积的边界线是由一系列的山脊线连接而成的。如图 9-16 所示,一条公路经过一山谷,拟在 m 处架桥或修涵洞,其孔径大小应根据流经该处的水流量决定,水流量计算与汇水面积有关。由图中可以看到,由山脊线 bc、cd、de、ef、fg、ga 与公路中线 ab 线段所围成

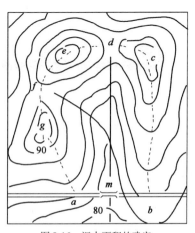

图 9-16　汇水面积的确定

的区域,就是这个山谷的汇水区,此区域的面积为汇水面积。求出汇水面积后,再依据当地的水文气象资料,便可求出流经 m 处的水量,以此决定该处桥梁或涵洞结构形式与规模。

8.地形图在土地平整时的应用

在各项工程建设中,通常在规划设计时要对拟建地区的自然地貌加以改造,平整场地,使其适合布置和修建工程,便于排水,并满足交通运输和敷设地下管线的要求等。为此要先在地形图上进行规划设计,为了节约工程费用一般按照挖填平衡的原则进行土地平整。其常用方法是方格网法。

如图 9-17 所示,拟在地形图上将原地形按挖填平衡的原则改造成一水平场地,并概算土(石)方量,其步骤如下:

(1)绘制方格网

一般方格网的网格大小取决于地形的复杂程度、地形图的比例尺大小和土方量概算的精度,通常方格的边长为 10m 或 20m。

在图上绘制完方格网后,根据图上等高线用内插法求出每一方格顶点的地面高程,并将其标注在相应顶点的右上方,如图 9-17 所示。

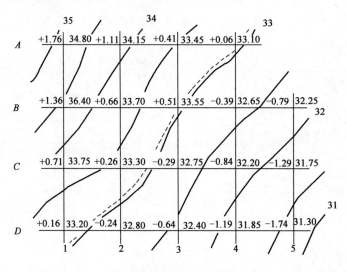

图 9-17　场地平整土方计算

(2)计算设计高程

将每一小方格的各顶点高程加起来取平均得到每一方格的平均高程 H_i,然后将所有小方格的平均高程再加起来除以方格总数,就得到设计高程 H_0,即

$$H_0 = \frac{H_1 + H_2 + \cdots + H_n}{n} \tag{9-4}$$

式中:H_i——第 i 个方格的平均高程($i = 1,2,\cdots,n$);

　　　n——方格总数。

在计算高程时可以看出方格网上的角点 A_1、A_4、B_5、D_1、D_5 的高程只用到一次,边线上的点 A_2、A_3、B_1、C_1、D_2、D_3、$\cdots$用到两次,拐点 B_4 用到三次,中间点 B_2、B_3、C_2、C_3、$\cdots$用到四次,

因此,设计高程的计算公式可改写为:

$$H_0 = \frac{\sum H_角 + 2\sum H_边 + 3\sum H_拐 + 4\sum H_中}{4n}$$ (9-5)

式中:$H_角$、$H_边$、$H_拐$、$H_中$——分别表示角点、边点、拐点、中点的高程。

将该地形图设计方格网顶点的地面高程代入上式,即可算出设计高程为 33.04m。然后用内插法将高程为 33.04m 的等高线在图上绘出来(图中的虚线),此线即为填、挖的边界线。

(3)计算挖填高度

由以上可知将各方格顶点地面高程减去设计高程,即可得到每个顶点的填高和挖深,故挖填高度为:

$$\Delta H = 地面高程 - 设计高程$$

(4)计算填、挖土(石)方量

分别计算各方格内的填、挖土(石)方量,就可以求出总的土(石)方量。每一方格的土(石)方量可根据方格顶点的挖填高度乘以方格的面积 S 来计算。

角点:挖填高 $\times S/4$;

边点:挖填高 $\times S/2$;

拐点:挖填高 $\times 3 \times S/4$;

中间点:挖填高 $\times S$。

如图 9-18 所示,每一方格的面积为 400m²,计算出的设计高程是 426.2m,按着挖填方平衡的原则进行场地平整,其计算的结果见表 9-2。

图 9-18　填挖土(石)方量计算

挖填方平衡计算表　表 9-2

点号	挖深(m)	填高(m)	所站面积(m²)	挖方(m²)	填方(m²)
A_1	+1.2		100	120	
A_2	+0.4		200	80	
A_3	0.0		200	0	
A_4		-0.4	100		40
B_1	+0.6		200	120	
B_2	+0.2		400	80	

续上表

点号	挖深(m)	填高(m)	所站面积(m²)	挖方量(m²)	填方量(m²)
B_3		−0.4	300		120
B_4		−1.0	100		100
C_1	+0.2		100	20	
C_2		−0.4	200		80
C_3		−0.8	100		80
				Σ:420	Σ:420

另外在有些情况下,要求将原地形改造成某一坡度的倾斜面,一般也可根据挖填平衡的原则,绘出设计倾斜面的等高线,即可算出土方量。它的挖填边界线,就是地形图上绘出的等高线与原地面上同高程等高线的交点的连线,即挖填边界线。如图 9-19 所示,图中绘有短线的一侧为填土区,另一侧为挖土区。

图 9-19　倾斜面上土地整理

三、图形面积与体积的量算

在地形图上进行面积和体积的量算也是地形图应用的一项基本内容,尤其在工程建设和规划设计时经常用到。

1. 图形面积的量算

面积量算的常用方法有:方格法,平行线法、解析法和求积仪法。在数字地形图上进行面积量算时,主要应用解析法。

在图 9-20 中,设 $ABC\cdots N$(按顺时针方向排列)为任意多边形,在测量坐标系中, 其顶点的坐标分别为$(x_1,y_1),(x_2,y_2),\cdots,(x_n,y_n)$,则多边形面积为:

$$P = \frac{1}{2}(x_1 + x_2)(y_2 - y_1) + \frac{1}{2}(x_2 + x_3)(y_3 - y_2) +$$

$$\frac{1}{2}(x_3 + x_4)(y_4 - y_3) + \cdots + \frac{1}{2}(x_n + x_1)(y_1 - y_n)$$

化简得:

$$P = \frac{1}{2}\sum_{i=1}^{n}(x_i + x_{i+1})(y_{i+1} - y_i) \qquad (9\text{-}6)$$

或

$$P = \frac{1}{2}\sum_{i=1}^{n}(x_i y_{i+1} - x_{i+1} y_i) \qquad (9\text{-}7)$$

式中:n——多边形顶点的个数,$x_{n+1} = x_1$,$y_{n+1} = y_1$。

2. 体积的量算

体积量算在工程设计和建设中是经常遇到的,如线路设计和场地平整,以及水库的库容量和矿山的矿产储量等都需要计算体积。一般体积量算常用方法有等高线法,断面法和方格法。

(1)根据等高线计算体积

如图 9-21 所示,欲计算某一高程面以上的体积,则首先量算等高线在平面上所包围的面积,然后按台体和锥体计算每一个体积,最后求各层体积之和即可求出总体积。在图 9-21 中,设 F_0、F_1、F_2 及 F_3 为各等高线围成的面积,h 为等高距,h_k 为最上一条等高线至山顶的高度。则

$$\left. \begin{array}{l} V_1 = \dfrac{1}{2}(F_0 + F_1)h \\[6pt] V_2 = \dfrac{1}{2}(F_1 + F_2)h \\[6pt] V_3 = \dfrac{1}{2}(F_2 + F_3)h \\[6pt] V_4 = \dfrac{1}{3}F_3 h_k \\[6pt] V = \sum_{i=1}^{n} V_i \end{array} \right\} \qquad (9\text{-}8)$$

图 9-20 解析法图形面积计算

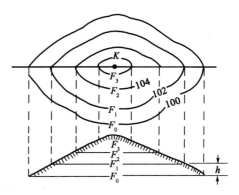

图 9-21 体积的计算

（2）断面法

一般在带状图上计算土石方量时常用断面法求体积,如路基,大坝等带状体,在计算其体积时,根据断面的起伏情况,按基本一致的坡度划分为若干同坡度路段,各段的长度为 d_i。过各分段点作横断面图,如图 9-22 所示,量算各横断面的面积为 S_i,则第 i 段的体积为：

$$V_i = \frac{1}{2}d_i(S_{i-1} + S_i) \tag{9-9}$$

带状土工建筑物的总体积为：

$$V = \sum_{i=1}^{n} V_i = \frac{1}{2}\sum_{i=1}^{n} d_i(S_{i-1} + S_i) \tag{9-10}$$

四、数字高程模型的应用

1. 数字高程模型的概念

数字高程模型 DEM（Digital Elevation Model）,是以数字的形式按一定结构组织在一起,表示实际地形特征空间分布的模型,是定义在 x、y 域离散点（规则或不规则）上以高程表达地面起伏形态的数字集合。

2. 数字高程模型的应用

自 20 世纪 50 年代末期提出后,数字高程模型发展非常迅速,在许多领域,如测绘、土木工程、地质、矿业工程、军事工程、土地规划、通信及地理信息系统等领域得到广泛的应用。下面介绍由 DEM 派生的几个简单地形属性数据的计算方法。

（1）计算单点高程

DEM 最基础的应用是求 DEM 范围内任意点的高程。图 9-23 中,A、B、C、D 为正方形格网四个角点,正方形格网边长为 L,内插点 P 相对于 A 点的坐标为 x、y,则可直接使用下式求得正方形格网中待定点 P 的高程：

$$z_P = \left(1 - \frac{x}{L}\right)\left(1 - \frac{y}{L}\right)z_A + \frac{x}{L}\left(1 - \frac{y}{L}\right)z_B + \frac{x}{L} \cdot \frac{y}{L}z_C + \left(1 - \frac{x}{L}\right)\frac{y}{L}z_D \tag{9-11}$$

图 9-22　体积计算

图 9-23　双线性多项式内插

（2）计算地表面积

地表面积的计算可看作是其所包含的各个网格的表面积之和。若网格中有特征高程点,则可将网格分解为若干个小三角形,求出它们斜面面积之和作为网格的地表面积。若网格中没有高程点,则可计算网格对角线交点处的高程,用四个共顶点的斜三角形面积之和作为网格的地表面积。

空间三角形面积的计算公式如下:

$$A = \sqrt{P(P-S_1)(P-S_2)(P-S_3)} \tag{9-12}$$

式中: $P = \frac{1}{2}(S_1 + S_2 + S_3)$, S_i 为三角形边长,按下式计算:

$$S_i = \sqrt{\Delta x^2 + \Delta y^2 + \Delta z^2}$$

(3)计算体积

DEM 体积由四棱柱(无特征高程点格网)和三棱柱体积进行累加得到。下表面为水平面或参考平面,计算公式为:

$$\left. \begin{aligned} V_3 &= \frac{h_1 + h_2 + h_3}{3} \cdot A_3 \\ V_4 &= \frac{h_1 + h_2 + h_3 + h_4}{4} \cdot A_4 \end{aligned} \right\} \tag{9-13}$$

式中: h_i——各地表点相对于下表面点的高差($i = 1 \sim 4$);

A_3、A_4——三棱柱与四棱柱的底面积。

根据这个体积公式,可计算工程中的挖、填方。挖、填方量可由原 DEM 体积减去新的 DEM 体积求得。

(4)绘制地形剖面图

从 DEM 可以很方便地制作任一方向上的地形剖面。根据工程设计的路线,只要知道所绘剖面线在 DEM 中的起点位置和终点位置,就可以唯一地确定其与 DEM 格网的各个交点的平面位置和高程以及剖面线上相邻交点之间的距离,然后按选定的垂直比例尺和水平比例尺,依距离和高程绘出地形剖面图。

剖面线端点的高程按求单点高程方法计算,剖面线与 DEM 格网交点 P_i 的高程可采用简单的线性内插计算。图 9-24 是由三角网绘制的地形剖面图。

图 9-24　剖面图

剖面图不一定必须沿直线绘制,也可沿一条曲线绘制。

设交点 P_i 的坐标为 (x_i, y_i, z_i),则剖面的面积为:

$$A = \sum_{i=1}^{n-1} \frac{z_i + z_{i+1}}{2} \cdot D_{i,i+1} \tag{9-14}$$

式中: n——交点数;

$D_{i,i+1}$—— P_i 与 P_{i+1} 之间的距离,按下式计算:

$$D_{i,i+1} = \sqrt{(x_{i+1} - x_i)^2 + (y_{i+1} - y_i)^2}$$ (9-15)

3. 数字高程模型的可视化

传统的地图常采用等高线来反映地面高程、山体、坡度、坡形、山脉走向等基本形态及其变化,在等高线图上可进行地面点的高程、地表坡度等量算,但缺乏视觉上的立体效果。为在平面地图上显示地貌的立体效果,在有些地图上采用晕渲法、分层设色法来显示地貌形态。有了数字高程模型,可进一步利用透视原理生成透视立体图,极大地提高地形的可视化效果。

绘制三维真透视立体图的步骤为:建立绘图区域的格网数字地面模型,确定左右两个消失点,计算透视变换网格点的坐标和高程修正值,处理隐藏线和绘制剖面线立体图。图9-25为绘制的三维真透视立体图。

图9-25 三维透视立体图

4. 地形三维景观图

各类遥感影像数据记录了地形表面丰富的地物信息和纹理信息,通过建立纹理影像与地形立体图之间的映射关系,然后确定DEM数据每一地面点在影像上的位置,通过重采样获取其灰度,最后经过透视变换、消隐、灰度转换等处理,生成一幅以真实影像纹理构成的三维地形景观图,如图9-26所示。

图9-26 基于遥感影像的三维地形景观图

五、数字地形图的空间分析

1. 坡度和坡向的计算

坡度和坡向是相互联系的两个参数。坡度反映斜坡的倾斜程度;坡向反映斜坡所面对的方向。空间曲面的坡度是点位的函数,除非曲面是一平面,否则曲面上不同位置的坡度是不相等的,给定点位的坡度是曲面上该点的法线方向 N 与垂直方向 Z 之间的夹角 α(图9-27)。坡向是过格网单元所拟合的曲面片上某点的切平面的法线的正方向在平面上的投影与正北方向的夹角,即法线方向水平投影向量的方位角 β。

坡度和坡向的计算通常使用 3×3 的格网窗口,每个窗口中心为一个高程点。窗口在 DEM 数据矩阵中连续移动后完成整幅图的计算工作。

坡度的计算公式为:

$$\tan\alpha = \sqrt{\left(\frac{\partial z}{\partial x}\right)^2 + \left(\frac{\partial z}{\partial y}\right)^2} \tag{9-16}$$

坡向的计算公式为:

$$\tan\beta = \frac{-\dfrac{\partial z}{\partial y}}{\dfrac{\partial z}{\partial x}} \tag{9-17}$$

图9-27　坡度、坡向示意图

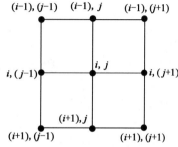

图9-28　格网节点示意图

在式(9-16)、式(9-17)中, $\frac{\partial z}{\partial x}$ 与 $\frac{\partial z}{\partial y}$ 一般采用二阶差分方法计算。在图9-28所示的格网中,对于点 (i,j) 有:

$$\left(\frac{\partial z}{\partial x}\right)_{ij} = \frac{z_{i,j+1} - z_{i,j-1}}{2\Delta x}; \left(\frac{\partial z}{\partial y}\right)_{ij} = \frac{z_{i+1,j} - z_{i-1,j}}{2\Delta y} \tag{9-18}$$

式中: Δx、Δy——格网节点 x、y 方向的间距。

在计算出各地表单元的坡度后,可对坡度计算值进行分类,使不同类别与显示该类别的颜色或灰度对应,即可得到坡度图。

在计算出每个地表单元的坡向后,可制作坡向图。坡向图是坡向的类别显示图,因为任意斜坡的倾斜方向可取方位角 $0° \sim 360°$ 中的任意方向。通常把坡向分为东、南、西、北、东北、西北、东南、西南8类,加上平地共9类,并以不同的色彩显示,即可得到坡向图。

2. 通视分析

通视分析是指以某一点为观察点,研究某一区域通视情况的地形分析。

通视分析在航海、航空以及军事方面有重要的应用价值,比如设置雷达站、电视台的发射站、森林中火灾监测点的设定、道路选择、航海导航等,在军事上如布设阵地、设置观察哨所、铺设通信线路等;有时还可对不可见区域进行分析,如低空侦察飞机在飞行时,要尽可能避免敌方雷达的捕捉,飞机要选择雷达盲区飞行。

根据问题输出维数的不同,通视可分为点的通视,线的通视和面的通视。点的通视是指计算视点与待判定点之间的可见性问题;线的通视是指已知视点,计算视点的视野问题;区域的通视是指已知视点,计算视点能可视的地形表面区域集合的问题。

基本思路是:以 O 点为观察点,对格网 DEM 或三角网 DEM 上的每个点判断通视与否,通视赋值为 1,否则为 0。由此可以得到属性为 1 和 0 的格网或三角网;以观察点 O 为轴,以一定的方位角间隔算出 0°～360° 的所有方位线上的通视情况,得到以 O 点为观察点的通视图(图 9-29)。

图 9-29 通视分析

思考题与习题

1.何谓数字测图?它有哪些优点?

2.试述全站仪在一测站测图的工作步骤。

3.碎部测量的常用方法有哪些?

4.地形图的识读,一般从哪几个方面进行?

5.试绘出图 9-30 所给数据的等高线。

图 9-30 等高线绘制图

6.图 9-31 所示为 1:1000 比例尺地形图,图中正方形 ABCD 为一欲整平场地范围,边长为 60m,试求:

(1)A、B、C、D 四点的坐标和高程;

（2）ABCD 四边形的面积及四边的距离、坐标方位角和坡度；

（3）要求在挖填方平衡的原则下，将四边形 ABCD 所示的区域平整成平面，并估算挖、填土方量（方格边长为 20m）。

（4）绘制出 AB 方向间的断面图。

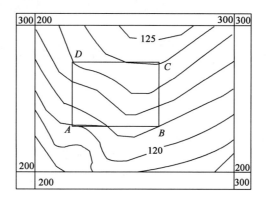

图 9-31　土方量计算图

第十章　地理信息系统(GIS)

地理信息系统(Geographic Information System,简称 GIS)是 20 世纪后期发展起来的一门交叉性学科。它是空间信息科学与技术的一个重要组成部分,融合了地理学、计算机科学与技术、测绘科学与技术、遥感科学与技术、空间科学与技术以及管理科学等众多学科的最新科学理论与技术成就,是一门新兴的前沿性学科。GIS 学科的产生与发展带动了地理信息新兴产业群的形成,在国家信息化和国民经济建设各方面正发挥着越来越重要的作用。

地理信息系统的出现,是空间信息处理技术的巨大革命,它正在通过由地图所承载的地理信息,转变着我们对世界的理解以及自身的行为方式。地理信息系统正在转变人们看待和解决问题的方式。当我们有了更丰富的信息和更深刻的理解,就有可能以前所未有的方式来解决问题。近几年来,GIS 作为一类获取、处理、分析、访问、表示以及在不同用户、不同系统、不同地点之间传输空间数据的计算机信息系统,无论是在理论上还是在应用技术上都处在一个飞速发展的阶段,且已经广泛地应用于国民经济的各个领域和社会生活的诸多方面。

第一节　地理信息系统基本概念

一、信息与地理信息

1. 信息

信息是对客观世界中各种事物的运动状态和变化的反映,是客观事物之间相互联系和相互作用的表征,表现的是客观事物运动状态和变化的实质内容;信息是物质的普通属性,但它不是物质本身。

信息来自数据(Data),数据是未加工的原始资料;数字、文字、符号、图形和影像等都是数据。数据是客观对象的表示,信息则是数据内涵的意义,是数据的内容和解释。数据解释需要人的智慧、学识和经验。对同一数据,每个人的解释可能不同,其对决策的影响也可能不同。而不同的解释,则往往来自不同的背景、目的和应用。

就一般信息而言,它主要有以下几个方面的特点:

(1)客观性。信息是事物的特征和变化的客观反映。由于事物的特征和变化是不以人们意志为转移的客观存在,所以反映这种客观存在的信息,同样带有客观性。

（2）时效性。获取信息的目的在于利用,而只有那些及时传递出来并适合需求者的信息才能被利用。信息的价值在于及时传递给更多的需求者,从而创造出更多的物质财富。信息时过境迁就会失去价值。所以,信息必须具有新内容、新知识,"新""快"是信息的重要特征。

（3）无限性。人类生活所接触到的一切空间,都在不断产生着信息,秘书写的文章是信息,宇宙天体传来的光波也是信息。随着时间的推移,信息又在无限地发展,客观世界是无限的,因而信息也是无限的。

（4）可传递性。传输是信息的一个要素,也是信息的明显特征,应高效地传递信息,没有传递就没有信息,就失去了信息的有效性。同样,传递的快慢,对信息的效用影响极大。

（5）可开发性。从信息作为一种资源看,由于它取之不尽、用之不竭,因而可以不断探索和开掘。从信息所载的内容看,由于客观事物的复杂性和事物之间的相互关联性,反映事物本质和非本质的信息常常交织在一起,加上它们难免受到历史的和人们认识能力的局限,因而需要开发。从信息的价值看,利用信息可以开发出新的材料和新的能源。不仅新材料和新能源的开发有赖于信息的利用,而且新材料和新能源要得到充分和有效的利用,也有赖于信息。

2. 地理信息

地理信息指与所研究对象的空间地理分布有关的信息,它包括事物的地理位置以及其他与位置有关的属性信息,它表示地表物体及环境固有的数量、质量、分布特征、属性、联系和规律。

地理信息除了具有信息的一般特性外,还具有以下特性:

（1）空间分布性:地理信息具有空间定位的特点,这是地理信息区别于其他类型信息的最显著的标志。

（2）多维结构特性:即在二维空间的基础上实现多专题的多维结构。

（3）时序特征明显:任何在特定空间位置上拥有相应的属性信息都是以某一时序信息为前提的,因此地理信息拥有时序特征。并且任何空间信息均各自具有长短不一的生命周期,按时间尺度不同,地理信息可划分为超短期的(如台风、地震)、短期的(如江河洪水、秋季低温)、中期的(如土地利用、作物估产)、长期的(如城市化、水土流失)、超长期的(如地壳变动、气候变化)等。

（4）数据量大:地理信息具有空间特征、属性特征和时间特征,因此其数据量很大。尤其是随着全球对地观测计划的不断发展,人们每天都可以获得海量的关于地球资源、环境特征的数据,这必然给数据处理与分析带来很大压力。

二、信息系统与地理信息系统

1. 信息系统

信息系统是指采用计算机技术对数据进行采集、管理、分析和表达,并能够为用户的决策过程提供有用信息的系统。

信息系统根据所管理和分析的数据类型不同,可分为经营信息系统、企业管理信息系统、金融信息系统和地理信息系统等。

2.地理信息系统

地理信息系统(GIS)是以计算机作为工具,以空间数据为研究对象,对空间数据进行采集、储存、管理、处理、分析、显示和描述的信息系统。它是一种特定的十分重要的空间信息系统。

地理信息系统处理、管理的对象是多种地理空间实体数据及其关系,包括空间定位数据、图形数据、遥感图像数据、属性数据等,用于分析和处理在一定地理区域内分布的各种现象和过程,解决复杂的规划、决策和管理问题。

3.地理信息系统的分类

地理信息系统的分类有不同的标准。地理信息系统根据其研究范围,可分为全球性信息系统和区域性信息系统;根据表达空间数据维数,可分为2维、2.5维和布满整个三维空间的真三维地理信息系统;根据其研究内容,可分为专题信息系统和综合信息系统;根据其使用的数据模型,可分为矢量信息系统、栅格信息系统和混合型信息系统。

4.地理信息系统及相关学科的关系

地理信息系统作为传统科学与现代技术相结合的产物,为各门涉及空间数据分析的学科提供了新的技术方法,而这些学科又都不同程度地提供了一些构成地理信息系统的技术与方法。因此,认识和理解地理信息系统与这些相关学科的关系,对准确定义和深刻理解地理信息系统有很大的帮助。

地理信息系统为各种涉及空间分析的学科提供了新的研究方法,而这些学科的发展也不同程度地构成了地理信息系统的技术与方法(图 10-1)。

图 10-1　地理信息系统与相关学科的关系

地理学为研究人类环境、演化以及人地关系提供了认知理论和方法,是地理信息系统的基础理论依托。测绘学不但为 GIS 提供各种不同比例尺和精确的地理定位数据,而且其理论和算法可直接用于空间数据的变换和处理;为获取这些地理信息提供了测绘手段。应用数学(包括运筹学、拓扑数学、概率论与数理统计等)为地理信息的计算提供了数学基础。系统工程为 GIS 的设计和系统集成提供了方法论。计算机图形学、数据库原理、数据结构等为数据的处理、存储、管理和表示提供了技术和方法。软件工程和计算机语言为 GIS 软件设计提供了方法和实现工具(GIS 没有分析和可视化的工具)。计算机网络、现代通信技术、计算机技术是 GIS 的支撑技术。管理科学为系统的开发和系统运行提供组织管理技术。而人工智能、知识工程则为形成智能 GIS 提供方法和技术。

第二节　地理信息系统的构成及功能

一个实用的地理信息系统,要支持对空间数据的采集、管理、处理、分析、建模和显示等功能,其基本构成一般包括 4 个主要部分:计算机硬件系统、软件系统、地理数据库和用户(图 10-2)。

图 10-2　地理信息系统的构成

一、计算机硬件系统

计算机硬件(图 10-3)是计算机系统内的实际物理装置的总称,是地理信息系统的物理外壳。GIS 硬件平台主要用来采集、存储、处理、传输和显示地理信息或空间数据。计算机与一些外部设备及网络设备的连接构成 GIS 的硬件环境。

1.计算机主机

目前运行 GIS 的主机包括大型、中型、小型机,工作站/服务器和微型计算机是硬件系统的核心,类型包括从主机服务器到桌面工作站,用于数据的处理、管理与计算。

2.外部设备

外部设备主要包括各种输入和输出设备,用于空间信息的输入、输出。主要的输入设备有数字化仪、图形扫描仪、解析和数字摄影测量设备等;主要的输出设备有各种绘图仪、图形显示终端和打印机等。

图 10-3　计算机硬件系统

3. 数据存储设备

数据存储设备主要有基于磁介质存储(如硬盘、磁盘)和光介质存储(如光盘),以及基于永久性存储器的电子存储(如闪存和固态硬盘)等,是地理信息系统的重要存储介质。

4. 网络设备

地理信息系统的网络设备包括布线系统、网桥、路由器和交换机等,具体的网络设备根据网络计算的体系结构来确定。

二、计算机软件系统

1. 计算机操作系统

操作系统是管理和控制计算机硬件与软件资源的计算机程序,是直接运行在"裸机"上的最基本的系统软件,任何其他软件都必须在操作系统的支持下才能运行,目前流行的操作系统主要有 Unix、Linux、Mac OS X、Windows 等。

2. 地理信息系统专业软件

地理信息系统专业软件一般指具有特定功能的通用 GIS 平台软件,它包含了处理地理信息的各种功能,可作为其他应用系统建设的平台。其代表产品有 ARC/INFO、MGE、MAP-INFO、MAPGIS、GEOSTAR 等。它们一般都包含以下的主要核心模块:

(1)数据输入和编辑

支持数字化仪手扶跟踪数字化、图形扫描及矢量化,以及对图形和属性数据提供修改和更新等编辑操作。

(2)空间数据管理

能对大型的、分布式的、多用户数据库进行有效的存储检索和管理。

(3)数据处理和分析

能转换各种标准的矢量格式和栅格格式数据,完成地图投影转换,支持各类空间分析功能等。

（4）数据输出

提供地图制作、报表生成、符号生成、汉字生成和图像显示等。

（5）用户界面

提供生产图形用户界面工具，使用户不用编程就能制作友好和美观的图形用户界面。

（6）系统二次开发能力

利用提供的应用开发语言，可编写各种复杂的 GIS 应用系统。

3. 数据库管理软件

数据库管理系统（Database Management System，简称 DBMS）是一种操纵和管理数据库的大型软件，用于建立、使用和维护数据库。它对数据库进行统一的管理和控制，以保证数据库的安全性和完整性。用户通过 DBMS 访问数据库中的数据，数据库管理员也通过 DBMS 进行数据库的维护工作。它可使多个应用程序和用户用不同的方法同时或在不同时刻去建立、修改和询问数据库。大部分 DBMS 提供数据定义语言 DDL（Data Definition Language）和数据操作语言 DML（Data Manipulation Language），供用户定义数据库的模式结构与权限约束，实现对数据的追加、删除等操作。

4. GIS 应用软件

GIS 应用软件是以地理信息系统专业软件为基础平台，根据用户要求和应用目的设计和二次开发的一种解决一类或多类实际应用问题的地理信息系统。

三、地理空间数据库

地理空间数据库是存储、管理和检索空间数据的有效技术，是用来表示空间实体的位置、形状、大小及其分布特征等方面信息的数据库。

地理数据（Data）是一个 GIS 应用系统的最基础的组成部分。地理数据是 GIS 的操作对象，是现实世界经过模型抽象而产生的实质性内容，是指用数字、文字、图形、图像、声音等符号记录下来的对事物的描述。一个 GIS 应用系统必须建立在准确合理的地理数据基础上。地理空间数据包括定位数据（包括某一坐标系下的坐标及空间关系）、时间数据和属性数据（分定性和定量）。

定位数据的表达可以采用栅格和矢量两种形式。栅格数据结构是以规则的像元阵列来表示空间地物或现象的分布数据结构，其阵列中的每个数据表示地物或现象的属性特征。换句话说，栅格数据结构就是像元阵列，用每个像元的阵列号确定位置，用每个像元的值表示实体的类型、等级等属性编码。矢量数据结构是通过坐标值来精确表示点、线、面等地理实体的。定位表现了地理空间实体的位置、大小、形状、方向以及几何拓扑关系。

时间特性是现实世界中事物的一个普遍特性，因此时间数据是空间数据不可或缺的组织部分，但由于受理论和技术的限制，传统的地理信息系统只考虑地物的空间特性，忽略了其时间特性。随着 GIS 广泛应用于环境监测、灾害救援、天气预报等领域中，特别在解决全球性变化问题时，只支持空间特性的传统 GIS 显得无能为力。因此这类空间问题的求解，需要考虑空间对象随时间变化的规律，这种动态变化的规律在求解过程中起着十分重要的作用。时间数据的引入势在必行，但在对时间的引入上仍有一段很长的路要走，目前只是把时间数据作为一种特殊的属性进行处理。

属性数据表现了空间实体的空间属性和时间属性以外的其他属性特征,用以描述事物或现象的特征,来说明"是什么",如事物或现象的类别、等级、数量、名称等;主要是对空间数据的说明。如一个城市点,它的属性数据有人口、GDP、绿化率等描述指标。

矢量数据结构、光栅数据结构、矢量栅格一体化数据结构是存储 GIS 的主要数据结构。数据结构的选择在相当程度上决定了系统所能执行的功能。数据库因不同的应用要求会有各种各样的组织形式。数据库设计就是根据不同的应用目的和用户要求,在一个给定的应用环境中,确定最优的数据模型、处理模式、存储结构、存取方法,建立能反映现实世界的地理实体间信息的联系,以满足用户的要求,又能被一定的数据库管理系统接受,同时能实现系统目标并有效地存储、管理数据的数据库。简而言之,把现实世界中一定范围内存在着的应用数据抽象成一个数据库的具体结构的过程其实就是数据库设计。

数据结构确定后,在空间数据的存储与管理中,关键是确定应用系统空间与属性数据库的结构以及空间与属性数据的连接。目前广泛使用的 GIS 软件大多数采用空间分区、专题分层的数据组织方法,用 GIS 管理空间数据,用关系数据库管理属性数据。

建立一个空间数据库是一项耗费大量人力、物力和财力的工作,因此用户都希望不仅能应用得好,而且使用寿命要长。要做到这一点,就必须不断地对它进行维护并及时更新数据。

四、用户

地理信息系统中的应用人员,主要包括系统开发人员和地理信息系统的最终用户,是 GIS 中最重要的组成部分,是地理信息系统的服务对象,他们的业务素质和专业知识是地理信息系统工程及其应用成败的关键。开发人员必须定义 GIS 中被执行的各种任务,开发处理程序。在应用地理信息系统时,应用人员不仅需要对地理信息系统技术和功能有足够的了解,而且需要具备有效、全面和可行的组织管理能力。熟练的操作人员通常可以克服 GIS 软件功能的不足,而相反,最好的软件也无法弥补操作人员对 GIS 的一无所知所带来的副作用。

五、地理信息系统的功能

GIS 的基本功能就是数据的采集、管理、处理、分析和输出。

1. 数据采集与编辑功能

GIS 的核心是一个地理空间数据库,所以建立 GIS 的第一步是将地面上的实体图形数据按顺序转化为 x、y、z 坐标和描述它的属性数据输入到数据库中,此过程称为数据采集。通常采用的数据获取方法有:键盘输入、手工数字化、扫描矢量化和已有数据文件的输入等。为了清除数据采集的错误,需要对图形及文本数据进行编辑和修改。

2. 数据存储与管理

地理空间对象通过数据采集与编辑以后,送入到计算机的外存设备上。对于庞大的地理空间数据,需要采用数据库管理系统进行管理。GIS 的地理空间数据库是区域内地理要素特征,以一定的组织方式存储在一起的相关数据的集合。由于 GIS 地理空间数据库具有数据量大,空间数据与属性数据具有不可分割的联系,以及空间数据之间具有显著的拓扑结构等特点,因此 GIS 数据库管理功能除了与属性数据有关的数据库管理系统(DBMS)功能之外,对空间数据的管理技术主要包括:空间数据库的定义、空间数据库的建立、空间数据访问和提取、空间数据库的操作、通信功能等。

3. 数据处理和变换

由于 GIS 涉及的数据类型多种多样,同一种类型数据的质量也可能有很大的差异。为了保证系统数据的规范和统一,建立满足用户需求的数据文件,数据处理是 GIS 的基础功能之一。数据处理的任务和操作内容有:

(1)数据变换。指对数据从一种数学状态转换为另一种数学状态,包括投影变换、辐射纠正、比例尺缩放、误差改正和处理等。

(2)数据重构。指对数据从一种几何形态转换为另一种几何形态,包括数据拼接、数据截取、数据压缩、结构转换等。

(3)数据抽取。指对数据从全集合到子集的条件提取,包括类型选择、窗口提取、布尔提取和空间内插等。

4. 空间分析和统计

空间分析和统计功能是 GIS 的一个独立研究领域,它的主要特点是帮助确定地理要素之间新的空间关系,它不仅成为区别于其他信息系统的一个重要标志,而且为用户提供了灵活地解决各类专门问题的有效工具。常用的空间分析功能有:

(1)拓扑叠合。通过将同一地区两个不同图层的特征相叠合,不仅建立新的空间特征,而且能将输入的特征属性因子合并,易于进行多条件的查询检索、地图裁剪、地图更新和应用模型分析等。

(2)缓冲区建立。它是根据数据库的点、线、面及空间立体,自动建立各种类型要素的缓冲多边形,用以确定不同地理要素的空间接近度或邻近性。它是 GIS 重要的和基本的空间分析功能之一。

(3)数字地形分析。它提供了构造数字高程模型及有关地形分析的功能模块,包括坡度、坡向、地表粗糙度、山谷线、山脊线、日照强度、库容量、表面积、立体图、剖面图和通视分析等,为地学研究、工程设计和辅助决策提供重要的基础性数据。

(4)空间集合分析。空间集合分析是按照两个逻辑子集给定的条件进行布尔逻辑运算。

5. 图形显示与输出

图形输出是 GIS 系统对地理空间数据处理和分析后结果的主要表现形式,供专业规划或决策人员使用。

图形的显示和输出是 GIS 分析、解决问题过程的最后一道工序。主要表现形式包括各种类型的符号图、动线图、点值图、晕线图、等值线图、立体图等。

6. 二次开发环境

为使 GIS 技术广泛、灵活地应用于各个领域,满足各种不同的应用需求,它必须具有的一个基本功能是具备二次开发环境,让用户能够在系统基础上进行特殊功能的定制和特定的开发。

第三节 地理信息系统的应用

GIS 的基本功能是数据的采集、管理、处理、分析和输出。GIS 依托这些基本功能,利用空间分析技术、模型分析技术、网络技术、数据库和数据集成技术、二次开发环境等,演绎出丰富多彩的系统应用功能,满足用户的广泛需求。

地理信息系统的应用非常广泛,凡是与地理空间位置有关的领域,如交通、水利、农业、林业、国土、资源、环境、电力、电信、测绘、军事等部门都需要应用地理信息系统。它主要应用于两个方面:地理分析和空间信息资源的管理与应用。地理分析主要用于地理科学研究和辅助决策方面,例如:利用 GIS 分析城市的扩展规模、开展土地适应性评价的研究,以及生态与环境变迁的研究等。空间信息资源的管理与应用一般指 GIS 的工程应用,是当前 GIS 最广泛的应用,如国土资源管理、城市规划与管理、交通运输规划与管理等。

1. 地理信息系统在城市建设与管理中的应用

城市是一个区域经济和文化的中心,在国民经济和社会发展中起着重要作用,城市化及城市环境、住宅、交通、社区等都已成为人们关注的"热点"。2000 年,世界上已经有一半的人居住在城市里,其余的人也与城市密切相关。因此,城市在国家经济和社会发展中处于重要地位。

城市地理信息系统(UGIS)已经广泛应用于建筑工程管理(建设项目的空间分布和进度阶段:待建—在建—竣工)、基础设施管理(道路、桥梁及路面附属设施)、地下管线管理(管线走向、埋设位置、埋设深度)、建设计划管理("五年"规划、年度计划、重点工程项目空间分布)、建设施工管理(项目地址、责任单位、总投资、施工面积、征地面积、拆迁面积、拆迁户数、计划开工及竣工时间、项目实施进度、资金拨付及使用等)、环境创新管理(城市景观区、历史建筑保护、灯光环境、广告招牌)等诸多方面,并扮演着越来越重要的角色。

城市地理信息系统的应用为提高各个行业的信息化建设水平提供了重要的技术支持。同时为了适应新的需求,对地理信息技术的应用也提出了更新、更高的要求,以便为协调区域发展和研究跨地区重大问题的解决,来提供丰富的基础资料、科学合理的研究方法和有力的决策支持。

现代城市中,信息量急剧膨胀,社会管理日益复杂,对城市管理的手段要求越来越高。面对有限的空间资源和更高的城市建设和管理需求,除了需要加强对城市地理信息系统的建设和人才培养外,同时还需要政府各相关部门的配合与协调,并且这种依赖性和协同性随着城市的高速发展将日趋加深。因此,城市地理信息系统的建设依然还有一段路要走。

同时针对城市热点问题,例如:区域规划建设管理、土地资源管理与动态监测、人口资源管理、社会治安管理、综合防灾与突发事件处理、紧急事故指挥调度等领域,加强 UGIS 的应用,实现各种管理信息的"落地"和可视化,提高各个行业的信息化建设程度已经成为 UGIS 在我国发展中正在解决的问题。

2.地理信息系统在土地资源管理中的应用

在诸多地理信息资源中,土地资源最为重要,是国民经济和社会发展的重要物质基础和战略资源。我国人口众多,耕地资源不足世界人均水平的30%。近年来,随着我国工业化和城镇化的加快推进,土地资源需求量日益扩大,土地资源供需矛盾日益突出,严重制约着我国经济社会的可持续性发展。因此,对土地资源实行精细化管理和集约化利用,是有效改善土地资源供给量、缓解供需矛盾的主要途径。GIS技术作为一种地理空间信息处理工具,是提高国土资源监管自动化程度的理想工具。

GIS技术起源于对土地资源管理自动化的追求,在实现土地精细化管理、集约化利用的过程中发挥了核心支柱作用。我国从20世纪90年代提出金土工程以来,各级国土资源管理部门积极推动利用GIS技术开展国土资源管理信息化。目前各省都已实现了覆盖土地开发整理与储备、土地利用规划与核查、土地评价与农田保护、土地信息获取与更新、土地登记与权属管理、土地评估与土地交易、房地产估价与管理等各项业务职能的信息系统,在国土电子政务方面基本实现了覆盖"批供用补查"各环节及日常办公业务的信息系统。

经过近20年的努力,土地资源管理实现了从定性到定量、重数量管理到数量质量兼顾、静态管理到动态管理的转变,在此基础上基本实现了从粗放管理到精细化管理的转变。

土地资源是国土资源的重要组成部分,GIS技术在土地资源管理中的大量应用,使得国土资源管理领域现已成为我国利用GIS技术实现业务信息化的典范。目前正在实施的"一张图"工程旨在更高层次上实现地政、矿政、灾害、测政、海政各系统的数据的整合和统一,形成覆盖上述业务部门的统一的数据流,在此基础上进一步实现地、矿、灾等业务的一体化审批和协同监管,最终实现国土资源管理数据流、业务流、决策流的一体化。

3.地理信息系统在地质找矿中的应用

地质找矿是严重依赖地理空间信息开展工作的领域,GIS技术作为一种地理空间信息处理工具,是提升地质找矿工作效率的理想工具。在地质矿产领域,目前GIS主要用于野外地质调查、地质资料管理以及矿产资源潜力评价等。

(1)野外地质调查:国家地质调查局已实现了基于国产移动GIS平台的野外数字地质调查系统,并开始在全国各省地调局培训推广,实现了从野外区域地质调查到入库的无缝衔接。

(2)地质资料管理:地质资料不仅是各专业的研究成果,也是进一步开展工作的基础,通过利用GIS技术建立多源地质空间数据库是实现地质找矿工作现代化的前提。我国地质调查部门在20世纪90年代初就开始建立基础地质空间数据库,目前已建成基于国产GIS的全国1:250万、1:150万、1:50万、1:20万基础地质空间数据库,1:20万水文地质空间数据库,目前在建1:5万基础地质空间数据库。

(3)矿产潜力评价:在综合矿产资源潜力评价数据集成平台基础上建立地质模型,结合区域成矿规律、控矿条件、找矿标志和GIS技术建立投矿模型,最后利用GIS的图示化功能固定找矿靶区。在空间数据库日益完善、动态地质建模技术逐步成熟、找矿模型日益丰富的基础上,随着调查工作程度的深入,实现动态矿产潜力预测与动态靶区圈定。

4.地理信息系统在地质灾害防治中的应用

我国是一个自然灾害多发的国家,进入21世纪以来,以地质灾害、气象灾害为代表的各类自然灾害频发,损失日益巨大。GIS 可以对自然灾害涉及的大量地质、地貌、气象、水文、人类活动等与空间分布密切相关的多源信息进行综合处理,并在同一空间参考环境中进行集成分析,对灾害的监测预警、影响评估、防灾抗灾、应急救援、灾后恢复等都可以提供完整、精确、直观的数据支撑和模型支持。GIS 技术的兴起和蓬勃发展,为我国防灾减灾水平的迅速提高提供了难得的契机。

早在 20 世纪 80 年代,我国就开始在地质灾害监测与防治中应用 GIS。目前,GIS 技术在地质灾害信息管理、地质灾害危险性评价、地质灾害危险性区划、地质灾害监测与预警预报等方面都得到了广泛的应用。

(1)在地质灾害信息管理方面,以 GIS 技术作为支撑的地质灾害信息系统(Geological Hazard Information System)在近几年获得了快速发展。利用 GIS 强大的空间数据管理功能不仅可以存储地质灾害海量数据,还能很好地解决其空间相关的复杂性,使各种地质灾害数据可以被有效地获取、储存、处理与查询,并能将繁杂的数据以图形或图表等直观的形式显示出来,实现地质灾害分析研究的多源、实时、动态、形象管理。

(2)在地质灾害危险性评价方面,GIS 通过对地质灾害活动活跃程度以及各种活动条件的综合分析,可以评价地质灾害活动的危险程度,确定地质灾害活动的密度、强度、发生概率以及可能造成的危害区的位置、范围。GIS 作为地质灾害危险性评价的分析工具,其空间数据管理能力和强大的空间数据分析能力,可以加快危险性评价的过程,提高危险性评价的精度,并通过对危险性制图来反映评价的结果。

(3)在地质灾害危险性区划中,利用 GIS 技术强大的空间数据库管理与空间分析能力,建立专业研究模型,管理与分析贯穿地质灾害起源、发展和影响范围等地质灾害全过程的大量数据,并对地质灾害调查中所获取的信息进行处理,选取合适的评价预测指标,运用恰当的数学分析模型,实现地质灾害易发程度分区计算机自主化,避免了烦琐的手工统计计算,保证了计算结果的精度。同时,通过 GIS 空间分析所得出的地质灾害易发程度分区图,不仅反映了地质灾害易发程度的现势规律,而且实现了对该区域地质灾害的空间预测,从而为地质灾害的管理及防治和预警决策提供依据。

(4)在地质灾害监测与预警预报工作中,可以使用 GIS 建立历史灾情数据库,借助其独有的空间统计分析等功能,结合气象预报等影响地质灾害的相关数据,对地质灾害的发展趋势进行预测,实现地质灾害的动态评估,从而实现地质灾害的实时监测。GIS 可以把分布在国土资源部门的地质灾害数据、气象部门的降雨数据、测绘部门的空间数据等有机地集成起来,利用地质灾害预警模型对这些数据进行处理、分析和发布,形成一个完善的预警预报系统平台,不仅为政府部门提供综合的信息分析和管理支持,而且也方便大众及时地了解灾情,减少人民群众生命财产的损失。

5. 地理信息系统在环境保护中的应用

随着全球性的环境恶化,环境保护在实现人类可持续发展战略过程中扮演着越来越重要的角色。环境问题与地理因素紧密相关,通常带有很强的地理分布特征。因此,运用 GIS 技术处理与环境保护有关的大量复杂空间信息,将在很大程度上有效提高环保工作的质量和效率。

在环境监测过程中,利用 GIS 技术可对实时采集的数据进行存储、处理、显示、分析,达到辅助环境决策的目的。如以某流域自然环境地理信息为基础,对该流域的监测数据进行存储处理,利用 GIS 技术直观显示和分析流域水环境现状、污染源分布、水环境质量评价,追踪污染物来源。结合数字地图提取历年监测数据及各种统计数据,进行空间分析、辅助决策(如容量计算及污染状况的预测),为流域水环境的科学化管理和决策提供了先进的技术手段。

在进行自然生态现状分析过程中,利用 GIS 可以比较精确地计算水土流失、荒漠化、森林砍伐面积等,客观评价生态破坏程度和波及范围,为各级政府进行生态环境综合治理提供科学依据。例如,国家环境保护部把 GIS 技术与遥感技术相结合,对我国西部 12 个省的生态环境现状进行调查,得到了西部地区生态环境的空间分布与空间统计状况、生态环境质量状况和生态环境变化的空间规律特点,为该地区经济的可持续发展与资源环境的可持续利用提供了科学依据。

在区域环境质量现状评价工作中,GIS 可将地理信息与大气、土壤、水、噪声等环境要素的监测数据结合在一起,利用 GIS 软件的空间分析模块,对整个区域的环境质量现状进行客观、全面的评价,以反映出区域中受污染的程度以及空间分布情况。如通过叠加分析,可以提取该区域内大气污染分布图、噪声分布图;通过缓冲区分析,可显示污染源影响范围等。

在水环境管理过程中,GIS 可以直观反映如污染源、排污口、监测断面等环境要素的空间分布,更加明确地揭示不同区域的水环境状况,反映水体环境质量在空间上的变化趋势,进行污染源预测、水质预测、水环境容量计算、污染物削减量的分配。

6.地理信息系统在交通运输中的应用

交通是 GIS 应用的重要领域之一,交通地理信息系统(GIS-T)的发展是 GIS 技术在交通领域的延伸,是 GIS 与多种交通信息分析和处理技术的集成,是交通信息系统、规划决策支持系统的重要组成部分。

(1)交通运输网络规划

运输系统规划是对区域和城市运输系统的预测和优化研究,分为近期和远期规划。近期规划是一个实时处理系统,根据各段道路的车辆通行情况、人流、物流,对车辆实现实时调度;远期规划是通过长期的对各路段交通状况数据进行统计和分析,结合当地经济人口发展状况进行道路路网的规划。另外利用 GIS 的缓冲区分析功能,在道路网规划中,以道路中心线为主体来产生该中心线的等距线用以确定道路的用地范围和动迁多少居民等。

(2)道路选线设计

在道路选线设计这类多目标空间决策问题的应用上,GIS 可以从各个角度很好地调节道路设计横、纵的关系,使道路设计直接与规划统筹相适应;可以较容易地修订原设计中的不当之处,同时避免了每次设计都需要查找大量书面资料。目前在公路、铁路和轻轨选线时应用较多。

(3)交通事故发生预测

交通事故发生预测是通过对出行个体、交通区域或整个道路网络的出行特征和频率建立关系而获得。将交通事故数据文件和 GIS 集成为一个整体,开发出交通事故系统,形象直观地报告事故地点、性质和原因,并对各事故点的发生频率进行比较,得出交通事故多发地段,结合现有道路状况对交通状况实现提前预测和掌控,及时做出有效的交通缓解应对措施,实现对道路状况的有效缓解。对预测的事故多发地段,提前做出相应的突发交通事故应对方案。

(4)车辆导航

在车辆运行中,GIS 或电子地图会将有关道路图、停车设施、道路属性、购物及游览信息直观全面地呈现在驾驶员面前,并指示车辆的当前所在位置,帮助驾驶员获得到达目的地的最佳线路。

(5)道路设施的管理

将道路网实体数据和属性数据以分路段的方式与地理坐标联系起来,进行路面质量的管理和路面维修管理,对信号装置以及桥梁的检测和维护进行管理。

(6)交通影响评价

对交通影响评价的基础是建立一个基于 GIS 的交通影响分析系统,将地理信息系统和交通影响评价方法相结合起来,以道路为载体,整合交通发生量、吸引量、道路高峰小时车流量和道路服务水平等交通分析基础数据系统。目前多在规划方案评价选择、大型项目选址(商业项目居多)中应用。对交通项目的评价主要是对各种交通基础设施规划和实施后的评价,如交通噪声环境的污染分析和公路建设生态环境对环境影响的评价。

把 GIS 应用于交通,能对空间信息和非空间信息(如自然、社会、经济等属性信息)同时进行分析和处理。同时 GIS 的结果大多以图形方式表示,在直观上反映量的概念的同时还能反映区域分布的差异性,这显然比输出统计报表的管理系统更便于应用。GIS 技术的诞生,以及解决交通问题时的 GIS 功能二次开发,为处理具有地理特征的交通信息提供了新的技术手段。但 GIS 在交通中的应用仍需要大量 GIS 专业人才以及政府等各方面大力协作,提供更多适用的规范化的交通专业应用模块,尽快解决困扰 GIS 在交通中应用的组织、数据共享等问题,使 GIS 工具更好地在交通中应用。

思考题与习题

1.什么是地理信息系统?

2.简述地理信息与信息的关系。

3.简述地理信息系统与信息系统的关系。

4.简述地理信息系统的分类及其与其他学科的相互关系。

5.简述地理信息系统的主要构成及其主要功能。

6.什么是地理数据库?

7.简述地理信息系统的应用情况。

8.简述地理信息系统在某个应用中的作用。

9.试描述一下地理信息系统的发展前景。

第十一章 测设的基本工作

一、测设的概念

建筑物、构筑物在设计之后就要按设计图及相应的技术要求进行施工。设计图中主要以点位及其相互关系表示建筑物、构筑物的形状和大小。测设工作的目的与测图相反,是以控制点为基础,把设计在图纸上的建筑物、构筑物的位置、形状、大小和高程,在实地标定出来,以作为施工的依据。测设工作也称为施工放样,标定在实地的点位称为施工点或放样点。

二、测设中的观测量

工程测量的本质,一方面是通过各种测量确定客观存在的被测物体(具体几何实体)上各特征点在某一特定坐标系下的空间三维坐标(或平面位置与高程)及其随时间的变化;另一方面,则是根据(抽象几何实体)设计的坐标(平面位置和高程)通过各种观测量将设计的几何实体测设到现实中来,因此,涉及观测量这一重要概念。工程测量中的观测量主要有:角度(或方向)观测量、距离观测量、高差观测量、方位角观测量。

三、施工放样的程序与精度要求

施工放样的程序应遵守由总体到局部的原则,首先在现场定出建筑物的轴线,然后再定出建筑物的各个部分。即由施工控制网测设建筑物的各主要轴线,由各主要轴线测设各辅助轴线,然后再测设建筑物的各个细部。施工放样是联系设计与施工的重要环节,放样的结果是施工的依据。

施工放样的精度要求,是根据建筑物的性质、它与已有建筑物的关系以及建筑区的地形、地质和施工方法等情况来确定。

当施工控制网仅用于测设建筑物的各主要轴线位置时,主轴线的精度要求并不太高。

当施工控制网除测设建筑物的主轴线位置外,还要测设建筑物的细部结构时,则对施工控制网的精度要求就大大提高。

施工放样按精度要求的高低排列为：钢结构、钢筋混凝土结构、毛石混凝土结构、土石方工程。在施工方法上，预制件装置式的方法较现场浇灌的精度要求高一些，钢结构用高强度螺栓连接的比用电焊连接的精度要求高。

关于具体工程的具体精度要求，如施工规范中有规定，则参照执行；对于有些工程，施工规范中没有测量精度的规定，则应由设计、测量、施工以及构件制作几方人员合作共同协商，来决定测量工作应具有怎样的精度。

现在测量仪器与方法已发展得相当成熟，一般说来，它能提供相当高的精度为土建施工服务。测量工作的时间和成本会随精度要求提高而增加，但在多数工地上，测量工作的成本很低，所以恰当地确定施工放样精度要求的目的主要不是为了降低测量工作的成本，而是为了提高工作效率。

四、施工放样的工作要求

紧密结合施工的进程，熟悉施工现场情况，施工要进行，测量是先导。测量技术人员要做到：

（1）熟悉设计图纸，懂得有关的设计思路。

（2）检查图纸，核实图纸的有关数据，做好施工测量的数据准备工作。

（3）了解施工工作计划和安排，协调测量与施工的关系，落实施工测量工作。

（4）核查或检测有关的控制点，确认点位准确可靠。查清工地范围的地形地物状态。

（5）熟悉施工的进展状况和施工环境，避免施工对测量可能产生的影响，及时准确地完成施工测量工作。

（6）加强测量标志的管理、保护，注意受损测量标志的恢复等。

第二节 角度、距离与高程的测设

放样与测量所用的仪器以及计算公式是相同的。但测量的外业成果是记录下来的数据，内业计算在外业之后进行。放样的数据准备要在外业之前做好，放样的外业成果是实地的标桩。由于两者已知条件和待求对象不同，因而互相之间是有区别的：

（1）测量时常可做多测回重复观测，控制图形中常有多余观测值，通过平差计算可提高待定未知数的精度。放样不便做多测回观测，放样图形较简单，很少有多余观测值，一般不作平差计算。

（2）测量时可在外业结束后仔细计算各项改正数。放样时要求在现场计算改正数，这样既容易出错，也不能做得仔细。

（3）测量时标志是事先埋设的，可待它们稳定后再开始观测。放样时要求在丈量之后立即埋设标桩，标桩埋设地点也不允许选择。

（4）目前大多数测量仪器和工具主要是为测量工作设计制造的，所以用于测量比用于放样方便得多。

放样的基本工作主要是地面点的直接定位元素角度、距离、高差的放样。

一、角度放样

1.角度放样的一般方法

如图 11-1 所示,图中 A、B 为已知点,AB 是已知方向,∠BAP 为设计已知值 β,AP 方向是设计的待放样方向。

角度放样的目的是以测量方法把 AP 方向按设计 β 角度测设到实地。

步骤为:

(1)在已知点 A 上安置经纬仪,选定已知方向 AB,配置水平度盘读数为 0°00′00″,瞄准 B 点目标。

(2)拨角,即转动经纬仪照准部,使读数窗度盘读数(或显示窗显示)为 β。此时望远镜的视准轴方向指向 AP 的既定方向。

(3)按望远镜视准轴方向在地面上设立标志。通常在地面上落点位置钉上木桩(木桩移到望远镜十字丝竖丝方向上),在木桩的顶面标出 AP 的精确方向。

2.方向法角度放样

(1)在 A 点上安置经纬仪,以盘左位置按角度放样的一般方法完成待定方向 AP 的设置,此时 P 用 P′表示。

(2)以盘右位置瞄准 B 点目标,按角度放样一般方法测设 AP 方向,在实地标出 AP 方向的标志 P″。

(3)取 P′、P″的平均位置为 P,即 P 为准确的 AP 方向的标志,如图 11-2 所示。

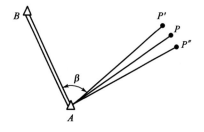

图 11-1　角度的一般放样　　　　　　图 11-2　方向法角度放样

在一般工程上,常采用方向法角度放样抵消仪器水平度盘偏心差等误差的影响,提高了角度放样的精度。

3.归化法角度放样

为了提高放样的精度,可按下述方法进行:预先放样一个点作为过渡点,接着精密测量该过渡点与已知点之间的关系(边长、角度、高差等);把测算得的值与设计值相比较得差数;最后从过渡点出发修正这一差数,把点位归化到更精确的位置上去,这种比较精确的放样方法叫归化法。

设 A、B 为已知点,待放样的角度为 β。

(1)先用一般放样方法放样 β 角后得过渡点 P′,然后选用适当的仪器和测回数精确测量∠BAP′ = β′,并概量 AP′的长度,设 AP′的长度为 S。

(2)计算 Δβ,即计算 β′与设计值 β 的差数:

$$\Delta\beta = \beta' - \beta \tag{11-1}$$

式中：β'——精确测定的角度值；

β——设计的角度值。

（3）按 $\Delta\beta$ 和 S 计算归化值 ε：

$$\varepsilon = \frac{\Delta\beta''}{\rho''}S \tag{11-2}$$

从 P' 出发在 AP' 的垂直方向上归化一个 ε 值（归化时应注意归化的方向），即可得待求的 P 点，如图 11-3 所示。

二、距离放样

距离放样是将设计的已知距离在实地标定出来，即按给定的一个起点和方向，标定出另一个端点。

1. 水平距离放样

如图 11-4 所示，A 是已知点，P 是 AB 方向上的待定点，设计拟定平距 $AP = S$。

（1）在实地沿 AB 方向以钢尺丈量长度 S，定出 P 点。

（2）为了检核，应往返丈量 AP 的长度，检核放样点位的正确性，若往返丈量的较差在限差内，则取其平均值作为最后结果。

2. 倾斜地面的距离放样

图 11-5 中，S 是设计平距，但实际地面 A 至 B 之间存在高差 h。要使 AB 的放样平距等于 S，则实地测设长度为 l_p，即

$$l_p = \sqrt{S^2 + h^2} \tag{11-3}$$

图 11-4　水平距离放样

图 11-3　归化法角度放样

图 11-5　倾斜距离放样

因此倾斜地面的距离放样，按式（11-3）求 l_p，再按 l_p 沿 AB 方向丈量 P 点。此时得到的 P 点就是 B 点，其 AB 的平距长度等于 S。

图 11-6　归化法距离放样

3. 归化法距离放样

如图 11-6 所示，设 A 为已知点，待放样距离为 S。先设置一个过渡点 B'，选用适当的仪器及测回数精确丈量 AB' 的距离，经加上各项改正数后可以求得 AB' 的精确长度 S'。

把 S' 与设计距离 S 相比较,得差数 ΔS, $\Delta S = S - S'$。

当 $\Delta S > 0$ 时,从 B' 点向前修正 ΔS 值就得所求之 B 点;当 $\Delta S < 0$ 时,从 B' 点向后修正 ΔS 值就得所求之 B 点。AB 即精确地等于要放样的设计距离 S。

归化法放样距离 S 的误差 m_S,由两部分误差合成:测量 S' 的误差 $m_{S'}$ 和归化 ΔS 的误差 $m_{\Delta S}$,即

$$m_S^2 = m_{S'}^2 + m_{\Delta S}^2$$

表面上看起来,归化法放样的误差似乎比一般放样法会大一些。事实不然,由于归化值一般较小,归化的误差比测量的误差小很多,从而其影响可略而不计,归化法放样的精度主要取决于测量的精度,而测量的精度通常比直接放样的精度高一些,因此归化法放样的精度常优于一般放样的精度。

4. 光电测距跟踪放样

光电测距跟踪放样是利用全站仪的跟踪测距功能进行测设。

(1)在 A 点安置全站仪,量取仪器高 i,反光棱镜立于 AB 方向 P 点概略位置上 P' 处[图 11-7a)],反光棱镜对准全站仪。

(2)全站仪瞄准棱镜,启动全站仪的跟踪测距模式,进行跟踪测距,观察全站仪的距离显示值 S',比较 S' 与设计值 S 的差别,指挥棱镜沿 AB 方向前后移动。当 $S' < S$ 时,棱镜向后移动,反之向前移动。

(3)当 S' 比较接近 S 值时,停止棱镜的移动,全站仪终止跟踪测距模式,同时启动正常测距模式,进行精密测距,并记下距离 S''。计算精确值 S'' 与设计值 S 的差值 $\Delta S (\Delta S = S - S'')$ 进行调整。在实地标定出 P 点的位置。

如图 11-7b)所示,如需测设斜距时,根据光电测距成果处理原理公式,光电测距平距 S 可表示为:

$$S = (D + K + R \times D_{km}) \cos \alpha \tag{11-4}$$

式中:D——光电测距值;

$\quad\ \ K$——全站仪加常数;

$\quad\ \ R$——全站仪乘常数;

$\quad\ \ \alpha$——放样点与已知点之间的竖直角。

图 11-7　光电测距跟踪放样

根据式(11-4),测距仪放样斜距 D 为:

$$D = \frac{S}{\cos \alpha} - (K + R \times D_{km}) \tag{11-5}$$

三、高程放样

各种工程建设在施工过程中都要求测量人员放样出设计高程。放样高程的方法主要采用几何水准测量方法,有时也可采用钢卷尺直接丈量垂直距离或采用三角高程测量方法。

1.水准测量高程放样方法

应用几何水准测量方法放样高程时,首先应将高程控制点以必要的精度引测到施工区域,建立临时水准点。

高程放样时,设地面有已知高程的水准点 A,其高程为 H_a,待定点 B 的设计高程也已知,设为 H_b,要求在实地标定出与该设计高程相应的水平线或待定点顶面。

如图 11-8 所示,a 为水准点 A 上水准尺的读数,待放样点 B 上水准尺的读数 b 按下式计算:

$$b = (H_a + a) - H_b \tag{11-6}$$

图 11-8　水准测量法高程放样

然后,上下移动 B 点的水准尺使仪器照准 B 尺上的读数为 b,并将水准尺的零点标定出来,此点即为高程的放样点。标定放样点的方法很多,如混凝土工程一般是用油漆标定在混凝土墙壁或模板上。

当待放样点 B 的高程 H_b 高于仪器视线时,即 $H_b > H_a + a$,可以把尺子倒立,即用"倒尺"工作,这时,$b = H_b - (H_a + a)$。水准尺零点的高程即为放样点的高程。

当向高楼(即 $H_b \geqslant H_a + a$)(图 11-9)或深坑(即 $H_b \leqslant H_a + a$)(图 11-10)传递高程时,可以采用悬挂钢尺和两台水准仪进行工作。

图 11-9　高楼的高程放样

图 11-10　深坑的高程放样

当悬挂钢尺的零点在下端时:

$$H_b = H_a + a - (b - c) - d \tag{11-7}$$

由于 H_b 已知,则待放样点 B 上水准尺的读数 d(图 11-10)为:

$$d = H_a - H_b + a - (b - c) \tag{11-8}$$

2.用全站仪高程放样

用全站仪进行较大高差的高程放样是一种比较高效的方法,如图 11-11 所示,地面点 A

的高程为 H_a，待定点 B 的设计高程也已知，设为 H_b。其测设步骤如下：

（1）仪器安置在测站 A 点，反射棱镜安置于待放样点 B 处，量取仪器高 i 及棱镜高 l。

（2）放样准备。根据全站仪的功能进行测站设置，把 A 点的高程 H_a，仪器高 i 及棱镜高 l 存入仪器的存储器。

（3）高程放样。瞄准待放样点 B 处的反射棱镜。启动测距跟踪测量模式，观察显示高差和镜站高程。比较实测的 B 点高程 H'_b 与 B 点的设计高程 H_b，指挥升降反射棱镜的高度 l，使显示高差和镜站高程满足设计要求，把棱镜对中杆的底部标定出来，此点即为高程的放样点。

图 11-11　全站仪高程放样

第三节　地面点平面位置的测设

一、直角坐标法

直角坐标法是利用点位之间的坐标增量及其直角关系进行点位放样的方法。A、B 是已知点，P 是设计的待定点。

（1）实地建立直角坐标系。设 A 为坐标系原点，AB 为 y 轴，x 轴便是过 A 点与 AB 垂直的直线。

（2）根据设计点位，确定待定点在坐标系中的坐标。如图 11-12 所示，待定点 P 与 A 点的坐标增量 Δx、Δy 在此坐标系中便是 x_P、y_P。

（3）放样 P 点。

①沿 y 轴丈量 Δy 得 P_y；

②在 P_y 处安置经纬仪，瞄准 A 点并拨角 $90°$；

③沿视准轴方向（即 x 轴）丈量 Δx 得 P 点的位置；

④实地标定 P 点。

图 11-12　直角坐标法

二、极坐标法

极坐标法是利用点位之间的边长和角度关系进行放样的方法。如图 11-13 所示，A、B 是已知点，坐标为 (x_A, y_A)、(x_B, y_B)；P 是待定点，设计坐标为 (x_P, y_P)。

（1）放样数据准备。根据已知点 A、B 的坐标，待定点 P 的设计坐标按坐标反算公式计算极距 S_{AP} 和极角 $\angle BAP = \beta$。

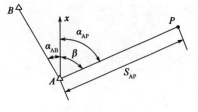

图 11-13　极坐标法

极距

$$S_{AP} = \sqrt{(x_P - x_A)^2 + (y_P - y_A)^2} \qquad (11\text{-}9)$$

极角

$$\beta = \alpha_{AP} - \alpha_{AB} \qquad (11\text{-}10)$$

（2）在 A 点上安置仪器,按角度放样的方法在实地标定 AP 方向线。

（3）沿 AP 方向线量距 $AP = S_{AP}$。

（4）在实地标定出 P 点的位置。

三、角度交会法

角度交会法是利用点位之间的角度关系进行点位放样的方法。如图 11-14 所示,A、B 是已知点,坐标为 (x_A , y_A)、(x_B , y_B);P 是待定点,设计坐标为 (x_P , y_P)。

（1）放样数据准备。图 11-14 中的 α、β 是角度交会法放样的数据。

$$\alpha = \alpha_{AB} - \alpha_{AP}$$

$$\beta = \alpha_{BP} - \alpha_{BA}$$

（2）在 A 点安置仪器,以 AB 为起始方向,以 $360° - \alpha$ 拨角放样 AP 方向,定骑马桩 A_1、A_2。

（3）在 B 点安置仪器,以 BA 为起始方向,以 β 拨角放样 BP 方向,定骑马桩 B_1、B_2。

（4）利用 A_1A_2、B_1B_2 相交于 P 点,实地标定 P 点位置。

四、距离交会法

距离交会法是利用点位之间的距离关系进行点位放样的方法。如图 11-15 所示,A、B 是已知点,坐标为 $(x_A 、y_A)$、$(x_B 、y_B)$;P 是待定点,设计坐标为 $(x_P 、y_P)$。

图 11-14　角度交会法

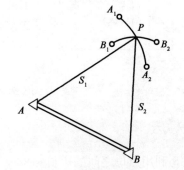

图 11-15　距离交会法

（1）放样数据准备。图 11-15 中的放样数据 S_{AP}、S_{BP} 按坐标反算公式求得。

（2）以 A 点为圆心,以 S_{AP} 为半径画弧线 A_1A_2。

(3)以 B 点为圆心,以 S_{BP} 为半径画弧线 B_1B_2。

(4)利用弧线 A_1A_2、B_1B_2 相交于 P 点,实地标定 P 点位置。

五、角边交会法

角边交会法是利用点位之间的角度、距离关系进行点位放样的方法。如图 11-16 所示,A、B 是已知点,坐标为 (x_A,y_A)、(x_B,y_B);P 是待定点,设计坐标为 (x_P,y_P)。

(1)放样数据准备。图 11-16 中的放样数据 β、S,由 A、B 和 P 点的坐标按坐标反算公式求得。

(2)在 A 点安置仪器,以角度放样方法在实地标出 AP 的方向线 A_1A_2。

(3)以 B 为圆心,以 S 为半径画弧线 B_1B_2。

(4)利用直线 A_1A_2 与弧线 B_1B_2 相交于 P 点,实地标定 P 点位置。

六、全站仪坐标法

全站仪坐标法是利用待定点的设计坐标以全站仪测量技术进行点位放样的方法。

全站仪坐标法的测设步骤:

(1)测站 A 安置全站仪,将已知点 A、B 和待定点 P 的坐标等参数输入全站仪。设置 AB 的坐标方位角 α_{AB} 并以 AB 方向定向。

(2)测设时,全站仪瞄准 P' 点的反射棱镜,测量 P' 点的坐标得 x'_P,y'_P。同时与 P 点的设计坐标 (x_P,y_P) 比较,计算坐标增量 Δx、Δy,如图 11-17 所示。

图 11-16　角边交会法　　　　图 11-17　全站仪坐标法

(3)观测人员根据 Δx、Δy 的大小及正负指挥镜站移动,并连续跟踪测量,直至 $\Delta x=0$、$\Delta y=0$。此时,镜站所在点位就是待定点 P 的实际点位。

(4)在地面上标定 P 点的位置。

另外,GPS RTK 能够实时地提供在任意坐标系中的三维坐标数据,拥有彼此不通视条件下远距离传递三维坐标,且测量误差不积累的优势。GPS RTK 坐标法能快速、高效地完成放样任务,目前已成为放样点位的常用方法。有关内容见第六章和相关仪器使用说明。

七、归化法放样

归化法放样点位有前方交会、侧方交会与后方交会归化法等方法,在此只介绍比较常用的前方交会归化法放样点位的方法。

设 A、B 为已知点,坐标为 (x_A, y_A)、(x_B, y_B);P 是待定点,设计坐标为 (x_P, y_P)。在放样之前,按这些点的坐标准备好放样元素 β_a 和 β_b。

在现场先用一般方法放样一个过渡点 P',然后精确测量 $\angle P'AB = \beta'_a$,$\angle AB\,P' = \beta'_b$。可以用 β'_a、β'_b 及 A、B 两点的坐标按前方交会公式计算 P' 的坐标 (x', y'),然后将 P'、A、B 三点视为控制点,从 P' 出发放样出 P 的点位。由于 PP' 距离比 AP、BP 小得多,所以从 P' 点出发放样 P 点的绝对误差较小。因此 P 点相对于 A、B 点的误差主要由 P' 相对于 A、B 点的误差所决定,即主要由测量 β'_a、β'_b 两角的误差所决定。

当 $\Delta\beta_a = \beta_a - \beta'_a$,$\Delta\beta_b = \beta_b - \beta'_b$ 较小时,意味着 P' 离设计点位 P 相距不远,这时可以用图解方法从 P' 点出发求得 P 的点位。为此先作归化图纸:

(1)在图纸上适当的地方刺一点作为 P' 点(图 11-18)。

图 11-18　归化法放样点位

(2)画两线,使其夹角为 $(180° - \beta'_a - \beta'_b)$。并用箭头指明 $P'A$ 及 $P'B$ 方向。为此也可以按 A、B 与 P'(或 P)的坐标差,缩小比例尺画出 A、B 两点位置。

(3)计算平移量。

$$\left. \begin{aligned} \varepsilon_a &= \frac{\Delta\beta_a}{\rho} \cdot S_a \\ \varepsilon_b &= \frac{\Delta\beta_b}{\rho} \cdot S_b \end{aligned} \right\} \tag{11-11}$$

(4)作 PA、PB 两线,分别平行于 $P'A$ 和 $P'B$,平行线间距分别为 ε_a 和 ε_b。参照 $\Delta\beta_a$、$\Delta\beta_b$ 之正负号决定平行线在哪一侧。此两平行线的交点即 P 的点位。

(5)将此归化图纸拿到现场,让图纸上 P' 点与过渡点 P' 的中心重合;转动图纸使图纸上 $P'A$ 方向与实地 $P'A$ 方向重合;用 $P'B$ 方向作为校核。这时图纸上 P 点的位置就是实地 P 点应有的位置,把它转测到实地上去,并标定 P 点的位置。这种归化方法计算比较简单,也较直观,归化精度也较高。

第四节　直线的测设

在公路、铁路、隧道、各种管道以及输电线路等线形工程中,放样直线是应用最频繁的测设工作之一,在其他工程中也有各种直线的放样工作。直线的放样方法有多种,比较常用的一般有内插定线、外插定线法等。

一、外插定线

图 11-19 中,已知 A、B 两点,要在 AB 的延长线上定出一系列点,称为外插定线。

操作方法:将经纬仪架设于 B 点上,盘左照准 A 点后,固定照准部,然后把望远镜绕横轴旋转 180° 定出待定点 $1'$;盘右重复上述步骤,定出待定点 $1''$;取 $1'$、$1''$ 的中点为 1 点的最终位置。同理可定出 2、3⋯诸点。

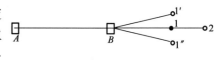

图 11-19　外插定线

外插定线时也可采用向前搬站的方法以提高定线的精度,如可将经纬仪搬至 1 号点上,用 A、1 两点定出 2 号点,依次类推,可一站站向前搬站,称为逐点向前搬站法外插定线。也可把"向前搬站"的方法与简单定线方法结合使用。

二、内插定线

设在地面有 A、B 两点,现要在 AB 直线上定出一系列点,称为内插定线。

若在 A 点或 B 点能架设经纬仪,那么望远镜照准 B 点或 A 点后固定经纬仪照准部,即可定出 AB 直线上的诸点。

若在 A、B 两点不便于设置经纬仪,可采用正倒镜投点法或测角归化法内插定线。

1. 正倒镜投点法

正倒镜投点法是利用相似三角形的原理测出待定点偏离 AB 直线的距离。如图 11-20 所示,AB 为直线的两端点,O'(待定点)为仪器安置位置。当仪器无误差时,仪器后视 A,倒转望远镜前视时,十字丝中心不位于 B 点而位于其附近的 B' 点,量取 BB' 后,即可根据 AB 和 AO 的长度,求出待定点偏离 AB 直线的距离 $OO' = \dfrac{AO}{AB} \cdot BB'$。若将待定点 O' 向 AB 直线移动 OO',即可将待定点设定在 AB 直线上。

实际工作中,由于仪器存在着视准轴不垂直于横轴或者横轴不垂直于纵轴等误差,为克服其误差影响,先将仪器初步安置在 O' 点,再用盘左、盘右两个位置分别照准 A 点,倒镜后则十字丝中心分别位于 B_1、B_2(图 11-20),取其平均值为 B' 点,则 $AO'B'$ 在一直线上。

2. 测角归化法

在图 11-21 中,设已知点 A、B 间的长度为 L,现要求在距 A 点距离为 S_1 的地方放样 P 点,使 A、P、B 在一条直线上。经纬仪架设在过渡点 P' 上测量 $\angle AP'B = \gamma$,然后用这个 γ 角计算归化值 ε。

图 11-20　正倒镜投点法

图 11-21　测角归化法

$\Delta ABP'$ 的面积可以用下面两式表达：

$$\frac{1}{2}S_1 \cdot S_2 \cdot \sin\gamma = \frac{1}{2}\varepsilon \cdot L \tag{11-12}$$

由此：

$$\varepsilon = \frac{S_1 S_2 \sin\gamma}{L} = \frac{S_1 S_2 \sin(180° - \gamma)}{L} \tag{11-13}$$

如果 $\gamma \approx 180°$，则 $\Delta\gamma = 180° - \gamma$ 是小角，所以：

$$\varepsilon = \frac{S_1 \cdot S_2 \cdot \sin\Delta\gamma}{L} \approx \frac{S_1 S_2}{L} \cdot \frac{\Delta\gamma}{\rho} \tag{11-14}$$

由测角误差 m_γ 引起归化值的误差为：

$$m_{p'} = \frac{S_1 S_2}{L} \cdot \frac{m_\gamma}{\rho} \tag{11-15}$$

三、坡度线的直线测设

在场地平整、排水管道敷设、修筑道路等工程中，经常要测设已设计的坡度线。如图 11-22 所示，A 和 B 为设计坡度线的两端点，A、B 点间的平距为 D_{AB}，若已知 A 点高程为 H_A，设计坡度为 i_{AB}，则可求出 B 点的设计高程为：

$$H_B = H_A - i_{AB}D_{AB} \tag{11-16}$$

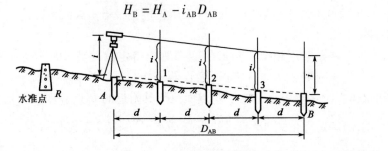

图 11-22　坡度线的测设

为了控制施工质量，每隔一定距离 d（一般取 $d = 10\text{m}$）钉一木桩，测设方法一般用水准仪（若地面坡度较大，亦可用经纬仪或全站仪）进行，其测设步骤如下：

（1）根据附近水准点的高程将设计坡度线两端点的设计高程 H_A、H_B 测设于实地上，并钉设木桩。

（2）将水准仪（或经纬仪）安置在 A 点上并量取仪器高 i，水准仪安置时使某两个脚螺旋的连线大致与 AB 方向线垂直，另一个脚螺旋则位于 AB 方向线上。

（3）旋转 AB 方向上的水准仪脚螺旋和微倾螺旋，使水准仪视线在 B 点标尺上所截取的

读数等于仪器高 i。此时水准仪的倾斜视线与设计坡度线平行,当中间各桩点 1、2、3 上的标尺读数也都为 i 时,各桩顶的连线就是要测设的设计坡度线。

若各桩顶的标尺实际读数为 $b_i(i=1,2,3)$,则各桩的填挖高度 h 可按下式计算:

$$h = i - b_i \tag{11-17}$$

由上式可知: $i = b_i$,不填不挖; $i > b_i$,h 值为挖深量;反之为填高量。

思考题与习题

1. 名词解释:测设(放样),归化法放样,外插定线,内插定线。

2. 测设中的基本工作有哪些? 施工放样的程序如何?

3. 测设平面点位的方法有哪些,各适用于什么场合?

4. 放样高程的方法有哪些? 在深基坑或高楼施工时,通常采用什么方法传递高程?

5. 直线的放样方法有哪些? 坡度线的测设应注意什么问题?

6. 举例说明归化法放样与一般放样的差异。

7. 已知控制点 A、B 和待测设点 P 的坐标为 $A(725.680,480.640)$、$B(515.980,985.280)$、$P(1054.052,937.984)$,若采用极坐标法测设 P 点。

(1)试计算测设数据。

(2)试述极坐标法测设 P 点的步骤。

第十二章　地质勘探工程测量

地质勘探通常是为了详细查明地下矿产资源,确定矿产的位置、产状、品位和储量等所进行的地质普查和勘察等工作。在进行勘探工程时所进行的测量工作,称为地质勘探工程测量。地质勘探工程测量的主要内容有:勘探工程测量、地质剖面测量和地质填图测量,其主要任务是:

(1)为地质勘探工程设计提供控制测量成果和各种比例尺地形图等基础测绘资料。

(2)根据地质勘探的设计在实地对工程进行定位、定线,并测出已施工完毕工程点的坐标和高程。

(3)为研究地层构造、编写地质报告和储量计算提供有关的测绘数据和资料。

第一节　勘探工程测量

一、勘探线、勘探网的测设

在地质勘探中,通常把各种勘探工程(探槽、探井、钻孔和坑道等)沿着一定的直线方向布设,布设的这些直线叫作勘探线,有时勘探线又构成一定形状的网格,叫作勘探网。勘探线、勘探网的设计必须由地质勘探人员通过现场实地踏勘后,依据地形条件和矿体走向来确定。

1. 勘探线、勘探网的布设

勘探线、勘探网布设的密度和大小一般根据矿床的类型与储量而定。通常把勘探线布设成一组间距相等且与矿体走向基本垂直的平行线,勘探线的间距(又称线距)一般在 20～1000m 之间取 10m 的整倍数,在勘探线上的工程点间距(又称点距)一般也是按矿体储量和矿体倾角的变化而定。

勘探网由两组相交的勘探线组成,一般有正方形、菱形和矩形三种形式,如图 12-1 所示。为了控制勘探线和勘探网的测设精度,亦须遵循由整体到局部的测量工作程序。首先沿矿体走向布设一条"基线",然后在此基础上布设其他勘探线。图 12-2 所示,M、N 为基线,P 为基点,A、B、C、D 为已知的国家控制点,一般基线两端 MN 应与控制点连接。勘探基线的选择可由矿区已有测绘资料来定,当有矿区地形图时,地质勘探人员可在图上确定勘探线的位置和方向,并拟定勘探工程的位置,测绘人员以此设计要求就可在实地测设勘探网。对于新建矿区,地质勘探人员可在实地选择某一工程点或矿体露头点作为勘探网的基点,并给出勘探线的方位和间距,此时测绘人员可以以选定的基点为基础,沿指定的基线方向测量勘探基线,该基线就是布设勘探网的基础。

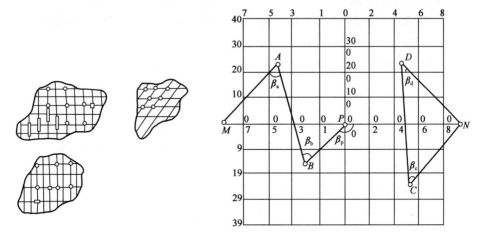

图 12-1　勘探网　　　　　　　　　　　图 12-2　勘探网布设

勘探网的编号通常以分数形式表示,分母代表线号,分子代表点号。以通过基点 P 的零号勘探线为界,左边的勘探线用奇数号表示,右边的则用偶数号表示;以基线为界,以北的点用偶数号,以南的点用奇数号表示。如在基线上 P 点两侧按设计的勘探线距定出的点有:$\dfrac{0}{2}$、$\dfrac{0}{4}$、$\dfrac{0}{6}$、$\dfrac{0}{8}$ 及 $\dfrac{0}{1}$、$\dfrac{0}{3}$、$\dfrac{0}{5}$、$\dfrac{0}{7}$ 等。

2. 勘探线、勘探网的测设

(1)勘探基线的测设

如图 12-2 所示,A、B、C、D 为已知控制点。首先根据图上设计的 M、N、P 点和已知控制点坐标,可利用全站仪或 GPS RTK 将欲定点 M、N、P 测设于实地。

当基线两端点 M、N 和基点 P 初步确定后,应检查三点是否在一条直线上,一般是将全站仪安置在其中任一点上进行检查(或利用 GPS RTK 放样模式检查或重新采集数据)。如果误差在允许范围内,则在基线两端点 M、N 埋设标石。然后重新测定其坐标,求出它们与设计坐标的差值,若误差在允许范围内,可取平均值作为最终坐标。否则应进行检查,必要时应重新施测。此时 M 或 N 点的实测坐标值便可作为勘探网坐标计算的起算数据,从而算出勘探网中各交叉点的设计坐标,然后就可向四周布设勘探线。

(2)勘探线、勘探网的测设

勘探基线测定以后,就可进行勘探网(线)的测设,而勘探线、勘探网的测设就是将基线与勘探线上的工程点测设于实地。常规的测设方法主要有:交会法、直角坐标法(测线法)以及极坐标法等或直接采用 GPS RTK 的放样模式,其具体测设步骤可参见第十一章。但不论采用哪种方法,在测设过程中应随时与测量控制点进行联测,以便检核。

(3)高程测量

基线端点和基点的高程,一般应在点位测设于实地后,用三角高程的方法与平面位置同时测定。实际高程与设计高程如在规定限差之内,取其平均值即可,否则应查找原因。勘探线、勘探网高程的测定,也可采用水准测量的方法进行,并布置成闭合或附合路线,以便于检核。

以上只是一般常规测设工作,由于现代测绘仪器(如全站仪、GPS RTK)的普及应用,且其精度较高,勘探网的测设也可以根据勘探区域情况不再布设控制基线,只在勘探区已有控制点的基础上,直接均匀布设一些加密控制点,用全站仪或 GPS RTK 直接将勘探工程点测设到实地,这样不仅提高了测设精度、测设速度,而且可大大减小劳动强度。

二、物(化)探网的布设

物(化)探工程也是进行矿产资源勘查的一种重要的方法,其目的是用物(化)探手段(磁法、电法、重力和地震等)探测地球本身的某些物理(化学)特性,研究地质现象,为工程或探矿提供资料。物(化)探工程测量就是将设计好的物探网施测到实地上,或将地面上已布设的物探网与国家控制点联测并绘制到地形图上,由此可见在用物(化)探等方法找矿时,都是在预先测设的物探网的基础上进行的。物探网也是由基线和测线组成的,如图 12-3 所示。

图 12-3 物探网

物探网是由若干互相平行的测线和测线上一些等距或不等距的测点组成的,它的基线布设必须平行于矿体的异常轴走向,测线与基线垂直,沿基线按线距布置的一系列的点称为基点,测点与测点的间距称为点距,测线与测线的间距称为线距。物探网的密度通常以线距乘点距来表示,如线距为 50m,点距为 20m,则该测网的密度为"50×20"。

布设物探网的程序是先将设计的基线测设到实地上,并以规定的间距定出各基点位置,然后在基点上测设测线,并以规定点距定出各测点位置,其具体做法与勘探网的布设基本相同。

三、钻孔、探井及探槽等勘探工程定位测量

钻孔、探井及探槽等勘探工程测量都是为确定具体矿产情况而进行的一种重要的勘探手段,如通过钻探来获得矿体的深度、厚度、范围、产状及其变化等储存情况,通过布设探井及探槽等来了解矿区的地质现象。

1. 钻孔测量

钻孔(图 12-4)是通过打钻,把地下岩(如煤)芯取出来,作为观察分析的资料。钻探是勘探阶级的主要手段,它一般布设在勘探线上,其密度随着矿床种类和储存情况的不同而不同,钻孔的位置一般由地质人员、钻探技术人员和测量人员共同研究决定。根据钻孔测量的要求,钻孔测量的内容包括初测、复测和定测。

图 12-4　钻孔测量

(1)钻孔初测

钻孔初测就是根据钻孔的设计坐标,从附近的控制点,用交会法或极坐标法等方法,利用全站仪或 GPS RTK 即可将钻孔孔位测设于实地上。如受地形限制,钻孔位置也可适当移动一段距离,最后确定孔位,并设置标志。因其标志在钻探时易被破坏,通常还要设立校正点。

(2)钻孔复测

钻孔复测就是在平整机台后检查校正孔位,因钻孔的初测位置标志常被破坏,为了安装钻机,必须在平整后的机场平台恢复钻孔位置。钻孔位置的恢复一般用初测时设立的校正点进行恢复。

(3)钻孔定测

钻孔定测就是钻探完毕封孔后测定孔径的坐标,以便编制各种图件和计算储量。钻孔位置以封孔标石中心或套管中心为准,钻孔坐标的测定,可采用交会法、极坐标法和 GPS RTK 等方法测定。孔口的高程,一般采用等外水准测量或三角高程测量方法测定。

定测工作很重要。如果把钻孔位置定错,那就要直接影响到地质资料的正确性。如果把穿过透水层、封孔质量又不好的钻孔位置定错,在将来的巷道掘进中遇到这种钻孔时,就可能导致严重的透水事故,故应特别注意。所以钻孔测量的精度要求高于探井及探槽等勘探工程测量。

2. 探井、探槽测量

探井、探槽等都属于山地轻型工程,它主要是揭露覆盖地区的地质现象,它的测量工作一般包括初测和定测两个步骤。其作业方法同钻孔测设基本一样,首先在初测阶段把设计的探井、探槽测设于实地,当探槽较长时,一般还要求测设探槽两端点的位置。在定测阶段,就是探井、探槽等施工完毕后,应测定其位置与高程,并将其标到图上。

第二节 地质剖面测量

为了解矿区的地质情况,如岩性特征、岩层的厚度以及地质构造等情况,一般都要进行地质剖面测量,尤其是在勘探后期,为了更好地掌握工程间相互关系和矿体变化,更应进行剖面测量。地质剖面测量,通常是沿着给定方向(通常是勘察线方向)精测剖面,以测出该方向线上的地形特征点、地物点、工程点、地质点以及剖面控制点的平面位置及高程,然后按一定的比例尺绘制出剖面图。如果是精度要求不高的剖面图,也可在已有的地形地质图上直接切绘,其方法见第九章。

地质剖面测量的步骤和内容一般为:首先进行剖面定线,建立剖面线上的起讫点和转点,同时为了保证地质剖面测量的精度,还要在其间加密布设剖面控制点,以保证测量精度;然后进行剖面点测量;最后展绘成地质剖面图。

一、剖面定线

剖面定线的目的是定出剖面线的方向和位置,并定出剖面线的两端点的位置,它具体分两种情况。

(1)如果剖面线是由地质人员根据设计资料并结合实地情况确定的,那么确定后的剖面线端点的坐标和高程由测量人员借助测量仪器用一定的测量方法与附近控制点联测来确定。

(2)如果剖面线端点是地质人员在地质图上设计的,则测量人员可根据附近控制点的坐标和端点的设计坐标,利用全站仪或 GPS,在附近控制点上进行测设,从而确定剖面线端点在实地的位置,并埋设标志。采用全站仪测设时,如果两端点之间距离过长或不通视,为了保证地质剖面测量的精度,还须在剖面线上适当位置增设控制点和转点。另外,它也可以按建立勘查基线时所设计的地质剖面线间距的交叉点,作为剖面起始点。

二、剖面控制测量

根据剖面的比例尺及剖面线的长度,在剖面线中间尚需布设若干个剖面控制点(又称剖控点),以满足剖面点测量的需要。剖面控制点的布设根据地形条件可采取以下不同的方法:

(1)在地形起伏不大、通视良好的地区,可将全站仪架设在任一端点上,经对中、整平、定向后,在此剖面线上找出欲定剖面控制点的位置(或采用 GPS 直接测定),并设标志;然后,用测定端点的方法测定其坐标和高程,并同时计算出剖面控制点至剖面端点以及剖面控制点之间的水平距离及高差。

(2)在地形起伏较大、通视不良的地区,则依据图上的设计坐标,用极坐标法或交会法等方法将剖面控制点测设于地面上;然后,再测定其坐标及高程。

一般剖面控制点的测设也可与剖面定线同时进行。对未建立控制网的地区,可先进行剖面测量,待控制网点建立后,再测端点及剖面控制点的坐标和高程。

三、剖面点测量

由于全站仪的普及,剖面点测量的方法在很大程度上不再受地形条件和测图比例尺的限制。所以其施测方法是首先将仪器架设在剖面端点上,对中、整平后,瞄准剖面另一端点或剖面线中任一控制点;然后,沿剖面线测出地形坡度变换点、工程地质点、地物点以及地质界限点的水平距离和高程。当前一测站的测量工作结束后,立即选定下一个测站点,选测站要注意前进方向线上视线开阔(采用 GPS 则无此要求),一般剖面测量可与测设测站点同时进行。测定测站的距离及高差须往返观测。剖面点的密度,取决于剖面比例尺、地形条件和必要的地质点,一般是剖面图上距离 1cm 左右测量一剖面点。

由剖面的一端点测量到另一端点时,应及时检查水平距离及高程是否与已知值相符,其差值是否超限或有无错误。若不相符,应查找原因并补测或重测。

四、剖面图的绘制

一般在绘制剖面图前,应先检查和整理观测手簿记录。根据观测成果,求出剖面线上各控制点、测站点、地形地物点、地质工程点、地质点到起始端点的水平距离,并求出其高程。

其绘制方法是:在水平面上,按规定的比例尺,根据剖面线上各点与起始端点的水平距离,在水平向上展绘出各点;然后在各点的垂直方向上,按高程与选定的垂直比例尺,展绘出各点的位置;最后以圆滑的曲线连接之,即得地形剖面图,如图 12-5 所示。

图 12-5　××矿区第 V 条勘探线剖面图(比例尺 1:2000)

一般在剖面图上,还应把地质工程点、主要地质点编号,在剖面的左右两端应注明剖面线的方位角,在剖面图的下面标出剖面线和坐标线交点的位置,并注记其相应的坐标值。剖面图绘制完成后,还应在其最下面绘制出与剖面比例尺相同的平面图,剖面图上的工程点、主要地质点、剖面端点等可直接投影到平面图上,并注记编号;最后,写明剖面图名称、编号、比例尺、绘制日期,并绘出图例、图廓线。

第三节 地质填图测量

一、概述

地质填图一般是在地质勘探阶段,为了详细地查清地面地质情况,为下一步的勘探工作提供可靠的基础资料和依据而进行的一项测量工作。

这种将矿体的分布范围及品位变化情况、围岩的岩性及地层的划分、矿区的地质构造类型以及水文地质情况等填绘到图上,即地质填图。这类地质图可用作地质综合分析,正确解释成矿的地质条件及矿床类型,为矿区的勘探工程设计及最后的矿产储量计算提供资料和依据。地质填图是以相应比例尺的地形图作为底图的,一般是在大比例尺的地形图上进行的,为保证填图精度,地形图比例尺应比地质图比例尺大一倍。

填图的比例尺还依据矿床的具体情况而定,若矿床的生成条件较简单、产状较有规律(如沉积矿床)、规模较大、品位变化较小,则采用的填图比例尺就较小;反之,就应较大。勘探阶段的地质填图比例尺,通常用 1:10000、1:5000、1:1000 等几种比例尺地形图。对于煤、铁等沉积矿床,通常用 1:10000 和 1:5000 的地形图;对于铜、铅、锌等有色金属的内生矿床,通常采用 1:2000 和 1:1000 的地形图;对于某些稀有金属矿床,还可采用更大比例尺的地形图,如 1:500 比例尺地形图。

无论采用何种比例尺地形图进行地质填图,其基本工作都是从地质观察点做起,然后,根据地质点来描绘各种岩层和矿体的界线,用规定的地质符号填绘到图上而最后制成所需的地质图。

综上所述,地质填图测量包括地质点测量及地质界线测量两个内容,其中的地质点测量是基本的测量工作。

二、地质点测量

地质点包括:露头点、构造点、岩体、矿体界线点、水文点、重砂取样点等。一般地质人员在野外确定地质点的位置,注记编号后,测绘人员就可将地质点测绘到相应比例尺的地形图上。有了这种地形图,地质人员便可根据地质点描绘各种岩层和矿体的界线,填绘各种地质符号,最后就可制成地质图了。因此,地质点测量是地质填图测量中的一项基本工作。

测定地质点前一般应取得作为底图的地形图及地质点分布图、控制点等的资料,并对控制点进行图上对照检查,拟定出工作实施计划。数据采集方法常用极坐标法,即将全站仪安置在一个测站点上,对中、整平后,以另一控制点定向;然后量测各地质点的水平角、水平距离及高程或直接获得地质点的坐标。这一方法与地形测量中的碎部测量相同。

在测区内,应有足够的控制点作为测站点,且在进行地质点测量时,充分利用图区已有的控制点,如果控制点不足,应加以补充。

条件许可的话,也可采用 GPS RTK 测量直接获取其坐标,其数据采集方法可参见第八章。

三、矿体及岩层界线的圈定

在测定地质点的基础上,根据矿体及岩层的产状与实际地形的关系,将同类地质界线点连接起来,并在其变换处适当加密测点,以保证界线位置的正确。所有地质点的位置,均应由地质勘探人员选定,由测量人员在实地测绘。地质界线的圈定,由地质勘探人员在现场进行,也可根据野外记录在室内完成。图 12-6 所示是用地形图作为底图施测的部分地质界线。图中 SQ 为志留纪石英岩,SB 为志留纪石英斑岩。

图 12-6　地质界线

思考题与习题

1. 勘探网是如何组成和布设的?

2. 勘探工程测量中何谓初测、复测和定测?

3. 试述地质勘探剖面测量的基本内容和方法。

4. 在某勘探工程中需要布设一钻孔,其设计坐标为 $X_P = 3156766m$,$Y_P = 21626360$,已知该钻孔点附近有测量控制点 A、B,其坐标为:$X_A = 3156266m$,$Y_A = 21626160m$,$X_B = 3156216m$,$Y_B = 21626760m$。试求测设钻孔点 P 所需的测设数据。

5. 试述地质填图测量的工作程序及内容。

第十三章　建筑施工测量

建筑施工测量概述

一、施工测量的目的和内容

每项工程都要经过勘测、设计、施工、竣工验收等阶段,在勘测阶段,测量工作主要是测绘建筑场地的地形图,为工程设计提供地形信息。工程设计完成后,就要进行施工测量。施工测量即把图纸上的设计方案测设到施工场地上的测量工作,施工测量的目的就是为工程施工打下良好的基础。施工测量贯穿于施工的全过程,施工测量的质量直接决定工程的质量,所以施工测量必须严格按照有关规范要求进行。

在施工前,首先要建立施工控制网,然后以施工控制网为基础,将设计好的建(构)筑物的平面位置和高程,按设计要求标定在实地。在施工过程中,施工测量要适时提供建(构)筑物的施工方向、高程和平面位置,同时,还要不断地检查建(构)筑物的施工是否符合设计要求,随时给出纠正和修改数据。施工结束后,还要进行竣工测量,编绘建筑工程的竣工图,以备今后管理、维修、改建、扩建时使用。高层建筑物和特殊建筑物,在施工期间和工程完成后,还应进行变形测量,以保证施工安全和积累资料,掌握变形规律,为今后建(构)筑物的使用和维护提供资料。

二、施工测量的特点

与测绘地形图工作相比,施工测量具有如下特点:

(1)目的不同。测图工作是将地面上的地物、地貌测绘到图纸上,而施工测量是将图纸上设计的建(构)筑物测设到实地。

(2)精度要求不同。施工测量的精度要求取决于工程的性质、规模、材料、施工方法等因素。此外,由于建(构)筑物的各部分相对位置关系的精度要求较高,因而工程的细部放样精度要求不一定低于整体放样精度。

(3)施工测量工序与工程施工工序密切相关,某项工序还没有开工,就不能进行该项的施工测量。

(4)受施工干扰。施工场地上工种多、交叉作业频繁,并要填、挖大量土石方,地面变动很大,又有车辆等机械振动,因此各种测量标志必须埋设稳固且在不易破坏的位置,还应做到妥善保护控制点,经常检查,如有破坏及时恢复。

三、施工测量的原则

与测绘地形图一样,施工测量也遵循"由整体到局部,先控制后细部"的原则,即先在施工现场建立统一的施工控制网,然后以此为基础,测设出各个建筑物和构筑物的细部位置。这样可以减少误差累积,保证测设精度,避免因建筑物众多而引起测设工作的紊乱。

此外,施工测量责任重大,稍有差错,就会酿成工程事故,造成重大损失。因此,必须加强外业和内业的检核工作。

四、施工测量的精度

工程建设中,施工测量的精度取决于工程的性质、规模、材料、施工方法等因素。因此,施工测量的精度应由工程设计人员提出的建筑限差(即建筑物竣工时实际尺寸相对于设计尺寸的允许偏差)或工程施工规范来确定。建筑限差一般是指工程竣工后的最低精度要求,它应理解为允许误差。

工程竣工后的中误差由测量中误差和施工中误差组成,而测量中误差又由控制测量中误差和细部放样中误差两部分组成。上述各种误差之间的相互匹配要根据施工现场条件来确定,并以每一项作业工序的"难易度、成本比"大致相等为准则,既要保证工程质量,又要节省人力、物力。一般来说,测量精度要比施工精度高。

为了保证质量,我国许多行业主管部门都制订了相应的行业测量规范,如《水利水电工程施工测量规范》《铁路测量技术规则》《公路勘测规范》《冶金工业建筑安装工程施工测量规程》等,涉及全国性的有《工程测量规范》,针对具体工程的各项精度要求,如规范中有规定,则参照执行;如果没有规定则由设计、测量、施工以及构件制作相关技术人员共同协商决定。

第二节　建筑施工控制测量

一、概述

建筑施工控制测量是建筑施工测量的基础,其主要任务是建立施工控制网。在工程建筑物的规划设计阶段所建立的控制网,一般是从测图方面考虑的,不太适应施工放样的需要,其点位的分布、密度和精度方面都不能满足施工放样的要求。因此,在工程施工之前,一般需要建立施工控制网,作为工程建筑物施工测量的依据。

施工控制网相对于测图控制网而言,具有下列特点:

(1)控制范围小,控制点的密度大,精度要求高,使用频繁。

(2)受施工干扰大。

工程建设的现代化施工,通常采用平行交叉的作业方法,这样就使得工地上各种建筑物的施工高度有时相差悬殊,因而妨碍了控制点之间的通视。另外,施工机械到处停放,也阻挡了视线。因此施工测量受施工干扰大。

(3)施工控制网的等级宜采用两级布设。

在工程建设中,各建筑物轴线相互之间的关系,比之它们的细部相对于各自轴线的精度要求来说,其精度要低得多,因此,在布设建筑施工控制网时,采用两级布网方案是比较合适的,但下级网的精度不一定比上级网的精度低。

(4)投影面的选择应满足"按控制点坐标反算的两点间长度与实地两点间长度之差尽可能小"的要求。

施工控制网中的距离通常不是投影到大地水准面,而是投影到特定的平面上。例如,工业建设场地的施工控制网投影到厂区的平均高程面上,城市控制网投影到城市平均高程面上;也有的工程要求投影到精度要求最高的平面上。

(5)施工控制网的点位布设和精度常有特定要求。

点位布设要充分考虑施工放样的方便性,在精度上,并不要求网的精度均匀,而是要求保证某一特定方向或某几个点的相对位置的高精度。

(6)施工控制网常采用独立的建筑坐标系和高程系统。

建筑设计人员通常使用独立坐标系进行设计,其坐标原点一般选在建筑场地以外的西南角上,以使场地范围内点的坐标均为正值。独立坐标系的坐标轴平行或垂直于主轴线,使矩形建筑物相邻两点间的长度可以方便地由坐标差求得。同样,建筑物的间距也可由坐标差求得。这种坐标轴与建筑物主轴线成某种几何关系的平面直角坐标系称为建筑坐标系或施工坐标系。

当施工坐标系与测量坐标系发生联系时,应进行坐标换算,其方法参见第一章有关内容。

二、建筑施工平面控制网的建立

建筑工程施工控制网分为平面施工控制网和高程施工控制网。根据工程项目的规模大小,平面施工控制网一般布设为建筑基线或建筑方格网形式,对于扩建或改建的建筑区及通视困难的场地,也可以布设导线网。采用建筑基线或建筑方格网便于使用直角坐标法测设。

高程施工控制网一般按三、四等水准测量的精度布设。

1.建筑基线

建筑基线是建筑场地的施工控制基准线,它适用于建筑设计总平面图布置比较简单的小型建筑场地。其布设形式是根据建筑物的分布、场地地形等因素来确定,常见的形式有四种:"一"字形、"L"字形、"T"字形和"十"字形,如图 13-1 所示。建筑基线的布设要求是:①主轴线应尽量位于场地中心,并与主要建筑物轴线平行,主轴线的定位点应不少于 3 个,以便相互检核;②基线点位应选在通视良好和不易被破坏的地方,且要设置成永久性控制点,如设置成混凝土桩或石桩。

建筑基线的测设方法主要有以下两种:

(1)根据建筑红线或中线测设:建筑红线也就是建筑用地的界定基准线,由城市测绘部门测定,它可用作建筑基线测设的依据。一般采用直角坐标法测设出建筑基线。

（2）利用测量控制点测设。利用建筑基线的设计坐标和附近已有测量控制点的坐标，按照极坐标测设方法计算出测设数据而进行测设。

图 13-1　建筑基线

2. 建筑方格网

在建筑场地上各边组成方形或矩形格网且与拟建的建筑场轴线平行的施工控制网称为建筑方格网。建筑方格网是由格网的顶点组成的控制系统。

（1）建筑方格网的布设及其主轴线的测设

建筑方格网一般是根据建筑设计总平面图并结合现场情况来布设。布网时应首先选定方格网的主轴线，建筑方格网的主轴线应考虑控制整个建筑场地，当场地较大时，主轴线可适当增加。由主轴线组成一级控制网，可采用"十"字形、"口"字形或"田"字形，然后再加密或扩展方格网。细部方格网是在一级控制网的基础上根据各工程建筑物施工放样的需要分期加密布设的，其形状和规格均不一样，主要以各工程建筑物施工放样使用方便为原则。

建筑方格网的图形应尽可能简单，其边长需按建筑方格网的不同用途和建筑物的分布情况来确定。

测设主轴线的常用的方法有极坐标法和前方交会法。主轴线上的定位点一般不得少于3个，如图 13-2 所示，采用极坐标法测设出建筑方格网主轴线 AOB 上三点的概略位置，以 A'、O'、B' 表示（图 13-3）。由于误差的存在，A'、O'、B' 一般不在一条直线上，因此要在 O' 点上安置精密全站仪，测出 $\angle A'O'B' = \beta$，若直线角不满足 $180° \pm 5''$ 的要求时，计算改正值 ε，将其调整到一条直线上。

图 13-2　建筑方格网

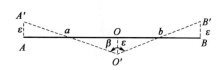

图 13-3　主轴线调整

$$\varepsilon = \frac{ab(180° - \beta)}{2(a+b)\rho} \tag{13-1}$$

如图 13-2 所示，在放样了主轴线 AOB 线后，仪器架于 O 点并转 90° 即可定出 C、D，两轴线交角应满足 $90° \pm 3''$ 的要求。

（2）细部方格点放样

放样细部方格点的方法主要有直接法和归化法。

①直接法。如图 13-2 所示，主轴线 AOB、COD 经调整后，便可加密 E、F、G、H 各点。在

A、C 两点架设全站仪,后视 O 点,分别测设 90°角,两方向线的交点即为 E 点。实量 AE、CE 边长进行检核。用同样方法可以交会 F、G、H 点。在建立了"田"字形方格网后,还需以此加密 1～16 各点。可在 C 点架设全站仪照准 E 点,按设计要求沿视线精密测距,即可定出点 1。图中各细部格网点,如 1、2、3、5、7、8、9、10、12、14、15、16 各点,均可用直线内分法标定,而 4、6、11、13 各点又可用方向线交会法进行加密。

②归化法。如果建筑区对施工控制网的精度要求较高,则必须用归化法来建立方格网。首先按直接法放样各方格点。为了求得一大批方格点的精确坐标,可以采用任何一种控制测量方法如 GPS 测量、三角测量、导线测量、交会法等,也可以联合应用几种方法来测量,然后通过严密平差精确计算出各点的实际坐标。将各点的实际坐标和设计坐标比较,求得各方格点的归化值,从而把各方格点归化到设计位置。

三、施工高程控制网的建立

高程控制网可分首级网和加密网,相应的水准点称为基本水准点和施工水准点。

1. 基本水准点

基本水准点应布设在不受施工影响、无振动、便于施测和能永久保存的地方,按三、四等水准测量的要求进行施测。为了便于检核和提高测量精度,场地高程控制网应布设成闭合环线、附合路线或结点网形。

2. 施工水准点

施工水准点用来直接放样建筑物的高程。为了放样方便和减少误差,施工水准点应靠近建筑物,通常可以采用建筑方格网点的标志桩加设圆头钉作为施工水准点。

为了放样方便,在建筑物附近,还要布设 ±0 水准点(一般以底层建筑物的地坪高程为 ±0),其位置多选在较稳定的建筑物墙、柱的侧面,用红油漆绘成上顶为水平线的"▽"形,其顶端表示 ±0 位置。

第三节 建筑施工测量

一、民用建筑施工测量

民用建筑工程一般指住宅、学校、医院等建筑物。有单层、低层(2～3 层)、多层(4～8 层)、高层(9 层以上)之分。由于建筑物类型不同,其施工测量方法及精度要求也有所不同,但总的放样过程基本相同,即建筑物定位、放线、建筑物基础施工测量、墙体施工测量等。本节着重介绍多层和高层民用建筑的施工测量。

1. 建筑物定位

建筑物定位就是根据施工控制网与拟建建筑物的关系,将建筑物的轴线或轮廓点测设在地面上。如图 13-4 所示是根据施工导线 Ⅱ、Ⅲ 点用极坐标法测设房屋基础轴线 AB 的情况。全站仪设站于点 Ⅱ,测设 β_1、D_1 以标定 A 点;然后设站于点 Ⅲ,测设 β_2、D_2 以标定 B 点。然后以 A 点为准,精确测设 AB 的设计长度以校正 B 点位置。再分别安置仪器于 A、B,测设

90°角,在 AD、BC 线上精确测设 AD、BC 的设计长度以标定 D、C 点。检核 $\angle CDA$、$\angle BCD$ 是否等于90°,不符值不应超过 $\pm 40''$;DC 的长度误差不应大于 $1/5000$。

考虑到在建筑物基槽开挖后,原测设的轴线桩都将被挖掉。为便于随时恢复点位,放样时要在轴线延长线上设置轴线控制桩(又称引桩),如图13-5所示。轴线控制桩应设在基槽开挖边界外 $2\sim4\mathrm{m}$ 处,每端不少于两个,对于小型建筑物也可采用龙门板法。

图13-4　民用建筑物定位

图13-5　墙中线引桩

2. 基础施工测量

基础开挖前,要根据轴线控制桩的轴线位置、基础宽度、基础挖深和基槽坡度,在地面上用白灰放出基槽的开挖线(也称基础开挖线)。

为了控制基槽开挖深度,当快挖到基底设计高程时,可用水准仪根据地面 ±0 水准点,在基槽壁上每隔 $3\sim5\mathrm{m}$ 及转角处测设一个腰桩(图13-6),使桩的上表面离槽底的设计高程为整分米数(如 $0.500\mathrm{m}$),以作为清理槽底和打基础垫层控制高程的依据,其测量限差一般为 $\pm10\mathrm{mm}$。若槽坑过深,可用第十一章的高程放样传递法施测。

图13-6　基槽腰桩测设

在垫层浇灌之后,根据轴线控制桩,用仪器把轴线投测到垫层上去,然后在垫层上用墨线弹出墙中心线和基础边线,以便砌筑基础。

3. 楼层轴线投测

随着楼层不断升高,测量人员需将基础轴线精确地向上投测到各层上,使各层轴线严格一致。其垂直度偏差(或称竖向偏差)在本层内不得超过 $\pm5\mathrm{mm}$,全楼的累计偏差不得超过 $2H/10000$(H 为建筑物总高度),且 $30\mathrm{m}<H\leqslant60\mathrm{m}$ 时,不应大于 $10\mathrm{mm}$;$60\mathrm{m}<H\leqslant90\mathrm{m}$ 时,不应大于 $15\mathrm{mm}$;$H>90\mathrm{m}$ 时,不应大于 $20\mathrm{mm}$。

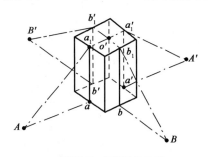

图13-7　楼层轴线投测

投测轴线最简单的方法是在楼层轴线端点位置(楼板或柱边缘)悬吊垂球。

当楼层较多垂球投测困难时,可用经纬仪逐层投测中心轴线。如图13-7所示,将经纬仪(全站仪)分别安置在 A 轴和 B 轴的轴线桩 A、A'、B、B' 上,用正倒镜投点法向上投测轴线到每层楼面上,取正倒镜平均位置作为该层中心轴线的投影点 a_1、a_1'、b_1、b_1',轴线 a_1a_1' 与轴线 b_1b_1' 的交点 o' 为该层中心点。此时轴线 a_1a_1'、$b_1\,b_1'$

便是该层细部测设和施工的依据,同样,随着建筑物的不断升高,可逐层向上投测轴线。

二、工业厂房施工测量

工业厂房施工测量,是在厂区控制网或厂房建筑方格网的基础上进行的。它包括柱列轴线与柱基测设、柱子吊装测量、吊车梁及其轨道安装定位测量等。

1. 厂房柱列轴线和柱基的测设

(1)柱列轴线的测设

根据柱列中心线与厂房建筑方格网的尺寸关系,将各柱列中心线测设到建筑方格网的4条边线上,并钉设木桩,以小钉标明点位,图13-8中 A、A'、B、B'、1、$1'$…15、$15'$等点,也称柱列轴线控制桩。

图 13-8　柱列轴线控制桩

(2)柱基的测设

以上述柱列轴线控制桩为依据,用两台经纬仪(全站仪)安置在两条互相垂直的柱列轴线控制桩上,沿轴线方向交会出每一个柱基中心的位置,并在柱基开挖范围外 $0.5 \sim 1m$ 处,沿轴线方向分别钉设两个小木桩,以小钉标明,作为基坑施工立模的依据,如图13-8所示。

(3)基坑的高程测设

当基坑挖到一定深度时,要在基坑四壁离坑底 $0.3 \sim 0.5m$ 处测设几个腰桩(图13-9),作为基坑修坡和检查坑深的依据。此外,还应在基坑坑底测设垫层的高程,使桩顶高程恰好等于垫层的设计高程。

图 13-9　基坑内的柱基定位

2. 柱子吊装测量

(1)柱子吊装应满足的要求

①柱子中心线必须对准柱列轴线,允许偏差为 $\pm 5mm$。

②柱身必须竖直,其全高竖向允许偏差为柱高的 $1/1000$,但不应超过20mm。

③牛腿面高程必须等于它的设计高程。柱高5m以下限差为 $\pm 5mm$,柱高5m以上限差为 $\pm 8mm$。

（2）吊装的准备工作

①弹出杯口定位线和柱子中心线。根据轴线控制桩用经纬仪（全站仪）将柱列轴线投测到杯形基础顶面上并画出定位线，当柱列轴线不通过柱子中心线时，应在杯口顶面加弹柱子中心定位线，并用红油漆画"▶"标志，如图13-10所示。另外，在柱子的3个侧面上应弹出柱中心线，并在每条线的上端和近杯口处用红油漆画"▶"标志，以作为校正时照准的标志。

图13-10　杯口柱子定位线

②杯口内壁测设高程线。在杯口内壁，可用水准仪测设一高程线，并画"▼"标志。该线至杯底设计高程为整分米数。

③柱身长度的检查与杯底找平。检查柱身长度的目的是为了保证吊装后牛腿面高程等于其设计高程 H_2，由图13-11可见：

$$H_2 = H_1 + l \tag{13-2}$$

式中：H_1——杯底设计高程；

　　　l——柱底到牛腿面的设计长度。

由于柱子预制及杯底的施工误差，式（13-2）往往不能满足。为了保证牛腿面的高程等于设计高程，在浇筑基础时有意识地把杯形基础底面高程降低 $2\sim 5$cm，然后用钢尺从牛腿顶面（或从柱身上 ±0 标志线）起，量出柱子四棱到柱底的实际长度，并与杯底的设计高程 H_1 相比较，得其差值，用 1∶2 水泥砂浆在杯底进行填充找平，从而使牛腿面的高程符合设计要求。

（3）柱子吊装垂直度校正

柱子吊入杯口后，先使柱脚中心线与杯口定位轴线对齐，并在杯口处用木楔临时固定，然后在互相垂直的柱列轴线附近，距柱子约为柱高 1.5 倍的位置，安置两台经纬仪（全站仪），先用经纬仪照准柱脚中心线，固定照准部后，逐渐抬高望远镜，检查柱体上部中线是否偏离视线，若有偏差，则指挥吊装人员予以调整，直到两个互相垂直的方向都符合要求为止，如图13-12所示。

图13-11　牛腿、杯底高程图

图13-12　柱子吊装时垂直度校正

应当注意，在校正变截面的柱子时，经纬仪必须安置在轴线上，以免发生差错。

柱子垂直度校正后，用水准仪检测柱身下部 ±0 标志"▼"的高程是否正确。其误差即为牛腿面高程的误差，它是修平牛腿面或加垫块的依据。

3. 吊车梁的吊装测量

（1）吊车梁吊装应满足的要求

①梁面高程应与设计高程一致；

②梁的上下中心线应与吊车轨道中心线在同一竖直面内。

（2）吊装的准备工作

①在吊车梁顶面、吊车梁两端面上弹出中心线；

②将吊车轨道中心线投测到牛腿面上。如图 13-13a）所示，利用厂房中心线 A_1A_1，根据设计轨道跨距（图中设为 $2d$）在地面上测设出吊车轨道中心线 $A'A'$ 和 $B'B'$。然后分别安置经纬仪于吊车轨道中心线的一个端点上，瞄准另一个端点，抬高望远镜，即可在每根柱子的牛腿面上用墨线弹出吊车轨道中心线。

图 13-13　吊车梁中心线的测设

（3）吊装吊车梁

吊装时，应使吊车梁端面中心线与牛腿面上的中心线对齐。随后，可用经纬仪或垂球吊线的方法进行吊车梁的竖直校正，使梁的端面中心线上下端位于同一竖直面。

吊装完成之后，可将水准仪安置在吊车梁上检测梁面高程，每隔 3m 测一点，与设计高程之差值应小于 ±5mm，否则，应在梁下用铁垫调整吊车梁的高度，使之符合要求。

4. 吊车轨道的安装测量

（1）轨道安装测量的要求

①每条轨道的中心线应是直线；轨道长 18m，允许偏差 ±2mm；

②每隔 20m 检查一次跨距，与设计值校差，应小于 3~5mm；

③每隔6m检测一点轨顶高程,允许误差为±2mm;

④每根钢轨接头处各测一点高程,允许误差为±1mm。

(2)准备工作

主要是对吊车梁上的吊车轨道中心线进行检测,这项工作常采用平行线法,如图13-13b)所示。首先在地面上将吊车轨道中心线向厂房中心线量出1m得平行线 $A''A''$、$B''B''$,然后在一端点 A'' 上安置经纬仪,瞄准另一端点,固定照准部后,抬高望远镜投测;在梁上水平横放一标尺,当视线对准标尺上1m处的刻划线时,标尺的零点应对准吊车轨道中心线。若有误差应加以改正,并重新弹出墨线。

(3)安装吊车轨道

吊车轨道按校正后的梁上轨道中心线进行安装就位,然后用水准仪检测轨顶的高程,用钢尺检测跨距,用经纬仪检测轨道中心线,直至全部符合要求为止。

三、高层建筑物的施工测量

高层建筑一般是这样划分的:10~16层为小高层建筑;17~40层为高层建筑;40层以上为超高层建筑。

《高层建筑混凝土结构技术规程》(JGJ 3—2010)中对高层竖向轴线传递和高程传递的允许偏差均作了规定,见表13-1。

高层竖向轴线传递和高程传递的允许偏差规定 表13-1

H(m)	每层	$H \leq 30$	$30 < H \leq 60$	$60 < H \leq 90$	$90 < H \leq 120$	$120 < H \leq 150$	$H > 150$
允许偏差(mm)	3	5	10	15	20	25	30

高层建筑施工具有过程复杂、难度大、施工空间有限、多工种交叉等特点,施工测量的各阶段测量工作必须与施工同步,且要服从整个施工的计划和进程。高层建筑施工测量中的主要问题是控制竖向偏差,也就是各层轴线如何精确地向上引测的问题。

高层建筑物轴线投测的常用方法有经纬仪投测法和激光铅垂仪投测法。

1.经纬仪投测法

经纬仪投测高层建筑物轴线时,将轴线控制桩引测到更远的安全地方,或者引测到附近高楼的屋顶上,如图 13-14 所示。引测方法是将经纬仪安置在第 10 层楼面轴线 a_{10}、a'_{10} 上,将地面上原有轴线延长线上的控制桩 A、A',引测到 A_1、A'_1 位置。10 层以上的楼层轴线投测,便可将经纬仪安置于新的轴线控制桩上,根据 a_{10}、a'_{10} 定向,然后逐层向上投测轴线,直至工程结束。

值得注意的是,用于高层建筑放样的仪器在投测前要严格检校,投测时应仔细整平。

图 13-14 高层建筑经纬仪轴线投测

2.激光铅垂仪投测法

为保证高层建筑垂直度、几何形状和截面尺寸达到设计要求,必须根据工程实际情况建立较高精度的施工测量控制网。目前,适应我国国情且被采纳的控制形式主要是内控制。

所谓内控制就是在建筑物的±00面内建立控制网,在控制点竖向相应位置预留竖向传递孔,用仪器在±00面控制点上,通过竖向传递孔将控制点传递到不同高度的楼层。

内控制中的施工测量实施步骤为:

(1)顾及建筑物的形状,在底层布置矩形或"十"字形控制网,并转测至建筑物的±00面,经复测检核后,作为建筑物垂直度控制和施工测量的依据。

(2)用激光铅垂仪或光学垂准仪在±00面控制网点作竖向传递,将控制点随施工进程传递至相应楼层(控制点铅垂方向每层楼板预留有相应的传递孔,尺寸约为30cm×30cm)。

(3)为消除仪器的轴系误差,仪器在每站投测时应采用4个对称位置分别向上投点,并取4个点的平均位置作为最后的投测点。

(4)接收靶通常采用透明的刻有"十"字线的有机玻璃,这种接收靶对采用激光铅垂仪和光学垂准仪都适用,这可使在接收位置的人透过接收靶看到激光铅垂仪投上去的激光斑点,并做记号;也能使光学垂准仪的操作人员通过调焦看到接收靶上的"十"字线的交点位置。

如图13-15所示,激光铅垂仪安置在底层测站c_0点,进行严格对中整平,在高层楼板预留孔上水平放置接收靶c,则激光光斑所指示的位置,即为测设站点c的铅直投影位置。两个投测中心即可构成一条垂直轴线。

3.楼层高程传递

高层建筑的高程传递通常可采用悬挂钢尺法和全站仪天顶测距法两种。

(1)悬挂钢尺法。可采用第十一章中介绍的高程传递方法,用水准仪结合钢尺将地面上水准点高程传递到楼层上,在各层上设立临时水准点,然后以此为依据,测设各楼层细部的设计高程。

(2)全站仪天顶测距法。如图13-16所示,将全站仪架于底层轴线控制点上,使望远镜水平(竖直角为0°),向水准尺读得仪器相对底层1m线的高度,然后使望远镜朝上(竖直角为90°),通过各层轴线传递孔直接向上测距,再用水准仪放样该层的1m线。

图13-15　激光铅垂仪投测轴线　　　13-16　全站仪天顶测距法(尺寸单位:mm)

第四节　建筑竣工测量

竣工测量是建筑物和构筑物竣工验收时,为获得工程建成后的各建筑物和构筑物以及地下管网的平面位置和高程等资料而进行的测量工作,其最终成果就是竣工总平面图。由于在施工过程中,可能由于设计时没有考虑到的原因而使设计的位置发生变更,因此工程的竣工位置不可能与设计位置完全一致。此外,在工程竣工投产以后的经营过程中,为了顺利地进行维修,及时消除地下管线的故障,并考虑到为将来建筑的改建或扩建准备充分的资料,一般应编绘竣工总平面图。竣工总平面图及附属资料,也是今后的工程改、扩建设计和运营管理所需要的基础资料之一。

工业、企业建筑工程竣工总平面图是一种大比例尺的专用图。总平面图与一般地形图测绘的区别主要在于内容和精度不同,总平面图要测定许多细部点的解析坐标和高程,要求全面反映建筑物的平面位置和高程,并常常把解析坐标、高程及几何尺寸等数据注记在总平面图上,这些解析数据可根据图面容纳程度直接注记在图内,或在图内注记编号,或另用数据附表形式等。

竣工测量包括室外测量和室内竣工总平面图编绘工作。

一、竣工测量

每个单项工程完成后,都应进行竣工测量,提交竣工测量成果。

1. 工业厂房及一般建筑物测量

主要测定厂房各角点坐标、周边长度、人行道及车行道入口、各种管线进出口位置及高程,室内地坪、室外房角高程,并附注厂房及房屋的编号、名称、结构层数、面积和竣工时间等。

2. 厂区铁路测量

主要测定路线转折点、曲线起终点、车挡和道岔中心的坐标,曲线元素、道岔要素,桥涵等构筑物位置、高程及尺寸。直线段每 50m 测出轨顶及路基的高程;曲线段 $R < 500m$ 时,每 10m 取一点;$R > 500m$ 时,每 20m 取一点。

3. 厂区道路测量

主要测定道路起终点、交叉点和转折点的坐标,曲线元素、路面、人行道、绿化带界限、构筑物位置尺寸和高程等。

4. 地下管线测量

主要测定检修井、转折点、起终点和三通的坐标,井旁地面、井盖、井底、沟槽、井内敷设物和管顶等处的高程,井距大于 50m 时,除测出井内管顶或槽底高程外,尚需加测中间点。图上注明井的编号、管道名称、管径、管材、间距、坡度及流向等。

5. 架空管线测量

主要测定管线转折点、节点、交叉点和支点的坐标,支架间距及支架旁地面高程、基础面高程,管座、最高和最低电线至地面的净高,注明电压等。

6. 特种构筑物测量

主要测定如沉淀池、烟囱、煤气罐等及其附属构筑物的外形和角点坐标,圆形构筑物中心的坐标等。此外还要测出基础面高程、烟囱及炉体高度、沉淀池深度等。

7. 其他测量

测定围墙拐角点坐标、绿化区边界,以及一些不同专业需要反映的设施和内容等。

二、竣工总平面图编绘

编绘竣工总平面图,需要在施工过程中收集一切有关的资料,加以整理,及时进行编绘。为此,在开始施工时即应有所考虑和安排。绘制竣工总平面图的依据如下:

(1)设计总平面图、单位工程平面图、纵横断面图和设计变更资料。

(2)定位测量资料、施工检查测量及竣工测量资料。

竣工总平面图上应包括施工控制点、建筑方格网点、水准点、建(构)筑物辅助设施、生活福利设施、架空及地下管线、铁路等建筑物的高程和坐标,以及相关区域内空地等的地形,有关建(构)筑物的符号应与设计图例相同,有关地形图的图例应使用国家地形图图式符号。

如果所有的建(构)筑物绘在一张竣工总平面图上,因线条过于密集而不醒目时,则可采用分类编图。如综合竣工总平面图、交通运输竣工总平面图和管线竣工总平面图等,比例尺一般采用1∶1000。如不能清楚地表示某些特别密集的地区,也可局部采用1∶500 的比例尺。当施工的单位较多,工程多次转手,造成竣工测量资料不全、图面不完整或与现场情况不符时,需要实地进行施测,这样绘出的平面图,称为实测竣工总平面图。

为了全面反映竣工成果,便于生产管理、维修和日后企业的扩建或改建,与竣工总平面图有关的一切资料,都应分类装订成册,作为竣工总平面图的附件保存。

思考题与习题

1.名词解释:施工测量、施工坐标系,建筑方格网,竣工测量。

2.建筑施工控制网的布设形式有哪些?其施工控制网的特点是什么?

3.建筑工程测量的内容有哪些?

4.建筑方格网起什么作用,如何建立?它与一般控制网有何区别?

5.柱子吊装测量有哪些主要工作内容?

6.何谓竣工测量?竣工总平面图编绘的目的是什么?

第十四章 线路测量

第一节 线路测量概述

铁路、公路、输电线和输油(气)管等工程属于线形工程,其中线统称为线路。线路在勘测设计阶段的测量工作称为线路测量。线路测量是为线路设计收集一切必需的地形资料,并将所设计的线路中线测设于实地。线路设计除了地形资料以外,还必须考虑线路所经地区的工程地质、水文地质以及经济等方面的问题,所以线路设计一般分阶段进行,其勘测工作也要分阶段进行。线形工程的勘测设计工作有许多的共同之处,相比之下,公路、铁路的勘测工作较为细致和全面。因此本节将以公路、铁路工程为代表,介绍线路测量的具体工作内容及方法。

一、线路工程建设的基本程序

铁路、公路建设要经过勘测设计和施工的过程,建成后再交付运营。这些工作一般都由设计、施工和运营等部门分别承担。

勘测设计是为铁路、公路建设收集设计资料,并做出经济合理的设计,它是一项政策性强、涉及面广、技术复杂的工作,在铁路、公路建设中占有十分重要的地位。

铁路、公路勘测设计一般要经过方案研究(室内研究、现场踏勘、提出方案报告)、初测、初步设计、定测、施工设计等过程。方案研究不作为一个设计阶段,故这种方式称为两阶段设计,即初步设计和施工设计,勘测工作分为初测和定测两个阶段。

二、线路测量基本内容

铁路、公路在设计、施工和运营中要进行各种测量工作。测量在铁路、公路工程中应用十分广泛,具有重要的作用。

勘测设计阶段的测量工作有初测和定测工作。

1. *初测*

即在所选定的规划路线上进行的勘测工作,主要技术工作内容有:控制测量和带状地形图的测量,目的是为线路工程提供完整的控制基准及详细的地形资料。

控制测量:即平面控制测量和高程控制测量。它是在已有交通规划路线,在实地也有了规划路线的基本走向的基础上,在相应的规划路线上进行测量。

(1)平面控制测量

初测平面控制测量可以采用 GPS 线路控制测量、导线测量或三角测量等方法。

①GPS 线路控制测量。

按线路测量规范的规定,线路测量采用的坐标系要纳入国家大地测量坐标系。因此,线路的初测和定测导线必须与国家大地控制点联测。用 GPS 静态相对定位法,可以为线路导线测量建立导线的起闭点。同时要顾及线路工程自身的特点和线路定线、施工放样对控制点加密的需要,分级建立 GPS 线路控制网。为此可将线路控制网分两级:建立边长较长的高一级的 GPS 线路首级平面控制网;用常规测量技术进行线路导线测量。

分级布网既能保证在几公里范围内的导线点间具有较高的相对点位精度、较大的可靠性,同时由于高一级 GPS 线路首级控制网的统一布设,这种相对点位精度将在整条线路上顺次延续。

GPS 线路控制网的点位选定除满足 GPS 要求外,尚需考虑有利于后续用全站仪加密布设符合导线或施工放样的需要,一般每隔 5km 左右布设一对相互通视的、边长为 500 ~ 1000m 的 GPS 点。

用快速静态相对定位法,可直接代替常规的线路初测和定测导线测量。为此尽可能保持点间通视,在困难情况下,可降低为每个导线点上至少有 1 个通视方向(不一定是所有相邻点)。

②导线测量。

导线测量中首先要选择导线点位。这时应注意,导线点宜选在地势较高的地方,且能前后互相通视;导线点应选在开阔的地方,以便作为图根控制,进行地形测量;导线点间的距离要适中,不宜大于 400m 和小于 50m,即使地势平坦、视线清晰时,亦不应大于 500m。若使用测距仪或全站仪时,导线点间的距离可增至 1000m,并应在不远于 500m 处增设内分点;导线点应尽可能接近将来的线路位置,以便为定测时所利用。

导线点选定后,即进行导线观测。布设的各段导线两端的点应附合在高一级的 GPS 控制网点上。

铁路初测导线的水平角可用 DJ2 及 DJ6 级仪器以测回法观测右角,观测一测回。两半测回之间应变动度盘位置。两半测回间角值之较差在 ±20″(DJ2)或 ±30″(DJ6)限差之内时取其平均值。

铁路初测导线的边长可采用光电测距仪或全站仪测量,往返测各一测回,边长相对误差应不大于 1∶2000。

(2)高程控制测量

是在线路沿线及桥梁、隧道工程规划地段进行高程控制测量,其任务有两类,一是建立沿线高程控制点,二是测定导线点的高程。方法主要有水准测量与三角高程测量。

水准测量根据工作目的及精度的不同,水准测量分为基平测量和中平测量。

①基平测量。

基平测量是沿线路布设水准点。一般地段每隔约 2km 设立一点,在工程复杂地段每隔 1km 设立一点,在 300m 以上的大桥两端以及隧道洞口附近各设一点。水准点的高程采用一组往返或两组单程水准测量的方法测定。往返测或两组高差不符值在 $\pm 30\sqrt{K}$ mm(K 为相邻水准点间的线路长度,以 km 计)以内时取平均值,计算至毫米级。

水准仪的型号应不低于 DS3 型。水准测量应在成像清晰和大气稳定的条件下进行。视线长度一般不大于 150m,当跨越深沟、河流时,视线可增至 200m,前后视距应尽量接近。

当跨越大河深沟视线长度超过 200m 时,可参照现行国家水准测量规范中五等跨河水准测量的要求进行。

用电磁波测距三角高程测量时,可与导线测量合并进行,导线点作为高程转点,高程转点间的距离和竖直角必须往返观测,并宜在同一气象条件下完成。斜距应加气象改正后,取往返观测的平均值。前后视的反射镜应置平与对中,仪器高与反射镜高应读至毫米。当竖直角大于 20° 或边长短于 200m 时,应提高观测值的精度。

水准点高程测量应与国家水准点或相当于国家等级的水准点联测。当线路距上述水准点在 5km 以内时,应不远于 30km 联测一次,形成附合水准路线,联测允许闭合差为 $\pm 30\sqrt{L}$ mm(L 为附合路线长度,以 km 计)。

②中平测量。

中平测量是测定导线点及中桩高程,一般采用单程水准测量。水准路线应起闭于基平测量时所设立的水准点上。导线点应作为转点,转点高程取位至毫米,中桩高程取位至厘米,中平测量允许闭合差为 $\pm 50\sqrt{L}$ mm(L 为附合水准路线长度,以 km 计)。

在困难地段,中桩高程也可用三角高程测量获得。三角高程路线应起闭于基平测量中测定过高程的导线点上,其路线长度不宜大于 2km。但在隧道顶上进行三角高程测量时,其路线长度可放宽至 7km。

单独进行中桩电磁波测距三角高程测量时,其高程路线必须起闭于水准点上,中桩高程测量的距离和竖直角,可单向正镜观测两次,两次之间应变动反射镜的高度,也可单向观测一测回。两次或半测回间高差之差小于 100mm 时取平均值。中桩电磁波测距三角高程的闭合差应满足水准测量的闭合限差要求。

(3)带状地形测量

在已经建立的平面控制和高程控制基础上沿规划中线进行地形测量,地形图的比例尺一般为 1:2000,地形简单的平坦地区可用 1:5000,困难地区使用 1:1000。测图带的宽度应能满足定线的需要,一般在选点时根据现场情况决定。对于 1:2000 测图,测图带宽度在平坦地区为 400~600m,在丘陵地区为 300~400m。测量的方法与一般地形测量相同。初测目前已较多地采用航测方法测绘地形图。

2.定测

定测中要进行放线交点工作、中线的测设(包括直线和曲线的测设)、纵断面测量和横断面测量。

3.线路施工及竣工阶段的测量工作

线路在施工阶段测量的任务主要是保证各种建筑物能按照设计位置准确地修建起来。施工阶段的首项工作是进行"复测"。复测是为了检查线路的主要控制桩的正确性和补设缺损的桩橛。在施工前要做"固桩"和"护桩"工作,以保证施工过程中桩点不致丢失或便于随时恢复。路基施工前还要进行路基边桩的放样。根据设计图纸及有关数据放样线路的边桩、边坡、路面及其他的有关点位,保证交通路线工程建设的顺利进行。在施工过程中要随时进行中线和高程测量,这些工作常常要反复进行多次,贯穿整个施工过程。在路基土石方工程完工以后,应进行线路竣工测量,其目的是最后确定中线位置,同时检查路基施工质量是否符合设计要求。它的内容包括中线测量、高程测量和横断面测量。

运营阶段,当对既有线路进行改建、修建复线时,都需要进行一系列的测量,其测量工作的特点是以既有线路为基础并对既有线路作详细的测量。为了更新资料,对线路现状和沿线地形每隔一定年份要进行全线的测量,即所谓"旧线测量"。

另外,铁路、公路测量按不同的工程来分,有中线测量、桥梁测量、隧道测量和站场测量等。

三、线路测量的基本特点

根据线路工程的作业内容,线路测量具有全线性、阶段性和渐近性的特点。

全线性是指测量工作贯穿于线路工程建设的全过程。例如铁路、公路工程的项目立项、决策、勘测设计、施工、竣工图编制、营运监测等都需进行必要的测量工作。

阶段性既体现了测量技术本身的特点,也是路线设计过程的需要。在不同的实施阶段,所进行的测量工作内容与要求也不同,并要反复进行,而且各阶段之间测量工作也不连续。

渐近性说明了线路测量在项目建设的全过程中,历经了由粗到精、由高到低的过程。线路工程项目高标准、高质量、低投资、高效益目标的实现,必须是严肃、认真、全面的勘察和科学、合理、经济、完美的设计与精心、高质量施工等的完美结合。因此测量工作必须遵循"由高级到低级"的原则,按阶段、分先后循序渐进逐步实施,同时也必须顾及典型工程对测量的特殊要求。

第二节　线路中线测量

线路中线测量是把线路的设计中心线测设(又称放样)到实地上。线路中心线是由一系列线路转折点(称为交点)组成的,线路中线的平面几何线形由直线和曲线组成。因此中线测量工作主要包括测设中线、定出各交点和测设曲线(包括圆曲线和缓和曲线)等。

线路中线直线测量的基本任务是把纸上定线设计的路线中线直线方向、交点以及按一定间距的直线段放样到实地中。

一、中线直线段的放样

中线放样,应先获取中线的点位测设参数,然后进行点位放样。获取点位测设参数的方法有解析法和图解法。

解析法是利用初测控制测量成果,初步设计图纸和设计资料,计算获取中线点的测设参数。

图解法是从图上量取中线测设参数的方法。对每条直线段,可根据量取的各交点的纵横坐标计算的每一段直线的距离和方向计算出直线段上若干待测设点的坐标,每条直线段最好有三个以上的点，以便核对。

中线直线段测设工作常采用穿线放线法、拨角放线法、GPS RTK 法和坐标法等，将纸上线路测设到实地上去。

1. 穿线放线法

此法适用于地形不太复杂，且定测中线离初测导线不远的地区。其放线的步骤为：

（1）室内选点：在初测地形图上，根据纸上线路与初测导线的相互关系，选择定测中线转点位置。其位置一般要选择在地势较高且互相通视的地方，并且纸上线路的每条直线段最好有三个以上的点，以便核对。

（2）测设数据准备：如图 14-1 所示，C_1、C_2、C_3···为初测导线点，在线路中线上选定 D_1、D_2、D_3···，以它们作为定测的中线点。即可在图上量取相应的放样数据 S_i、β_i，作为放线的依据。

图 14-1　穿线放线

（3）现场放线：用经纬仪或全站仪实地测设各中线点。定测中线点放出后，如果个别点的位置不太合适，可以根据现场的实际情况调整支距或角度，使其位于适当的地点。

（4）穿线：根据实地上已放出的点位，用经纬仪检查这些点是否在一条直线上。如偏差不大时，可以适当调整其位置于一条直线上。

（5）交点：如图 14-2 所示。A、B 是直线段调整后的两个中线点，延长 AB 在 CD 直线方向附近设骑马桩 B_1、B_2。C、D 是另一直线段调整后的两个中线点，延长 CD 在 AB 直线方向附近设骑马桩 C_1、C_2。由 B_1、B_2 与 C_1、C_2 的连线交会定出交点 JD。

交点也可用两台经纬仪从两个方向同时交出，考虑到日后恢复交点和交点桩以后的固桩，仍宜打上骑马桩。

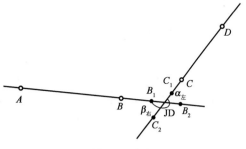

图 14-2　交点

交点定出后，在交点 JD 上观测 $\beta_右$ 一个测回，然后计算偏角 α，并注明其左偏或右偏。

偏角计算公式为：

$$左偏角\ \alpha_左 = \beta_右 - 180°$$

$$右偏角\ \alpha_右 = 180° - \beta_右$$

如果交点遇到障碍或位于不能置镜处或交点较远时，一般采用测设副交点的方法来解决。所谓副交点就是当交点不能设桩时,在两切线适当位置选择的辅助点。副交点通常选在便于测角量边处,并且要注明副交点与交点的关系。

2. 拨角放线法

拨角放线法是根据在图纸上所量得的设计线路各交点的纵横坐标,计算出每一段直线的距离和方向,从而算得交点上的转向角。外业人员按照这些资料,在现场直接拨角测距,而定出所设计的线路。它适用于不论有无初测导线的任何地区,例如用航测图作纸上定线,因控制桩较少,只能用此法放线。此法放线可循序前进,较穿线法简便,工效高,但放线误差容易累积。因此一般连续放出若干个交点后应与初测导线点闭合,以检查偏差是否过大,然后重新由初测导线点开始放出以后的交点,以免误差积累。在地形、地质复杂的地段,更应经常地与初测导线闭合,以保证中线的正确位置。其工作方法如下:

(1)放线资料的内业计算

如图 14-3 所示,C_1、C_2…C_p、C_{p1} 等点为初测导线点,JD_1、JD_2…JD_5 为定测中线的交点,由初测地形图上依次量取每个交点的纵、横坐标$(x、y)$,取位至米。然后,计算出各交点之间直线长度 S_i 以及各点的拨角值 β_i,并用地形图上的图解值进行校核。

图 14-3　拨角放线

(2)放线定交点

放线资料计算完毕并经复核无误后,便可进行外业放线。首先将仪器置于 C_1 点上后视 C_2 点,拨角度 β_1,测量距离 S_1,定出交点 JD_1。然后将仪器搬到 JD_1,后视 C_1 点,拨角度 β_2,测量距离 S_2,定出交点 JD_2。用同法依次可定出其他各交点。

(3)与初测导线联测

在实地放出若干个交点后,应与初测导线联测。若闭合差在允许的范围内时,一般不进行调整,以实际联测数据重新计算交点 JD_4 的坐标,并以此为起点测设下一段的各交点。若闭合差超过限差时,应检查不闭合的原因,并予以改正。

交点定出后,即可进行曲线测设,并沿线路定出百米桩及加桩等。

3. GPS RTK 法

用 GPS RTK 进行线路中线测量时,直线段可采用前期准备的测设坐标数据,曲线段可根据交点定位测量的偏角和曲线设计参数计算出各待测设点的坐标和整桩、桥位等加桩的坐标数据,然后将这些数据输入电子手簿中,有了坐标以后在实测前还应作坐标转换参数的计算,以便把 GPS 测量结果转换到工程采用的坐标系统。这样便可在野外进行测设工作。

4. 全站仪坐标法

目前线路地面测量的外业工作与部分内业数据处理几乎都可在全站仪中完成,且全站仪坐标法具有放样方法简单、灵活的优点,在线路中线定测中普遍使用。具体测设方法见第十一章。

二、中线桩的设置

1. 里程桩、中线桩

里程,即表示线路中线上点位沿线路到起点的水平距离。里程桩,即埋设在线路中线点上注有里程的桩位标志。

图 14-4 是里程桩的基本形式。里程桩上所注的里程又称为桩号,以公里数和公里以下米数相加表示。如图 14-4c) 所示,K100 + 560.56,表示里程为 100560.56m;K100,即 100km。

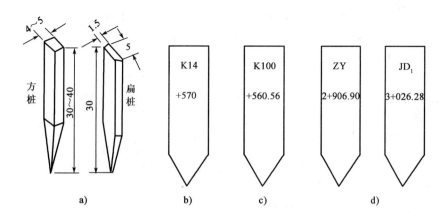

图 14-4　里程桩(尺寸单位:cm)

2. 设立中线桩的基本要求

(1) 决定线路中线直线方向的点位,如起点、终点、交点、方向转角、直线段中线点,必须设立相应的中线桩。

(2) 按相应间距在线路中线上设立中线整桩。中线整桩间距有整公里、整百米、整十米的形式。整十米间距分为整 10m、整 20m、整 40m 等几种间距,整桩的里程注计到米位。

(3) 根据线路中线地形特征点位和线路中线特殊点设立附加的里程桩,即设立中线加桩。加桩里程应精确注计到厘米位,如图 14-4d) 所示。

(4) 各种中线里程桩设置应符合要求,表 14-1 是公路中线桩测量的限差要求。

中桩桩位测量的限差要求　　　　　　　　　　　　表 14-1

公 路 等 级	纵向误差（m）	横向误差（cm）
高等级公路	$s/2000 + 0.1$	10
一般公路	$s/1000 + 0.1$	10

注:s 是中线桩位测量的长度,以米为单位。

(5) 如公里桩、百米桩、方向转点桩、交点桩等重要中线桩应加固防损,必要时应对有关桩位设立指示桩、控制桩等。

线路曲线测设

一、曲线概述

就线路而言,由于受地形地物及社会经济发展的要求限制,道路总是不断从一个方向转到另一个方向。这时,为了使车辆平稳、安全地运行,道路必须用曲线连接。这种在平面内连接不同线路方向的曲线,称为平面曲线。平面曲线可分为圆曲线和缓和曲线。圆曲线上任意一点的曲率半径处处相等;缓和曲线的曲率半径处处在变化。缓和曲线是在直线与圆曲线之间设置的一段过渡曲线,其半径变化范围自 ∞ 至圆曲线半径 R;若用以连接半径为 R_1 和 R_2 的圆曲线时,缓和曲线的半径便自 R_1 向 R_2 过渡(图 14-5)。

按曲线的连接形式不同,可分为:

单圆曲线——亦称为单曲线,即具有单一半径的曲线(图 14-5)。

复曲线——由两个或两个以上同向的单曲线连接而成的曲线(图 14-6)。

图 14-5 平面曲线　　　　　　　　　　图 14-6 复曲线

反向曲线——由两个方向不同的曲线连接而成的曲线(图 14-7)。

回头曲线——由于山区线路工程展线的需要,其转向角接近或超过 180° 的曲线(图 14-8)。

图 14-7 反向曲线　　　　　　　　　　图 14-8 回头曲线

螺旋线——线路转向角达 360° 的曲线(图 14-9)。

线路的纵断面是由不同的坡度连接的。当两相邻的坡度值的代数差超过一定值时,在变坡点处,必须用曲线连接。这种在竖面上连接不同坡度的曲线,称为竖曲线。竖曲线有凸形与凹形两种。顶点在曲线之上者为凸形竖曲线;反之称为凹形竖曲线(图 14-10)。

曲线测设的方法有多种,常见的有极坐标法、坐标法、切线支距法、偏角法等。

图 14-9　螺旋线　　　　　　　　　　　图 14-10　竖曲线

二、平面曲线

一般平面曲线是按"直线 + 缓和曲线 + 圆曲线 + 缓和曲线 + 直线"的顺序连接组成完整的线形。平面曲线最基本的是圆曲线和缓和曲线,其他曲线是由其派生而成的曲线。

1. 圆曲线

单圆曲线简称圆曲线,是最简单的一种曲线,其测设和计算都比较容易。在测设之前,必须进行曲线要素及主要点的里程计算。

(1)圆曲线要素及其计算

如图 14-11 所示,圆曲线的半径 R、偏角 α(即线路转向角)、切线长 T、曲线长 L、外矢距 E 及切曲差 q(又叫校正数或超距),称为曲线要素。其中,R 及 α 均为已知数据。R 是在设计中按线路等级及地形条件等因素选定的;α 是线路定测时测出的。其余要素可按下列关系式计算得出:

$$\left. \begin{array}{l} T = R \cdot \tan \dfrac{\alpha}{2} \\[2mm] L = \dfrac{\pi}{180°}\alpha \cdot R \\[2mm] E = R \cdot \left(\sec \dfrac{\alpha}{2} - 1 \right) \\[2mm] q = 2T - L \end{array} \right\} \tag{14-1}$$

其中,切曲差 q 除了用来校核切线长 T 及曲线长 L 外,还用以验算主要点里程。

例如,已知 $\alpha = 10°25'10''$、$R = 800\mathrm{m}$,求曲线各要素。由式(14-1)计算可得:

$$T = 72.94\mathrm{m}$$

$$L = 145.48\mathrm{m}$$

$$E = 3.32\mathrm{m}$$

$$q = 2T - L = 0.40\mathrm{m}$$

(2)圆曲线主要点里程的计算

从图 14-11 可以看出,圆曲线的主要点包括:

ZY 点(直圆点):直线与圆曲线的连接点;

QZ 点(曲中点):圆曲线的中点;

YZ 点(圆直点):圆曲线与直线的连接点。

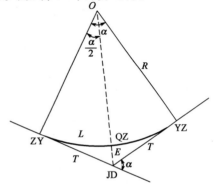

图 14-11　圆曲线

其主要点的里程,可自交点 JD 的里程算得。

接前面的例子,设已知 JD 的里程为 DK11 + 295.78,求 ZY、QZ、YZ 点的里程。

$$
\begin{array}{ll}
\text{JD} & \text{DK11} + 295.78 \\
-)\,T & \phantom{\text{DK11} + }72.94 \\
\hline
\text{ZY} & \text{DK11} + 222.84
\end{array}
$$

$$
\begin{array}{ll}
+)\,\dfrac{L}{2} & 72.74 \\
\hline
\text{QZ} \quad \text{DK11} + 295.58
\end{array}
\qquad 检核 \qquad
\begin{array}{ll}
\text{JD} & \text{DK11} + 295.78 \\
+)\,T & \phantom{\text{DK11} + }72.94 \\
\hline
& \text{DK11} + 368.72
\end{array}
$$

$$
\begin{array}{ll}
+)\,\dfrac{L}{2} & 72.74 \\
\hline
\text{YZ} \quad \text{DK11} + 368.32
\end{array}
\qquad\qquad
\begin{array}{ll}
-)\,q & \phantom{\text{DK11} + }0.40 \\
\hline
\text{YZ} & \text{DK11} + 368.32
\end{array}
$$

2. 有缓和曲线的圆曲线

缓和曲线可用螺旋线、三次抛物线等空间曲线来设置。我国铁路、公路上采用螺旋线作为缓和曲线。当在直线与圆曲线之间嵌入缓和曲线后,其曲率半径由无穷大(与直线连接处)逐渐变化到圆曲线的半径 R(与圆曲线连接处)。螺旋线具有的特性是:曲线上任意一点的曲率半径 R' 与该点至起点的曲线长 l 成反比,即

$$
R' \propto \frac{1}{l} \quad 或 \quad R' = \frac{c}{l}
$$

式中:c——常数,称为曲线半径变化率。

当 l 等于所采用的缓和曲线长度 l_0 时,缓和曲线的半径 R' 等于圆曲线半径 R,故:

$$
c = R \cdot l_0 \tag{14-2}
$$

如图 14-12a)所示为单圆曲线的情形。在直线与圆曲线间嵌入缓和曲线时,当圆曲线两端加入缓和曲线后,圆曲线应内移一段距离,方能使缓和曲线与直线衔接。而内移圆曲线,可采用移动圆心或缩短半径的办法实现。我国在铁路、公路的曲线测设中,一般采用内移圆心的方法。如图 14-12b)所示,若圆曲线的圆心 O_1 沿着圆心角的平分线内移至 O_2[此时 $O_1 O_2 = p \cdot \sec \dfrac{\alpha}{2}$,$p$ 值的大小,按式(14-4)计算],圆曲线的两端就可以插入缓和曲线,把圆曲线与直线平顺地连接起来。

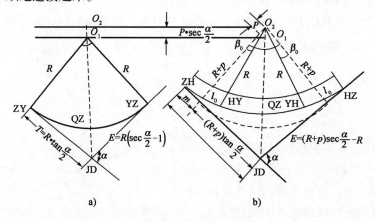

图 14-12 有缓和曲线的圆曲线

具有缓和曲线的圆曲线,其主要点为:

ZH(直缓点):直线与缓和曲线的连接点;

HY(缓圆点):缓和曲线和圆曲线的连接点;

QZ(曲中点):曲线的中点;

YH(圆缓点):圆曲线和缓和曲线的连接点;

HZ(缓直点):缓和曲线与直线的连接点。

从图 14-12b)可以看出,加入缓和曲线后,其曲线要素可以用下列公式求得:

$$\left.\begin{aligned}
T &= m + (R + p) \cdot \tan\frac{\alpha}{2} \\
L &= \frac{\pi R \cdot (a - 2\beta_0)}{180°} + 2l_0 \\
E &= (R + p)\sec\frac{\alpha}{2} - R \\
q &= 2T - L
\end{aligned}\right\} \qquad (14\text{-}3)$$

式中:α——偏角(线路转向角);

　　R——圆曲线半径;

　　l_0——缓和曲线长度;

　　m——加设缓和曲线后使切线增长的距离;

　　p——加设缓和曲线后圆曲线相对于切线的内移量;

　　β_0——HY 点(或 YH 点)的缓和曲线角度。

其中,m、p、β_0 称为缓和曲线参数,可按下式计算:

$$\left.\begin{aligned}
\beta_0 &= \frac{l_0}{2R} \cdot \rho \\
m &= \frac{l_0}{2} - \frac{l_0^3}{240R^2} \\
p &= \frac{l_0^2}{24R}
\end{aligned}\right\} \qquad (14\text{-}4)$$

从图 14-12 及式(14-4)可以看出,在圆曲线与直线之间插入长度为 l_0 的缓和曲线后,原圆曲线及直线的一部分,被缓和曲线代替,其长度为 l_0。

三、平面曲线放样数据的准备

平面曲线有各种不同的形式,不论何种形式的曲线,在放样曲线之前,都要准备放样数据。

1. 有缓和曲线的圆曲线参数方程

有缓和曲线的圆曲线,一般分为缓和曲线及圆曲线两部分讨论。

(1)缓和曲线参数方程

如图 14-13 所示,建立以直缓点 ZH 为原点,过 ZH 的缓和曲线切线为 x 轴、ZH 点上缓和曲线的半径为 y 轴的直角坐标系。

缓和曲线上任一点以曲线长 l_i 为参数的缓和曲线参数方程的最后形式为：

$$
\left.
\begin{aligned}
x_i &= l_i - \frac{l_i^5}{40R^2 l_0^2} + \frac{l_i^9}{3456R^4 l_0^4} - \cdots \\
y_i &= \frac{l_i^3}{6Rl_0} - \frac{l_i^7}{336R^3 l_0^3} + \frac{l_i^{11}}{42240R^5 l_0^5} - \cdots
\end{aligned}
\right\}
\tag{14-5}
$$

实际上应用上式时,可只取前一、二项,即 $x_i = l_i - \dfrac{l_i^5}{40R^2 l_0^2}, y_i = \dfrac{l_i^3}{6Rl_0}$。

（2）圆曲线参数方程

对于两端设置缓和曲线的圆曲线而言,如图 14-14 所示,仍用上述的直角坐标系,设 i 是圆曲线上的任意一点。从图中看出,i 点的坐标 x_i、y_i 可表示为：

$$
\left.
\begin{aligned}
x_i &= R \cdot \sin\alpha_i + m \\
y_i &= R(1 - \cos\alpha_i) + p
\end{aligned}
\right\}
\tag{14-6}
$$

式中：

$$
\alpha = \frac{180°}{\pi R}(l_i - l_0) + \beta_0
$$

图 14-13　缓和曲线参数

图 14-14　有缓和曲线的圆曲线参数

则圆曲线以曲线长 l_i 为参数的方程式：

$$
\left.
\begin{aligned}
x_i &= l_i - 0.5l_0 - \frac{(l_i - 0.5l_0)^3}{6R^2} + \cdots + m \\
y_i &= \frac{(l_i - 0.5l_0)^2}{2R} - \frac{(l_i - 0.5l_0)^4}{24R^3} + \cdots + p
\end{aligned}
\right\}
\tag{14-7}
$$

如果是单圆曲线（图 14-15）,以曲线起点 ZY（或终点 YZ）为坐标原点,其切线为 x 轴、过 ZY（或 YZ）的半径为 y 轴建立直角坐标系。

由图 14-15 中可以看出,圆曲线上任一点 i 的坐标为：

$$
\left.
\begin{aligned}
x_i &= R \cdot \sin\alpha_i \\
y_i &= R(1 - \cos\alpha_i)
\end{aligned}
\right\}
\tag{14-8}
$$

以 $\alpha_i = \dfrac{l_i}{R}$ 代入上式并用级数展开,可得圆曲线以曲线长 l_i 为参数的参数方程式：

$$x_i = l_i - \frac{l_i^3}{6R^2} + \frac{l_i^5}{120R^4}$$
$$y_i = \frac{l_i^2}{2R} - \frac{l_i^4}{24R^3} + \frac{l_i^6}{720R^5}$$

（14-9）

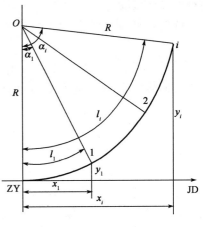

图 14-15　圆曲线参数

根据曲线半径 R 与曲线上任意一点 i 的曲线长 l_i 代入上式即得 i 点坐标 x_i 与 y_i。

2. 曲线坐标的计算

（1）曲线在切线直角坐标系中的坐标计算

在前面介绍了缓和曲线、圆曲线的参数方程，对曲线上任意一点的坐标都可以曲线长 l_i 为参数计算得到。

当 l_i 小于 l_0 时，所计算的坐标为缓和曲线上的坐标；

当 l_i 等于 l_0 时，所计算的坐标即为缓圆点（HY）或圆缓点（YH）的坐标；

当 l_i 大于 l_0 时，所计算的坐标为圆曲线上的坐标；l_i 为圆曲线上的任意一点到 ZH 点的曲线长。

同样建立以缓直点 HZ 为原点，过 HZ 点的缓和曲线切线为 x 轴、HZ 点上缓和曲线的半径为 y 轴的直角坐标系，计算另一半曲线任意一点的坐标 x'_i、y'_i。然后，通过坐标转换统一为以直缓点 ZH 为原点的直角坐标系中的坐标。如图 14-16 所示，HZ 点坐标为：

$$x_{HZ} = T_1 + T_2\cos\alpha$$
$$y_{HZ} = T_2\sin\alpha$$

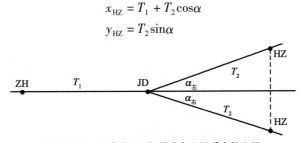

图 14-16　HZ 点在 ZH 切线直角坐标系中的坐标

过 HZ 点缓和曲线的切线 x 轴在以直缓点 ZH 为原点的切线直角坐标系中的方位角为 $180° + \alpha_右$ 或 $180° - \alpha_左$，并考虑到以缓直点 HZ 为原点的 y 轴方向与以直缓点 ZH 为原点的 y 轴方向相反，通过坐标转换，若 α 为右偏角，则另一半曲线任意一点的坐标为：

$$x_i = x_{HZ} - x'_i\cos\alpha - y'_i\sin\alpha$$
$$y_i = y_{HZ} - x'_i\sin\alpha + y'_i\cos\alpha$$

（14-10）

若 α 为左偏角，则另一半曲线任意一点的坐标为：

$$x_i = x_{HZ} - x'_i\cos\alpha + y'_i\sin\alpha$$
$$y_i = y_{HZ} + x'_i\sin\alpha + y'_i\cos\alpha$$

（14-11）

（2）曲线坐标转换到测量坐标系中的坐标

为了在已知坐标的测量控制点上进行曲线放样，必须将在以 ZH 点的切线直角坐标系中的曲线坐标转换到线路导线测量坐标系中去。根据 ZH 点切线所在直线段两端端点的测量坐标计算该边的坐标方位角为 A,ZH 点在测量坐标系中的坐标为 X_{ZH} 和 Y_{ZH},若曲线位于 ZH 点切线的右侧,则曲线任意一点在测量坐标系中的坐标为:

$$X_i = X_{ZH} + x_i \cos A - y_i \sin A$$
$$Y_i = Y_{ZH} + x_i \sin A + y_i \cos A \tag{14-12}$$

若曲线位于 ZH 点切线的左侧,则曲线任意一点在测量坐标系中的坐标为:

$$X_i = X_{ZH} + x_i \cos A + y_i \sin A$$
$$Y_i = Y_{ZH} + x_i \sin A - y_i \cos A \tag{14-13}$$

四、曲线的放样方法

曲线测设通常分两步进行。首先测设曲线上起控制作用的点,称为主要点测设;然后根据主要点加密曲线上其他的点,称为曲线详细测设。

1. 曲线的主要点测设

(1)圆曲线主要点的测设

圆曲线的主要点包括:ZY 点(直圆点)、QZ 点(曲中点)、YZ 点(圆直点)。在测设圆曲线主要点之前,应根据已知的圆曲线半径 R、线路偏角 α 按式(14-1)计算曲线要素 T、E、L、q。

如图 14-17 所示,圆曲线主要点的测设步骤如下:

①将经纬仪置于交点 JD 上,以线路方向定向。自 JD 起沿两切线方向分别量出切线长 T,即得曲线起点 ZY 及曲线终点 YZ。

②在交点 JD 上后视 ZY,拨 $(180° - \alpha)/2$,得分角线方向,沿此方向自 JD 量出外矢矩 E,即得曲线中点 QZ。

圆曲线主要点对整条曲线起着控制作用。其测设的正确与否,直接影响曲线的详细测设。所以,在进行作业时应仔细检查。在主要点设置完成后,还可以用偏角检核所测设的主要点有无错误。如图 14-17 所示,曲线的一端对另一端的偏角应为转向角 α 的一半;曲线的一端对曲线的中点 QZ 的偏角应为转向角 α 的 1/4。

(2)有缓和曲线的圆曲线主要点测设

有缓和曲线的圆曲线主要点有:ZH(直缓点)、HY(缓圆点)、QZ(曲中点)、YH(圆缓点)、HZ(缓直点),如图 14-18 所示。在测设有缓和曲线的圆曲线主要点之前,应根据圆曲线的半径 R、线路转向角 α 及缓和曲线的长度 l_0 确定曲线的要素 T、E、L、q。曲线要素按式(14-3)进行计算。

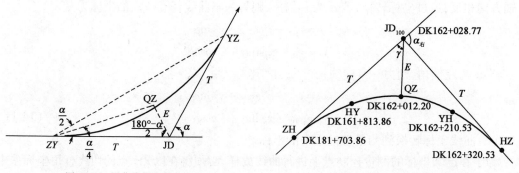

图 14-17　圆曲线的主要点　　　　　　　图 14-18　有缓和曲线的圆曲线主要点

各主要点的里程计算出以后,就可以进行测设。测设步骤如下:

①将经纬仪置于交点 JD_{100} 上定向,由 JD_{100} 沿两切线方向分别量出切线长 T,即得 ZH 及 HZ。

②在交点 JD_{100} 上,根据 $\gamma = (180° - \alpha)/2$,用经纬仪设置 $180° - \alpha$ 的平分线。在此平分线上由 JD_{100} 量取外矢距 E,即得曲线的中点 QZ。

③根据 x_0 及 y_0 设置 HY 及 YH 在两切线上,自 JD_{100} 起分别向曲线起、终点量取 $T - x_0$(或自 ZH、HZ 点起分别向 JD_{100} 点量取 x_0),然后沿其垂直方向量 y_0,即得 HY、YH 点。

若在测设平面曲线时采用极坐标法或坐标法,也可按式(14-10)~式(14~13)计算曲线坐标的方法,计算出主要点和细部点在测量坐标系中的坐标,把主要点和细部点一并测设,不再细分。

2. 曲线的详细测设方法

曲线主要点定出后,还要沿着曲线加密曲线桩,才能在地面上比较确切地反映曲线的形状。曲线的详细测设,就是指测设除主要点以外的一切曲线桩,包括一定距离的加密桩、百米桩及其他加桩。

曲线详细测设的方法有多种,常见的有极坐标法、坐标法、切线支距法、偏角法。

(1)极坐标法

随着光电测距仪和全站仪在线路勘测中的普及,利用极坐标法测设曲线也越来越受到重视。极坐标法测设曲线的主要问题是曲线测设资料的计算,按式(14-10)~式(14-13)计算曲线的坐标,并把由直线段、圆曲线段、缓和曲线段组合而成的曲线坐标归算到统一的测量坐标系中,计算极坐标法放样的数据,其极坐标 (S_i, θ_i) 可由测站点与待放样点坐标反算获得。该方法的优点是测量误差不积累,测设的点位精度高。尤其是测站设置在中线以外任意一点的自由设站极坐标法测设曲线,给现场的曲线测设工作带来极大的方便。

(2)坐标法

①全站仪坐标法。极坐标法测设曲线是根据曲线的测量坐标计算放样数据,而放样数据的计算是要根据仪器架设的位置而定的,现场仪器架设的位置会时而变化,就要重新计算放样数据。而全站仪坐标法测设曲线就不需要事先计算放样数据,只提供曲线的测量坐标就可以了。

② GPS RTK 法。GPS RTK 是一种全天候、全方位的新型测量系统,能够实时地提供在任意坐标系中的三维坐标数据,拥有彼此不通视条件下远距离传递三维坐标,且测量误差不积累的优势。在线路测量中,测量工作者已不满足于只将 GPS 用于线路控制测量。近年来,利用 GPS RTK 直接坐标法能快速、高效地完成测量放样任务。

极坐标法、坐标法放样见第十一章的有关内容。

(3)切线支距法(直角坐标法)

切线支距法是以曲线起点 ZH(或终点 HZ)为坐标原点,其切线为 x 轴、过 ZH(或 HZ)的半径为 y 轴的直角坐标系。利用曲线上各点在此坐标系中的坐标 (x, y),便可采用直角坐标法测设曲线。曲线上各点的坐标 (x_i, y_i) 可用式(14-5)(缓和曲线的参数方程式)及式(14-7)(圆曲线的参数方程式)计算。其做法是在地面上沿切线方向自 ZH(或 HZ)量出 x_i,在其垂直方向量取 y_i,便可定出曲线上的 i 点(图 14-19)。

图 14-19 切线支距

用切线支距法测设曲线,由于各曲线点是独立测设的,其测角及量边的误差都不积累,所以在支距不太长的情况下,具有精度较高、操作较简便的优点,故应用也较广泛。

五、竖曲线

线路纵断面是由许多不同坡度的坡段连接成的。坡度变化的点称为变坡点。在变坡点处,相邻两坡度的代数差称为变坡点的坡度代数差,它对列车的运行有很大的影响。列车通过变坡点时,由于坡度方向的改变,会产生附加的力和加速度,而使列车车钩受损,甚至产生脱钩、断钩或列车出轨的现象。

为了缓和坡度在变坡点处的急剧变化,使列车能平稳通过,变坡点的坡度代数差 Δ_i 不应超过规定限值(规定国家 I、II 级铁路 $\Delta_i \leqslant 3‰$,III 级铁路 $\Delta_i \leqslant 4‰$)。若超过限值,则坡段间应以曲线连接。这种连接不同坡段的曲线称为竖曲线。

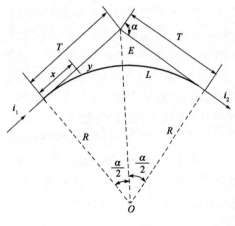

图 14-20 竖曲线

连接两相邻坡度线的竖曲线,可以用圆曲线,也可以用抛物线。目前,我国铁路上多采用圆曲线连接。

下面简要介绍竖曲线的测设。

如图 14-20 所示,竖曲线与平面曲线一样,首先要进行曲线要素的计算。

根据铁路工程技术规范规定,竖曲线半径 R,I、II 级铁路不小于 10000m,III 级铁路不小于 5000m。在工作量不过分加大的情况下,为了改进交通条件,竖曲线的半径应当尽可能地加大。

由于允许坡度的数值不大,纵断面上的曲折角 α 可以认为:

$$\alpha = \Delta_i = i_1 - i_2 \tag{14-14}$$

式中:i_1、i_2——两相邻的纵向坡度值;

Δ_i——变坡点的坡度代数差。

曲线要素除了半径 R 及纵向转折角 α 外,还有以下要素。

1. 竖曲线切线长度 T

$$T = R \cdot \tan \frac{\alpha}{2} \tag{14-15}$$

因为 α 很小,故:

$$\tan \frac{\alpha}{2} \approx \frac{\alpha}{2} = \frac{1}{2}(i_1 - i_2)$$

所以,

$$T = \frac{1}{2} R \cdot (i_1 - i_2) = \frac{R}{2} \cdot \Delta_i \qquad (14\text{-}16)$$

在 I、II 级铁路上，取 $R = 10000\text{m}$，则 $T = 5000\Delta_i$；在 III 级铁路上，取 $R = 5000\text{m}$，则 $T = 2500\Delta_i$。

2．竖曲线长度 L

由于转折角 α 很小，所以 $L \approx 2T$。

3．竖曲线上各点高程及外矢距 E

由于 α 很小，故可以认为曲线上各点的 y 坐标方向与半径方向一致，也认为它是切线上与曲线上的高程差。从而得：

$$(R + y)^2 = R^2 + x^2$$

故：

$$2Ry = x^2 - y^2$$

又 y^2 与 x^2 相比较，其值甚微，可略去不计。故有：

$$2Ry = x^2$$

所以，

$$y = \frac{x^2}{2R} \qquad (14\text{-}17)$$

算得高程差 y，即可按坡度线上各点高程，计算各曲线点的高程。

从图 14-20 上还可以看出，$y_{\max} \approx E$，故：

$$E = \frac{T^2}{2R} \qquad (14\text{-}18)$$

竖曲线上各点的放样，可根据纵断面图上标注的里程及高程，以附近已放样的整桩为依据，向前或向后量取各点的 x 值（水平距离），并设置标桩。施工时，再根据附近已知的高程点进行各曲线点设计高程的放样。

第四节　线路纵横断面测量

断面图是根据断面外业测量资料绘制而成，非常直观地体现了地面现状的起伏状况，是工程设计和施工中的重要资料，也是铁路、公路设计的基础文件之一。

一、线路纵断面的测绘

线路的平面位置在实地测设之后，应测出各里程桩处的高程。从而绘制表示沿线起伏情况的纵断面图，以便进行线路纵向坡度、桥面位置、隧道洞口位置的设计。

断面图采用直角坐标法绘制，其横坐标表示水平距离，纵坐标表示高程。线路纵断面图是以中桩的里程为横坐标，以其高程为纵坐标而绘制的。常用的里程比例尺有 1:2000 和 1:1000。在纵断面图上，为明显表示地形起伏状态，通常使高程比例尺为水平比例尺的 10 ~ 20 倍。图 14-21 为定测阶段结束后，编绘的线路详细纵断面图。

图 14-21　线路纵断面图

二、线路横断面的测绘

在铁路、公路设计中,只有线路的纵断面图还不能满足路基、隧道、桥涵、站场等专业设计以及计算土石方数量等方面的要求,因此,必须测绘横断面图。线路横断面测量的主要任务是在各中桩处测定垂直于道路中线方向的地面起伏情况,然后绘制横断面图。横断面图是设计路基横断面、计算土石方和施工时确定路基填挖边界的依据。横断面测量的宽度,由路基宽度及地形情况确定,一般在中线两侧各测 15～50m。

1. 确定横断面方向

在线路上,一般应在曲线控制点、公里桩和线路纵、横向地形明显变化处测绘横断面。在大中桥头、隧道洞口、挡土墙等重点工程地段,适当加密横断面。

横断面的方向,在直线地段与线路方向垂直;在曲线地段与各点的切线方向垂直。其确定方法可用方向架、经纬仪等进行。

2. 横断面上点位的测定

横断面上中桩的地面高程已在纵断面测量时测出,横断面上各地形特征点相对于中桩的平距和高差可用经纬仪、水准仪皮尺法、全站仪等测定。

(1)采用经纬仪测量横断面时,是将仪器置于中线桩上,读取中线桩两侧各地形变化点的视距和垂直角,计算各观测点相对中桩的水平距离与高差。此法宜用于地形起伏变化大的山区。

(2)采用水准仪皮尺法测量横断面时,由方向架确定断面方向,皮尺量距离,水准仪测量高差。该法适用于施测横断面较宽的平坦地区,如图 14-22 所示,水准仪安置后,则以中桩地面高程点为后视,以中桩两侧横断面方向地形特征点为前视,水准尺上读数至厘米。用皮尺分别量出各特征点到中桩的平距,量至分米。记录格式见表 14-2,表中按路线前进方向分左、右侧记录,以分式表示各测段的前视读数和平距。

图 14-22 水准仪皮尺法测横断面

路线横断面测量记录　　　　　　　　　　　　　　　　　表 14-2

$\dfrac{前视读数}{距离}$（左侧）	$\dfrac{后视读数}{桩号}$	（右侧）$\dfrac{前视读数}{距离}$
$\dfrac{2.35\ 1.84\ 0.81\ 1.09\ 1.53}{20.0\ 12.7\ 11.2\ 9.1\ \ 6.8}$	$\dfrac{1.68}{0+050}$	$\dfrac{0.44\ 0.14}{12.2\ 20.2}$

(3)采用全站仪测量横断面时,首先要建立横断面坐标系,即建立以各里程桩为坐标原点,以里程桩切线方向为 X' 轴、法线方向为 Y' 轴的临时坐标系,全站仪在该坐标系中测得的 X' 值即为偏离 Y' 轴(横断面的方向)的值,测得的 Y' 值即为离 X' 轴的距离(即至中线的垂直距离)。将测量坐标系中的任一点 $P(X_p,Y_p)$ 转换成横断面坐标系中的坐标换算公式参见第一章第二节。

全站仪测量横断面的步骤为:

①选取视野开阔的已知点 P_1 为测站,另一已知点 P_2 为后视,按极坐标法测量断面点。

②测量里程桩的三维坐标,在横断面坐标系中,该点的坐标 $X'=0,Y'=0$。

③测量横断面的地形变化点,在横断面坐标系中,如果该点在断面方向上,则 $X'=0$,否则说明该点偏离横断面方向,如果超出允许范围,则由观测员指挥跑尺员调整位置,Y' 值为地形变化点离里程桩的距离,正值为右侧,负值为左侧。同理测完其余各点。

3. 绘制横断面图

绘制横断面图的纵横比例尺相同,一般采用 1:100 或 1:200。根据横断面测量中得到的

各点间的平距和高差,检验横断面测量成果,横断面测量检测限差为:

$$\Delta H_{限} = \pm \left(\frac{H}{100} + \frac{L}{200} + 0.1 \right)$$

$$\Delta L_{限} = \pm \left(\frac{L}{100} + 0.1 \right)$$

图 14-23 绘制横断面图

式中:H——检查点至中桩的高差(m);

L——检查点至中桩的水平距离(m)。

检验合格后,绘出各中桩的横断面图(图 14-23)。在横断面图上应标定中桩位置和里程,并逐一将地面特征点画在图上,再连接相邻点,即绘出横断面图。

第五节 线路施工测量

线路施工测量的主要任务是放样出作为施工依据的桩点的平面位置和高程。这些桩点是指线路中心位置的中线桩和路基施工边线的边桩。线路中线桩在定测时已在地面标定,但由于施工与定测间相隔时间较长,桩点往往已丢失、损坏或移位,在施工之前必须进行中线的恢复工作和对定测资料进行可靠性和完整性检查,这项工作称为线路复测。修筑路堤之前,需要在地面上把路基工程界线标定出来,这项工作称为路基边坡放样。

一、线路复测

线路复测工作的内容和方法与定测时基本相同。施工复测前,施工单位应检核线路测量的有关图表资料,会同设计单位进行现场桩橛交接。主要桩橛有:直线转点、交点、曲线主点、有关控制点、导线点、水准点等。

线路复测内容包括:转向角测量、直线转点测量、曲线控制桩测量和线路水准测量等。其目的是恢复定测桩点和检查定测质量,而不是重新测设,所以要尽量按定测桩点进行。若桩点有丢失或损坏,则应予以恢复;若复测和定测成果的误差在允许范围之内,则以定测成果为准;若超出允许范围,应查找原因,确定定测资料错误或桩点位移时,方可采用复测资料。

线路复测与定测成果的不符值限差为:

(1)水平角:$\pm 30''$。

(2)距离:钢尺 1:2000,全站仪 1:4000。

(3)桩点点位横向差:每 100m 不应大于 5mm,当点位距离超过 400m 时,亦不应大于 20mm。

(4)曲线横向闭合差:10cm(施工时应调整)。

(5)水准点高程闭合差:$\pm 30\sqrt{L}$mm。

(6)中桩高程:± 10cm。

中桩点在施工中将被填挖掉,因此在线路复测后,路基施工前,对中线的主要控制桩(如交点、直线转点及曲线五大桩)应设置护桩。护桩位置应选在施工范围以外不易被破坏的地方。一般设两根交叉的方向线,交角不小于60°,每一方向上的护桩不少于3个。为便于寻找护桩,护桩的位置用草图及文字作详细说明。

二、路基边坡放样

路基横断面是根据中线桩的填挖高度和所用材料在横断面上画出的。路基的填方称为路堤;挖方称为路堑;在填挖高度为零时,称为路基施工零点。

路基施工填挖边界线的标定,称为路基边坡放样。它是用木桩标出路堤坡脚线或路堑坡顶线到线路中线的距离,作为修筑路基填挖方开始的范围。设计横断面与地面实测横断面线之间所围的面积就是待施工(填或挖)的面积。根据相邻两个横断面面积和断面的间距,就可计算施工土方量。路基施工前除了要标定出中线桩以外,还要标定出路基的边桩,即路堤坡脚线或路堑的坡顶线。修筑路基的土石方工程就从边桩开始填筑和开挖。测设边桩可用下列方法。

1. 从横断面图上求出边桩位置

当所测的横断面图有足够的精度时,可在横断面图上根据填挖高度绘出路基断面,则左右两侧边桩离中线桩的水平距离从图上可直接量出。根据图上所得距离,在实地放出边桩,这是测设边桩最简单的方法。

2. 平坦地面路基边桩位置的测设

在平坦地面,路基边桩到中线桩的水平距离可用公式计算。如图 14-24 所示,水平距离 D_1 和 D_2 可按下式计算:

$$D_1 = D_2 = \frac{b}{2} + m \cdot H \tag{14-19}$$

式中:b——路堤时为路基顶面宽度,路堑时为路基顶面宽加侧沟和平台的宽度;

m——边坡的坡度比例系数,填方通常为 1.5 或 1.75,挖方依地质条件而定,通常为 1.5、1、0.75 或 0.5 等;

H——中桩的填挖高度,可从纵断面图或填挖高度表上查得。

图 14-24　平坦地面路基边桩位置测设

3. 倾斜地面路基边桩位置的测设

当在倾斜地面上测设路基边桩位置时,不能利用式(14-19)直接计算路基边桩的水平距离,且路基两侧边桩的距离 D_1 和 D_2 也不相等,这时可用试探法在实地测设路堤或路堑边桩。

如图 14-25a) 所示, 当测设路堤的边桩时, 在坡下一侧先估计大致的坡脚位置, 假定在点 1 处。然后用水准仪测出 1 点与中桩的高差 h_1, 再量出 1 点离中桩的水平距离 D_1'。当高差为 h_1 时, 坡脚位置到中桩的距离应为:

$$D_1 = \frac{b}{2} + m(H + h_1) \tag{14-20}$$

若计算所得的 D_1 大于 D_1', 说明坡脚应位于 1 点之外, 如图 14-25a) 所示; 若 D_1 小于 D_1', 说明坡脚应在 1 点之内。按照差数 $\Delta D_1 = D_1 - D_1'$ 移动水准尺的位置 (ΔD_1 为正时向外移, 为负时向内移), 再次进行试测, 直至 $\Delta D_1 < 0.1\text{m}$ 时, 立尺点即可认为是坡脚的位置。从图 14-25a) 上可以看出: 计算出的 D_1 是 2 点到中桩的距离, 而实际坡脚在 3 点, 为减少试测次数, 在路堤的坡下一侧, 移动尺子的距离应稍大于 $|\Delta D_1|$。这样, 一般试测一两次即可找出所需的坡脚点。

图 14-25　倾斜地面路基边桩位置测设

在路堤的坡上一侧, D_2 的计算式为:

$$D_2 = \frac{b}{2} + m(H - h_2) \tag{14-21}$$

而实际测得为 D_2'。根据 $\Delta D_2 = D_2 - D_2'$ 来移动尺子, 但移动的距离应略小于 $|\Delta D_2|$。

如图 14-25b) 所示, 当测设路堑的边桩时, 在坡下一侧, D_1 按下式计算:

$$D_1 = \frac{b}{2} + m(H - h_1) \tag{14-22}$$

实际量得为 D_1'。根据 $\Delta D_1 = D_1 - D_1'$ 来移动尺子, ΔD_1 为正时向外移, ΔD_1 为负时向里移。但移动的距离应略小于 $|\Delta D_1|$。

在路堑的坡上一侧, D_2 按下式计算:

$$D_2 = \frac{b}{2} + m(H + h_2) \tag{14-23}$$

实际量得为 D_2'。根据 $\Delta D_2 = D_2 - D_2'$ 来移动尺子, 但移动的距离应稍大于 $|\Delta D_2|$。

三、路基高程的放样

路基高程的放样 (图 14-26) 是通过中桩高程测量, 在中桩和路肩边上竖立标杆, 杆上划出标记, 表示需要填筑的高度。如果填土高度较大、标杆长度不够时, 可在桩上先划出一标记,再注明填土高度到标记以上若干米。挖土时,在标桩上划一记号,再注明需要下挖的尺寸。待土方接近设计高程时,再用水准仪精确标出最后应达到的高程。

图 14-26　路基高程放样

通常给出的设计高程是指路肩边的高程,可自纵断面图上查得。但是到路基最后整修时,所测设的是中桩路基面的高程。

第六节　线路竣工测量

在路基土石方工程完工以后,应进行线路竣工测量,其目的是最后确定中线位置,同时检查路基施工质量是否符合设计要求。它的内容包括中线测量、高程测量和横断面测量。

一、中线测量

首先根据护桩将主要控制点恢复到路基上。在有桥梁、隧道的地段,进行线路中线贯通测量,应检查桥、隧的中线是否与恢复的线路中线相符合。如果不符合时,应从桥梁、隧道的线路中线开始向两端引测。贯通测量后的中线位置应符合路基宽度和建筑物接近限界的要求,同时中线控制桩和交点桩应固桩。

对曲线地段,应交出交点,重新测量转向角。当新测角值与原来转向角值差在允许范围内时,仍采用原来的资料。测角精度与复测时相同。曲线的控制桩点应进行检核,曲线的切线长、外矢距等检查误差在 1:2000 以内时,仍用原桩点。曲线横向闭合差不应大于 5cm。

在中线上,直线地段每 50m、曲线地段每 20m 测设一桩。道岔中心、变坡点、桥涵中心等处需钉设加桩。全线里程自起点连续计算,消除由于局部改线或假设起始里程而造成的里程"断链"。

二、高程测量

竣工时应将水准点引测到稳固建筑物上或埋设永久性混凝土水准点,其间距不应大于 2km,其精度与定测时要求相同,全线高程必须统一,消除因采用不同高程基准而产生的"断高"。中桩高程按复测方法进行,路基高程与设计高程之差不应超过 5cm。

三、横断面测量

主要检查路基宽度。侧沟、天沟的深度、宽度与设计值之差不得大于 5cm,路基护道宽度误差不得大于 10cm。若不符合要求且误差超限时,应进行整修。

第七节　高速铁路施工测量

一、概述

按设计标准,铁路分为普速铁路和高速铁路,根据铁道联盟(UIC)的定义:高速铁路指允许速度达到 250km/h 的铁路,或允许速度达到 200km/h 的既有线。高速铁路可分线下工程和轨道系统两部分。线下工程是指铁路的路基、桥梁、隧道和涵洞等,线下工程的施工精度不高,通常为厘米级,施工测量方法与传统铁路并无本质区别。轨道系统是在线下工程完工,且各种变形趋于稳定后,以线下工程为依托,通过特殊精调装置和专用测量设备,将轨道构件如轨道板、轨枕、钢轨等精确测设到设计位置,形成高平顺的轨道系统。线下工程测量和轨道系统测量有本质区别,高速铁路实现列车高速行驶的前提条件是轨道系统的高稳定性和高平顺性。与普速铁路的主要区别,是要一次性地建成稳固、可靠的线下工程和高平顺性的轨道系统。线下工程的高稳定性需依靠对变形和沉降的严格控制来实现,轨道系统的高平顺性则要依靠精密测量技术。因此,变形控制和精密测量技术是高速铁路建设中与测量相关的两大关键技术。高速铁路实现列车高速行驶的前提条件:①轨道系统的高稳定性,一次性建成稳固、可靠的线下工程,严格控制沉降和变形。②轨道系统的高平顺性,精密测量技术:测量精度 0.3mm;特殊测量手段:严格控制误差传递和积累,确保轨道平顺。

高速铁路轨道系统的施工测量属于精密工程测量范畴,其实质是精密的安装、定位测量,控制基准是轨道控制网。轨道控制网的精度要求是点位绝对精度为 2mm,相邻点间的相对精度为 1mm。轨道铺设精度(指两根轨枕间的轨道相对精度)为 0.3mm。

本节主要介绍高速铁路控制网测量方法和精度要求,轨道系统精密测设、定位等内容。

二、高速铁路控制测量

1. 平面控制网

高速铁路平面控制网分四级布设,第一级为框架控制网,简称为 CP0 网;第二级为基础控制网,简称 CP Ⅰ 网;第三级为线路控制网,简称 CP Ⅱ 网;第四级为轨道控制网,简称 CP Ⅲ 网。上一级网是下一级网的起算基准。CP0、CP Ⅰ、CP Ⅱ 网采用卫星定位技术建立(在隧道洞内的 CP Ⅱ 网采用导线法建立),CP Ⅲ 网采用自由设站边角交会法建立。各级网的主要技术要求如表 14-3 所示。

高速铁路各级控制网的主要技术要求　　　　　　　　　　表 14-3

控制网	测量方法	测量等级	点　间　距	相邻点的相对中误差(mm)	备注
CP0	GPS	—	50km	20	
CP Ⅰ	GPS	二等	≤4000m 一对点	10	点间距≥800m
CP Ⅱ	GPS	三等	600 ~ 800m	8	
	附合导线	三等	400 ~ 800m	8	附合导线网

控制网	测量方法	测量等级	点　间　距	相邻点的相对中误差(mm)	备注
CPⅢ	自由测站边角交会	—	50～70m一对点	1	
二等水准	二等水准测量	二等	约2000m	高差中误差2mm/km	

注:1. CPⅡ采用 GPS 测量时,CPⅠ可按4km一个点布设。

　　2. 相邻点的相对中误差指 X、Y 坐标分量中误差。

　　3. 相邻 CPⅢ点高程的相对中误差为±0.5mm。

　　框架控制网在线路初测前采用 GPS 测量方法建立,全线一次性布网,统一测量,整体平差。CP0 控制点应沿线路走向每50km 左右布设一个点,在线路起点、终点或与其他线路衔接地段,应至少有 1 个 CP0 控制点。CP0 控制网应与 IGS 参考站或国家 A、B 级 GPS 点进行联测。全线联测的已知站点数不应少于 2 个,且在网中均匀分布。每个 CP0 控制点与相邻的 CP0 连接数不得小于 3;IGS 参考站或国家 A、B 级 GPS 点与其相邻的 CP0 连接数不得小于 2。CP0 控制网应以 2000 国家大地坐标系作为坐标基准,以 IGS 参考站或国家 A、B 级 GPS 控制点作为约束点,进行控制网整体三维约束平差。

　　基础控制网(CPⅠ)在线路初测阶段建立,全线(段)应一次布网、统一测量、整体平差。CPⅠ控制网应沿线路走向布设,控制点每 4km 左右布设一个点,宜设在距线路中心 50～1000m 范围内不易被施工破坏、稳定可靠、便于测量的地方。点位布设宜兼顾桥梁、隧道及其他大型构(建)筑物布设施工控制网的要求,CPⅠ网应构成由三角形、大地四边形组成的带状网,并附合在 CP0 网上。网的三维约束和无约束平差应在 2000 国家大地坐标系中进行,将网在 2000 坐标系中的空间直角坐标,分别投影到相应的投影带,得到控制点在各投影带中的工程独立坐标。

　　线路控制网(CPⅡ)在线路定测阶段建立,采用 GPS 测量或导线测量方法施测。CPⅡ控制点宜选在距线路中线 50～200m 范围内、稳定可靠、便于测量的地方,应构成由三角形、大地四边形组成的带状网,并附合在 CPⅠ网上。全线应一次布网、测量和整体平差。CPⅡ网的三维约束和无约束平差在 2000 国家大地坐标系中进行,三维约束平差起算点是所联测CPⅠ点。CPⅡ控制网的二维平面坐标是高速铁路线路工程独立坐标系中的坐标系统,CPⅡ控制网在 2000 国家大地坐标系中的空间直角坐标,分别投影到相应的平面坐标投影带中。

　　轨道控制网(CPⅢ)在线下工程施工结束和沉降变形趋于稳定以后建立,是平面和高程共点的三维控制网,平面上是以 CPⅠ或 CPⅡ点为已知点的一种全新的自由设站地面边角交会控制网,其主要作用是为轨道板铺设、钢轨铺设和检校提供基准。

　　2. 高程控制网

　　高速铁路的高程控制网采用二等水准网,沿线路每 2km 左右埋设一点,并联测沿线的国家一、二等水准点;部分二等水准点与 CPⅠ点共用标石;单独埋设的二等水准测量标石到线路中心线的距离不能大于 500m;在平原地区,一般采用精密水准仪施测二等水准。在复杂水网和山区,可采用精密三角高程测量施测。

　　由于高速铁路对线下工程的稳定性要求很高,兼顾线下工程沉降监测的需要,沿线二等水准点常作为沉降监测的基准点。因此,在软土和区域沉降地区,要求每隔 10km 左右设置一个深埋水准点,每隔100km左右设置一个基岩水准点。

3.轨道控制网(CP Ⅲ)

CP Ⅲ网是在工程独立坐标系下的精密三维控制网,在路基、桥梁、隧道等线下工程施工完成,并且各种变形趋于稳定,通过沉降变形评估具备轨道工程施工条件后,在线下工程的结构物上布设。

(1)CP Ⅲ布设

CP Ⅲ控制点成对且对称布置,一对点之间的间距为9～15m,点对之间的间距约60m,CP Ⅲ控制点要永久保存,或需建专用观测墩,或埋设在桥梁防护墙上,或埋设在隧道边墙上(隧道段)。CP Ⅲ网是一种狭长而规则的控制网,CP Ⅲ网为高速铁路轨道系统施工和线路运营维护带来了极大方便。

(2)CP Ⅲ控制网的施测

CP Ⅲ网测量应采用自由测站边角交会测量法和导线测量法施测。

①自由测站边角交会测量法。

CP Ⅲ测量前应对全线的CP Ⅰ、CP Ⅱ控制网进行复测,并采用复测后合格的CP Ⅰ、CP Ⅱ成果进行CP Ⅲ控制网测设。CP Ⅲ平面网应附合于CP Ⅰ、CP Ⅱ控制点上,每600m左右(400～800m)应联测一个CP Ⅰ或CP Ⅱ控制点,自由测站至CP Ⅰ、CP Ⅱ控制点的距离不宜大于300m。自由测站间距一般约为120m,自由测站到CP Ⅲ点的最远观测距离不应大于180m;每个CP Ⅲ点至少应保证有三个自由测站的方向和距离观测量,CP Ⅲ网水平方向应采用全圆方向观测法进行观测。测量时只需整平仪器,就可通过4～8个CP Ⅲ点,根据边角后方交会原理,精确设置测站(利用8个CP Ⅲ点设站,设站点三维坐标分量的精度通常优于0.7mm,定向精度优于2″),随时进行精密三维测量。CP Ⅲ网采用自由设站后方边角交会方式布设,用高精度智能型全站仪进行自动化测量。网形如图14-27所示。

⊙CP Ⅲ点　　●自由设站点

图14-27　CP Ⅲ控制网示意图

CP Ⅲ网与CP Ⅰ、CP Ⅱ控制点联测时,应至少通过2个自由测站或3个以上CP Ⅲ点进行联测,且联测点到测站的距离应小于200m,联测方法如图14-28所示。

②导线测量法。

CP Ⅲ控制网也可用导线法测量,CP Ⅲ控制点距线路中线的距离宜为2.5～4m,间距宜为150～200m,应附合到CP Ⅰ或CP Ⅱ控制点,采用固定数据平差。采用附合导线方式构网,每400～800m联测一次高级CP Ⅰ或CP Ⅱ控制点,每4km左右进行一次方向闭合,可根据施工需要分段测量,分段测量长度不宜小于8km,重叠区段不应小于2个CP Ⅲ控制点。

CP Ⅲ控制网按一级导线的精度要求施测。

全站仪的测量成果要在工程独立坐标系中,工程独立坐标系应确保轨面上的长度投影变形不大于 10mm/km。利用联测的 CP Ⅱ点作为强制约束点,分段进行约束平差,分段长度不能小于 4km,要求平差后点位绝对精度优于 2mm,相邻点的相对精度优于 1mm。

CP Ⅲ高程也可利用二等几何水准施测,要求相邻 CP Ⅲ点高程的相对精度为 0.5mm。就几何水准而言,这一精度要求并不很高,实现起来也比较容易。

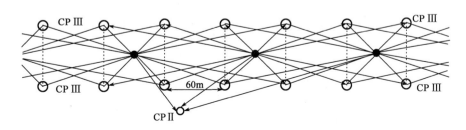

图 14-28 CP Ⅲ联测示意图

4. 三网合一技术

CP Ⅰ网在高速铁路的勘测和建设期间起重要作用,并得到较好的保护,但很难在高速铁路的寿命期内完整保存。CP Ⅱ网点到线下工程完工时,一部分将因施工而被破坏,幸存的大部分 CP Ⅱ点,也将因通视或不满足联测要求(CP Ⅱ和 CP Ⅲ联测时,联测距离不能超过 200m)等原因而失去作用。鉴于以上原因,在轨道工程施工前,应在高速铁路建筑红线以内,布设一个全新的 CP Ⅱ网。新布设的 CP Ⅱ点要求埋设在高速铁路线下工程的结构物上,采用不锈钢标志,以便长期保存。新布设的 CP Ⅱ网宜将全部 CP Ⅰ点纳入网中,形成整体网,并将 CP Ⅰ网的无约束平差坐标作为约束条件,在 WGS84 系中进行整网三维约束平差。平差成果先转换至 2000 国家大地坐标系中,再根据实际需要,分段转换至工程独立坐标系中,为 CP Ⅲ网提供平面控制基准。这样,CP Ⅰ、CP Ⅱ、CP Ⅲ就形成一个三网合一的整体网,如图 14-29 所示。通过 CP Ⅰ网的联系作用,整体网具有两套坐标:一套是国家测绘基准下的坐标,另一套是工程独立基准下的精密坐标。其为在高速铁路轨道系统精密测量和运营维护期间的测量提供测绘保障。

⊗CP Ⅰ   ○ CP Ⅱ和CP Ⅲ共用点   • CP Ⅲ   ————— GPS基线

图 14-29 CP Ⅰ、CP Ⅱ、CP Ⅲ三网合一示意图

三、轨道系统精密测量

轨道系统的测量工作是高速铁路建设的关键环节,涵盖内容较多,精度要求各异。轨道系统现浇混凝土施工(如路基支承层、桥上底座板等)的测量工作量很大,与常规测量虽有差别,但精度通常为 3~5mm,本节不做介绍。本节主要介绍轨道系统精调的基本方法。

高速铁路无砟轨道调校分粗调和精调,采用全站仪自由设站法测量,配合轨检小车进

行。首先按照图 14-30 所示方法,利用前后各两对 CP Ⅲ 点自由设站,然后测量轨检小车上的棱镜,小车的电脑系统可以实时显示左、右钢轨的调整量,如图 14-31 所示。

图 14-30 利用 CP Ⅲ 自由设站测量示意图

图 14-31 轨检小车测量示意图

设站时仪器尽量架设在所测轨道的中间,且测站前后的 CP Ⅲ 点大致对称,左右线分别设站和测量。粗调时,单站测距范围不超过 100m,每隔 3~5 根轨枕(承轨台)测量一个点,通过多遍调整,将轨道大致调整到设计位置(与设计值偏差控制在 1~2mm)。精调时,单站测距范围不超过 70m,逐枕测量,通过多次反复调整,将轨道精确调整到设计位置。

有砟轨道可以对轨排进行整体调整,而无砟轨道需要通过更换不同尺寸的扣件来调整轨道。实际作业时,先将一根钢轨(称基本轨)调整到位,然后利用轨道尺以基本轨为基准,将另一根钢轨调整到位。直线地段基本轨可以自由选择,曲线地段,轨道高程以内轨为准,外轨存在超高平面和高程的基本轨要分开,且平面选外轨,高程选内轨。

曲线外轨超高 h 通常小于 150mm,轨距计算基长 L 为 1500mm,平距 d 和 h、L 有如下关系:

$$L = \sqrt{d^2 + h^2} \tag{14-24}$$

当 L 固定时,d 和 h 有如下微分关系:

$$\delta d = \frac{h}{\sqrt{L^2 - h^2}} \delta h \leq \frac{1}{10} \delta h \tag{14-25}$$

当 d 固定时,L 和 h 有如下微分关系:

$$\delta L = \frac{h}{L} \delta h \leq \frac{1}{10} \delta h \tag{14-26}$$

曲线地段无砟轨道应按如下过程进行精调:

(1)将外轨高程大致调整到位,平面位置精确调整到位。

（2）以外轨为平面基准，利用轨道尺固定轨距，通过高程测量，将内轨精确调整到设计位置。

（3）以内轨为基准，利用轨道尺控制超高，将外轨精确调整到设计位置。

四、轨道板精调

轨道板分为 CRTS Ⅰ 型和 CRTS Ⅱ 型，CRTS Ⅰ 型板没有承轨台，扣件活动量大，轨道板施工精度低，本节主要介绍 CRTS Ⅱ 型板精调技术。

1. 博格精调技术

CRTS Ⅱ 型板施工过程如图 14-32 所示，首先施工下部基础；然后利用 6 个精调器，配合测量机器人，将轨道板逐块精确调整到设计位置；最后，通过灌注孔灌注 CA 砂浆，填充轨道板和下部基础之间的空隙。

图 14-32　CRTS Ⅱ 型板施工原理示意图

CRTS Ⅱ 型轨道板的安装精度很高，绝对精度 1mm，板与板之间的相对精度 0.3mm，利用博格精调标架（图 14-33），配合测量机器人进行 CRTS Ⅱ 轨道板精调。

图 14-33　CRTS Ⅱ 型板专用精调标架

博格技术的测量原理:精确测量标架上的某一棱镜,可得到该棱镜代表的轨道特征点的三维实测坐标,与理论坐标求差,就得到该棱镜所在点的纵向调整量 d_X、横向调整量 d_Y、竖向调整量 d_H,通过三个方向的精调,将每个承轨台从实测位置调整到设计位置。

2. 基于轨道的轨道板精调技术

该技术是利用自定心钢轨模拟装置模拟轨道特征点,钢轨模拟装置具备自定心功能,确保底座中心自动移至轨道中心,棱镜中心刚好位于钢轨顶的设计位置。

精调原理:用全站仪测量钢轨模拟装置上轨道特征点的三维坐标,根据实测坐标与设计线路的位置关系,确定轨道特征点的偏移量,从而将三维问题转化为点与线之间的二维调整。该技术的特点是:利用了 CP Ⅲ 网,采用全站仪自由设站测量,操作方便、精度高、速度快。

精调步骤如图 14-34 所示。

(1)在合适位置架设全站仪,利用测站前后各 4 个 CP Ⅲ 点,按边角后方交会法设站,获得测站三维坐标和方位。

(2)在仪器前面第四块轨道板的首端、中间、末端三对承轨台上各放置一个钢轨模拟装置,测量并精调轨道板首、末两端,通过逐步趋近,将其调整到设计位置。

(3)测量中间承轨台的三维坐标,将轨道板中部的高程调整到位。

(4)重复(2)、(3)步,将仪器前面的第 3 和第 2 块轨道板调整到位。

(5)全站仪后退 3 块轨道板,设站并精调后续轨道板。

图 14-34 基于轨道的轨道板精调过程示意图

思考题与习题

1. 名词解释:线路测量;初测;定测;交点;基平测量;横断面测量;纵断面测量;平面曲线;缓和曲线;竖曲线;复曲线;曲线测设。

2. 线路初测、定测阶段,测量工作的主要内容是什么?

3. 定测中线放样有哪些方法?试比较它们的优缺点及适用条件。

4. GPS 在线路测量中有何作用?

5. 试述横断面测量的目的和主要方法。

6. 线路施工复测的目的是什么? 线路复测的内容有哪些?

7. 线路竣工测量包括哪些内容?

8. 平面曲线测设的方法有哪些? 试比较它们的优缺点及适用条件。

9. 已知交点 JD 的里程为 DK19 + 513.00,线路转角 $\alpha_{右} = 28°10'24''$,圆曲线半径 $R = 480m$。试计算圆曲线的要素及各主要点的里程。

10. 已知交点 JD 的里程为 DK21 + 571.21,线路转角 $\alpha_{右} = 25°38'34''$,圆曲线半径 $R = 600m$,缓和曲线长度为 60m。试计算:

(1)曲线的要素及各主要点的里程。

(2)若曲线各细部点以 20m 为间隔,计算各曲线点在切线直角坐标系中的坐标。

(3)说明曲线测设的步骤。

11. 高速铁路控制网布网原则是什么?

12. 高速铁路与一般铁路施工测量的主要异同点有哪些?

13. 高速铁路轨道板精调的技术方法是什么?

第十五章　桥隧施工测量

第一节　桥隧施工测量概述

一、桥梁测量概述

桥梁是铁路、公路工程建设的重要组成部分之一。常见的桥梁有跨越河川峡谷的桥、穿越城市街道的高架桥、横直交错的立交桥等。

桥梁有长短、大小之分(表 15-1),桥梁工程的建造包括桥梁选址、桥梁设计到桥梁施工的全过程,其建设难易程度也将因桥梁的类型不同而异。桥梁是交通工程建设的重要设施,是地区性经济发展的标志,特别是在现代化建设中,大桥、特大桥成为城市交通建设的时代象征。

桥梁类型与桥长 　　　　　　　　　　　　　　　　　　　表 15-1

桥梁类型		小桥	中桥	大桥	特大桥
铁路桥长(m)		≤20	20 ~ 100	100 ~ 500	大于 500
公路桥长(m)	单孔	5 ~ 20	20 ~ 40	大于 40	大于 100
	多孔	8 ~ 30	30 ~ 100	大于 100	大于 500

桥梁在交通工程及城市建设中占有重要的地位,桥梁工程往往地处交通繁杂地带,投资大、施工周期长。桥址工程测量是桥梁工程建设的基础性工作,目的是为桥梁工程选址研究及设计提供准确可靠的数据和图件。桥梁测量工作必须因地制宜,采取适当的措施,解决困难环境中的测量技术问题。桥梁测量工作内容有:地形测量、断面测量、控制测量、施工测量及变形测量等。

1. 桥址选线

桥址选线是一项极其重要的工作,它涉及的问题很多,非常复杂,首先必须掌握建桥任务所要解决的主要问题,对桥址区的地形和工程地质条件、河道的演变和现状、水流情况、船筏走行情况、水工建筑物现状、环境景观、与线路总走向的配合,以及有关坐标、高程等做全面的了解。

桥址选线尽可能利用搜集的已有资料和地形图(比例尺较小,一般为 1∶1 万、1∶2.5 万、

1:5万)进行预选,再经过现场踏勘以及有关资料的调查搜集,经研究比较,选出有比较价值的桥址方案后,要在现场定线,进行必要的实地补充测绘、水文测验和地质勘探,以便选出最佳桥址,满足建桥的要求。

2. 地形测绘

桥址地形测绘主要有两类:桥址方案平面图和桥址平面图,此外,有时需要测绘有特殊需要的地图。

桥址方案平面图要求能满足选择桥址,桥头引线,概略布设桥头建筑物、导流设施和施工场地轮廓线的需要。桥址平面图是供桥梁平面设计应用的地形图,一般只对推荐的主要桥址方案或初测选定的桥址进行测绘。桥址方案平面图的比例尺一般为 1:2000 ~ 1:5 万,桥址平面图的比例尺一般为 1:500 ~ 1:1 万。

地形图等高线间距,平坦地区为 0.5 ~ 2.0m,困难地区为 5 ~ 10m;地形测点水平间距一般不得超过图纸上距离 2cm,平坦地区可酌情予以放宽。对于桥址两岸陡峻地段及对于河岸、陡坎、河床沟心、河滩、河岔、水流边线、植被边界、建筑物处地形、地貌,应适当加密测点。

陆上地形测量方法见线路测量的有关部分。河床水下地形测量的测深方法有测深杆、测深锤、回声探测仪等,测深点定位的方法有断面索法、交会法等。

3. 桥址断面测量

在桥址测定并定桩后,就要进行一次全断面(包括水深测量在内)的桥址断面测量。两岸要测至历史最高洪水位以上 0.5m,漫滩较宽的河流测至洪水边界或两岸防洪大堤,或根据引桥预计延伸长度施测。断面测点水面以上部分依地形变化确定,应尽量在线路中线测量,按要求一次完成。如线路中线加桩不足,可根据中线桩在地形变化处加密。测点距离:在山区不得大于 5m,平坦地区不得大于 20 ~ 40m。加桩高程施测误差不得大于 ±0.1m。断面图绘制比例尺为 1:200 ~ 1:500,特长桥可采用 1:1000。

水下部分依水下地形测量的方法进行施测。

二、桥梁施工测量基本内容

1. 桥梁施工控制网的建立与维护

桥梁施工控制网包括平面控制网和高程控制网。

(1)平面控制网的建立

平面控制网一般采用三角网或 GPS 网方式建立,其网形和精度根据工程的具体布局和特点制定,对于特大桥梁,目前平面控制网的最弱点点位精度通常控制在 ±5mm 以内。为保证工程的施工精度和放样工作的方便,平面控制网根据桥梁的工程特点投影到特定的高程面上。平面控制点一般都需建立混凝土标墩,并埋设强制归心底盘。由于大型桥梁的施工期较长,各标点应建立在稳固的基础上,以确保控制点的稳定性,在基础松软地区,控制点基础一般应埋设钢管,以提高控制点的稳定性。

(2)高程控制网的建立

高程控制网一般采用精密水准测量方法建立,为使河流两岸的高程系统严格一致,需进行跨河水准测量。在计算高程控制网平差时,一般只选用某一岸的一个点作为基准点。当两岸都有高级水准点时,由于通常不清楚它们之间是否存在系统差,因此,首次观测时一般仍用一个点作为已知点,只有通过联测确认其不存在系统差时,才能将其都作为已知点使用。为使高程控制点能得到有效的检核,在施工区域附近应设置高程工作基点。

(3)控制网的复测

由于大型桥梁的施工期较长,且施工过程中难免对控制点稳定性带来一定的影响,因此,施工控制网应根据实际情况进行全面复测。在施工过程中,对常用的控制点也应进行必要的检测。控制网复测时,一般要求采用相同的网形和观测纲要,并严格要求坐标系统的统一,但由于施工进度的差异和控制点的实际使用情况,网形一般会发生一些变化。

(4)控制点交桩

控制网观测成果通过检查验收后,由业主向各标段施工单位及测量监理进行测量标点的交接工作。施工单位必须对下发成果进行检验,并提交检测报告。施工单位对所用的控制桩点应采取有效的保护措施。

(5)控制点加密

由于首级施工控制点间距大、密度相对较小,一般不能完全满足施工测量的需求,因此,施工单位应根据实际需要加密控制点。加密控制点的精度应满足工程放样的实际需求,并应有必要的检核。

2.桥墩基础施工测量

桥墩基础的放样可根据工程的实际需要采用常规测量技术或 GPS RTK 技术。在基础桩定位精度要求较高时,宜采用全站仪放样。桥墩基础施工测量的主要内容包括:

(1)钢管桩定位、垂直度和倾斜度控制测量、高程控制测量、打入桩顶中心与高程测量。

(2)平台施工放样及稳定性的定期检测。

(3)导向架定位测量。

(4)钢护筒定位、垂直度控制测量、高程控制测量、钢护筒下沉就位后的中心测量与顶面高程测量。

(5)承台施工放样与中心位置测量。

3.引桥及主桥塔柱施工测量

塔柱放样主要控制塔柱的平面位置、垂直度和方向,另外,对塔柱顶部或其他变化部位的高程加以控制。塔柱平面位置的放样一般采用全站仪坐标法进行,当控制点不满足放样要求时,也可采用 GPS(静态)加全站仪的放样模式。塔柱高程的控制可采用精密三角高程方法,也可采用钢尺传递的方法。

塔柱顶部的支座应采用精密方法测定其位置和高程,并用其他方法进行校核。

斜拉桥索导管的定位主要控制其平面位置、高程和倾斜角。主塔中的索导管定位直接关系到主桥的质量,其放样精度高、难度大,定位测量时应认真仔细,并用恰当的方法检核。索导管平面位置一般用全站仪坐标法测定,用交会法或其他控制点进行检核。其高程一般采用精密三角高程方法测定,并用钢尺传递高程进行检核。倾斜角用高差测量方法进行控制。

4.塔柱变形观测

为保证主桥的线形,在架设钢箱梁过程中应测量塔柱的变形情况。塔柱变形一般采用全站仪坐标法进行,该法需在塔顶合适部位预设监测标点,并架设全反射棱镜。塔柱变形监测一般在钢箱梁吊装过程中进行,在某些特殊工况下应进行 24h 连续跟踪测量。

5. 引桥桥面测量

在引桥桥面架设的各阶段应对桥面的中心位置和高程进行测定。在预制梁(或现浇梁)架设后应首先测定其中心位置和高程,在施加预应力后应测定每跨两端及中间的高程,在调平层施工前、后都应对全线引桥的高程进行测定,测定的方法一般采用水准测量方法。

6. 主桥钢箱梁架设施工测量

钢箱梁架设中的测量主要是控制桥轴线的位置和主桥的线形,另外对主塔的变形应进行观测。主桥的轴线控制一般采用全站仪坐标法进行,利用合适的控制点进行测量,并用恰当的控制点进行检核。主桥线形的测定一般采用水准测量方法进行,在每节钢箱梁吊装的每个工序都应对主桥的已成线形进行测定。在主桥合龙时,应对合龙段进行24h跟踪测量及主桥全线的贯通测量,并根据实际情况对大桥受日照等的影响进行观测。

7. 交工验收测量

当某一工程部位完工时,应对该工程部位进行工程验收测量。交工验收的内容和要求主要按《大桥工程专项质量检验评定标准》执行。

大桥主塔的测量验收内容主要包括:承台及塔外形尺寸、平面位置、各部位高程、桥梁高程及平整度、轴线偏位、塔柱倾斜度等,采用全站仪坐标法和精密水准仪测量方法进行检测。

主桥的交工验收测量主要包括主桥的线形和轴线偏位,采用水准测量方法检测主桥的线形,采用全站仪坐标法检测轴线的偏位。

引桥的交工验收测量主要包括引桥的线形、各部位的高程和桥面平整度,一般用水准测量方法检测引桥的高程和平整度。

三、地下工程与隧道测量概述

1. 地下工程概述

地下工程根据工程建设的特点可分为三大类:一类属于地下通道工程,如隧道工程(包括铁路隧道、公路隧道以及输水隧洞、城市地下铁道工程)等;另一类属于地下建(构)筑物,如地下工厂、仓库、影剧院、游乐场、舞厅、餐厅、医院、图书室、地下商业街、人防工程以及军事设施等;还有一类为开采各种矿产而建设的地下采矿工程。由于工程性质和地质条件的不同,地下工程的施工方法也不相同,可分为明挖法和暗挖法。浅埋的隧道常采用明挖法(即挖开地面修筑衬砌,然后再回填);对于深埋的地下工程则采用暗挖法(包括盾构法和矿山法等)。由于施工方法的不同,对测量工作的要求也有所不同,但总的来说,地下工程在测量工作上却有着很多共同之处。

图15-1　隧道及辅助坑道

隧道是一种穿通山岭,横贯海峡、河道,盘绕城市地下的交通结构物。按不同的工程用途,隧道可分为公路隧道、铁路隧道、城市地下铁道、地下水道等。

通常隧道的开挖从两端洞口开始,即只有两个开挖工作面。如图15-1所示,A、B两处为开挖隧道正洞。如果隧道工程量大,为了加快隧道开挖施工速度,必须根据需要和地形条件设立辅助坑道,增加新的开挖工作面。如横洞、平行导坑、竖井、斜井等都属于辅助坑道新工作面的形式。隧道正洞和辅助坑道都是整个隧道工程的组成部分。

以公路工程为例,隧道类型按隧道长短可分为4种,见表15-2。

公路隧道类型 表15-2

公路隧道分级	特长隧道	长隧道	中隧道	短隧道
直线型隧道长度(m)	$L > 3000$	$1000 < L \leq 3000$	$500 < L \leq 1000$	$L \leq 500$
曲线型隧道长度(m)	$L > 1500$	$500 < L \leq 1500$	$250 < L \leq 500$	$L \leq 250$

2. 地下工程测量及特点

一般地,特长隧道,对路线有控制作用的长隧道,以及地形、地质情况比较复杂的隧道,在勘测设计上采用两阶段设计,隧道测量工作也包括初测和定测两个阶段。

初测的主要任务:根据隧道选线的初步结果,在选定的隧道地域进行控制测量、地形测量、纵断面测量,为地质填图、隧道的深入研究和设计提供点位参数、地形图件及技术说明书。

隧道控制测量必须与路线控制测量衔接,按所需的技术等级进行控制测量,为路线与隧道形成系统一致的整体提供基准保证。带状地形图测量按隧道选定方案进行,带宽200～400m(视需要可加宽)。纵断面图按隧道中线地面走向测量。用于测量纵断面图的里程桩(包括地形加桩)应预先测设在隧道中线上(偏差小于±50mm)。

定测的主要任务:根据批准的初步设计文件确定隧道洞口位置,测定隧道洞口顶的隧道路线,进行洞外控制测量。

隧道测量技术工作的主要内容有:

(1)在所选定隧道工程范围内布设控制网,进行控制测量,建立精确的基准点、基准方向。

(2)提供隧道工程设计所需的带状地形图、隧道洞口点地形图、纵横断面图。

(3)根据隧道工程设计所提供的图纸及有关的参数,在实地以测设的方法确定隧道的开挖与修筑的标志,保证隧道工程的正常作业和精确贯通。

(4)根据隧道开挖的进展情况,不断在隧道的开挖巷道中建立洞内控制点,进行洞内控制测量,提高测设的可靠性,检测隧道开挖的质量。

总之,地下工程测量包括:建立地面控制网,地面和地下的联系测量,地下坑道中的控制、施工及竣工测量。

与地面工程测量相比,地下工程测量具有以下特点:

(1)地下工程施工面黑暗潮湿、环境较差,经常需进行点下对中(常把点位设置在坑道顶部),并且有时边长较短,因此测量精度难以提高。

(2)地下工程的坑道往往采用独头掘进,而洞室之间又互不相通,因此不便组织校核,出现错误往往不能及时发现。并且随着坑道的进展,点位误差的累积越来越大。

(3)地下工程施工面狭窄,并且坑道往往只能前后通视,造成控制测量形式比较单一,仅适合布设导线。

(4)测量工作随着坑道工程的掘进而不间断地进行。一般先以低等级导线指示坑道掘进,而后布设高等级导线进行检核。

（5）由于地下工程的特殊性,往往采用一些特殊或特定的测量方法（如为保证地下和地面采用统一的坐标系统,需进行联系测量）和仪器。

3.地下工程施工测量的方法

地下工程施工测量方法有现场标定法和解析法。

对于简单或小型的地下工程,例如较短的铁路隧道或水工隧洞,可以不进行控制测量而直接测量,这就是所谓的现场标定法。

解析法是采用严格的地面和地下控制测量以及精确的测设方法。它是先建立一个控制网,将隧道中线上的主要点包括在网内,用解析法算出以控制网的坐标系（直线隧道常以隧道中线为 x 坐标轴,曲线隧道常取过贯通点的一切线作为 x 坐标轴）所表示的隧道中线上的一切几何要素,这样在地下开挖的过程中,就可以根据所建立的控制点,随时将隧道的中线放样出来。

第二节　桥梁施工控制测量

一、桥梁施工控制网的布设及要求

桥梁施工控制测量是桥梁工程建设的重要工作,目的是为桥梁选址、设计及施工各阶段提供统一的基准点位和参数。

桥梁施工控制测量包括平面控制测量和高程控制测量。桥梁平面控制以桥轴线控制为主,并保证全桥及桥梁与线路连接的整体性,同时兼顾到施工过程中桥梁建筑物定位、放样测量的需要,满足精度要求。高程控制主要是提供桥梁施工中统一的高程基准,与两端线路高程准确衔接,并与其他有关工程设施密切结合。

1.平面控制网布设形式

布设桥梁施工控制网时,可利用桥址地形图,拟定布网方案。并在仔细研究桥梁设计及施工组织计划的基础上,结合当地地形情况进行踏勘选点。桥梁控制网的点位布设应力求使:

（1）图形简单并具有足够的强度,以使所得的两桥台间距离的精度满足施工要求,并能用这些控制点以足够的精度放样桥墩。

（2）为了使控制网与桥轴线联系起来,桥轴线应作为控制网的一条边,控制点与桥台设计位置相距不应太远,以方便桥台的放样及保证两桥台间距离的精度要求。

（3）桥梁控制网的边长与河宽有关,一般在河宽的 0.5~1.5 倍的长度范围内变动。

（4）为便于观测和保存,所有控制点不应位于淹没地区和土壤松软地区,并尽量避开施工区、堆放材料及交通干扰的地方。

（5）桥梁控制网可布设成主网与附网的形式,主网控制主桥,附网控制引桥。

为确保桥轴线长度和墩台定位的精度,按观测要素的不同,桥梁平面控制网可布设成三角网、边角网、精密导线网、GPS 网等。

桥梁三角网、边角网的基本网形为三角形和大地四边形,应用较多的有双三角形、大地四边形、大地四边形与三角形相结合的图形、双大地四边形等,如图 15-2 所示。

图15-2　桥梁三角网的布设形式

由于高精度测距仪的应用,桥梁施工控制网还可布设成精密导线网,如图 15-3 所示。

由于桥梁施工现场一般视野开阔,以 GPS 技术建立的桥梁施工控制网,网形结构常采用三角网,图形简单,结构竖固,利用 GPS 精确测定控制网各边长即可。

桥梁施工控制网点位是桥梁工程的基准标志,点位的选定应顾及控制网形结构,靠近施工场所;不影响工程和交通,占用场地小。点位的埋设应着眼于桥梁工程的需要,要求:基本点位埋设稳固(必要时应埋设在基岩上),应用方便,加强保护;重要点位,特别有长期用途的点位,应有重点长期保护的措施。

图15-3　精密导线网

2. 高程控制网布设形式

高程控制网的布设形式主要有水准网,按工程测量技术规范的规定,水准测量分为一、二、三等。作为桥梁施工高程控制的水准点,每岸至少埋设三个点,并与国家(或城市)水准点联系起来。同岸三个水准点中的两个应埋设在施工区以外,以免受到破坏,另外一个点埋设在施工区,以便直接将高程传递到需要的地方。水准点应采用永久性的固定水准标石,也可利用平面控制点的标石作为水准点。

二、桥梁施工控制网的精度设计

1. 桥梁施工控制网精度的确定方法

建立施工控制网的目的是控制桥轴线的架设误差和满足桥墩、桥台定位放样的精度要求。对于保证桥轴线长度的精度来说,桥轴线一般作为控制网的一条边,只要控制网经施测、平差后求得该边长度的相对中误差小于设计要求即可。对于保证桥墩、桥台中心定位的精度要求来说,既要考虑控制网本身的精度,又要考虑利用控制网点进行施工放样的误差;在确定了控制网和放样应达到的精度要求后,应根据控制网的网形、观测要素和观测方法及仪器设备条件等,在控制网施测前估算出能否达到要求。

对于桥梁施工放样而言,放样点位一般离控制点较远,放样不甚方便,因而放样误差较大。在建立施工控制网时,则有足够的时间和条件来提高控制网的精度。因此,在设计施工控制网时,应以"控制点误差对放样点位不发生显著影响"为原则,以便为以后的放样工作创造有利条件。根据这个原则,对施工控制网的精度要求分析如下:

设 M 为放样后所得点位的总误差;m_1 为控制点误差所引起的点位误差;m_2 为放样过程中所产生的点位误差,则:

$$M = \pm \sqrt{m_1^2 + m_2^2} = \pm m_2 \sqrt{1 + \left(\frac{m_1}{m_2}\right)^2} \qquad (15\text{-}1)$$

显然,上式中 $m_1 < m_2$,将式(15-1)展开为级数,并略去高次项,则有:

$$M = m_2 \left(1 + \frac{m_1^2}{2m_2^2}\right) \qquad (15\text{-}2)$$

若使上式括号中第二项为 0.1,即控制网点误差的影响仅占总误差的 10% 时,即得:

$$m_1^2 = 0.2 m_2^2$$

将上式与式(15-2)联立解算得:

$$m_1 \approx 0.4M \qquad (15\text{-}3)$$

由此可见,当控制点误差所引起的放样误差为总误差的 0.4 倍时,则 m_1 使放样点位总误差仅增加 10%,即控制点误差对放样点位不发生显著影响。

2. 桥梁施工控制网的精度设计

桥梁施工控制网是为保证桥轴线长度,桥墩、桥台中心定位和轴线测设的精度要求而布设,建立的桥梁施工控制网要达到或超过桥轴线长度中误差的估算精度要求。在桥轴线精度估算问题上存在不同意见:一种认为应按桥梁的形式、桥梁的长度作为控制依据;另一种认为应以桥墩、桥台中心点位误差为控制依据。

(1)根据桥梁跨越结构的架设误差确定桥梁施工控制网的必要精度

计算桥轴线长度应满足的精度,需要知道桥轴线的长度,同时要考虑桥跨的大小及跨越结构的形式。桥梁结构的不同,在制造、拼装和安装上存在的误差也不同,它们都影响桥梁全长的误差。例如钢桁梁存在着杆件制造误差、杆件组合拼装误差以及钢材因温度升降而涨缩的误差,架设钢梁时支点沿桥中线方向与支座位置产生偏差,以及支座安装定位的误差。这些因素关系复杂,要全面、周密地考虑有一定的困难,可以用不同桥梁形式和长度及其拼装上的综合误差与支座安装误差作为依据,来估算控制网精度。有关桥轴线长度中误差估算式参见《既有铁路测量技术规则》(TBJ 105—1988)。

为了使测量误差不至于影响工程质量,可取控制测量误差为桥轴线长度相对中误差 m_D/D 的 $1/\sqrt{2}$。

(2)从桥墩放样的容许误差分析桥梁施工控制网的必要精度

桥墩中心位置偏移,将为桥梁架设造成困难,而且会使桥墩上的支座位置偏移,改变桥墩的应力,影响墩台的使用寿命和行车安全。桥梁工程上对放样桥墩位置的要求是:桥墩、桥台中心在桥轴线方向的位置中误差不应大于 1.5 ~ 2.0cm。若考虑以桥墩、桥台中心在桥轴线方向的位置中误差不大于 2.0cm 作为研究控制网必要精度的起算数据,由式(15-3)计算,要求 $m_1 \leqslant 0.4M = 0.4 \times (\pm 20) = \pm 8(\text{mm})$,此即为放样墩台中心时控制网误差应满足的要求,据此确定桥梁施工控制网的必要精度。

3.桥梁高程控制网的建立

桥梁高程控制测量有两个作用:一是统一桥梁的高程基准面;二是在桥址附近设立基本高程控制点和施工高程控制点,以满足施工中高程放样和监测桥梁墩台垂直变形的需要。

建立高程控制网的常用方法是精密水准测量和三角高程测量。

为了方便桥墩高程放样,在距水准点较远(一般大于1km)的情况下,应增设施工水准点,施工水准点可布设成附合水准路线。施工高程控制点在精度要求低于三等时,也可用光电测距三角高程建立。

当水准路线需要跨越较宽的河流或山谷时,需用跨河水准测量的观测方法建立桥梁高程控制。

三、大型桥梁施工控制网布设实例

杭州湾大桥起始于上海浦东南汇区的芦潮港,北与沪芦高速公路相连,南跨杭州湾北部海域,直达浙江省嵊泗县崎岖列岛的小洋山岛,如图15-4所示。杭州湾大桥为全长约31km的曲线桥梁。整座桥包括两座大跨径海上斜拉桥、4座大跨径的预应力连续桥梁、大量的大跨径为整跨安装的非通航孔。杭州湾大桥按双向六车道加紧急停车带的高速公路标准设计,桥宽31.5m,设计车速80km/h,大桥设计基准期为100年,其跨海长度居世界第一。杭州湾大桥首级平面和高程控制网的建立是大桥建设基础性工作的基础,其控制网的准确性与可靠性将直接影响到整个大桥工程建设的质量甚至安危。

东海大桥V标段

图15-4　杭州湾中部东海海域的跨海段

因工程所处的地理位置特别(连接大陆和海岛)、工程量巨大、水文气象复杂等都给测量环境带来巨大困难。而跨海约30km,将大陆上已知的大地测量基准(包括国家统一平面基准和高程基准)传递到海上三个试桩平台、小洋山及洋山港区周边几个岛屿上,则是工程面临的最大技术难题。

跨海大桥是从陆上直伸到海岛上的,平面控制点分布在大陆一侧,为了满足大桥能分标段同时施工的需要,需将平面控制点传递到离大陆30km外的海岛上,然后根据施工各阶段的需求,再进行控制点的加密测量。

1.首级控制网测量

为了确保杭州湾大桥首级平面和高程控制网的正确与可靠,及时、有效地为施工放样及后期变形监测打好基础。首级平面控制网在最初建立和后续复测中,均采用全球卫星定位系统(GPS)测量技术进行测设。如此特大型桥梁,控制网的布设不同于一般的桥梁控制网,国内亦没有同类控制网可供参考。图15-5所示为控制网基本网形。

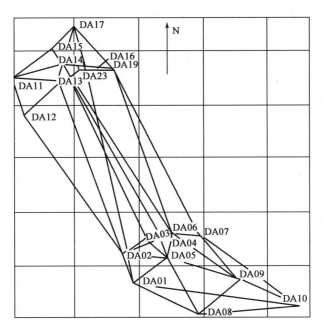

图 15-5　大桥工程的首级 GPS 控制网

在测量时为了有效联测国家控制网,如图 15-5 所示,将测区范围内的两个国家三角点(DA01、DA10)作为全网的起算点,既为本网提供了位置基准和方位基准,又将本网纳入了杭州湾南岸的国家三角网。桥梁 GPS 网布设应与国家大地网进行联系,以便于大桥配套工程(如公路、引桥、互通立交等)的连接;同时,保证桥梁控制网内控制点之间相对高精度。

测量时,考虑到投影带可能带来的误差,工程选用了任意带高斯正形投影平面直角坐标系,以东经 122° 为中央子午线,平面坐标采用 1954 北京坐标系,并根据坐标转换关系,与国家 84 坐标系、上海市城市坐标系建立了相应的转换关系。

在首级网的测量过程中,采用高精度双频 ASHTECHGPS 接收机(满足 5mm + 1ppm)进行同步观测。观测结束后,即将数据用随机软件下载备份,并转换为 RINEX 格式。

GPS 基线解算采用美国麻省理工学院研制的 GPS 精密处理软件 GAMIT;起算点为上海 IGS 跟踪站。对于边长较短的基线成果,其边长相对精度达到 10^{-7},相对点位精度达到毫米级。

GPS 网平差采用同济大学编制的 GPS 平差软件 GPS_NET 分两步进行:

(1)以上海 IGS 跟踪站为起算点,在 WGS84 坐标下进行空间三维严密平差。

(2)进行地面网与空间网的联合平差,求得各点的 1954 北京坐标系坐标,再转换成上海平面坐标系坐标。

经验算,同步环、异步环闭合差、重复基线长度、角度较差均在限差范围内。

2. 加密控制网测量

在完成首级网的测量工作后,根据工程的需要,在大陆与海岛的等距离处,建造了 A、B、C 共 3 个测量平台,在平台上建立了强制观测墩。

利用首级控制网的成果作为已知点,对平台进行了 GPS 测量。测量时采用 GPS 三等的技术要求,连续观测 4h。由于海上建造平台的稳定性受潮汐等因素的影响,加密点的稳定也直接关系到了施工的精度,并以每月 1 次的频率,对 A、B、C 三个平台进行了测量,共完成了 10 次测量,具体见表 15-3。

对 A、B、C 三个平台进行 10 次测量的结果　　　　　　　表 15-3

点　号	10 次平均坐标		测量中误差	
	X(m)	Y(m)	X(cm)	Y(cm)
LY12(A 平台)	3408976.755	493823.667	2.3	1.9
LY21(B 平台)	3402011.081	497665.444	2.7	2.1
LY30(C 平台)	3395149.340	499492.893	1.6	1.8

从以上数据可知,A、B、C 三个平台上的点处于一种稳定状态,可以作为施工测量的 GPS 基准站。

根据施工的进程,在建造好的桥墩上,也布设了加密点,其间距约 1km,利用首级网的测量成果,采用 GPS 测量手段,用 10 台双频接收机同时测量,按照 GPS 测量三等精度要求,完成了全线的控制网加密工作。

四、坐标系的选择

为进行线路的总体设计,在勘测设计阶段,一般都建立了整体线路工程控制网,该控制网在线路的起点、终点、桥涵等位置都设置了控制点,但这些控制点无论密度还是精度都无法满足桥梁施工测量的要求。

为便于线路全线坐标系统的统一和确定工程的绝对位置,勘测阶段所建立的控制点常采用国家坐标系统(如 1954 年北京坐标系或 1980 年西安坐标系),这些坐标系统是以参考椭球面为基准面的高斯平面直角坐标系统。这种坐标系统存在两种长度变形,第一种为高斯投影长度变形,第二种为基准面高程不同所引起的长度变形。

为保证桥梁施工的顺利进行,所建立的桥梁施工控制网必须和桥梁设计所采用的坐标系统相一致(一般为国家坐标系),但纯粹的国家坐标系统存在较大的长度变形,对特大型桥梁施工放样十分不利。因此,在建立桥梁施工控制网时,首先要保证施工控制网的坐标系和工程设计坐标系相一致,另外,还要使局部的施工控制网变形最小。为达到上述目的,应建立独立坐标系统的施工控制网。

为保持桥梁与两侧线路的联系,以独立坐标系统建立的控制网应以一个点位较为稳定的桥轴线点或勘测控制点作为坐标原点,以该点的原坐标值和里程作为独立坐标系统的起算坐标和起算里程,以桥轴线设计的坐标方位角或原 2 个勘测控制点的连线方位角作为起算方位角,以控制点顶面平均高程作为边长基准面,将所有观测边长都投影到该基准面上。这样建立的桥梁独立坐标系统,其 X、Y 轴方向与勘测时一致,且长度变形较小,它既考虑了桥梁勘测和设计的实际情况(设计图纸上桥梁墩台的设计坐标直接可用于施工放样,不需要换算),又满足桥梁这一重要构筑物施工测量的特殊要求。

由于桥梁工程的施工周期长,在施工期需要对控制网进行复测,在控制网复测时,应严格保证控制网的坐标系不变。为保证这一目标的实现,在控制网复测时,首先应分析和检查控制点的稳定性,利用稳定的控制点作为已知点进行计算。另外,还可以通过与国家控制点联测的方法进行比较,但由于国家点一般距离较远,其联测误差较大,因此,一般只能起检查作用,而不应将国家点联测后重新进行控制网的计算。

对直线桥,为便于施工放样数据的计算和放样点位的复核,还常常建立以某一个桥桩为坐标原点,以桥轴线为 X 轴、以横桥向为 Y 轴的桥梁施工局部坐标系 XOY,此时某一放样点的 x 坐标即为该点的里程,y 坐标即为该点偏离桥轴线的距离,此时桥梁施工局部坐标系 XOY 和桥梁勘测设计坐标系 xoy 存在如下的坐标转换关系:

$$\begin{pmatrix} X \\ Y \end{pmatrix} = \begin{pmatrix} X_{原} \\ Y_{原} \end{pmatrix} + \begin{pmatrix} \cos\alpha & -\sin\alpha \\ -\sin\alpha & \cos\alpha \end{pmatrix} \begin{pmatrix} x \\ y \end{pmatrix} \tag{15-4}$$

$$\begin{pmatrix} x \\ y \end{pmatrix} = \begin{pmatrix} \cos\alpha & -\sin\alpha \\ -\sin\alpha & \cos\alpha \end{pmatrix} \begin{pmatrix} X - X_{原} \\ Y - Y_{原} \end{pmatrix} \tag{15-5}$$

式中:$X_{原}$、$Y_{原}$——xoy 的坐标原点在 XOY 坐标系中的坐标;

　　　α——桥轴线在 XOY 坐标系中的设计坐标方位角。

五、投影面的选择

在桥梁施工控制网建立过程中,通常会遇到控制网的投影面问题。投影面问题的产生主要是由于地球为近似的圆球,在不同的高程面,其计算边长不同。高程差异越大,其投影后的边长差异亦越大。为保证施工后的桥梁跨度与设计值相同,选择合理的投影面和放样方法是保证施工质量的关键。

为确定施工控制网的投影面,首先应确定桥梁设计的投影面。在通常情况下,桥梁工程的设计是在地形图上进行的,且一般不考虑地球曲率的影响,这对一般桥梁并无太大影响,而对于具有高塔柱的悬索桥和斜拉桥,影响就十分明显。因此在控制网平差前,应由设计部门确认桥梁的设计跨度是对哪个高程面而言的。在通常情况下,桥梁设计所用的地形图是在国家坐标系统下测绘的,在测绘地形图时采用了线路工程的统一坐标基准,但在测绘大比例尺桥区地形图时,一般只采用线路整体坐标系作为起算数据,并未将测绘数据投影到高斯投影面上,因此,该地形图可理解为以国家坐标系为基本框架的局部大比例尺地形图,不存在投影变形,与实际形状一致,该地形图的投影面可理解为工程的平均高程面。因此,桥梁的设计跨度可理解为地面平均高程面上的距离。

影响投影面选择的另一个重要因素是放样方法。在以前的桥梁施工过程中,由于受到测量仪器的限制,一般采用经纬仪前方交会的方法测设点位。在这种情况下,由于放样过程不涉及距离,控制网的距离尺度就是放样后建筑物的距离尺度。因此为保证放样后的桥梁跨度与设计值相同,控制网应投影到设计跨度的高程面上(如墩面高程、桥面高程等)。

由于全站仪的普及和应用,目前大部分桥梁工程都采用高精度全站仪坐标放样。这种仪器的使用不但提高了测量精度,而且大大提高了施工测量的作业效率。在利用全站仪坐标法放样时,由于该法是利用角度和边长来确定点位的,因此,应将边长作适当的投影改正,如果桥梁跨度的设计值确定在平均高程面上,控制点的实际位置也基本在平均高程面上,这时控制网的投影面应确定在平均高程面上,这样利用坐标反算的边长与实际测量的边长基本相等,投影变形很小,有利于点位的检核。由于全站仪具有自动距离改正的功能,因此,在用该法放样高塔柱时,其距离的改正可在仪器上自动进行。

在桥梁施工过程中,由于部分建筑物的施工,原来的控制点可能无法使用,这时通常在墩顶或桥面上增设控制点。在通常情况下,所增设的控制点应归算到同一个坐标系中,并采用相同的投影面。若采用全站仪放样,也可将控制网投影到桥面高程,这样施工放样较为方便。

综上所述,控制网投影面的选择与工程设计和放样方法有关,一般选择平均高程面或桥面高程作为投影面即可满足施工放样的要求。另外,在施工过程中,选用过多的投影面,容易引起资料使用的混乱,对施工测量管理不利。

第三节　桥墩、桥台的施工放样测量

准确地测设桥墩、桥台的中心位置和它的纵横轴线,是桥梁施工阶段最主要的工作之一,这个工作称为桥墩、桥台定位和轴线测设。

对于直线桥梁,只要根据桥墩、桥台中心的桩号和岸上桥轴线控制桩的桩号求出其距离就可定出桥墩中心的位置。对于曲线桥梁,由于墩台中心不在线路中线上,首先需要计算墩台中心坐标,然后再进行桥墩、桥台中心定位和轴线的测设。

一、墩台中心定位和轴线测设

测设桥墩、桥台中心的方法有直接丈量法、极坐标法及前方交会法等。在测设之前,应对采用的测设方法的精度进行估算,在测设时应按照估算设计的观测方案进行。

最常用的方法是极坐标法和交会法。

1. 极坐标法

极坐标法测距方便、迅速,在一个测站上可以测设所有与之通视的点,且距离的长短对工作量和工作方法没有什么影响,测设精度高,是一种较好的测设方法。

测设时,可选择任意一个控制点设站(当然应首选网中桥轴线上的一个控制点),并选择一个照准条件好、目标清晰和距离较远的控制点作定向点。计算放样元素,放样元素包括测站点到定向点与测站点到放样的桥墩、桥台中心方向间的水平角 β 及测站到桥墩、桥台中心的距离 D。

测设时,按测设角度的精密方法测设出该角值 β,在桥墩、桥台上得到一个方向点。然后在该方向上精密地放样出水平距离 D 得桥墩、桥台中心。为了防止错误,最好用两台全站仪在两个测站上同时按极坐标法测设该桥墩、桥台中心(如条件不允许时,则迁站到另一控制点上同法测设),所得桥墩中心的两个点位差的允许值应不大于 2cm。取两点连线的中点为桥墩中心。

对于直线桥梁,由于定向点为对岸桥轴线上的点,这时只需在该方向上放样出测站到墩中心的距离即得墩中心。也可在另外的控制点上设站检查。

2. 前方交会法

前方交会法应在三个方向上进行,对于直线桥来说,交会的第三个方向最好采用桥轴线方向。因为该方向可直接照准而无需测角。

测设前可根据三个测站点和测设的桥墩台中心点的坐标,分别计算出测设元素,如图15-6所示,测设桥墩 T_2 时,测设元素是 α、β 和 φ 角(对直线桥 φ 角不必计算)。

理论上三个交会方向应交会于一点,由于不可避免地存在误差,实际上这三个方向存在示误三角形(图15-7)。对于直线桥梁,如果示误三角形在桥轴线方向上的边长不大于2cm,最大边长不超过3cm,则取 E' 在桥轴线上的投影位置 E 作为桥墩中心的位置。对于曲线桥,如果示误三角形的最大边长不大于2.5cm,则取三角形的重心作为桥墩中心的位置。

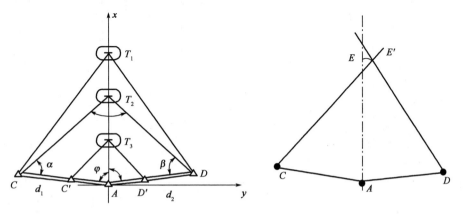

图 15-6　直线桥前方交会法　　　　　　　图 15-7　示误三角形

3. 网络 RTK 法工程放样应用

网络 RTK,又称多基准 RTK。一般有2个或2个以上基准站,来覆盖整个测区,利用多个基准站观测数据对电离层、对流层以及观测误差的误差模型进行优化,从而降低了载波相位测量改正后的残余误差及接收机钟差和卫星改正后的残余误差等因素的影响,使流动站的精度控制在厘米级,网络 RTK 基本工作原理参见第六章。

(1)工程概况

某跨海大桥工程连接岸上深水港航运中心与 30km 外的近海小岛,为满足航运的要求,中部主跨宽 430m,设大型双塔双索斜拉桥。为确保施工速度与施工质量,采用了变水上施工为陆上施工的方案,在两个主桥墩位置各沉放一个预制钢施工平台,每个预制钢施工平台由12个导管架组成,如图15-8所示,导管架为 $\phi1000$ 钢管桁架,通过测量指挥导管架沉放到位后,在导管中打入钢管固定导管架,拼装作业平台。导管架沉放位置与主桥墩设计灌注桩位空间纵横交错,其沉放位置直接影响到灌注桩的施工。设计方对导管架沉放定位提出了平面及高程 ±10cm 的精度要求。

该工程在岸上与小岛上已设施工控制点各3个,并已提供 WGS-84 坐标、北京54坐标及其转换七参数,工程位置离控制点距离分别约14km及16km。常规测量手段无法进行坐标定位,网络 RTK 实时动态定位技术成了导管架沉放定位的唯一手段。工程使用多台 Leica SR530 双频动态 GPS 接收机,标称精度为 10mm + 1 ×1ppm。

（2）导管架定位原理

每个海上施工平台均由12个导管架组成（图15-8），设计单位提供了施工平台的设计坐标（北京54坐标系、黄海85高程系），利用RTK随机软件可方便解算出WGS-84坐标系与工程区域设计坐标系的转换参数，从而设置GPS接收机，实测出沉放过程中必需的设计坐标系中的坐标。

图15-8　导管架定位示意图

为排水需要施工平台面存在一定倾角，且平台轴线与设计坐标间存在夹角，为了方便施工过程操作，如图15-8所示建立施工平台坐标系，平台面内 X 轴、Y 轴分别平行、垂直平台轴线，定义垂直于 XOY 平面向上为 Z 轴正向，则每个导管架空间位置在平台坐标系中唯一确定。

导管架在造船厂进行加工，每个导管架加工完成后均用全站仪进行公差要求检测，公差符合要求方可沉放。加工时在 CR1、CR2、CR3 三个位置设置仪器基座，用于沉放时安置 GPS 天线。加工完后用全站仪标定出3个仪器基座与加工轴线的关系（图15-9），换算出其在平台坐标系中的空间坐标，作为沉放施工时的理论坐标。

图15-9　仪器基座与加工轴线的关系

导管架沉放时在 CR1、CR2、CR3 各安置1个 RTK 流动站，实时测得其设计坐标系坐标。由于沉放过程中的导管架倾斜、旋转，海上又无法实地标定出施工平台轴线的位置，因此很难直观地计算沉放过程中的调整量。将测得的北京54坐标系转换到平台坐标系后，可方便计算导管架纵向（CR1-CR2 向）、横向（CR2-CR3 向）方位的旋转量及整个导管架与设计位置的较差，指挥沉放作业，直至符合精度要求。操作中，通过编制程序进行坐标转换和偏差计算，并由 PDA 现场计算指挥作业。

二、桥梁施工中的检测与竣工测量

1. 桥梁下部结构施工放样的检测

桥梁的高程施工放样检测较简单，在水准点上用水准仪直接检测就可。但一定要注意检查计算的设计高程，以免出现计算错误。桥梁的下部施工放样一般由桩基础、承台、立柱、墩帽等的放样组成，检查时技术要求不一，一般按照规范要求或图纸要求检查，简述如下：

（1）桩基础：一般单排桩要求轴线偏位不大于 ±5cm，群桩要求轴线偏位不大于 ±10cm。检查时用全站仪或经纬仪加测距仪检查桩中心的放样点，再用小钢尺量桩中心的偏位。

（2）承台的轴线偏位不大于±15mm。检查时可先量取承台的中心位置，再用全站仪或经纬仪加测距仪检查。

（3）立柱、墩帽轴线偏位不大于±10mm。检查时可先量取立柱、墩帽的中心位置，再用全站仪或经纬仪加测距仪检查。

2.桥梁上部结构施工放样的检测

桥梁的上部结构形式较多，较常见的有T梁、板梁、现浇普通箱梁、现浇预应力箱梁等，要根据不同的形式进行检查。

检测的测量工作主要是高程控制，如T梁、板梁、现浇普通箱梁、现浇预应力箱梁的顶面高程直接影响到桥面的厚度，桥面的厚度直接影响桥梁使用。

3.桥梁的竣工测量

桥梁的竣工测量主要根据规范、图纸要求，对已完成的桥梁进行全面的检测，主要检测的测量项目有轴线、高程、宽度等。

第四节 隧道施工控制测量

一、隧道控制测量概述

隧道控制测量的目的在于保证两相向开挖方向在贯通面按设计要求正确贯通，即横向和高程贯通误差在规定的限差内。隧道控制测量是施工放样的依据，包括洞内、洞外平面控制测量与高程控制测量，为了增加开挖面，缩短贯通长度，在中间设有竖（斜）井时，还包括传递平面位置、方向和高程的竖（斜）井联系测量。

1.隧道贯通误差的分类及其限差

在隧道施工中，由于地面控制测量、联系测量、地下控制测量以及细部放样存在误差，两个相向开挖的工作面的施工中线不能理想地衔接，而产生错开现象，即所谓贯通误差。其在线路中线方向的投影长度称为纵向贯通误差（简称纵向误差），在垂直于中线方向的投影长度称为横向贯通误差（简称横向误差），在高程方向的投影长度称为高程贯通误差（简称高程误差）。

各项贯通误差的限差（用Δ表示）一般取中误差的2倍。纵向贯通误差影响隧道中线的长度，只要它不大于定测中线的误差，能够满足铺轨的要求即可。通常都是按定测中线的精度要求，即

$$\Delta_l = 2m_1 \leqslant \frac{1}{2000}L \tag{15-6}$$

式中：L——隧道两开挖洞口间的长度。

高程贯通误差影响隧道的坡度，而且应用水准测量的方法，也容易达到所需的要求。因此，实际上最重要的、讨论最多的是横向贯通误差。因为横向贯通误差如果超过了一定的范围，就会引起隧道中线几何形状的改变，甚至洞内建筑物侵入规定限界而使已衬砌部分拆除重建，给工程造成损失。

对于横向贯通误差和高程贯通误差的限差,按《既有铁路测量技术规则》(TBJ 105—1988),根据两开挖洞口间的长度确定,如表 15-4 所示。

贯通误差的限差　　　　　　　　　　　　　　　　　表 15-4

两开挖洞口间长度(km)	<4	4~8	8~10	10~13	13~17	17~20
横向贯通限差(mm)	100	150	200	300	400	500
高程贯通限差(mm)	50					

2. 贯通误差的来源和分配

隧道贯通误差主要来源于洞内外控制测量和竖井(斜井)联系测量的误差,由于施工中线和贯通误差是由洞内导线测量确定,所以施工误差和放样误差对贯通的影响可忽略不计。

按照《既有铁路测量技术规则》(TBJ 105—1988)的规定,将地面控制测量的误差作为影响隧道贯通误差的一个独立因素,而将地下两相向开挖的坑道中导线测量的误差各作为一个独立因素。这样一来,设隧道总的横向贯通中误差的允许值为 M_q,按照等影响原则,则得地面控制测量的误差所引起的横向贯通中误差(以下简称"影响值")为:

$$m_q = \frac{M_q}{\sqrt{3}} = 0.58M_q \qquad (15\text{-}7)$$

对于高程控制测量而言,洞内的水准线路短,高差变化小,这些条件比地面的好;但另一方面,洞内有烟尘、水气、光亮度差以及施工干扰等不利因素,所以将地面与地下水准测量的误差对于高程贯通误差的影响各作为一个独立因素,按等影响的原则。设隧道总的高程贯通中误差的允许值为 M_h,则地面水准测量的误差所引起的高程贯通中误差为:

$$m_h = \frac{M_h}{\sqrt{2}} = 0.71M_h \qquad (15\text{-}8)$$

按照上述原理所算得的隧道洞内、洞外控制测量误差,对于贯通面上的横向和高程贯通中误差所产生的影响如表 15-5 所示。

洞外、洞内控制测量误差对贯通精度的影响值(单位:mm)　　　表 15-5

测量部位	横向中误差						高程中误差
	两开挖洞口间长度(km)						
	<4	4~8	8~10	10~13	13~17	17~20	
洞外	30	45	60	90	120	150	18
洞内	40	60	80	120	160	200	17
洞外洞内总和	50	75	100	150	200	250	25

注:本表不适用于设有竖井的隧道。

由上述讨论可见,隧道控制测量关键在于要满足横向贯通精度,因此,应根据横向贯通精度影响值进行洞外、内平面控制测量设计。

3. 地面控制测量

隧道工程的地面控制测量可分为平面控制测量和高程控制测量,平面控制测量根据地下工程的特点、范围、地形条件,采用三角测量、导线测量及 GPS 测量进行。高程控制测量主要采用地面水准测量。

（1）地面导线测量

在隧道施工中，地面控制测量可布设成地面导线测量形式。导线测量的优点是选点布网较自由、灵活，对地形适应性较好。

在直线隧道中，为了减少导线测距误差对隧道横向贯通的影响，应尽可能将导线沿着隧道的中线敷设。导线点数不宜过多，以减少测角误差对横向贯通的影响。对于曲线隧道而言，导线亦应沿两端洞口连线布设成直伸型导线为宜，但应将曲线的始点和终点以及曲线切线上两点包括在导线中。

光电导线测量的布设可分为单导线、单闭合导线、导线锁（环）等，如图 15-10 所示。为了增加校核条件、提高导线测量的精度，也可以采用主副导线闭合环，副导线只观测转折角而不量距。

图 15-10　地面导线网

（2）GPS 控制测量

用 GPS 定位技术作隧道地面控制，只需在洞口处布设洞口点群，各洞口点群不得少于 3 个点。对于直线隧道，洞口点选在线路中线上，另外再布设两个定向点，除要求洞口点与定向点通视外，定向点之间不要求通视。对于曲线隧道，还应把曲线的主要控制点如始终点、切线上的两点包括在网中。选点、埋石与常规方法的要求相同，主要应使所选点环境适于 GPS 观测。网的布设一般应遵循"网中每个点至少独立设站观测两次"的原则。此外，还取决于所具有的接收机数量、经费和精度要求等因素。如图 15-11 所示为采用 GPS 技术进行控制的一种布网方案，图中两点间连线为独立基线，该方案每个点均有三条独立基线相连，其可靠性较好。

图 15-11　GPS 控制网

（3）地面水准测量

作为高程控制的地面水准测量，其等级的确定不单决定于隧道的长度，更重要的是取决于隧道地段的地形情况，亦即由它所决定的两洞口间水准线路的长度。表 15-6 为《既有铁路测量技术规则》（TBJ 105—1988）对各级水准测量的规定。高程控制测量可采用精密水准测量或光电测距三角高程测量进行。

隧道地段水准测量的等级　　　　　　　　　　　　表 15-6

等　　级	两洞口间水准线路长度（km）	水准仪型号	标尺类型
二	>36	$S_{0.5}$、S_1	线条式钢瓦水准尺
三	<13~36	S_1	线条式钢瓦水准尺
		S_3	区格式木质水准尺
四	5~13	S_3	区格式木质水准尺

进行地面水准测量时,利用线路定测水准点的高程作为起始高程,沿水准线路在每个洞口至少应埋设两个水准点,水准线路应形成闭合环,或者敷设两条互相独立的水准线路,由已知的水准点从一端洞口测至另一端的洞口。

4.地下控制测量

地下控制测量包括地下平面控制测量和地下高程控制测量。地下平面控制测量由于受地下工程条件的限制,测量方法较为单一,只能敷设导线。地下高程控制测量方法有水准测量、三角高程测量。

(1)地下导线测量的特点和布设

地下导线测量的作用是以必要的精度建立地下的控制系统。依据该控制系统可以放样出隧道(或坑道)中线及其衬砌的位置,指示隧道(或坑道)的掘进方向。

地下导线的起始点通常位于平峒口、斜井口以及竖井的井底车场,而这些点的坐标是由地面控制测量或联系测量测定的。地下导线等级的确定取决于地下工程的类型、范围及精度要求等,对此各部门均有不同的规定。与地面导线测量相比,地下工程中的导线测量具有以下特点:

①由于受坑道的限制,其形状通常为延伸状。地下导线不能一次布设完成,而是随着坑道的开挖而逐渐向前延伸。

②导线点有时设于坑道顶板,需采用点下对中。

③随着坑道的开挖,先敷设边长较短、精度较低的施工导线,指示坑道的掘进。而后敷设高等级导线,对施工导线进行检查校正。

④地下工作环境较差,对导线测量干扰较大。地下导线的类型有支导线、附合导线、闭合导线、导线网等。地下导线角度测量常采用测回法进行,边长测量可采用钢尺及电磁波测距仪测距。

在布设地下导线时应注意以下事项:

①地下导线应尽量沿线路中线(或边线)布设,边长要接近等边,尽量避免长短边相接。导线点应尽量布设在施工干扰小、通视良好且稳固的安全地段,两点间视线与坑道边的距离应大于0.2m。对于大断面的长隧道,可布设成导线网或主副导线环。有平行导坑时,平行导坑的单导线应与正洞导线联测,以资检核。

②在进行导线延伸测量时,应对以前的导线点作检核测量。在直线地段,只作角度检测;在曲线地段,还要同时作边长检核测量。

③由于地下导线边长较短,因此进行角度观测时,应尽可能减小仪器对中和目标对中误差的影响。当导线边长小于15m时,测回间仪器和目标应重新对中,应注意提高照准精度。

④边长测量中,当采用电磁波测距仪时,应经常拭净镜头及反射棱镜上的水雾。当坑道内水气或粉尘浓度较大时,应停止测距,避免造成测距精度下降。洞内有瓦斯时,应采用防爆测距仪。

(2)地下高程控制测量

地下高程控制测量的任务是测定地下坑道中各高程点的高程,建立一个与地面统一的地下高程控制系统,作为地下工程在竖直面内施工放样的依据。地下高程控制测量可分为地下水准测量和地下三角高程测量。其特点为:

①高程测量线路一般与地下导线测量的线路相同。在坑道贯通之前,高程测量线路均为支线,因此需要往返观测及多次观测进行检核。

②通常利用地下导线点作为高程点。高程点可埋设在顶板、底板或边墙上。

③在施工过程中,为满足施工放样的需要,一般是建立低等级高程测量给出坑道在竖直面内的掘进方向,然后再建立高等级的高程测量进行检测。

地下水准测量与地下三角高程测量的作业方法同地面测量。

二、隧道施工控制测量设计

1. 平面控制测量设计

平面控制测量设计的目的在于确定控制网的布设方案,包括网形、测角量边的精度以及仪器设备的确定等。其主要依据是:由控制测量误差所引起的隧道贯通误差应小于表15-4所列的值,因此,测量设计就变成了影响值的计算问题。横向贯通精度影响值的计算分为近似估算与严密计算,其中以单导线法和按方向的间接平差法最为常用。

（1）地面单导线测量设计

无论是单导线、闭合导线、导线锁还是三角锁等各种网形,都可选择最靠近隧道中线的一条线路,将其作为单导线,按下述公式估算对横向贯通误差的影响值(图15-12)。

$$m_{q} = \sqrt{m_{y\beta}^2 + m_{yl}^2}$$

$$= \sqrt{\left(\frac{m_\beta}{\rho}\right)^2 \sum R_x^2 + \left(\frac{m_l}{l}\right)^2 \sum d_y^2} \quad (15\text{-}9)$$

式中:$m_{y\beta}$、m_{yl}——测角、量边误差所引起的隧道横向贯通误差;

$\quad\quad m_\beta$——地面导线的测角中误差,以秒计,取设计值;

$\quad\quad \dfrac{m_l}{l}$——导线边长的相对中误差;

$\quad\quad \sum R_x^2$——两洞口点之间各测角的导线点至贯通面垂直距离的平方和;

$\quad\quad \sum d_y^2$——两洞口点之间各导线边在贯通面上投影长度的平方和。

图15-12　隧道贯通误差预计图

式(15-9)即为导线测量误差对横向贯通误差的影响值的近似公式。按式(15-9)估算的影响值偏大,有时与严密计算结果相差很大,因为它是按支导线推导的,而实际工作中,总是要布设为环形和网形,通过平差,测角测边精度都会产生增益,故按上式进行横向贯通误差估算将偏于安全,一般用于较短隧道的控制测量设计。估算时,一般通过改变测角精度来调整影响值,使之满足表15-4的要求。式(15-9)同样适用于地下导线测量设计。

(2)地下导线测量设计

对于直线型隧道,地下导线宜布设为等边直伸导线,对于等边直伸的地下导线来说,导线的测角误差引起横向误差,而量边误差与横向误差无关。因地下导线一般为支导线,由测角引起的横向贯通误差(单位:m)可表示为:

$$m_q = \sqrt{\frac{n^2 s^2 m_\beta^2}{\rho^2}\left(\frac{n+1.5}{3}\right)} \tag{15-10}$$

式中:s——导线边长(m);

n——导线的边数。

故地下导线的测角精度的设计值为:

$$m_\beta = \frac{m_q \rho}{sn}\sqrt{\frac{3}{n+1.5}} \tag{15-11}$$

式(15-11)即为设计地下导线时测角精度的计算公式。

(3)按方向的间接平差法

在方向间接平差中,可按坐标差权函数法估算横向贯通误差,另外还有零点误差椭圆法,上述两种方法都属于严密估算方法。可利用控制网通用平差程序(可考虑基本条件)在计算机上运行,能适合各种网形,使用简便,具有普遍推广意义。

①按坐标差权函数法估算横向贯通误差。

如图15-12所示,G_J、G_C分别表示由进出口点通过联系角β_J和边长S_{JG}、S_{CG}计算的贯通点。在计算地面控制网测量误差对横向贯通误差的影响时,应将β_J、β_C、S_{JG}、S_{CG}视为不含误差的量。由图15-12可知,横向贯通误差即贯通面上两点G_J、G_C的横坐标差ΔY_G的中误差。因此应首先列出计算ΔY_G的公式,然后对ΔY_G全微分,可得权函数式:

$$d(\Delta Y_G) = a_{JA}\Delta X_{JG}dx_J + (1 + b_{JA}\Delta X_{JG})dy_J - a_{JA}\Delta X_{JG}dx_A - b_{JA}\Delta X_{JG}dy_A$$

$$-a_{CB}\Delta X_{CG}dx_C - (1 + b_{CB}\Delta X_{CG})dy_C + a_{CB}\Delta X_{CG}dx_B + b_{CB}\Delta X_{CG}dy_B \tag{15-12}$$

式中,$a_{JA} = \Delta Y_{JA}/S_{JA}^2$,$b_{JA} = -\Delta X_{JA}/S_{JA}^2$,下标$J$、$C$、$A$、$B$、$G$分别表示进出口点、定向点和贯通点。权函数式的系数可由上述点的坐标计算。因此,只要能计算出进出口点及其定向点的协方差阵(可由通用平差程序求得),即可按广义误差传播律计算出ΔY_G的方差m_q^2。

由式(15-12)不难看出,影响值与贯通点G的位置有关(G应位于进出口点之间的中部),且与定向点的位置和精度也有关,选取不同的定向点,则影响值也不同。若进、出口分别有m、n个定向点,则有$m \times n$个影响值。测量设计时,可计算出最小影响值所对应的定向点组。由洞外向洞内作进洞测量时,应优先考虑这一组定向点作联系方向点,并以其他定向点检核。

②零距离相对误差椭圆法。

若将 β_J、β_C 和 S_{JG}、S_{CG} 视为不含误差的虚似观测值,并将 G_J、G_C 作为控制网的点纳入一起计算,在通用平差程序中,可计算 G_J、G_C 两点的相对误差椭圆,该椭圆长半轴在贯通面上的投影即为影响值,即

$$m_q = \sqrt{E^2 \cos^2 \psi + F^2 \sin^2 \psi} \tag{15-13}$$

式中:ψ——以误差椭圆长半轴为起始方向时 Y 轴的方位角,按下式计算:

$$\psi = 90° - \varphi_0 \quad (\varphi_0 \leqslant 90°)$$

或

$$\psi = 270° - \varphi_0 \quad (\varphi_0 > 90°)$$

上面的公式中,E、F、φ_0 为零距离相对误差椭圆的元素。用该法所计算的影响值综合了所有的测量误差,其影响值是唯一的,其值不同于坐标差权函数法的任一结果,相当于用所有的定向点进行多点定向进洞。

用上述两种方法计算影响值时需要给出网点的近似坐标、观测方案以及观测精度等值,用通用平差程序计算坐标未知数向量的协因数阵,乘以先验单位权方差得协方差矩阵。地面网施测之后,也可以按上述方法用验后单位权方差计算实测网的影响值。

(4)GPS 网对贯通误差影响的估算方法

由 GPS 网的测量误差所引起的隧道贯通误差,可以根据进、出口点及其定向点的坐标值及其协方差矩阵,由贯通点的设计坐标、贯通面的方位角等信息进行计算。

如图 15-13 所示,J、C 为进、出口点(不一定在中线上),A、B 为定向点(可能有多个),G 为贯通点,在不考虑边长 S_{JG}、S_{CG} 联系角 β_J 和 β_C 的误差的情况下,由进、出口推算出贯通点的坐标差 ΔX_G、ΔY_G 的权函数式为[见式(15-12)]:

$$d(\Delta X_G) = (1 - a_{JA}\Delta Y_{JG})dx_J - b_{JA}\Delta Y_{JG}dy_J + a_{JA}dx_A + b_{JA}\Delta Y_{JG}dy_A$$
$$- (1 - a_{CB}\Delta Y_{CG})dx_C + b_{CB}\Delta Y_{CG}dy_C - a_{CB}\Delta Y_{CG}dx_B - b_{CB}\Delta Y_{CG}dy_B$$
$$\tag{15-14}$$

$$d(\Delta Y_G) = a_{JA}\Delta X_{JG}dx_J + (1 + b_{JA}\Delta X_{JG})dy_J - a_{JA}\Delta X_{JG}dx_A - b_{JA}\Delta X_{JG}dy_A$$
$$- a_{CB}\Delta X_{CG}dx_C - (1 + b_{CB}\Delta X_{CG})dy_C + a_{CB}\Delta X_{CG}dx_B + b_{CB}\Delta X_{CG}dy_B$$
$$\tag{15-15}$$

式中,$a_{JA} = \Delta Y_{JA}/S_{JA}^2$,$b_{JA} = -\Delta X_{JA}/S_{JA}^2$。

图 15-13　GPS 网贯通误差影响

设未知数函数的线性化权函数为：
$$dF(X) = f^T dX, dG(X) = g^T dX \tag{15-16}$$

则由协因数传播律可得权函数的权倒数（协因数）和互协因数，即
$$\frac{1}{P_F} = q_F = f^T Q_{xx} f$$

$$\frac{1}{P_{FG}} = f^T Q_{xx} g \tag{15-17}$$

因此，由式（15-14）、式（15-15），可计算出 ΔX_G、ΔY_G 的协因数 $q_{\Delta x}$、$q_{\Delta y}$ 以及它们的互协因数 $q_{\Delta x \Delta y}$，乘以 GPS 网的验后单位权方差，即可得到贯通点坐标差的方差和协方差，由它们可以计算贯通点的零距离相对误差椭圆，该椭圆在贯通面上的投影即为 GPS 网的横向贯通误差影响值。

2. 高程测量误差对高程贯通误差的影响

高程测量误差对高程贯通误差的影响，可按式（15-18）计算：
$$m_h = m_\Delta \sqrt{L} \tag{15-18}$$

式中：L——洞内外高程线路总长（km）；

m_Δ——每公里高差中数的偶然中误差，对于四等水准 $m_\Delta = \pm 5\text{mm/km}$，对于三等水准 $m_\Delta = \pm 3\text{mm/km}$。

需要指出，若采用光电测距三角高程测量时，L 取导线的长度。若洞内外测量精度不同，则应分别计算。

第五节　隧道施工测量与竣工测量

隧道施工测量的主要任务为：在隧道施工过程中确定隧道在平面及竖直面内的掘进方向，另外还要定期检查工程进度及计算完成的土石方数量。在隧道竣工后，还要进行竣工测量。

一、隧道掘进中的测量工作

1. 隧道平面掘进方向的标定

隧道掘进施工的方法有全断面开挖法和开挖导坑法，根据施工方法和施工程序的不同，确定隧道掘进方向的方法有中线法和串线法。

（1）中线法

当隧道采用全断面开挖法进行施工时，通常采用中线法。在图 15-14 中，P_1、P_2 为导线点，A 为隧道中线点，已知 P_1、P_2 的实测坐标及 A 的设计坐标（可按其里程及隧道中线的设计方位角计算得出）和隧道中线的设计方位角。根据上述已知数据，即可计算出放样中线点所需的测设数据 β_2、β_A 和 L。

图 15-14　中线法标定中线示意图

$$\alpha_{P_2A} = \arctan \frac{Y_A - Y_{P_2}}{X_A - X_{P_2}}$$

$$\beta_2 = \alpha_{P_2A} - A_{P_2P_1}$$

$$\beta_A = \alpha_{AB} - \alpha_{AP_2}$$

$$L = \frac{Y_A - Y_{P_2}}{\sin\alpha_{P_2A}} = \frac{X_A - X_{P_2}}{\cos\alpha_{P_2A}} \tag{15-19}$$

求得上述数据后，即可将仪器安置在导线点 P_2 上，拨角度 β_2，并在视线方向上量距 L，即得中线点 A。在 A 点上埋设与导线点相同的标志，并重新测定出 A 点的坐标。标定开挖方向时可将仪器安置于 A 点，后视导线点 P_2，拨角度 β_A，即得中线方向。随着开挖面向前推进，A 点距开挖面越来越远，这时需要将中线点向前延伸，埋设新的中线点。其标设方法同前。

（2）串线法

当隧道采用导坑法施工时，因其精度要求不高，可用串线法指示开挖方向。此法是用目测串通三条垂球线，直接用肉眼来标定开挖方向（图 15-15）。使用这种方法时，首先需用类似前述设置中线点的方法，设置三个临时中线点（设置在导坑顶板或底板上），两临时中线点的间距不宜小于 5m。标定开挖方向时，在三点上悬挂垂球线，一人在 B 点指挥，另一人在工作面持手电筒（可看成照准标志）使其灯光位于中线点 B、C、D 的延长线上，然后用红油漆标出灯光位置，即得中线位置。

图 15-15　串线法标定中线示意图

利用这种方法延伸中线方向时，误差较大，所以 B 点到工作面的距离不宜超过 30m（曲线段不宜超过 20m）。当工作面向前推进超过 30m 后，应向前再测定两临时中线点，继续用串线法来延伸中线，指示开挖方向。

随着开挖面的不断向前推进，中线点也应随之向前延伸，地下导线也紧跟着向前敷设，为保证开挖方向的正确，必须随时根据导线点来检查中线点，随时纠正开挖方向。

（3）激光指向法

在直线隧道（巷道）建设施工中，有时采用激光指向仪进行指向与导向。由于激光束的方向性良好，发射角很小，能以大致恒定的光束直线传播相当长的距离，因此它成为地下工程施工中一种良好的指向工具。我国生产的激光指向仪，从结构上来说，一般都采用将指向部分和电源部分合装在一起，指向部分通常包括气体激光器（氦氖激光器）、聚焦系统、支架、整平和旋转指向仪用的调整装置。由激光器发射的激光束经聚焦系统后发出一束大致恒定的红光，测量人员将指向仪配置到所需的开挖方向后，施工人员即可自己随时根据指向需要，开启激光电源找到掘进开挖方向。

以上介绍的三种方法是对直线隧道掘进方向标定的方法，对于曲线隧道掘进，其永久中线点是随导线测量而测设的。而供衬砌时使用的临时中线点则是根据永久中线点加密的，一般采用偏角法（适用于钢尺量边时）或极坐标法（适用于光电测距仪测距时）测设。

（4）盾构自动引导测量系统

在城市地铁建设中，常采用盾构法开挖施工技术。

盾构法是地下工程暗挖法施工中的一种全机械化施工方法，用带防护罩的特制机械（盾构）在破碎岩层或土层中掘进隧洞（或巷道）。盾构机械在推进中，通过盾构外壳和管片支承围岩，防止发生往隧道内的坍塌，同时在开挖面前方用切削装置进行岩土开挖，通过出土

现代测量学

机械运出洞外,靠千斤顶在后部加压顶进,并拼装预制混凝土管片,形成隧道结构。

盾构机安装的 SLS-T APD 导向系统能够对盾构在掘进中的各种姿态、盾构线路和位置关系进行精确的测量和显示。SLS-T APD 导向系统由激光全站仪、激光定向仪、ELS 靶、工控机、显示器、调制解调器、通信装置和隧道掘进软件组成。隧道掘进软件是 SLS-T APD 的核心,提供盾构机的三维坐标和定向的动态信息。通过通信装置接收数据,隧道掘进软件计算盾构机的方位和坐标,以图表方式显示,使盾构机的位置一目了然,操作人员可根据导向系统提供的信息,实时对盾构的掘进方向及姿态进行调整,保证盾构沿设计方向掘进。

2.隧道竖直面掘进方向的标定

在隧道开挖过程中,除标定隧道在水平面内的掘进方向外,还应定出坡度,以保证隧道在竖直面内的贯通精度。通常采用腰线法。隧道腰线是用来指示隧道在竖直面内掘进方向的一条基准线,通常标设在隧道壁上,离开隧道底板一定距离(该距离可随意确定)。

图 15-16　隧道腰线标定示意图

在图 15-16 中,A 点为已知的水准点,C、D 为待标定的腰线点。标定腰线点时,首先在适当的位置安置水准仪,后视水准点 A,依此可计算出仪器视线的高程。根据隧道坡度 i 以及 C、D 点的里程计算出两点的高程,并求出 C、D 点与仪器视线间的高差 Δh_1、Δh_2。由仪器视线向上或向下量取 Δh_1、Δh_2 即可求得 C、D 点的位置。

二、隧道贯通误差的测定与调整

隧道贯通误差的测定是一项重要的工作,隧道贯通后要及时地测定实际偏差,以对贯通结果作出最后评定,验证贯通误差预计的正确程度,总结贯通测量方法和经验。若贯通偏差在设计允许范围之内,则认为贯通测量工作成功地达到了预期目的。若存在着贯通偏差,将影响隧道(巷道)断面的修整、扩大、衬砌和轨道铺设工作的进行。因此,应该采用适当方法对贯通后的偏差进行调整。

1.实际贯通偏差的测定方法

(1)采用中线法指向开挖的隧道,贯通之后,应从相向开挖的两个方向各自向贯通面延伸中线,并各钉一临时桩 A、B(图 15-17)。丈量出两临时桩 A、B 之间的距离,即得隧道的实际横向贯通误差,A、B 两临时桩的里程之差,即为隧道的实际纵向贯通误差。

(2)采用地下导线作洞内控制的隧道,可在贯通面附近钉设一临时桩点,然后由相向的两个方向对该点进行测角和量距,各自计算临时桩点的坐标。这样可以测得两组不同的坐标值,其 y 坐标的差值即为实际的横向贯通误差,其 x 坐标之差为实际的纵向贯通误差。在临时桩上安置经纬仪测出角度 α,如图 15-18 所示,以便求得导线的角度闭合差(也称方位角贯通误差)。

(3)由隧道两端洞口附近的水准点向洞内各自进行水准测量,分别测出贯通面附近的同一水准点的高

图 15-17　用中线法测定实际横向贯通偏差

334

程,其高程差即为实际的高程贯通误差。

2.贯通误差的调整

测定贯通隧道的实际偏差后,需对贯通误差进行调整。调整贯通误差的工作,原则上应在隧道未衬砌地段上进行,不再牵动已衬砌地段的中线,以防减小限界而影响行车。在中线调整之后,所有未衬砌地段的工程,均应以调整后的中线指导施工。

(1)直线隧道贯通误差的调整

直线隧道中线的调整,可在未衬砌地段上采用折线法调整,如图 15-19 所示。如果由于调整贯通误差而产生的转折角在 5′以内时,可作为直线线路考虑。当转折角在 5′~25′时,可不加设曲线,但应以顶点 a、C 的内移量考虑衬砌和线路的位置。各种转折角的内移量如表 15-7 所列。当转折角大于 25′时,则应以半径为 4000m 的圆曲线加设反向曲线。

图 15-18　用导线法测定实际横向贯通偏差

图 15-19　直线隧道贯通误差的调整

各种转折角的内移量　　　表 15-7

转折角(′)	内移量(mm)	转折角(′)	内移量(mm)
5	1	20	17
10	4	25	26
15	10		

对于用地下导线精密测得实际贯通误差的情况,当在规定的限差范围之内时,可将实测的导线角度闭合差平均分配到该段贯通导线各导线角,按简易平差后的导线角计算该段导线各导线点的坐标,求出坐标闭合差。根据该段贯通导线各边的边长按比例分配坐标闭合差,得到各点调整后的坐标值,并作为洞内未衬砌地段隧道中线点放样的依据。

(2)曲线隧道贯通误差的调整

当贯通面位于曲线上时,可将贯通面两端各一中线点和曲线的起点、终点用导线联测得出其坐标,再用这些坐标计算交点坐标和转角 α,然后在隧道内重新放样曲线。

(3)高程贯通误差的调整

贯通点附近的水准点高程,采用由贯通面两端分别引测的高程的平均值作为调整后的高程。洞内未衬砌地段的各水准点高程,根据水准路线的长度将高程贯通误差按比例分配,求得调整后的高程,并作为高程施工放样的依据。

三、施工期间的变形测量

隧道在施工期间有变形测量的需要,应根据情况制定监测方案。在城市地铁施工期间,部分地段需要对地上建筑物、地面和隧道进行沉降观测和位移观测,在矿山工程建设中,有地表位移和沉降观测和部分井下、巷道工程的变形监测等。一般来说,沉降观测主要用精密水准测量方法,位移测量可采用全站仪、测量机器人和激光扫描仪等。

四、隧道竣工测量

隧道竣工后,为检查主要结构及线路位置是否符合设计要求,应进行竣工测量。该项工作包括隧道净空断面测量、永久中线点及水准点的测设。

隧道净空断面(图15-20)测量时,应在直线地段每50m、曲线地段每20m或需要加测断面处测绘隧道的实际净空。测量时均以线路中线为准,包括测量隧道的拱顶高程、起拱线宽度、轨顶水平宽度、铺底或抑拱高程。隧道的净空断面测量采用便携式断面仪进行,该种仪器可进行自动扫描、跟踪和测量,并可立即显示面积、高度和宽度等测量结果,测量速度快、精度高。

图15-20　隧道净空断面图

隧道竣工后,应对隧道的永久性中线点用混凝土包埋金属标志。在采用地下导线测量的隧道内,可利用原有中线点或根据调整后的线路中心点埋设。直线上的永久性中线点,每200~250m埋设一个,曲线上应在缓和曲线的起终点各埋设一个,在曲线中部,可根据通视条件适当增加。在隧道边墙上要画出永久性中线点的标志。洞内水准点应每公里埋设一个,并在边墙上画出标志。

思考题与习题

1.名词解释:桥轴线;等影响原则;隧道;贯通误差;纵向贯通误差;横向贯通误差;高程贯通误差。

2.桥梁施工控制网的布设形式有哪些?桥梁施工控制网的布设有何特点?

3.桥梁施工控制网精度确定要考虑哪些问题?

4.隧道测量技术的主要内容有哪些?与地面工程测量相比,地下工程测量具有哪些特点?

5.隧道工程的地面控制测量有几种形式?

6.隧道贯通误差预计方法有几种?各有什么特点?

7.地下导线测量有何特点?地下导线测量是如何实现高级控制低级的?

8.隧道施工中有哪些测量工作?

第十六章 变形监测

变形监测(或变形观测)是指用测量仪器或专用仪器定期测定变形体在自身荷载或外力作用下随时间而变形的工作。通过变形监测,可以检查各种工程建(构)筑物和地质构造的稳定性,及时发现问题,确保质量和使用安全;同时,还可以更好地了解变形的机理,验证有关工程设计的理论,建立正确的预报变形的理论和方法,以便对某种新结构、新材料、新工艺的性能做出科学、客观的评价。因此,在测量工程的实践和科学研究活动中,变形监测占有重要的位置。

本章主要介绍变形监测的概念、目的、内容、特点以及工业与民用建筑变形监测、桥梁变形监测、滑坡变形监测和地面沉降变形监测等内容。

第一节 变形监测概述

一、变形监测的概念

变形监测是对监视对象或物体(简称变形体)进行测量以确定其空间位置随时间变化的特征。变形监测又称变形测量或变形观测,它包括全球性的变形监测、区域性的变形监测和工程的变形监测。

全球性的变形监测是对地球自身的动态变化,如自转速率变化、极移、潮汐、全球板块运动和地壳形变的监测;区域性的变形监测是对区域性地壳形变和地面变形的监测;对于工程的变形监测来说,变形体一般包括工程建(构)筑物(以下简称工程建筑物)、机器设备以及其他与工程建设有关的自然或人工对象,如大坝、船闸、桥梁、隧道、高层建筑物、地下建筑物、大型科学实验设备、车船、飞机、天线、古建筑、油罐、储矿仓、崩滑体、泥石流、采空区、高边坡、开采沉降区域等。

变形体用一定数量的、有代表性的位于变形体上的离散点(称之为监测点或目标点)来代表。监测点的变化可以描述变形体的变形。变形体的变形又分为两类:即变形体自身的形变和变形体的刚体位移。变形体自身的形变包括:伸缩、错动、弯曲和扭转四种变形;而刚体位移则包括整体平移、整体转动、整体升降和整体倾斜四种变形。

变形监测按时间特性可分为静态变形监测和动态变形监测,静态变形监测通过周期测量得到,动态变形监测须通过持续监测得到。

二、变形监测的目的及意义

总的来说,变形监测的目的是要获得变形体(大到整个地球,小至一个工程建筑物)变形的空间状态和时间特性,同时还要解释变形的原因。对于前一个目的,相应的变形监测数据处理任务称为变形的几何分析;对于后一个目的,相应的任务称为变形的物理解释。

因此,变形监测具有实际应用和科学研究两方面的意义。

(1)实际应用

保障人类生命和财产安全,监测各种工程建(构)筑物、各类灾害体、机器设备、厂房以及与工程建设有关的地质构造的变形,及时发现异常变化,对其稳定性、安全性做出判断,以便及时采取措施进行防治或处理,防止事故发生。

(2)科学研究

积累监测分析资料,能更好地解释变形的机理,验证变形的假说,为研究变形体(或灾害体)预报的理论和方法服务,检验工程设计的理论是否正确、是否合理,为以后的修改及制定设计规范提供依据。例如,改善建(构)筑物的物理参数和地基强度参数,从而防止工程灾害的发生,提高抗灾能力等。

三、变形监测的内容和特点

1. 变形监测的内容

变形监测的内容主要包括水平位移和垂直位移监测,以及对偏距、挠度、弯曲、扭转、振动、裂缝等用于描述变形体自身形变和刚体位移的几何量的监测。水平位移是监测点在平面上的变动;偏距和挠度可以视为某一特定方向的位移;倾斜可以换算成水平或竖直方向上的位移,也可以通过水平或垂直位移测量和距离测量得到。除上述监测内容外,还包括与变形有关的物理量的监测,如应力、应变、温度、气压、水压(库水位、地下水位)、渗流、渗压等的监测。

变形监测的内容应根据变形体的性质与特点等情况来确定,要求有明确的针对性。既要有重点,又要作全面考虑,以便能正确反映出变形体的变化情况,达到监视建筑物的安全运营、了解其变形规律的目的。

2. 变形监测的特点

变形监测的最大特点是要进行周期观测,所谓周期观测就是多次的重复观测,第一次称为初始周期或零周期,每一周期的观测方案(如监测网的图形、使用仪器、作业方法乃至观测人员)都要一致。重复观测的周期取决于观测的目的、预计变形量的大小和速率等。

变形监测需要确定合理的测量精度。对于不同的任务,变形监测所需要的精度不同。为积累资料而进行的变形观测,或为一般工程进行的常规监测任务,精度可以低一些;而对大型特种精密工程,或对人类生命和财产相关的变形监测任务,则精度要求比较高。因此,根据变形监测的不同目的,确定合理的观测精度和观测方法、优化观测方案、选择合适的测量仪器是实施变形监测的重要前提。

由于各种测量方法都有其优点和局限性,因此,变形监测的一大特点就是综合应用多种观测方法。在设计变形监测方案时,一般应综合考虑多种观测方法的应用,取长补短,互相校核。近年来,一种趋势是几何变形和物理参数同时监测,即除了用各类测量方法采集变形体的几何变形量之外,也同时测量变形体的温度、应力、风速、风压和风振等物理参数。

此外,要求采用严密的数据处理方法是变形监测的另一重要特点。在变形监测中,大量重复观测使得原始数据增多,要想从不同时期的大量观测数据中准确地获取变形体的变形信息,必须采用严密的数据处理方法。

变形监测还需要有多学科知识的配合。在确定变形监测精度、优化设计变形监测方案、合理地分析变形监测成果,特别是进行变形的物理解释时,变形测量工作者应熟悉所研究变形体的情况。例如,研究地壳变形,需要有地球物理的知识;研究工程建筑物的变形,需要有土力学和土木工程的知识;研究变形的机理,需要有力学方面的知识。可以说,变形测量处于测绘学和地球物理、土木工程等科学的边缘。一个成功的变形测量工作者需要具备其他学科的知识,才能与其他学科方面的专家有共同语言,紧密地协作。

四、变形监测的方法

变形监测方法的选择取决于变形体的变形特征、变形的大小和变形的速度等因素,合理地设计变形监测方案和选择合适的变形监测仪器是变形监测的关键环节。

1. 常规大地测量法

常规大地测量法是指用常规的大地测量仪器测量方向、角度、边长和高差等量所采用办法的总称,包括布设成网形来确定一维、二维、三维坐标的三角测量法、导线测量法、各种交会测量法、极坐标法以及几何水准测量法、三角高程测量法等。这些方法除用于变形监测外,还广泛用于国家大地控制测量和各种工程测量。

常规的大地测量仪器主要有经纬仪、水准仪、电磁波测距仪以及全站仪等。目前,带马达的全站仪已发展成为智能型的高精度测量机器人,可用于变形监测的许多领域。

常规大地测量包括以下一些经典的测量技术:

(1)精密高程测量

高程测量一般通过几何水准测量或者电磁波测距三角高程测量的方法获得。在变形监测中,多采用重复精密水准测量方法或者精密三角高程测量方法精确测定监测点之间的高差及其变化。

(2)精密距离测量

重复精密测距可测定点在某个方向上的相对位移。早期的测距工具是铟瓦基线尺。目前铟瓦基线尺仍然是有效的精密测距工具,但它不适应于距离远、地表起伏不平或跨越深沟的区域。20世纪70年代以来,各种型号的精密光电测距仪或全站仪被广泛应用于变形监测,使得变形测量中的精密距离测量变得非常便利。测距精度由毫米级提高到亚毫米级。长距离测距需要解决大气折光问题。20世纪90年代以后,由于GPS技术的广泛应用,长距离测距方法已被GPS测量法所取代。

(3)角度测量

角度测量又分为水平角测量和高度角测量,主要工具是经纬仪和全站仪,包括光学经纬仪、电子经纬仪、全站仪等,目前全站仪已成为地面测量的主要仪器。

由伺服马达带动的全站仪可以实现自动测角、测距,也称测量机器人。测量机器人具有全自动、遥测、实时、动态、精确、快速等优点,其缺点是需要地面通视、受外界条件的影响较大(如雨天、雾天不能观测)、随距离的增加精度降低较快等。

(4)重力测量

地面高程的变化也可以间接地用重力测量方法测定。目前重力测量的精度约为 $10\mu Gal$($1Gal = 10^{-2}m/s^2$),相当于高程变化 30mm。这样的精度虽然不够高,但是由于重力测量的成本比较低,因此可以在较大范围的地面变形监测中作为水准测量的补充。重力测量一般可以用于:

①在地震预报时,测定和解释地面的垂直运动,监测和解释地震后地壳的垂直运动;

②在火山地区结合水准测量和重力测量可以发现地下岩浆的运动;

③研究用于采油、抽取地下水和利用地热蒸气等造成的地表变形;

④研究地壳的板块运动和变形。

常规大地测量法主要用于变形监测网的布设和周期性观测。对于平面监测网,究竟是采用测边网还是边角网,要根据具体情况权衡设计,但单纯的测角网已不可取;对于高程监测网,究竟采用几何水准测量法还是电磁波测距三角高程测量法,也要根据具体情况而定。测量方法的选取,涉及测量误差的来源、产生、传播以及改正消除方法等方面的知识,要进行精心设计和论证。

常规大地测量法的优点是:可以提供变形体整体的变形状态,监控面积大,可有效测定变形体的变形范围和绝对位移;观测量可以通过组网的形式进行结果的校核和精度评定,可靠性较高;灵活性大,能适用于不同的精度要求,适应于不同形式和不同的外界条件。

但常规大地测量法也存在一些缺点,主要是外业工作量大、作业时间长、效率较低,而且需要测量人员到现场观测,难以实现连续监测和测量过程的自动化或无人值守监测。

2. 空间测量技术和方法

(1)GPS 测量法

GPS 技术已广泛应用于滑坡、地面沉降、地震、地裂缝和各类工程建(构)筑物的变形监测中。用户通过利用 GPS 接收机跟踪 GPS 卫星连续不断发送到地球的电磁波信号,可获取测站点的精确三维坐标等信息。GPS 测量法以坐标、距离和角度为基础,用获得的最新坐标值与初始坐标之差反映目标点(或监测点)的运动,从而实现监测变形的目的。

GPS 技术应用于变形监测具有以下优点:

①观测点之间无须通视,选点方便。

②观测不受天气条件的限制,可以进行全天候的监测。

③观测点的三维坐标可以同时测定,对于运动的观测点还能精确地测出它的速度。

④在观测点之间距离较长时,其相对定位的精度较高,优于精密光电测距仪和全站仪的测量精度。

⑤作业简单方便,自动化程度高,可实现在无人值守的情况下通过计算机网络远程控制,实现对变形体的连续自动监测,即自动按规定时刻下载数据、自动解算和分析。

(2)InSAR 测量法

InSAR 测量技术,即合成孔径雷达干涉测量技术(Interferometric Synthetic Aperture Radar,InSAR),是利用合成孔径雷达(SAR)影像进行干涉来提取相位信息从而获取地表高程及其变化信息的一种新型遥感技术。

目前,InSAR 技术以其全天时、全天候对地观测,地面高分辨率、高精度以及长时间序列等特点,已应用于地球科学的各个领域。特别是在地质灾害监测方面,InSAR 测量技术可用于与构造活动相关的地震同震、余震和震间形变监测,火山的膨胀与收缩监测,以及由于地下油、气、水的抽取导致的地面沉降、滑坡和冰川运动等灾害的变形监测。

与其他方法相比,用 InSAR 进行地面形变监测的主要优点在于:

①覆盖范围大,方便迅速。

②成本低,不需要建立监测网。

③空间分辨率高,可以获得某一地区连续的地表形变信息。

④可以监测或识别出潜在或未知的地面形变信息。

⑤全天候,不受云层及昼夜影响。

InSAR 测量技术所具有的独特优点,特别是可以快速获取人员无法到达的困难区域的地形及形变信息的优势,使得该技术迅速得到广泛的应用。同时,世界各科技强国对研制发射功能更强的新型 SAR 卫星具有很大热情,近年来欧空局、加拿大、日本、德国、意大利均先后发射了 SAR 卫星,我国也计划在未来几年发射自己的 SAR 卫星。

3.摄影测量和激光扫描技术

(1)摄影测量法

用摄影测量方法测定各种工程建筑物、滑坡等的变形,其方法就是在这些变形体的周围选择稳定的点,在这些稳定点上安置照相机或者摄像机,对变形体进行拍摄,然后通过内业处理得到变形体上目标点的二维或者三维的坐标,通过对不同时期相同目标点的坐标变化得到它们的变化情况,从而获得变形体的变化情况。

摄影测量法的精度主要取决于像点坐标的量测精度和摄影测量的几何强度。前者与摄影机和量测仪的质量、摄影材料的质量有关,后者与摄影位置和变形体之间的关系以及变形体上控制点的数量和分布有关。在数据处理中采用严密的光束法平差,将外方位元素、控制点的坐标以及摄影测量中的系统误差如底片形变、镜头畸变作为观测值或估计参数一起进行平差计算,可进一步提高变形体上被测目标点的精度。

目前,摄影测量的硬件和软件的发展很快,像片坐标精度可达 $2\sim4\mu m$,目标点精度可达摄影距离的 $1/10^5$。近年来发展起来的数字摄影测量和实时摄影测量技术在变形监测中有更好的应用前景。

与其他方法相比,摄影测量法有下述显著特点:

①不需要接触被监测的变形体。

②外业工作量少,观测时间短,可获取快速变形过程,可同时确定变形体上任意点的变形。

③摄影影像的信息量大、种类多、利用率高,可对变形体产生变形前后的信息做各种后处理,通过底片可观测到变形体在任意时刻的状态。

④摄影测量的仪器费用较高,数据处理对软硬件的要求也比较高。

(2)三维激光扫描测量法

三维激光扫描仪是一种集成多种高新技术的新型测绘仪器,采用非接触式高速激光测量方式,以点云形式获取地形及复杂物体三维表面的阵列式几何图形数据,通过后处理软件可获取物体在给定坐标系下的三维坐标。

与传统的测量手段相比,三维激光扫描技术有如下优点:

①全天候工作。

②数据量大,精度较高。

③获取数据速度快、实时性强。

④全数字特征,信息传输、加工和表达容易;三维激光扫描测量技术可应用于建筑物特征的提取、监测滑坡、度量岩石等的裂缝,还可以记录和监测古建筑物的变化情况。

目前,三维激光扫描测量技术已成为地面数据采集的重要手段之一,在大范围数字高程模型的高精度实时获取、城市三维模型重建、局部区域的地理信息获取、断面三维测绘、大比例尺地形图绘制、灾害评估、3D城市模型建立、复杂建筑物施工等方面表现出强大的优势;而在工程建筑物和构筑物的变形监测方面,也已有成功的应用实例。随着三维激光扫描技术、三维建模技术以及计算机软硬件技术的不断发展,三维激光扫描测量技术将成为一种重要且广泛应用的变形监测方法。

4. 专门测量方法

作为对常规大地测量方法的补充或部分代替,这些专门的测量方法特别适合于变形监测。这些方法的特点:或者操作特别方便简单,或者精度特别高,大多数情况下是精确地获取一个被测量的变化,而被测量本身的精度则要求不高。下面仅在众多方法中选取几种典型方法予以说明:

(1)偏离水平基准线的微距离测量——准直法

水平基准线通常平行于被监测物体,如大坝、机器设备的轴线。偏离基准线垂直距离或到基准线所构成的垂直基准面的偏离值称偏距(或垂距),测量偏距的过程称准直测量。

基准线(或基准面)可用光学法、光电法和机械法等产生。

(2)偏离垂直基准线的微距离测量——铅直法

以过基准点的铅垂线为垂直基准线,沿铅垂基准线的目标点相对于铅垂的水平距离(亦称偏距)可通过垂线坐标仪、测尺或传感器得到。与准直法一样,铅垂基准线可以用光学法、光电法或机械法产生。

准直法和铅直法中的基准点或工作基点一般需要与变形监测网联测。

(3)液体静力水准测量法

该方法基于贝努利方程,即对于连通管中处于静止状态的液体压力,满足 $P + \rho g h$ 等于常数(式中,P 为空气压力,ρ 为液体密度,g 为重力加速度,h 为液体水柱高)。按此原理制成的液体静力水准测量仪或系统可以测两点或多点之间的高差。若其中的一个观测头安置在基准点上,其他观测头安置在目标点上,进行多期观测,则可得各目标点的垂直位移。这种方法特别适合建筑物内部(如大坝)的沉降观测,尤其是适用那些使用常规的光学水准法观测比较困难且高差又不太大的情况。目前,液体静力水准测量系统采用自动读数装置,可实现持续监测,监测点可达上百个。此外,还发展了移动式系统,观测的高差可达数米,因此也用于桥梁的沉降变形监测。

（4）挠度测量方法

挠度曲线为相对于水平线或铅直线（称基准线）的弯曲线，曲线上某点到基准线的距离称为挠度。例如，在建筑物的垂直面内各不同点相对于底点的水平位移就称为挠度；大坝在水压作用下产生弯曲，塔柱、塔梁的弯曲以及钻孔的倾斜等，都可以通过正、倒垂线法或倾斜测量方法获得挠度曲线及其随时间的变化；对于高层建筑物而言，由于其相对高度较大，故在较小的面积上有很大的集中荷载，从而导致基础与建筑物的沉陷，其中不均匀的沉陷将导致建筑物倾斜，局部构建产生弯曲而引起裂缝；对于房屋类的高层建筑物，这种倾斜和弯曲将导致建筑物挠曲。

建筑物的挠度可由观测不同高度处的倾斜来换算求得。大坝的挠度可采用正垂线法测得，即在坝体竖井中从坝顶附近挂下一根铅垂线而直通到坝底。在铅垂线的不同高程上设置测点，以坐标仪测出各点与铅垂线之间的相对位移值。

挠度曲线的各测点构成导线，在端点与周围的监测联测，通过周期观测，可获取挠度曲线的变化。

（5）裂缝的观测方法

工程建（构）筑物的裂缝观测内容包括对裂缝编号，观测裂缝的位置、走向、长度、宽度等，对于重要的裂缝，需埋设观测标志，并定期测定两个标志点之间距离的变化，确定裂缝的发展情况。混凝土大坝和土坝的裂缝观测十分重要，观测次数与裂缝的部位、长度、宽度、形状和发展变化情况有关，应与温度、水位和其他监测项目相结合。对于建筑预留缝和岩石裂缝这种更小距离的测量，一般通过预埋内部测微计和外部测微计进行。测微计通常由金属丝或铟瓦丝与测表构成，其精度可优于 0.01mm。

（6）振动的观测方法

对塔式建筑物，在温度和风力荷载作用下会来回摆动，从而需要对建筑物进行动态观测，即振动（摆动）观测。有的桥梁也需进行振动观测，对于特高建筑，也存在振动现象，例如美国纽约的帝国大厦，高 102 层，观测结果表明，在风荷载作用下，其最大摆动幅度可达 7.6cm。观测建筑物的振动，可采用专门的光电观测系统，其原理与激光铅直相似。也可采用 GPS 技术进行持续的动态振动观测。

目前，测量技术的发展使变形监测自动化成为可能并得到广泛应用。基于信号转换的传感技术，可以把变形监测中需要确定的距离、角度、高差、倾角等几何量及其微小变化转化为电信号，按转换原理可分为电感式、电容式、光电式、电阻式、压电式和压抗式等信号转换。由上述原理所制造的各种传感器有电感式传感器中的差动变压器、直线式感应同步器、电容式传感器、光栅式传感器、硅光电池、电荷耦合器（CCD，又称固态图像传感器）、数模转换器等。将这些用于变形监测以及精密测量的传感器安装在伸缩仪、应变仪、准直仪、铅直仪、测斜仪以及静力水准测量系统中，通过数据获取、信号处理、数据转换与通信，可将成百上千个目标点上的监测数据传送到数据终端或数据处理中心，实现对变形体的持续监测、数据的自动记录、传输与处理。

五、变形监测的精度和周期

对于不同的监测目的，其所要求的精度不同。一般为积累资料而进行的变形监测，其精度可以低一些；如果变形监测是为了确保建筑物的安全，则测量精度应小于允许变形值的 $1/20 \sim 1/10$；如果是为了研究变形的过程，则监测精度还应更高。

由于变形监测的重要性和目前测量技术的进步，测量费用所占工程费用的比例较小，故变形监测的精度要求一般较严。目前，对于重要工程，一般要求"以当时所能达到的最高精度为标准进行变形观测"。对于不同类型的工程建筑物，其变形监测的精度要求差别较大，同一建筑物，不同部位不同时间对观测精度的要求也不尽相同。例如，《建筑变形测量规范》（JGJ 8—2016）中规定的建筑变形测量级别、精度指标及适用范围如表 16-1 所示。

建筑变形测量等级、精度指标及其适用范围　　　　　　　　　　表 16-1

等级	沉降监测点测站高差中误差（mm）	位移监测点坐标中误差（mm）	主要适用范围
特等	0.05	0.3	特高精度要求的变形测量
一等	0.15	1.0	地基基础设计为甲级的建筑的变形测量；重要的古建筑、历史建筑的变形测量；重要的城市基础设施的变形测量等
二等	0.5	3.0	地基基础设计为甲、乙级的建筑的变形测量；重要场地的边坡监测；重要的基坑监测；重要管线的变形测量；地下工程施工及运营中变形测量；重要的城市基础设施的变形测量等
三等	1.5	10.0	地基基础设计为乙、丙级的建筑的变形测量；一般场地的边坡监测；一般的基坑监测；地表、道路及一般管线的变形测量；一般的城市基础设施的变形测量；日照变形测量；风振变形测量等
四等	3.0	20.0	精度要求低的变形测量

注：1. 沉降监测点测站高差中误差：对水准测量，为其测站高差中误差；对静力水准测量、三角高程测量，为相邻沉降监测点间等价的高差中误差。
　　2. 位移监测点坐标中误差：是监测点相对于基准点或工作基点的坐标中误差、监测点相对于基准线的偏差中误差、建筑上某点相对于其底部对应点的水平位移分量中误差等。坐标中误差为其点位中误差的 $1/\sqrt{2}$。

变形监测须重复进行，每隔一定时间间隔所做的监测工作称观测周期，观测周期与监测目的、工程大小、观测点位置和数量以及观测一次所需时间的长短有关。一个周期可从几小时到几天，观测速度要尽可能的快，观测周期要尽可能缩短，以免在观测期间某些观测点产生位移。

同时，变形监测的频率取决于变形值的大小、变形速度和观测目的。通常要求观测次数既能反映出变化的过程，又不遗漏变化的时刻。一般在监测初期，变形体的变形速度比较快，观测频率要高一些；经过一段时间后，变形体逐步稳定，观测次数可逐步减少；在掌握了一定的规律或变形稳定后，可固定其观测周期；在遇到特殊情况时（如遇地震、洪水、强降雨时），应及时观测。

及时进行第一周期的观测有重要的意义。因为延误初始测量就可能失去已经发生的变形资料，以后各周期的测量成果是与第一期相比较的，所以要特别重视第一次观测的质量。

六、变形监测数据处理

变形监测数据可分为两种：一种是监测网的周期观测数据，根据这些数据，计算网点的坐标,进行参考点稳定性检验和周期间的叠合分析,从而得到目标点的位移;另一种是各监测点上的某一种特定的形成时间序列的监测数据,如该点的沉降值、某一方向上的位移值以及其他与变形监测有关的量,如气温、体温、水温、水位、渗流、应力、应变等,对它们进行回归分析、相关分析、时序分析和统计检验,确定变形过程及趋势。此外,还应进一步做变形体的变形模型分析,进行变形模型参数如刚体变形及相对形变参数估计和统计检验。

变形分析又可分为变形的几何分析和物理解释。几何分析在于确定变形量的大小、方向及其变化,即变形体形态的动态变化;物理解释在于确定引起变形的原因(例如是由某种荷载为主引起的周期性变形)和确定变形的模式(属于弹性变形还是塑性变形,是自身内部变形还是整体变形等)。一般来说,几何分析是基础,主要是确定相对和绝对位移量,物理解释则是在于从本质上认识变形。变形的物理解释和变形预报可根据确定函数法,如动力学方程等方法进行,也可根据大量的监测资料用统计分析法进行,同时还可将两种方法结合起来进行综合分析预报。

总的来说,变形监测是基础,变形分析是手段,变形预报是目的,变形观测数据处理过程就是进行变形分析和预报的过程。

第二节　工业与民用建筑变形监测

一、概述

工业与民用建筑通常都是建造在压缩性地基上,当建筑物建设时,由于改变了地面的原有状态,并对地基施加了外力,从而引起地基及周围地层的变形。建筑物本身及其基础,也由于地基的变形及其外部荷载与内部应力的作用而产生变形。因此,工业与民用建筑从施工开始,到全部工程竣工后的一段时间内,应按施工与设计的要求进行沉降、位移和倾斜等变形观测。观测一般分为两部分:一部分是观测高层建筑施工造成周围邻近建(构)筑物和支护结构的变形,以保证安全和正确指导施工;另一部分是在整个施工过程中和竣工后,观测建筑物自身各部位的变形,以检查施工质量和工程设计的正确性,为地基基础与结构设计反馈信息。

工业与民用建筑的基础沉降是最主要的监测项目,相关规范中都规定为必测项目。通常情况下,由沉降监测资料可以计算基础的绝对沉降量、均匀沉降量、不均匀沉降量和平均沉降量。由不均匀沉降量可以计算建筑主体结构的相对倾斜和相对弯曲(挠度)。基础的不均匀沉降可以导致建筑物的扭转。当不均匀沉降产生的应力超过建筑物的容许应力时,会导致建筑物产生裂缝。所以说,建筑物本身产生的倾斜与裂缝,起因是基础不均匀沉降。均匀沉降不会使建筑物出现断裂、裂缝和倾斜等现象,但绝对值过大的均匀沉降也会导致一些不良后果。例如,建筑物地下部分的地面可能下降到地下水位以下,因而使建筑物的地下部分被淹没。所以,工业与民用建筑的倾斜(包括不均匀沉降和施工误差引起的)也是必要的监测项目,而裂缝可根据结构变形大小来确定是否需要进行监测。

由于工业与民用建筑的主要监测内容是基础沉降和建筑物本身的倾斜,其监测精度应根据建筑物的允许沉降量、允许倾斜度、允许相对弯矩来决定,同时也应考虑其沉降速度。建筑物的允许变形值大多是由设计单位提供的,一般可直接套用。根据允许变形值,可按 1/10 ~ 1/20 的要求来确定变形监测的精度,由变形监测的精度确定测量仪器和测量方法。

工业与民用建筑变形监测的周期,在结构加载施工期(比如大楼封顶前),通常根据荷载增加的时间来确定。比如,大楼每增高一层,加载后观测一次;建筑结构加载全部完毕后,则采取定期观测,周期大小可根据变形的速率确定;当建筑结构稳定后,就可以停止观测。

二、工业与民用建筑物的沉降观测

按规范规定,工业与民用建筑物的沉降观测可分别进行建筑物场地沉降观测、基坑回弹观测、地基土分层沉降观测和建筑物沉降观测。这里主要介绍建筑物沉降观测,其余部分可参考有关专业文献。

建筑物的沉降是指建筑物及其基础在垂直方向上的变形(即垂直位移)。沉降观测就是测定建筑物上所设观测点(监测点)与基准点之间随时间变化的高差变化量。通常采用精密水准测量或液体静力水准测量的方法进行。

沉降观测是变形观测中的重要内容之一。一般而言,下列建筑物和构筑物需要进行系统的沉降观测:高层建筑物,重要厂房的柱基及主要设备基础,连续性生产和受振动较大的设备基础,工业炉(如炼钢的高炉等),高大的构筑物(如水塔、烟囱等),人工加固的地基、回填土、地下水位较高或大孔性土地基上的建筑物等。

1. 沉降观测点的布设

(1)基准点和工作基点的布设

沉降观测的基准点和工作基点是观测建筑物垂直变形的基准。但是基准点要根据建(构)筑物变形观测的具体要求而设置,如果要求较高,基准点必须深埋,甚至要达到基岩,或者要埋设双金属水准点,以计算其因温度变化而产生的升降量。因此,要综合考虑基准点的稳定性、观测方法和建(构)筑物的要求而设计和布设基准点和工作基点。

①为了校核并防止由于个别水准点的高程变动造成差错,一般最少应布设三个水准基准点,基准点之间最好每期均联测并进行稳定性分析。

②基准点和工作基点应埋设在受压、受震范围以外,埋深至少在冻土线以下 0.5m,以确保其稳定性;埋设后应达到稳定方可开始观测,一般不宜少于 15d。

③工作基点离观测点(监测点)的距离不应大于 100m,以便于观测和提高精度。

(2)监测点的布设

沉降监测点是固定在建筑物结构基础、柱、墙上的测量标志,是测量沉降量的依据。因此,监测点的数量和位置应根据建筑物的结构、大小、荷载、基础形式和地质条件等情况而确定,要能全面反映建筑物的沉降情况。

一般在建筑物四周角点、沿外墙每隔 10 ~ 20m 设立监测点;在最容易沉降变形的地方,如设备基础、柱子基础、伸缩缝两旁、基础形式改变处、地质点条件改变处、高低层建筑物连接处、新老建筑物连接处等设立监测点。在高大圆形烟囱、水塔或配煤罐等的周围或轴线上至少布设三个监测点。

监测点分两种形式:图 16-1a)为墙上监测点,图 16-1b)为设在柱上的监测点,其高程一

般在室外地坪 +0.5m 处较为适宜;图 16-2 为设在基础上的监测点。

a)   b)

图 16-1 设在墙上或柱上的监测点(尺寸单位:mm)

2. 沉降观测的实施

应在建筑物基坑开挖之前,开始基准点和工作基点的布设与观测,对沉降监测点的观测应贯穿于整个施工过程中,持续到建成后若干年,直到沉降现象基本停止时为止。

(1)沉降观测时间与周期的确定

①基准点、工作基点、监测点埋设稳固后,均应至少观测两次。

②普通建筑可在基础完工后或地下室砌完后开始观测,大型、高层建筑可在基础垫层或基础底部完成后开始观测。

③观测次数和观测间隔时间应视地基与荷载情况而定。民用高层建筑可每加高 1 ~ 5 层观测一次;工业建筑可按施工阶段分别进行观测,或者应至少在增加荷载 25% 、50% 、75% 、100% 时各观测一次。

④施工过程中若因故暂停施工,应在停工和重新开工时各观测一次;停工期间每隔 2 ~ 3 个月观测一次。

⑤竣工后要按沉降量大小定期进行观测。开始可每隔 1 ~ 2 个月观测一次,以每次沉降量在 5 ~ 10mm 以内为限度,否则要增加观测次数;此后,除特殊情况外,可在第一年观测 3 ~ 4 次,第二年观测 2 ~ 3 次,随着沉降量的减少,逐渐延长观测周期,直至沉降速率稳定为止(小于 0.01 ~ 0.04mm/d)。

图 16-2 设在基础上的监测点
(尺寸单位:mm)

(2)沉降观测的技术要求

沉降观测一般采用精密水准测量的方法。观测时,除应遵守与精密水准测量有关的规定外,还应注意以下事项:

①水准路线应尽量构成闭合环形式。

②采用固定观测员、固定仪器、固定施测路线的"三固定"的方法来提高观测精度。

③观测应在成像清晰、稳定的时间段内进行。测完各观测点后,必须再测后视点,同一后视点的两次读数之差不得超过 ±1mm。

④前后视观测最好用同一水准尺,水准尺离仪器的距离应小于 40m,前后视距应用皮尺丈量,使之大致相等。

⑤精度指标应按《建筑变形测量规范》(JGJ 8—2016)中第 3.2.2 条和第 4.2.3 条规定执行。一般来说,对普通厂房建筑物、混凝土大坝的沉降观测,要求能反映出 2mm 的沉降

量;对于大型建筑物、重要厂房和重要设备基础的沉降观测,要能反映出 1mm 的沉降量;精密工程如高能粒子加速器、大型抛物面天线等,沉降观测的精度要求为 ±0.05 ~ ±0.2mm。

⑥基准点的高程变化将直接影响沉降观测的结果,因此,应定期检查基准点的高程变化情况。

3.沉降观测的成果整理和分析

检查计算观测数据、分析研究沉降变形的规律和特征的工作,称为沉降观测的成果整理,属沉降观测的内业工作。

(1)观测资料的整理

沉降观测应采用专用的外业手簿。每次观测结束后,应检查手簿记录是否正确、精度是否合格、文字说明是否齐全。然后,将各观测点的历次高程等有关数据填入成果表,并计算两次观测之间的沉降量与累计沉降量;注明观测日期和荷重情况;编写变形观测报告和说明;绘制工程平面位置图及基准点分布图、沉降观测点分布图及时间—荷载—沉降量曲线图(图 16-3)等。由上述成果资料就可以看出建筑物沉降与时间、荷载的关系。

图 16-3　某建筑时间—荷载—沉降量曲线图

(2)观测资料的分析

对观测数据进行计算和统计,并分析建筑物的变形过程、变形规律、变形幅度、变形原因、变形值与引起变形因素之间的关系,判断建筑物工作情况是否正常,并预报其今后的变形趋势等。

三、工业与民用建筑物沉降变形监测实例

某建筑物(实验楼)为六层混凝土结构,由于受到地面沉降和地裂缝活动的影响,该建筑物的地基产生了不均匀沉降,导致建筑物上部开裂,已造成一定的经济损失和安全隐患。因此,需对该建筑物进行变形监测。

1.变形监测基准点的布设和稳定性检验

变形监测基准点是整个变形监测工作的基础,为保证观测结果的准确可靠,在变形区外共布设了供沉降观测使用的 3 个水准测量基准点(BM01、BM02、BM03)。由于场地狭窄,可选择的埋设位置有限,根据现场情况和地质条件,基准点埋设深度达到了 2m。基准点桩孔采用人工开挖成孔,直径为 400~500mm,现浇混凝土。基准点标心采用不锈钢材料,上部为球形,以便于使用。经过约 30d 的稳定期后开始第一期观测。每期观测时均对基准点的稳定性进行检验和分析,发现所有水准基准点在观测期间均稳定可靠,未发生任何失稳现象,为后续的变形观测提供了可靠基准。

2.沉降监测点的布设

根据该建筑物的结构、地基及荷载特点,并结合有关规范要求,在该建筑物基础结构的四周和角点,沿外墙在高出地面约 40cm 处共布设了 12 个沉降监测点,观测点具体位置如图 16-4 所示。

图 16-4　沉降监测点位置示意图

3.沉降观测周期

根据任务要求,沉降观测周期暂定为 3 个月一次,后续观测周期视该建筑物沉降变形情况而定。2014 年 7 月,对该建筑物进行了首次沉降观测作业,此后分别在 2014 年 10 月及 2015 年 1 月各观测一次,至今已对该建筑物实施了三期沉降观测。

4.沉降观测作业技术标准

根据中华人民共和国行业标准《建筑变形测量规范》(JGJ 8—2016)中第 3.2.2 条表 3.2.2 规定,将该建筑物沉降观测变形测量的精度等级确定为二等,观测精度按建筑变形测量二等精度要求执行,即观测点测站高差中误差 ≤0.5mm。

同时,依据《建筑变形测量规范》(JGJ 8—2016)中第 4.4.3 条规定,二等建筑变形测量对水准观测的有关技术要求为:

(1)水准线路闭合差为:$f_{\Delta h} \leqslant 1.0 \sqrt{n}$ mm(n 为测站数)。

(2)基辅分划(或两次读数)所测高差之差 ≤0.7mm。

(3)单程双测站所测高差之差 $\leqslant 0.7 \sqrt{n}$ mm(n 为测站数)。

(4)检测已测测段高差之差 $\leqslant 1.5 \sqrt{n}$ mm(n 为测站数)。

(5)各测站视线长度 ≥3m 且 ≤50m。

(6)测站前后视距差≤1.5m。

(7)前后视距差累积≤5.0m。

(8)视线高度≥0.55m。

(9)重复测量次数≥2。

对该建筑物进行沉降观测时,上述所有指标均满足要求。

5.沉降观测作业

本项目观测作业由专人负责,人员、仪器和施测路线均相对固定。

每期观测作业时,均从基准点BM02出发,依次观测该建筑物上的J1～J12号观测点,而后回到BM02点,形成闭合水准测量路线。且每测段均进行往返观测。

观测仪器采用瑞士产徕卡DNA03数字式自动安平精密水准仪,配合条码式铟瓦水准钢尺施测,仪器标称精度为:每公里往返测高差中误差±0.3mm/km。外业视距限差均由数字式水准仪随机软件进行自动控制,对限差超限的数据已由仪器对该站超限数据删除,并当场对该站数据进行了返工重测。

6.观测值的平差计算

每期外业观测工作结束后,将数字水准仪内存中的外业观测数据下载到计算机上,用专业控制网平差软件进行平差计算,获得各点的高程和精度。

各沉降观测点平差后的高程如表16-2所示,各沉降观测点的沉降量及累计沉降量如表16-3所示,该建筑物的平均沉降量、累积平均沉降量及沉降速度见表16-4,根据计算结果绘制的沉降量—时间($S-T$)关系曲线如图16-5所示。

平差后各监测点的高程(单位:m)　　　　　　　　　表16-2

日期 点号	2014年7月	2014年10月	2015年1月
J1	0.33526	0.33134	0.33040
J2	0.54000	0.53388	0.53099
J3	0.55962	0.55149	0.54734
J4	0.40854	0.39619	0.38989
J5	0.45837	0.43572	破坏
J6	0.35758	0.32967	0.31704
J7	0.04072	0.01079	−0.00279
J8	0.47838	0.46924	0.46469
J9	0.61617	0.60900	0.60529
J10	0.67085	0.65536	0.66550
J11	0.77039	0.76818	0.76785
J12	0.76569	0.76398	0.76309

各监测点的沉降量及累计沉降量（单位：m）　　　　表 16-3

监测点点号	第一期至第二期沉降量	第二期至第三期沉降量	2014.7～2015.1 累计沉降量
J1	− 0.0039	− 0.0009	− 0.0048
J2	− 0.0061	− 0.0029	− 0.0090
J3	− 0.0081	− 0.0041	− 0.0122
J4	− 0.0124	− 0.0063	− 0.0187
J5	− 0.0226	—	—
J6	− 0.0279	− 0.0126	− 0.0405
J7	− 0.0299	− 0.0136	− 0.0435
J8	− 0.0091	− 0.0046	− 0.0137
J9	− 0.0072	− 0.0037	− 0.0109
J10	− 0.0155	0.0101	− 0.0054
J11	− 0.0022	− 0.0003	− 0.0025
J12	− 0.0017	− 0.0009	− 0.0026

建筑物的平均沉降量、累积平均沉降量及沉降速度　　　　表 16-4

观测期数	第 1 期	第 2 期	第 3 期
观测日期	2014 年 7 月	2014 年 10 月	2015 年 1 月
平均沉降量（mm）	0	− 11.28	− 3.62
累积平均沉降量（mm）	0	− 11.28	− 14.90
沉降速度（mm/d）	0	− 0.125	− 0.040

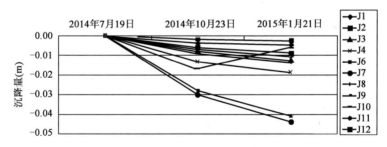

图 16-5　沉降量、时间（$S-T$）关系曲线

7. 沉降观测数据的统计分析

从上述图表中可以看出，在 2014 年 7 月至 2014 年 10 月之间，监测点的最大沉降量为 29.9mm（J7 观测点），最小沉降量为 1.7mm（J12 观测点）；在 2014 年 10 月至 2015 年 1 月之间，监测点的最大沉降量为 13.6mm（J7 观测点），最小沉降量为 0.3mm（J11 观测点）。

自 2014 年 7 月首次观测至 2015 年 1 月最后一次观测为止，半年来的最大累计沉降量为 43.5mm（J7 观测点），最小累计沉降量为 2.5mm（J11 观测点），平均累计沉降量为 14.9mm。最大沉降差为 41.0mm（J7 观测点~J11 观测点）。

在最近的两个变形观测周期之间，可计算出该建筑物的平均沉降速率，经计算，在 2014 年 7 月至 2014 年 10 月之间，其平均沉降量为 11.28mm，平均沉降速率为 0.125mm/d；在

2014年10月至2015年1月之间,其平均沉降量为3.62mm,平均沉降速率为0.040mm/d。

从图16-5所示的沉降曲线的分布情况来看,J6和J7观测点的沉降量明显偏大,其沉降—时间曲线(S-T曲线)与其余观测点的沉降—时间曲线相比,存在明显的离散现象,表明这两个观测点受地裂缝活动影响较大。

8.沉降观测结论与建议

综上分析,可得出以下结论:

(1)近6个月以来,该建筑物上12个变形监测点的累计沉降范围为 -2.5mm ~ -43.5mm,平均累计沉降量为 -14.9mm,最大沉降差为41.0mm(J7观测点~J11观测点)。

(2)由沉降—时间曲线可明显看出:该建筑物因地裂缝活动影响,各点存在严重不均匀下沉,沉降趋势离散度大。

因此,可认为该楼楼体存在明显下沉,且各点存在严重不均匀下沉,建议继续对该建筑物变形情况进行监测,并建议有关部门采取相应的措施对该建筑物进行基础加固处理。

第三节 桥梁变形监测

桥梁建成之后,如何确保桥梁的安全运营是人们最关心的问题之一。为了能及时地发现桥梁在运营过程中存在的隐患,有必要对桥梁的工作状态进行及时的分析与监控,为桥梁主管部门的决策提供依据,而这些工作都需要完整的监测数据。桥梁变形监测的对象主要包括:桥梁的墩台、塔柱和桥面等。桥梁变形监测是桥梁运营期养护的重要内容,对桥梁的健康诊断和安全运营有着重要的意义。

一、桥梁变形监测的目的

1.保证桥梁安全运营

随着桥龄的增长,由于气候、环境等自然因素的作用和日益增加的交通量及重车、超重车过桥数量不断增加,桥梁结构使用功能的退化必然发生。同时又由于大跨径桥梁施工和运营环境复杂,以及其轻柔化和功能的复杂化,安全性是不容忽视的。

2.验证设计参数

由于桥梁观测数据可以为验证结构分析模型、计算假定和设计方法提供反馈信息,并可用于深入研究大跨度桥梁结构及在自然环境中的未知或不确定性问题。桥梁安全观测信息反馈给结构设计的更深远的意义在于,结构设计方法与相应的规范标准等可能得以改进,对桥梁在各种交通条件和自然环境下的真实行为的理解以及对环境荷载的合理建模是将来实现桥梁"虚拟设计"的基础。桥梁安全观测带来的将不仅是观测系统和某特定桥梁设计的反思,它还可能并应该成为桥梁研究的"现场试验室"。

3.检验工程施工质量

桥梁建成之后,如何对桥梁的实际品质进行鉴定是业主最关心的问题。飞机、船舶、汽车等批量生产的机械设备,可以通过破坏性原型试验来检验设计目标的满足程度。桥梁等建筑结构属于单件生产,不可能进行破坏性原型试验,因此,非破坏性检验技术受到了特别关注。巡回目检的方法简单方便,但缺陷也是显而易见的,不仅目检结果因人而异,而且无法对桥梁的整体品质做出定量判断。因此,结构状态及参数辨识问题的解决不仅具有重要的理论价值,而且具有广阔的应用前景。

4.为科学研究和健康诊断提供基础数据

为了能及时地发现桥梁运营过程中存在的隐患,有必要对桥梁工作状态进行及时的分析与监控,为桥梁主管部门的决策提供依据,而这些工作都需要完整的观测数据。

二、桥梁变形监测的内容

桥梁变形按其类型可分为静态变形和动态变形。静态变形是指变形观测的结果只表现在某一期间内的变形值,它是时间的函数。动态变形是指在外力影响下而产生的变形,它表示桥梁在某个时刻的瞬间变形,是以外力为函数来表示的对于时间的变化。桥梁墩台的变形一般来说是静态变形,而桥梁结构的挠度变形则是动态变形。

1.桥梁墩台变形观测

桥梁墩台的变形观测主要包括两方面:

(1)各墩台的垂直位移观测。主要包括墩台特征位置的垂直位移和沿桥轴线方向(或垂直于桥轴线方向)的倾斜观测。

(2)各墩台的水平位移观测。其中各墩台在上、下游的水平位移观测称为横向位移观测;各墩台沿桥轴线方向的水平位移观测称为纵向位移观测。两者中,以横向位移观测更为重要。

2.塔柱变形观测

塔柱在外界荷载的作用下会发生变形,及时而准确地观测塔柱的变形对分析塔柱的受力状态和评判桥梁工作状态有十分重要的作用。塔柱变形观测主要包括:

(1)塔柱顶部水平位移监测。

(2)塔柱整体倾斜观测。

(3)塔柱周日变形观测。

(4)塔柱体挠度观测。

(5)塔柱体伸缩量观测。

3.桥面水平位移观测

桥面水平位移主要是指垂直于桥轴线方向的水平位移。桥梁水平位移主要由基础的位移、倾斜以及外界荷载(风、日照、车辆等)引起,对于大跨径的斜拉桥和悬索桥,风荷载可使桥面产生大幅度的摆动,这对桥梁的安全运营十分不利。

4.桥面挠度观测

桥面挠度是指桥面沿轴线的垂直位移情况。桥面在外界载荷的作用下将发生变形,使桥梁的实际线形与设计线形产生差异,从而影响桥梁的内部应力状态。过大的桥面线形变化不但影响行车安全,而且对桥梁的使用寿命有直接的影响。

三、桥梁变形监测方法

1. 垂直位移监测

垂直位移监测是定期地测量布设在桥墩台上的观测点相对于基准点的高差,求得观测点的高程,利用不同时期观测点的高程求出墩台的垂直位移值。垂直位移监测方法主要有以下几种:

(1)精密水准测量。这是传统的测量垂直位移的方法,这种方法测量精度高,数据可靠性好,能监测建筑物的绝对沉降量。另外,该法所需仪器设备价格较低,能有效降低测量成本。该方法的最大缺陷是劳动强度高,测量速度慢,难以实现观测的自动化,对需要高速同步观测的场合不太适合。

(2)三角高程测量。这也是一种传统的大地测量方法,该法在距离较短的情况下能达到较高的精度,但在距离超过400m时,由于受大气垂直折光的影响,其精度会迅速降低。该法在高塔柱、水中墩台的垂直位移监测中有一定的优势。

(3)液体静力水准测量(又称连通管测量)。该法采用连通管原理,测量两点之间的相对沉降量。该法的优点是测量精度高、速度快,且可实现自动化连续观测。该法的主要缺点是测点之间的高差不能太大,且一般只能测量相对位移,另外,这种设备的总体价格较高,对中、小型工程不太适用。

(4)压力测量法。该法利用连成一体的压力系统,测量各点的压力值,当产生垂直位移时,系统内的压力将产生变化,利用压力的变化量,可转换为高程的变化量,从而测出各点的垂直位移。该法一般只能测量两点之间的相对位移且设备价格较高。

(5)GPS测量。GPS除了可以进行平面位置测量外,还能进行高程测量,但高程测量的精度要比平面测量的精度低1/2左右。若采用静态测量模式,1h以上的观测结果一般能达到5mm以上的测量精度,若采用动态测量模式,一般只能达到40mm左右的精度,经特殊处理过的数据,有时能达到20mm左右的精度。利用该法测量可以实现监测的自动化,但测量设备的价格较高。

2. 水平位移监测

测定水平位移的方法与桥梁的形状有关,对于直线形桥梁,一般采用基准线法、测小角法等;对于曲线桥梁,一般采用三角测量法、交会法、导线测量法等。

(1)三角测量法。在桥址附近,建立三角网,将起算点和变形监测点都包含在此网内,定期对该网进行观测,求出各监测点的坐标值,根据首期观测和以后各期的坐标值,可求出各监测点的位移值。三角网的观测可采用测角网、边角网、测边网等形式。

(2)交会法。利用前方交会、后方交会、边长交会等方法可测定位移标点的水平位移,该方法适用于对桥梁墩台的水平位移观测,也可用于塔柱顶部的水平位移观测。该法能求得纵、横向位移值的总量,投影到纵、横方向线上,即可获得纵、横向位移量。

(3)导线测量法。对桥梁水平位移监测还可采用导线测量法,这种导线两端连接于桥台工作基点上,每一个墩上设置一个导线点,它们同时也是观测点。这是一种两端不测连接角的无定向导线。通过重复观测,由两期观测成果比较可得观测点的位移。

（4）基准线法。对直线形的桥梁测定桥墩台的横向位移以基准线法最为有利,而纵向位移可用高精度测距仪直接测定。大型桥梁包括主桥和引桥两部分,可分别布设三条基准线,主桥一条,两端引桥各一条。

（5）测小角法。测小角法是精密测定基准线方向(或分段基准线方向)与测站到观测点之间的小角。由于小角观测中仪器和觇牌一般置于钢筋混凝土结构的观测墩上,观测墩底座部分要求直接浇筑在基岩上,以确保其稳定性。

（6）GPS观测。利用GPS自动化、全天候观测的特点,在工程的外部布设监测点,可实现高精度、全自动的水平位移监测,该技术已经在我国的部分桥梁工程中得到应用。由于GPS观测不需要测点之间相互通视,所以,有更大的范围选择,可建立稳定的基准点。

（7）专用方法。在某些特殊场合,还可采用多点位移计等专用设备对工程局部进行水平位移监测。

3.挠度观测

桥梁挠度测量是桥梁检测的重要组成部分。桥梁建成后,由于要承受静荷载和动荷载,必然会产生挠曲变形,因此,在交付使用之前或交付使用后应对桥梁的挠度变形进行观测。

桥梁挠度观测分为桥梁的静荷载挠度观测和动荷载挠度观测。静荷载挠度观测时,测定桥梁自重和构件安装误差引起的桥梁的下垂量;动荷载挠度观测,则测定车辆通过时在其重量和冲量作用下桥梁产生的挠曲变形。目前常用的桥梁挠度测量方法主要有悬锤法、水准仪(经纬仪)直接测量法、水准仪逐点测量法、全站仪观测法、GPS观测法和摄影测量方法等。

（1）悬锤法。该法设备结构简单、操作方便、费用低廉,所以在桥梁挠度测量中被广泛应用。该法要求在测量现场有静止的基准点,所以一般适应于干河床情形。另外,利用悬锤法只能测量某些观测点的静挠度,无法实现动态的挠度检测,也难以给出其他非测点的静挠度值。同时,其测量结果中包含桥墩的下沉量和支墩的变形等误差影响,因此,该法的测量精度不高。

（2）精密水准法。精密水准是桥梁挠度测量的一种传统方法,该方法利用布置在稳定处的基准点和桥梁结构上的水准点,观测桥体在加载前和加载后的测点高程差,从而计算桥梁检测部位的挠度值。精密水准是进行国家高程控制网及高精度工程控制网的主要手段,因此,其测量精度和成果的可靠性是不容置疑的。由于大多数桥梁的跨径在1km以内,所以,利用水准测量方法测量挠度,一般能达到±1mm的精度。但采用该方法测量,封桥时间长、效率较低。

（3）全站仪观测法。近年来全站仪的普及和精度的提高,使得全站仪在许多工程中得到了广泛的应用。该方法的实质是利用光电测距三角高程法进行观测。在三角高程测量中,大气折光是一项非常重要的误差来源,但桥梁挠度观测一般在夜里,这时的大气状态较稳定,且挠度观测不需要绝对高差,只需要高差之差,因此,只有大气折光的变化对挠度有影响,而该项误差相对较小,利用TC2003全站仪(0.5″,1mm+1ppm),在1km以内,全站仪观测法一般可以达到3mm的精度。

（4）GPS观测法。目前,GPS测量主要有三种模式:静态、准动态和动态,各种测量模式的观测时间和测量精度有明显的差异。在通常情况下,静态测量的精度最高,一般可达毫米级的精度,但其观测时间一般要1h以上。准动态和动态测量的精度一般较低,大量的实测资料表明,在观测条件较好的情况下,其观测精度为厘米级。因此,对于大挠度的桥梁,应用GPS观测还是可以考虑的。

（5）静力水准观测法。静力水准仪的主要原理为连通管，利用连通管将各测点连接起来，以观测各测点间高程的相对变化。目前，静力水准仪的高差测量范围一般在20cm以内，其精度可达0.1mm，另外，该方法可实现自动化的数据采集和处理。这项技术在建筑物的安全观测中应用已十分普遍，仪器的稳定性和数据的可靠性也有保障。

（6）测斜仪观测法。该法利用均匀分布在测线上的测斜仪，测量各点的倾斜角变化量，再利用测斜仪之间的距离累计计算出各点的垂直位移量。该法的最大缺陷是误差累计快，精度受到很大的影响。

（7）摄影测量法。摄影前，在上部结构及墩台上预先绘出一些标志点，在未施加荷载的情况下，先进行摄影，并根据标志点的影像，在量测仪上量测它们之间的相对位置。当施加荷载时，再用高速摄影仪进行连续摄影，并量测出在不同时刻各标志点的相对位置，从而获得动载时挠度连续变形的情况。这种方法外业工作简单，效率较高。

（8）专用挠度仪观测法。在专用挠度仪中，以激光挠度仪最为常见。该仪器的主要原理为：在被检测点上设置一个光学标志点，在远离桥梁的适当位置安置检测仪器，当桥上有荷载通过时，靶标随梁体振动的信息通过红外线传回检测头的成像面上，通过分析将其位移分量记录下来。该方法的主要优点是可以全天候工作，受外界条件的影响较小。该方法的精度主要受距离测量的影响，在通常情况下，这种仪器的挠度测量精度可达1mm。

四、桥梁变形监测实例——虎门大桥 GPS 实时位移监测

1. 概述

虎门大桥位于广东省珠海三角洲中部，跨越珠江干流狮子洋出海航道。该桥是珠江三角洲陆路交通的联系枢纽，是沟通广东东南公路网的咽喉道。虎门大桥工程是由跨越珠江水面的虎门大桥及东西两岸引道和配套工程组成，全长15.762km，双向六车道，含各种类型的桥梁20座。其中，虎门大桥长4606m，跨越在主航道上的主跨是888m的悬索桥，跨越辅航道270m的是预应力混凝土连续钢构桥及引桥，另外还有3座隧道。悬索桥在风荷载下设计水平最大位移为0.95m，垂直最大位移为1.29m，大桥各点基振频率集中在0.088～0.64Hz。由于虎门大桥位于热带风暴多发区，大桥安全性监测十分重要。如何监测台风、地震、车载及温度变化对桥梁位移的影响尤为重要。

用于结构监测的常规方法主要有：全站仪、位移传感器、加速度传感器和激光测量等方法。

（1）全站仪的应用比较普遍，以上海杨浦大桥为例，其采用的是全站仪自动扫描法，通过对各个测点进行2min一周的连续扫描，获取变形数据。其缺点是：各测点不同步；大变形比较难以测量；实时性较差。

（2）位移传感器是一种接触型传感器，必须与测点相接触，其缺点是：对于难以接近的点无法测量；横向位移测量有困难。

（3）加速度传感器，对于低频静态位移鉴别效果差，为获得位移必须对它进行两次积分，精度不高，也无法实现对大型悬索桥的频率分析。

（4）激光测量方法的精度较高，但在桥梁晃动大时由于无法捕捉光点也无法测量。

此外，上述几种方法对桥梁的扭角（以大桥中心线为基准，左右摆动的角度）测量也力不从心。为了对桥梁进行安全监测，有必要寻找更好的测量方法。

2. GPS 实时位移监测系统的组成

（1）GPS 观测点的安装位置

GPS 监测点分别布设在虎门大桥的桥面上，测定位置见图 16-6。其中桥面上布设了 12 个 GPS 监测点，分布在桥面的中点、四分之一、八分之一两侧对称的位置处，以及东西桥塔的上横梁中点位置处。在各个监测点位置均装有天线安装座、电缆、光缆及电源。一期工程在桥面中点、桥面以东四分之一及八分之一处安装 6 台 GPS 接收机，在东桥塔上横梁中点安装 1 台 GPS 接收机，共 7 个 GPS 监测站。图 16-6 标出的"▽"符号位置即为一期工程时安装的 GPS 监测站的位置。

图 16-6　GPS 监测站分布俯视图

（2）大桥位移监测系统总体设计

虎门大桥 GPS 监测系统主要是由 GPS 基准站、GPS 监测点、光纤通信链路和 GPS 监测中心 4 部分组成，其中监测中心主要由工作站、服务器和局域网组成，具体如图 16-7 所示。

图 16-7　GPS 监控系统总体设计图

（3）系统各个部分的功能

GPS 基准站：输出差分信号和原始数据。

GPS 流动站：输出 RTK 差分结果和原始数据。

工控机：采集 GPS 流动站的原始数据和 RTK 差分结果，向 GPS 流动站发送控制命令。通过切换开关控制共享、分配器的工作。

服务器：运行数据库，处理工控机发送来的数据供工作站显示和分析。

远程控制器：远程启动和复位 GPS 流动站。

共享、分配器：把差分信号由 1 路分成 12 路，每路差分信号和对应的控制命令通过切换开关共享一路。

局域网：网络包括网络光调制解调器、光纤、集线器和网线等，提供数据库存取和文件操作的通道。

3.GPS 实时位移监测系统信号流程

（1）差分信号的传递：由于大桥实时监测系统的精度要求较高，水平 X、Y 的误差为 1cm，高程误差为 2cm，所以采用了 GPS RTK 差分方式，差分信号传递的实时性比较强。为减少信号延迟，在系统设计时差分信号回路基本是很少控制。差分信号的传递路径如图 16-8 所示。

图 16-8　GPS 差分信号的传递路径

（2）控制命令的传递：根据数据的分析要求和监测系统的实际情况，GPS 接收机应能单独输出 0～5Hz 频率的 RTK 数据，也能同时输出 RTK 结果和原始数据，这样系统能根据实际的需求远距离设置桥上 GPS 接收机的参数。本系统的实现是先由工作站的设置程序通过网络通信去控制工控机上的数据采集程序，再由采集程序根据工作站的命令控制切换开关，向各个 GPS 接收机发送指令。控制指令的具体流程如图 16-9 所示。

图 16-9　控制命令流程

（3）RTK 数据和原始数据传递：RTK 数据、原始数据的采集是系统工作的核心，通信回路上的数据量也是最大的。系统能处理两种数据任意频率的组合，通过工控机的处理，RTK 结果以数据库方式存入服务器，原始数据则以文件形式写入，具体流程如图 16-10 所示。

图 16-10　RTK 数据、原始数据流程

4.系统运行效果

系统经过安装调试运行后,可以实时监测各个观测点 X、Y、Z 方向的位移,实时监测整桥在三个方向上的位移和大桥扭角的状况,并能对各点的数据进行记录回放。通过系统在桥下实时试验和在桥上的 GPS 原始数据后处理两种方法的分析,均证明系统实时精度达到设计要求。由于采样频率较高,能够完全对各个点进行频谱分析,可以及时反映大桥的安全性,在数据的备份处理方面也有很强的功能。

从总体上看,虎门大桥 GPS 实时位移监测系统的运行达到了预期的目标。同其他的测量方式相比,利用 GPS 技术实时监测大桥位移显示出独特的优越性。特别是实时性和高采样率的数据为大桥的状态分析提供了方便的条件,也为大桥管理部门的决策提供了依据,使大桥的安全得到了保证。

第四节 滑坡变形监测

滑坡是世界范围内最严重的灾害之一,它威胁着人类的生命和财产安全,每年因此造成数千人员伤亡和大量设施的严重损坏。我国疆土辽阔,约有 70% 为山地,是一个山地灾害频发的国家,而其中大多数山地灾害以滑坡为主要表现形式。据统计,每年有数以万计不同规模的滑坡发生,因滑坡造成的年均经济损失高达 50 亿元,同时还造成自然环境的破坏和人民生命财产的损失。一般而言,滑坡在发生失稳破坏时都有明显的前兆现象,滑坡变形就是最突出、最直接、最容易捕捉到的滑坡特征,所以滑坡变形监测是进行滑坡预报的最可靠办法之一。

一、滑坡概述

滑坡是指斜坡上的土体或岩体,受河流冲刷、地下水活动、雨水浸泡、地震及人工切坡等因素影响,在重力作用下,沿着一定的软弱面(带),而发生的整体地或分散地顺坡向下滑动的地质灾害现象,俗称"走山""垮山""地滑""土溜"等。滑坡通常有双重含义,可指一种重力地质作用的过程,也可指一种重力地质作用的结果。

滑坡活动的发生常常与各种外界诱发因素有关,如地震、降温、冻融、海啸、风暴潮及人类活动等。滑坡通常分布于江、河、湖(水库)、海、沟的岸坡地带,地形高差大的峡谷地区,山区、铁路、公路、工程建筑物的边坡地段等,有些还分布于地质构造带之中,如断裂带、地震带等。

滑坡作为自然灾害的特殊性之一在于其致灾的瞬间性,因此,滑坡灾害具有突发性强、危害性大的特点,但多数情况下坡体要经过弹塑性变形、微裂变形、匀速变形等能量聚集阶段后才会过渡到加速变形和剧烈滑动阶段。同时,滑坡因特殊的地形地貌以及岩性,结合特定气候条件极易形成骤发性的崩滑和高速滑坡,可在数分钟内完成全部运动过程,危害巨大。

为了把可能的大规模滑坡造成的危害减小到最低程度,就必须对滑坡体进行监测。通过对滑坡体位移(形变)的周期性监测,可以了解并掌握滑坡体未来的发展变化趋势和变形破坏机理,对其趋势进行监测,进行短期预报或临滑预报,为滑坡治理工程提供设计依据,达到预报和减灾防灾的目的。

二、滑坡监测的内容

滑坡监测的内容包括滑坡变形监测、滑坡变形破坏的相关因素监测及滑坡诱发因素监测等。具体内容如表16-5所示。

滑坡监测内容一览表 表16-5

监 测 项 目	监 测 内 容
地质宏观监测	滑坡裂隙(拉张裂隙、剪切裂隙、鼓张裂隙、扇形裂隙等)、建筑物裂缝和泉水动态等;地表隆起、位移(如沟谷变窄)、地面沉降、塌陷等
地表位移监测	滑体的三维位移量、位移方向、位移速率等绝对位移量
深部位移监测	深部裂缝、滑带等点与点之间的绝对位移量和相对位移量
地表水监测	与滑体有关的河、沟、渠的水位、水量、含砂量等动态变化及农田灌溉用水的水量和时间
地下水监测	钻孔、井水水位及水压力,泉水的动态变化等
气象指标监测	降雨量、降雪量、融雪量、气温、蒸发量等内容

不同类型的滑坡,其监测的重点内容也不同。如降雨型土质滑坡应主要监测地下水、地表水和降水动态变化,降雨型岩质滑坡还应增加裂缝的充水情况、充水高度等内容;冲蚀型及明挖型滑坡应主要监测前缘的冲蚀和开挖情况,坡角被切割的宽度、高度、倾角及其变化情况,坡顶及谷肩处裂缝发育情况与充水情况;洞掘型滑坡应进行倾斜、地声和井下地压监测;土质滑坡可不进行地声和地应力监测。另外,同一类型的滑坡由于其诱发因素不同,其监测的重点也不同。例如,同为土质滑坡,我国南方红土地区的滑坡,主要诱发因素是降雨,重点监测的是雨量及降雨时间的连续性;而在我国西北的黄土地区,部分滑坡是由于冻融导致滑坡产生,所以重点监测温度变化所引起的土壤中含水率的变化。

三、滑坡监测方法

从滑坡的监测内容来看,滑坡监测应该是由多种监测方法相结合的。它既要监测地面、地下变形,同时也要监测诱发因素和相关因素。对于不同的监测目的、不同的滑坡发育阶段及不同的滑坡类型,所选择的滑坡监测方法也不同。常用的监测方法有简易观测法、设站观测法、仪表观测法和远程监测法等。

1. 简易观测法

简易观测法主要是对滑坡发育过程中的各种迹象,如地表裂隙、鼓胀、沉降、坍塌、建筑物变形及地下水位变化等进行定期监测、记录,掌握滑坡的动态变化和发展趋势。其中,最常用的是对地表裂隙、建筑物变形的监测。在裂隙处设置简易监测标志,定期测量裂隙长度、宽度、深度的变化,以及裂隙的形态和开裂延伸方向等。出于滑坡体在滑动过程中各部位受力性质和大小不同,滑速也不同,因而不同部位产生不同力学性质的裂隙,有滑坡后部的拉张裂隙、滑坡体中前部两侧的剪切裂隙、滑体前缘的鼓张裂隙和滑坡舌部的扇形裂隙。除此之外,还有一些滑坡标志,如封闭洼地、滑坡鼓丘、滑坡泉、马刀树、醉汉林等。

该方法的特点是获取的信息直观可靠、简单经济、实用性较强,适应于对正在发生灾害的边坡进行观测,但也存在内容单一、精度低和劳动强度大等缺点。

2. 设站观测法

设站观测法是指在充分了解现场工程地质背景的基础上,在滑坡上设立变形监测点(呈线状、网络状),在变形区影响范围之外稳定地点设置固定观测站,用测量仪器(经纬仪、水准仪、测距仪、摄影仪、全站仪、测量机器人、GPS 接收机、三维激光扫描仪等)定期监测变形区内网点的三维(x、y、z)位移变化的一种行之有效的监测方法。按照所用仪器和观测方法,一般可采用常规大地测量法、高精度测量机器人系统、GPS 测量法和摄影测量法等。

3. 仪表观测法

仪表观测法是指用精密仪表对变形斜坡地表及深部的位移,倾斜(沉降)动态,裂缝相对张、闭、沉、错变化及地声、应力应变等物理参数与环境影响因素进行监测。目前,监测仪器的类型一般可分为位移监测、地下倾斜监测、地下应力应变监测和环境监测四大类。

4. 远程监测法

伴随着电子技术及计算机技术的发展,各种先进的自动监测系统(如高精度自动跟踪全站仪监测系统、GPS 连续监测系统及 3S 集成技术等)相继问世,为滑坡的自动化连续遥测创造了条件。远距离有线或无线传播是该方法最基本的特点,由于其自动化程度高,可全天候连续观测,故省时、省力和安全,是当前和今后一个时期滑坡监测发展的主要方向。

四、滑坡监测点的布设原则

首先应确定主要监测的范围,在该范围内按监测方案的要求确定主要滑动方向,按主要滑动方向及滑动面确定测线,然后选取典型断面,布设测线,再按测线布设相应观测点。

考虑到平面及空间的展开布设,各个测线可按一定规律形成监测网。监测网的形成可一次完成,也可分阶段按不同时期和不同要求形成。

对于关键部位,如可能形成滑动带、重点监测部位和可疑点,应加强监测工作,在这些点上加密布设监测点。

五、滑坡监测精度

滑坡监测精度的确定,应当参考国内外同类型滑坡的监测精度要求,并结合实地的勘察结果、滑坡的形成机理、变形的趋势和监测仪器的精度指标来综合分析,按照误差理论(观测误差一般为变形量的 $1/5 \sim 1/10$)来确定适当的监测精度。通过一段时间($1 \sim 2$ 年)的监测实践和监测资料的分析,对滑坡的变形状态和变形趋势做出预测预报,然后再对监测方法、监测内容和精度进行适当的调整、完善。

六、滑坡监测的周期和频率

对于不同类型、不同阶段的滑坡,根据其所处的阶段和规模,以及滑坡变形的速率等因素,滑坡变形监测的周期及频率有所不同,应视具体情况而定。一般而言,在滑坡未进入速变状态之前,且变形量较小时,监测周期可长一些,监测频率可低一些,但监测精度要高一些;当滑坡变形速率增大或出现异常变化时,应缩短监测周期、增加监测频率,而监测精度可适当放宽。

七、滑坡监测资料的处理与分析

对于不同的滑坡监测方法,其监测资料的处理分析也不尽相同。但从整体上来讲,基本都是通过计算监测量的变化值来分析滑坡变形特征,掌握滑坡变形规律和机理,预测其变形趋势。

变形观测的数据分析主要有两种方法:一种是用确定性模型进行分析,另一种是使用统计模型。在滑坡监测中,由于滑坡往往是一个极其复杂的发展演化过程,采用确定性模型进行滑坡的分析和预报是非常困难的。目前国际、国内常用的滑坡预测手段还是传统的统计模型。统计模型也可以分为两类,第一类是多元回归模型,另一类是非线性回归模型。多元回归模型的优点是能逐步筛选回归因子,但对除了时间因素外的其他因素的分析仍然非常困难和少见。非线性回归模型在许多情况下能较好地拟合观测数据,但其最大的缺点是不能进行因子的筛选。因此,各个模型有着各自的优缺点,在对监测资料进行处理分析时,应根据滑坡的变形特征以及监测要求合理选择模型,以准确预测滑坡变形趋势,及时报警。

八、滑坡监测实例

根据工程地质勘察资料,黑河金盆水利枢纽库区与大坝相距 11km 与 16km 处存在若干个滑坡,它们分别是水门沟、碾子沟、水溜沟、望长沟、桃园沟等。

各滑坡体的主要特征为:桃园沟滑坡距大坝约 16km,位于两条冲沟之间,其东侧冲沟就是桃园沟,滑坡顶部有数级陡坎,下部受黑河河水侵蚀形成高 10~15m 的陡坎,主滑方向为 168°;水溜沟滑坡距大坝约 13.5km,坡体覆盖较厚的植被,其侧后缘边界不很清楚,前缘靠近河谷,有大片基岩露出,滑坡体被流水切割分成两部分,主滑方向为 187°;碾子沟滑坡距大坝约 12.5km,滑坡体发育在一冲沟中,植被覆盖较厚,但边界清楚,前缘边界直达河床,主滑方向为 60°;水门沟滑坡距大坝约 11km,具有典型的圈椅状地貌,其侧后缘植被覆盖较厚,前缘至 582m 高程处,下部露出基岩,主滑方向为 62°。

工程地质稳定性评价结果认为:除望长沟滑坡比较稳定以外,其余 4 个滑坡都存在不同程度的不稳定性。在库区蓄水后有可能成为影响周城公路(108 国道周至段)和库区安全的隐患,需对其变形情况进行长期监测。

以下仅以水门沟滑坡为例,介绍滑坡监测网的布设、监测作业及数据处理结果和分析。

考虑到测区地形复杂、滑坡体植被覆盖层较厚、通视困难的特点,监测以采用 GPS 定位技术为主,配合以高精度全站仪测量的基准边以及精密水准测量等技术手段。

1. 滑坡监测基准点的布设

监测网中的基准点是分析各滑坡体水平位移场和垂直位移场的参考基准,因此,基准点应埋设在滑坡体以外稳定地区的基岩上,且根据各滑坡的不同情况选取不同的基准点数。

水门沟滑坡的水平位移监测基准点选在滑坡体对岸的山坡上,共有 3 个基准点:SM01、SM02、SM03,而 2 个垂直位移监测基准点 SMS1 和 SMS2 则选在滑坡体两侧的公路旁(图 16-11)。

2. 变形监测点的布设

为了监测滑坡体的水平微量位移,所有变形监测点均布设成带有强制归心的 GPS 观测墩。在公路及其以下的滑坡部分,还需进行水准观测,以监测滑坡体的垂直位移,因此,在滑坡体此部分的 GPS 观测墩上还设立了垂直位移变形监测点。

GPS 变形监测点站沿滑坡主滑线及其两侧剖面线布设,布点范围由滑坡后缘起到 594m 设计水位线为止。相邻监测点间的距离为 30～60m,公路以及公路以下点距较小,公路以上点距较大。

水门沟滑坡体上共布设滑坡监测点 10 个,分别位于滑坡体的前缘、后缘和公路两侧,具体分布情况如图 16-11 所示。

图 16-11　水门沟滑坡变形监测网示意图

GPS 监测网的基准点和监测点均埋设水泥观测墩作为长期观测标记,观测墩中心安装了强制对中螺丝,用以固定仪器和观测标志。水泥观测墩参照《精密工程测量规范》(GB/T 15314—1994)附录 B 提供的图样设计(图 16-12)。兼作垂直位移监测与水平位移监测用的监测点,还在观测墩上加装了球状的水准点标记。位于公路旁的垂直位移监测基准点,同样必须埋设在稳定、坚固的基岩上,但可不制作水泥观测墩,而仅埋设水准标石。

3. 滑坡监测网的坐标系

考虑到要求监测的滑坡体的位移场具有独立性,因此,可以对滑坡体采用独立布网监测,独立研究其位移场。滑坡监测网采用根据其主滑方向设计的滑坡独立坐标系。坐标系

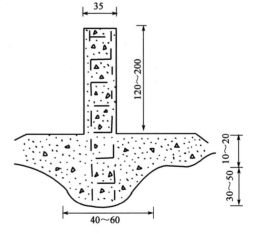

图 16-12　GPS 水泥观测墩(尺寸单位:cm)

的设计原则:取 X 轴的正向与相应滑坡的主滑方向一致,Y 轴与 X 轴构成右手系,坐标原点

设置在滑坡体外并应考虑使 X 和 Y 坐标不出现负值。水门沟滑坡体的位置基准（起始点坐标）和方向基准（X 轴正向方位角）如表 16-6 所示。

水门沟滑坡独立坐标系基准值 表 16-6

滑坡监测网名称	起算点名称	起算点坐标		X 轴正向方位角
		x	y	
水门沟监测网	SM01	500	400	62°

监测网的尺度基准采用由精密基线测量提供的尺度。

4. 滑坡监测技术方法

监测工作采用精密测距、GPS 定位技术以及精密水准测量三种方法测量，它们的作用和意义如下：

精密测距用以测定基准网的起算边，为监测网提供尺度基准；

GPS 定位技术主要用来监测滑坡体的水平位移，并同时测定其三维位移场；

精密水准测量是用来测定公路及其以下坡体的垂直位移，尤其是在治理后测定坡体的微量沉降。

5. 水门沟滑坡监测结果及分析

对水门沟滑坡的变形监测从 2000 年 11 月布设观测网开始到 2008 年 3 月，共进行了 23 期监测，在 2003 年 7 月水库蓄水前监测了 7 期，蓄水后进行了 16 期监测。根据滑坡体的特征及布设观测网的具体情况，把公路以上的监测点即 SM10、SM11、SM12、SM13 作为滑坡体推移段来考虑，而把公路及以下的监测点即 SM04、SM05、SM06、SM07、SM08、SM09 作为滑坡体的主滑段来考虑。从水平位移及垂直位移两方面考虑，对滑坡体动态变化趋势进行整体分析。

（1）水门沟滑坡的水平位移分析

对水门沟滑坡公路上部的变形，只进行水平位移变形监测，没有做垂直沉降监测，其主滑线方向水平位移量见图 16-13。变形监测点 SM10、SM11、SM12、SM13 分别位于滑坡体后缘。由图 16-13 可以看出，滑坡体上部位移量在各监测时间段变化较大，前 7 期（即从 2000 年 11 月到 2003 年 6 月）各监测点沿滑坡体主滑方向变形缓慢；从第 8 期（2003 年 8 月，即水库蓄水以后）到第 14 期（2005 年 4 月），各监测点整体沿滑坡体主滑方向变形增大，最大变

图 16-13　SM10、SM11、SM12、SM13 监测点主滑线方向水平位移场时空变化曲线

形增量为 SM10 点的 35.2mm,月平均变形增量为 4.4mm;从第 16 期(2005 年 10 月)开始,各监测点沿滑坡体主滑方向出现变形回弹,回弹值增量最大为 SM12 点的 26.5mm,各监测点的变形趋于缓慢增大。

变形监测点 SM04、SM05、SM06、SM07、SM08、SM09 分别位于滑坡体的前缘,是滑坡体的主滑段。该主滑段变形一般以水平位移变形为主,各点同期监测值差异性较小,监测数据可靠程度较大(图 16-14)。根据变形数据可知:各个监测点的水平位移变化较一致,具有一定的规律性,从第 1 期(2000 年 11 月)到第 7 期(2003 年 6 月),各监测点沿滑坡体主滑方向缓慢变形,最大累计变形量是 SM09 点的 15.3mm;从第 8 期(2003 年 8 月)到第 13 期(2005 年 1 月),水库蓄水以后,各监测点沿滑坡体主滑方向变形增大,最大变形增量为 SM08 点的 21.7mm;从第 13 期(2005 年 1 月)到第 15 期(2005 年 7 月),各监测点沿滑坡体主滑方向出现变形量回弹,回弹值增量最大为 SM08 点 22.7mm;从第 15 期(2005 年 7 月)到第 23 期(2008 年 3 月),各点水平变形趋于缓慢外,呈上升趋势。水门沟滑坡体水平变形表现了大体相同的过程,同步性较明显,其变化趋势为由缓慢变形到回弹,由变形增大再回弹,再到缓慢增大。由以上监测数据分析可以看出,水库蓄水以后,各监测点的变形量变大,水库蓄水水位稳定以后,变形速率又趋于稳定,有变小的趋势。从而可以认为,水库蓄水是水平位移形变加剧的主要诱发因素。

图 16-14　SM04、SM05、SM06、SM07、SM08、SM09 监测点主滑线方向水平位移场时空变化曲线

(2)水门沟滑坡的垂直位移分析

根据垂直位移量观测数据成果表(表 16-7)可知,在 2003 年 6 月水库蓄水以前,各监测点的垂直位移量变化不大,累计最大沉降量是 SM04 点的 6.09mm,大部分点累计沉降量不超过 5mm;水库蓄水以后,监测点 SM06、SM07 的累计沉降量都很小,平均在 5mm 左右,表明这两个监测点的沉降量随时间基本没有变化;监测点 SM05 呈现逐渐变大的趋势,但是变化量比较小,最大沉降量是 2006 年 12 月监测的 10.2mm;而监测点 SM04、SM08 的变化趋势较一致,水库蓄水前沉降略有回弹,在 2003 年 8 月水库蓄水后,沉降有越来越大的变化趋势,最大沉降量分别为 12.74mm、19.78mm。这与滑坡体宏观上表现的规律基本一致,即在主滑段一般属纯剪切受力,此时滑坡主要表现为水平位移,其垂直位移变化较小。

水门沟滑坡监测点 SM04、SM05、SM06、SM07、SM08 垂直位移量一览表（单位:mm）　表 16-7

观测时间段	SM04	SM05	SM06	SM07	SM08
2000.11～2001.08	－4.5	－3.4	－3.1	－3.0	－3.9
2000.11～2001.12	－3.3	－2.7	－1.5	－0.9	－1.9
2000.11～2002.05	－2.6	－2.6	－1.9	－1.5	－1.8
2000.11～2002.08	－4.97	－2.67	－1.28	－2.5	－5.95
2000.11～2002.11	－6.16	－3.62	－1.57	－2.14	－4.79
2000.11～2003.06	－6.09	－3.28	－2.28	－2.58	－4.09
2000.11～2003.08	－4.06	－2.2	－0.26	－1.13	－4.47
2000.11～2004.05	－6.16	－3.9	－1.06	－2.23	－6.87
2000.11～2004.08	－10.87	－5.03	－3.52	－1.95	－9.08
2000.11～2004.11	－8.15	－4.37	－1.24	－1.8	－8.46
2000.11～2005.01	－8.15	－5.32	－2.6	－1.94	－8.3
2000.11～2005.04	－6.63	－4.49	－1.81	－1.77	－8.23
2000.11～2005.07	－9.47	－5.19	－3.34	－1.43	－12.1
2000.11～2005.10	－7.69	－7.41	－2.63	－1.9	－10.78
2000.11～2006.01	－7.81	－7.82	－3.33	－1.52	－10.76
2000.11～2006.05	－8.28	－8.18	－4.02	－2.05	－12.13
2000.11～2006.09	－10.51	－9.19	－5.07	－2.45	－15.65
2000.11～2006.12	－12.74	－10.2	－6.12	－2.85	－19.17
2000.11～2007.03	－12.65	－10.15	－6.62	－2.56	－18.79
2000.11～2007.09	－12.42	－9.35	－3.54	－3.01	－19.78
2000.11～2008.03	－11.94	－9.7	－6.07	－2.34	－18.9

（3）水门沟滑坡的稳定性影响因素分析

滑坡稳定性影响因素分析对边坡稳定的研究非常有意义,分析影响因素的变化与滑坡稳定性的相关关系可以找出滑坡失稳的主导因素,可以更好地了解边坡的失稳机理,从而为边坡工程防灾、治理提供帮助。

根据工程勘察资料分析,影响水门沟滑坡稳定性的因素主要是降雨和黑河水库水位的变化。

降雨虽然是一个不确定的量,但是它是自然影响因素中经常发生的。它的作用与其他因素相关联,如:降雨使岩石饱和,增大重度;力学强度降低;雨水下渗,地下水位升高和流动,产生动静水压力和扬压力;雨水暴涨暴跌,不仅冲刷岸坡,淘蚀坡脚,渗入渗出坡体,而且造成岸坡的附加荷载;冲沟和坡面的冲刷,破坏坡体,同时可能毁坏了保持坡体平衡的关键部位等。

黑河水库每年的汛期主要在 6 月～10 月之间,从水门沟滑坡监测资料可以看出,每年汛期水门沟滑坡监测点变形量明显大于其他时间段。以 2001 年为例,春季降雨量为 88mm,夏季降雨量为 402mm,秋季降雨量为 270mm,冬季降雨量为 18mm。2000 年 11 月~2001 年 8 月,水平位移最大位移量为 SM10、SM11 监测点的 8mm,最小位移为 SM05 的 2.5mm。平均为 4.2mm。

2001 年 8 月~12 月,水平位移最大位移量为 SM04 的 3mm,最小位移为 SM05 的 0.1mm。平均位移为 1.6mm。通过上面分析可以看出,水库蓄水以前,降雨是引发变形量增大的主要因素。

2006 年,1 月~5 月降雨量为 130mm,5 月~9 月降雨量为 255mm,9 月~12 月降雨量为 48mm。1 月~5 月变形量最大为 SM10 的 23.4mm,最小为 SM05 的 0.9mm。在 5 月~9 月这 4 个月时间里,水平位移量最大值为 SM13 的 18.7mm,最小值为 SM07 的 7.7mm,平均值 11.7mm。在 9 月~12 月这段时间里,水门沟滑坡体沿滑坡主轴线方向下滑最大的是 SM05 点,水平位移量达 21.8mm;最小值的是 SM08 点,水平位移量 11.1mm。反弹最大的是 SM12 点,水平位移量达 30.6mm;最小值的是 SM06 点,水平位移量 8.3mm。

以上分析可以看出,降雨会导致滑坡变形量增大,使滑坡的稳定性降低。

黑河水库水门沟滑坡在 2003 年 7 月蓄水,水位—时间变化曲线见图 16-15,每年在 1 月至 5 月及 11 月至第二年的 2 月,水位线在 582~588m 范围内变化;6 月至 10 月,水位线基本保持在 593m 左右。滑坡体在蓄水前,即从 2000 年 11 月到 2003 年 6 月,各监测点变形较一致,虽有所波动,但总的变形趋势较平稳缓慢;从 2003 年 6 月到 2003 年 8 月,即水库第一次蓄水后,滑坡体的变形量增加显著,由于 SM04 监测点位于滑坡体前缘,距蓄水水位线较近,受库水位变化影响最大,其变形量也最大,从 2003 年 8 月水库蓄水后,SM04 监测点变形量开始变大,水库蓄水位在 580m 左右,SM04 监测点变形趋于缓慢增大(图 16-16)。

图 16-15 黑河水库水位变化图

图 16-16 SM04 监测点水平变形曲线图

水库水位的变化,使水门沟滑坡的坡角部分浸泡在水中,显著提高了滑坡体中地下水的浸泡和浸润范围,这导致了很多变化:水面以上岩土体随地下水含量的增加而增大了其重量;在地下水的浸润下,滑带岩土体在长期的软化、泥化作用下抗剪强度参数减少,形成下部滑面抗剪强度的降低;位于坡脚的水下岩土体在浮力作用下重量减少,进一步降低了此段潜在滑面上的摩阻力,使得坡脚岩土体中存在的抗滑阻力变小。另外,库水位的升降波动,使坡体中地下水水力坡度发生变化,在渗透作用下,会造成坡体中细颗粒的冲移,从而引起滑带岩土体抗剪强度的降低,从一定程度上影响滑坡体所在区域的水文地质条件。

因此,库水位变化对滑坡体产生的浸泡软化作用、流水作用、浪蚀作用、浮力减重和动水压力作用等,会使滑坡体的稳定性降低。

通过对水门沟滑坡 GPS 监测资料的分析,滑坡体各监测点水平变形表现了大体相同的动态过程,它们的同步性较明显,说明滑坡体同期水平位移变化趋势较一致。在水库蓄水前,滑坡体水平位移变化较缓慢;水库开始蓄水后,前期变形较显著,之后滑坡体变形又转变为缓慢增大的趋势。而滑坡体的垂直位移变化相对较小,因此可以判定该滑坡体目前尚处于稳定变形阶段。

第五节　地面沉降变形监测

地面沉降是一种由多种原因引起的地表高程缓慢减小的现象,由于地面沉降发生范围大且不易察觉,又多发生在经济活跃的大、中城市,因此对人民生活、生产、交通影响极大,已成为一种世界性的环境公害。目前,世界上地面沉降灾害多发的国家纷纷采取多种技术手段对其进行监测和防治。

一、地面沉降概述

地面沉降又称为地面下沉或地面沉陷,是在自然和人为因素共同作用下,由于地壳表层土体压缩而导致区域性地面高程降低的一种环境地质现象,是一种不可补偿的永久性环境和资源损失,是地质环境系统破坏所导致的结果。

地面沉降具有形成缓慢、持续时间长、影响范围广、成因机制复杂和防治难度大等特点,是一种对资源利用、环境保护、经济发展、城市规划建设和人民生活构成严重威胁的地质灾害。

地面沉降危及资源利用、经济发展、环境保护、社会生活、农业耕作、工业生产、城市建设等各个领域,造成的损失是综合的,危害是长期的、永久的,且危害程度呈现逐年递增趋势。因此,有必要对地面沉降灾害进行监测,以掌握区域地面沉降的发展趋势,查明地面沉降的影响因素及其危害,为开展区域地面沉降防治工作奠定基础。

二、地面沉降监测方法

1. 水准测量方法

按照传统观念,地面沉降被定义为正常高程值的变化量,习惯上是通过重复精密水准测量测定。水准测量是一项大地测量的传统技术,利用高精度的重复水准测量可分辨毫米级地面高程的变化,因此直到现在它仍广泛地被用于地面沉降监测。

尽管重复水准测量有很高的精度和可靠性,但它也有自己的局限性。水准测量存在跨度小,作业周期长,费时、费力,难以实现自动化监测,及大面积水准测量容易受到系统误差的干扰而影响测量精度等问题。随着区域经济的发展,地面沉降面积进一步扩大,单靠重复水准测量很难适应发展的需要。

2. GPS 和 InSAR 测量方法

20 世纪 80 年代以来,空间对地观测技术进入实用阶段,全球定位系统(GPS)、合成孔径雷达干涉测量(InSAR)等现代科技为大跨度、大面积、实时、高精度、自动化的地面沉降监测提供了新的手段。

因此,自进入 21 世纪以来,GPS 定位技术正越来越广泛地应用于地面沉降监测。尤其是 GPS 的连续运行参考站(CORS 站)技术,可借助互联网采取有线或无线传输数据的方式进行远程控制,实现真正意义的实时连续监测。

而 InSAR 技术则一改以往以点为主的测量模式,以全新的可实时获取整个扫描区域的地面变形状况而深受青睐。为进一步提高测量精度,近期又发展了合成孔径雷达差分干涉测量技术(Differential InSAR,差分干涉)。D-InSAR 具有高形变敏感度、高空间分辨率、几乎不受云雨天气制约的优点,因而有人认为它是基于面观测的空间大地测量新技术,可补充现有的基于点观测的空间大地测量技术。

由于 InSAR 和 GPS 技术具有互补性,即利用 GPS 数据可以修正 InSAR 结果中诸如对流层、电离层、卫星轨道等误差,并提供精确的坐标框架,从而提高 InSAR 技术的实际监测精度。同样,利用 InSAR 影像的高空间分辨率性,可以加密 GPS 监测结果。因此,GPS 与 InSAR 的数据融合,成为地面沉降监测技术中一个新的研究热点。

最近 20 年来,许多国家都陆续采用 GPS 与 InSAR 技术布设地面沉降监测网,以适应技术发展的需要。美国在加利福尼亚州的萨克拉门托用 GPS 替代水准测量监测该地区的地面沉降。1986 年在该地区建立了 38 个 GPS 监测站,1989 年又增加到 68 个,大地高测量精度达到毫米级。意大利为监测威尼斯泻湖地区的地面沉降,采用 GPS 与 InSAR 技术布设了长 480km、由 527 个点组成的监测网。2004 年进行了第一次测量,并与以前的资料进行比较,结果表明在威尼斯北部沿海地区出现了明显的地面沉降趋势,沉降速率达到了 5mm/a。我国几个地面沉降比较严重的地区,如以上海为中心城市的长江三角洲地区,以北京、天津为中心城市的华北平原地区,以西安、太原为中心城市的汾渭盆地等,都陆续建立和逐步完善了 GPS 和 InSAR 监测网,西安还利用 GPS 和 InSAR 技术监测该地区的地裂缝变形情况。北京市在 2008 年建成了"北京市地面沉降监测网站预警预报系统第二期工程",并正式投入使用。该系统集成了地下水动态监测系统,以及由基岩标、分层标、GPS 和 InSAR 监测点组成的地面沉降监测系统,成为我国首个地面沉降监测体系。

三、地面沉降监测实例

1. 上海市地面沉降监测

上海市位于长江三角洲东南前缘,全区除西南部有几座低矮残丘外,地势低平,海拔高程在 2.2~4.5m 之间,为第四纪沉积平原。沉积厚度一般在 200~350m 之间,由于土质松软、过量开采地下水等原因,上海市地面大面积沉降,严重威胁各项工程建设的安全,成为上海市城市建设和环境保护中的一个突出问题。

早在 1921 年,上海市中心区地面沉降被发现,此后进行了长达 70 多年的连续监测。根据统计资料,截至 1995 年,上海市中心区地面平均累计沉降量达 1806.7mm。地面沉降速率变化大致可分成如下三个阶段,由 1921 年起到 1965 年止为快速沉降阶段,年平均沉降量达 37.6mm;由 1966 年起到 1985 年左右为相对稳定期,地面沉降趋于稳定;1986 年后为再次加速期,年平均沉降量达 11.9mm。显然,上海市地面沉降速率变化与不同历史时期上海城市建设发展速度有关,上海市中心区地面沉降再次加速,告诫我们在上海市城市建设的发展过程中,要充分重视地面沉降监测,以确保各项工程建设的安全,同时也保护人们赖以生存的环境。

多年来,上海市地质调查研究院采用重复精密水准测量的方法,监测上海市地面沉降,共布设一、二等水准点 500 多个。每期监测不但人工费用较高,而且工期也较长,难以适时、客观地反映地面动态变化。并且水准测量系统误差积累也比较大,影响监测精度。随着上海市城市建设的发展,监测范围尚需进一步扩大,常规测量手段已很难继续满足上海市地面沉降研究的要求。1998 年 3 月起,上海市地质调查研究院立项研究采用 GPS 技术监测上海市地面沉降的可行性,并于 1999 年开始实施建设上海市地面沉降 GPS 监测网络计划。

上海市 GPS 地面沉降监测网(图 16-17)由参考基准点和若干在基岩分层标邻近埋设的坚固的永久性监测点组成,平均边长约 20km,共 34 个点。并选定小闸基岩分层标 J1-2,作为 GPS 沉降监测网的参考基准。自 1999 年起到 2003 年,共组织了 6 期 GPS 监测试验,采用 10 台配备扼流圈天线的 Ashtech Z-Suveyor 双频 GPS 接收机同步观测,观测时段长 12h。数据处理采用美国 GAMIT/GLOBK 软件包与 IGS 精密星历,GAMIT/GLOBK 软件是美国麻省理工学院开发研制的大地测量分析软件,新版软件与 Linux 系统兼容,可以在 PC 机上运行。GAMIT 软件处理基线可以达到 $10^{-8}~10^{-9}$ 的精度,因此它成为处理长基线的首选软件。GPS 网平差采用了含形变速率参数的动态模型,平差时固定小闸基岩分层标 J1-2 的大地高不变,用平差结果可直接获得监测点的地面沉降量。计算结果表明,在基线边长达到 30~40km 时,GPS 在大地高方向上的中误差仍可控制在 2mm 左右,由此推算 GPS 监测地面沉降的分辨率在 3mm 左右,完全适应上海市地面沉降的现实。

为了进一步提高监测网的精度,实现地面沉降的连续变形监测与远程控制。上海市地质调查研究院在 2004 年又建设了 4 个具有连续大地参考站性能的 GPS 固定站,使上海 GPS 地面沉降监测步入国际先进行列。如图 16-18 所示即上海市为监测地面沉降而建立的,具备连续大地参考站功能的 GPS 固定站。

2. 西安市地面沉降监测

西安市是世界著名古都,也是当今我国西北经济文化的中心。受区域构造活动和城市建设,特别是受过量开采承压水引起水位大幅度下降导致开采层失水压密的影响,西安市从 20 世纪 70 年代末期以来出现了严重的地面沉降与地裂缝,给城市的资源利用、环境保护、经济发展、市政设施和城市建设及人民生活造成很大危害。因此长期以来,特别是 20 世纪 80、90 年代,许多专家、学者对地面沉降与地裂缝的形成机制、发展趋势进行了大量研究。

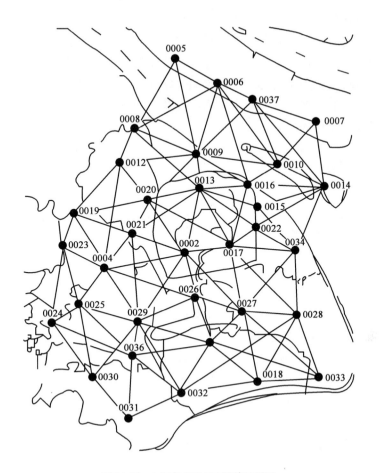

图 16-17　上海市 GPS 地面沉降监测网

图 16-18　上海市 GPS 地面沉降监测固定站

　　长期以来,有关西安市地面沉降的发展过程和沉降特征的变形资料主要是通过大面积精密水准和少量分层标监测孔、承压水位监测点获得的。但是,自 20 世纪 90 年代中后期以来,特别是 2000 年后,由于种种因素的影响,西安地区就再没有开展过大范围的连续精密水准监测,仅在个别地裂缝带两侧实施了短剖面水准测量和对点测量、若干组承压水位监测点、DSJ 断层活动监测仪和分层标监测孔等,因此,难以全面掌握现今西安市地面沉降、地裂缝的发展状况、规律和特征,而这种现状的存在严重制约着城市建设用地和城市建设规划以及城市经济发展,特别是对高层建筑、地下管线、交通设施,以及正在建设的城市地铁构成重大的灾害隐患。因此,迫切需要运用现代监测手段和信息技术对西安市地面沉降及地裂缝灾害进行监测,研究和掌握现今西安市地面沉降及地裂缝现状、分布特征、成因机理及发展规律,进而对西安市城市建设的科学、合理规划提供基础地质资料和科学依据。

自 2005 年开始,长安大学利用现代空间大地测量监测技术——合成孔径雷达干涉测量(InSAR)和全球卫星定位系统(GPS)对西安市地面沉降和地裂缝进行了监测研究,在西安市区布设了由 24 个高精度 GPS 监测点组成的地面沉降监测网,于 2005~2007 年期间对其进行了 4 次监测,同时收集购买了 20 世纪 90 年代至今的 37 景各类 InSAR 数据影像,并针对 GPS、InSAR 技术用于城市地面沉降垂向变形监测的理论技术方法进行了研究,利用 GPS 获取了西安市 2005 年 6 月~2007 年 6 月两年间的地面沉降和地裂缝变形量,而由 InSAR 不但获取了西安 20 世纪 90 年代初和中后期的沉降信息,而且还获得了 2004~2006 年两年间西安地区整体的面沉降形变图。通过这些成果的分析对比,不但获取了西安地区现今地面沉降及地裂缝的变形现状,而且还研究获取了西安地面垂直变形场的时空演化特征及其成因规律。

(1)西安地面沉降与地裂缝的 InSAR 监测

研究区域选在西安市区的主要沉降区域(图 16-19),覆盖面积为 (20×20) km²。获取了欧空局 20 世纪 90 年代 ERS1/2 的 17 景数据和 20 世纪 90 年代西安地面沉降的历史资料,同时还获取了 Envisat 卫星 2004~2007 年的 17 景数据,分别以 2005~2006 年和 2006~2007 年间数

据进行配对组成干涉像对组合,研究 2005~2006 年、2006~2007 年间西安市地面沉降现状。

由差分 InSAR 原理可知,InSAR 进行地面变形监测主要应消除地平效应相位和高程分量相位的影响,主要采用二轨法进行差分干涉,即采用外部 DEM 来消除高程效应影响,分别采用了美国地调局 3 弧秒的 SRTM DEM 和当地 1:5 万地形图中 25m 分辨率的 DEM;而对于地平效应,采用 DELFT 精密的卫星轨道数来求解消除该项影响。

图 16-19　西安地区 LandSAT 影像图

除此之外,干涉图中还会存在噪声误差,该误差有时很严重,因此要对干涉图进行滤波处理,以减弱噪声的影响,为此采用了频域自适应滤波,根据区域噪声的强弱调整滤波强弱因子,以保持相位分辨率不至于受滤波太大影响。同时,通过调整基线参数并拟合整个区域的残差相位来减弱可能存在的轨道效应残差。

为与地面水准结果和 GPS 成果进行比较,对 InSAR 地理编码后的成果,分别选取同一参考点进行绝对形变的求取,并将其归算求出各监测阶段的年沉降速率。

分别采用上述数据处理的方法对 20 世纪 90 年代以及 050618~060325、060429~070318 的 ZnSAR 干涉数据进行了差分处理,获取了不同年代的形变年速率,图 16-20 和图 16-21 给出了 2005~2006 年和 2006~2007 年的西安市 InSAR 沉降速率图。两图中中心

位置的矩形框为西安市城墙所在的位置,图中的 13 条由上自下排列的曲线为西安地区最新的地裂缝的位置,图中色标由深到浅表示沉降速率逐渐增加,单位为 cm/年。

图 16-20 西安地区 2005～2006 年 InSAR 监测年沉降速率图

图 16-21 西安地区 2006～2007 年 InSAR 监测年沉降速率图

（2）西安市地面沉降与地裂缝的 GPS 监测

针对西安市地面沉降及地裂缝变形,在该地区布设建立了相应的高精度 GPS 监测网（图16-22）,由 20 多个带有强制对中的 GPS 观测墩组成,观测墩的地下埋深为 2m,除了保证监测墩的稳定性外,还要使监测墩底部基础与地面原状土结合。针对西安市地质地貌的特殊性,本监测网采取三级布网方式构网,包括 GPS 监测基准网、地面沉降监测的基本网和地裂缝变形的监测网。由于西安地裂缝十分发育,地裂缝变形既与西安地面沉降存在一定内在联系,又在变形特征上存在较大区别,地裂缝两侧不但存在垂向变形差异,还存在水平拉张扭曲及变形差异,因此,针对地裂缝所具有的以上特征,采用布设 GPS 对点的形式构建地裂缝变形监测网,以监测发现地裂缝两侧三维形变差异。

图 16-22　西安地面沉降地裂缝 GPS 监测网点位分布图

利用西安市地面沉降 GPS 监测网,分别于 2005 年 11 月、2006 年 6 月、2006 年 11 月和 2007 年 6 月进行了 4 期监测,其中 JZ01、JZ02 和 JZ03 点是作为起算点的 GPS 连续跟踪站点。施测时采用 6 台双频 GPS 接收机以静态相对定位模式同步观测,并以网连式构网方式进行观测。GPS 外业观测时间为每天早晨 8 点到第二天早晨 7 点,保证每一时段（每天）的观测时间不少于 23h,且每个监测点的观测均保证有 2～3 个时段。

为了获得其高精度的点位坐标,JZ01、JZ02 和 JZ03 点通过与中国及周边地区共 6 个 IGS 国际跟踪站进行连续 5d 的同步观测,以每天 24h 的连续观测数据为一个时段,采用 GAMIT 软件和 IGS 精密星历进行解算,获得 JZ01、JZ02 和 JZ03 点在 ITRF2000 坐标框架下的精确坐标。

在 GPS 基线向量解算中,卫星钟差改正采用国际 IGS 站提供的卫星钟差参数;根据伪距

观测值计算出接收机钟差,进行钟差的模型改正;卫星星历采用 IGS 提供的卫星精密星历;
电离层折射延迟用 LC 观测值消除;利用实测干湿温和气压数据作为依据,改善对流层模型;
接收机天线相位中心改正采用 GAMIT 软件中的设定值;所有各期基线最大中误差不大于
± 2.5mm,相对精度均优于 10^{-7}。

　　GPS 网平差采用长安大学专门编制的 GPS 监测网平差软件 HPGPSADJ1.0,对监测基线
网进行平差,本数据处理采用拟稳平差基准,以消除基准点不一致造成的网的扭曲变形;在
平差中还考虑了各期网间可能存在的系统差异问题,并进行了稳健估计以剔除或削弱粗差
影响。表 16-8 列出各期网平差的高程点位精度,由表中可以看出本 GPS 监测具有相当高的
精度,完全能满足监测 ±1cm 沉降变形的精度要求。表 16-9 为由 GPS 监测获得的各地面沉
降 GPS 监测点 2005~2007 年间的年均沉降量及其精度,表 16-10 为地裂缝上 4 对 GPS 监测
点的三维变化量。

GPS 地面沉降监测网高程点位精度统计　　　　　　　　　　表 16-8

监 测 时 间	平均中误差(mm)	最小中误差(mm)	最大中误差(mm)
2005 年 1 月	2.0	1.3	4.6
2006 年 6 月	2.6	2.0	3.7
2006 年 11 月	3.4	2.3	5.1
2007 年 6 月	2.9	2.4	3.3

西安市地面沉降 GPS 监测点年均沉降量(2005~2007 年)　　　表 16-9

点　名	沉降量(cm/年)	精度(mm)	点　名	沉降量(cm/年)	精度(mm)
XJ01	−0.9	2.3	XJA1	−7.6	2.5
XJ04	−1.0	2.4	XJA2	−1.2	4.3
XJ05	−3.7	3.5	XJA3	−1.5	2.3
XJ06	−2.6	2.6	XJA4	−2.1	2.6
XJ08	−1.8	2.6	XJA5	−0.9	2.6
XJ09	−5.7	3.0	XJA6	−0.8	2.2
XJ13	−3.2	2.4	XJ14	−3.8	2.1

地裂缝三维年度变形量(cm/年)　　　　　　　　　　　表 16-10

点　名	水 平 位 移		垂 直 位 移	
	ΔX	ΔY	ΔH	对点垂向位移差异
XJ02	−0.86	−0.22	−4.53	−2.38
XJ03	+0.20	−0.29	−2.15	
XJ07	1.23	−0.11	0.33	0.79
XJ08	0.67	−0.18	−0.46	
XJ10	−0.27	0.28	0.70	0.77
XJ11	+0.15	0.05	−0.07	
XJ11	+0.15	0.05	−0.07	0.90
XJ12	0	0.18	−1.07	

（3）InSAR 与 GPS 监测成果对比分析

为了对 InSAR 与 GPS 这两项新型监测技术手段进行相互验证，同时也为了更好地研究西安现今地面变形特征，在 InSAR 获得的 2005～2006 年形变图（图 16-20）上选取与 GPS 相同点位的沉降年速率与表 16-9 中的 GPS 结果进行比较，结果列于表 16-11，从表中可以看出，80% 以上点的 GPS 与 InSAR 监测结果的互差均不大于 1cm，说明两者整体上具有很好的一致性。

GPS 和 InSAR 监测成果比较表（cm/年）　　　　　　　　　　表 16-11

序　号	点　　名	GPS 年速率	InSAR 年速率	互　　差
1	XJ01	−0.9	−1.9	1.0
2	XJ04	−1.0	−2.0	1.0
3	XJ05	−3.7	−3.9	0.2
4	XJ06	−2.6	−3.3	0.7
5	XJ08	−1.9	−2.7	0.8
6	XJ09	−5.7	−2.9	−2.8
7	XJ13	−3.2	−2.0	−1.2
8	XJ14	−3.8	−2.0	−1.8
9	XJA1	−7.6	−8.0	0.4
10	XJA2	−1.2	−1.3	0.1
11	XJA3	−1.5	−1.3	−0.2
12	XJA4	−2.1	−2.2	0.1
13	XJA5	−0.9	−0.9	0.0
14	XJA6	−0.8	−0.7	−0.1

将 InSAR 变形图（图 16-20、图 16-21）和表 16-9 的 GPS 监测点的年沉降量进行对比，可以发现，GPS 监测点除西南郊的鱼化寨的 XJA1 点年沉降量为 7.6cm，南郊的明德门 XJ09 点的年沉降量为 5.7cm，其余点年均沉降量均小于 4cm，而 InSAR 沉降图也显示只有少量区域的沉降量大于 4cm。

为了验证 GPS 监测沉降的精度与准确性，在地裂缝的 GPS 点上同时还布置了对应的水准点，从 2006 年 6 月开始，在 GPS 对应的监测时间段内采用一等精密水准观测了地裂缝两侧的沉降差异，将其与 GPS 获得的对应的沉降差异进行对比，结果列于表 16-12。由表 16-12 中也可以看出，GPS 和水准监测的成果也有着较好的一致性。

GPS 和水准对点观测获得的地裂缝垂直变形对比表　　　　　表 16-12

点　　名		2006 年 6 月～2006 年 11 月			2006 年 11 月～2007 年 6 月		
		GPS 沉降差异（cm）	水准沉降差异（cm）	两者沉降差异的互差（cm）	GPS 沉降差异（cm）	水准沉降差异（cm）	两者沉降差异的互差（cm）
交警总队地裂缝	XJ02	1.3	1.0	0.3	1.4	1.3	0.1
	XJ03						
污水处理厂地裂缝	XJ07	0.6	0.0	0.6	0.1	0.0	0.1
	XJ08						

续上表

点　　名		2006 年 6 月 ~ 2006 年 11 月			2006 年 11 月 ~ 2007 年 6 月		
		GPS 沉降差异（cm）	水准沉降差异（cm）	两者沉降差异的互差(cm)	GPS 沉降差异（cm）	水准沉降差异(cm)	两者沉降差异的互差(cm)
长安立交地裂缝	XJ10	0.1	0.0	0.1	0.6	0.1	0.5
	XJ11						
长安立交地裂缝	XJ11	0.0	0.0	0.0	1.0	0.1	0.9
	XJ12						

自 2005 年开始对西安市地面沉降和地裂缝进行 GPS 和 InSAR 监测,已取得了显著进展。GPS 技术本身具有观测效益高、费用低、获取信息速度快、监测自动化程度高等特点。在地面沉降与地裂缝监测中,GPS 具有监测变形位置定位准确、获取变形量精度高、可连续获得变形信息等优点,特别是用于地裂缝监测,采用布设 GPS 监测对点的方法,不仅可以获取地裂缝两侧的相对沉降差异,而且还可以获得各自的绝对沉降量、水平位移拉张和扭曲等三维变形信息。在本监测研究中,通过采用高精度地面沉降和地裂缝变形监测作业技术方法,严格的数据处理理论方法,使监测数据精度可达 5mm,高精度地获取了 2005 ~ 2007 年间各 GPS 点上的年沉降速率和地裂缝的空间三维变形信息。

InSAR 技术作为监测城市地面沉降的一种有效的技术手段,它不但可以高精度、高分辨率快速经济地获取城市地面形变,而且可以利用历史存档 InSAR 数据获取历史变形信息,因而具有从时间和空间上获取整个监测面上的变形信息,实现研究发现形变发展过程与变形时空发展特征的特点。

通过 GPS 和 InSAR 技术的结合并辅以精密水准观测,获取了西安市地面沉降的时空演化特征,并初步分析研究了地面沉降与地裂缝机理。随着禁采限采地下水等措施的出台,西安市地面沉降已整体减弱减小,由 20 世纪 90 年中期的最大年沉降速率 20 ~ 30cm/年减少到 10cm/年,且超过 60% 的沉降区域的年沉降速率已由 20 世纪 90 年中期的 5 ~ 8cm/年减少到不足 2cm/年。

原有的 7 个沉降中心大部分已不存在或沉降大大减小,地裂缝在时空活动和分布与地面沉降存在明显的关联性;现今西安市地面沉降和地裂缝随着城市建设的发展向南、西南、东南逐步扩展。

思考题与习题

1. 什么是变形监测? 变形监测有何作用?

2. 试简述变形监测的内容和特点。

3. 常用的变形监测方法有哪些? 各有何特点?

4. 变形监测数据可分为哪两种?

5. 工业与民用建筑变形监测的主要内容有哪些?

6. 试简述工业与民用建筑物的沉降观测。

7. 在工业与民用建筑变形监测中,沉降观测点的布设有哪些要求?

8. 在工业与民用建筑变形监测中,如何确定沉降观测时间与周期?

9. 试简述工业与民用建筑沉降观测的成果整理和分析。

10. 为什么要进行桥梁变形监测?

11. 桥梁变形监测的内容有哪些?

12. 常用的桥梁变形监测方法有哪些? 各有何特点?

13. 什么是滑坡? 为什么要进行滑坡监测?

14. 滑坡监测的内容有哪些?

15. 试简述常用的滑坡监测方法及其特点。

16. 试简述滑坡监测点的布设原则。

17. 如何确定滑坡监测精度、周期和频率?

18. 什么是地面沉降? 地面沉降有哪些危害?

19. 常用的地面沉降监测方法有哪些? 各有何特点?

第十七章 地籍与房产测量

第一节 地籍与房产测量概述

土地是人类赖以生存的物质基础和立足场所,是一切生产和存在的源泉。地籍是指国家为一定的目的,记载土地的位置、四至、界址、面积、质量、权属、利用现状或用途等基本状况的簿册。地籍管理是指国家为研究土地的权属、自然、经济状况和建立地籍图、册而实行的一系列工作措施体系。地籍测量是服务于地籍管理的一种专业测量,它是为了满足地籍管理中对确定宗地的权属界线、位置、形状、面积等地籍要素的需要而进行的测量工作。

房产是指住宅、楼宇、厂房、店堂、馆所、写字楼、办公楼、度假村等房屋的经济意义和价值形态,是在一定的所有制下作为财产的房屋。地产是指土地的经济形态,即在一定的土地所有制下作为财产的土地。它包括城市地产和农村地产。房地产一般是城市房产和地产的总称,又称不动产。房地产管理首先是产籍管理,产籍由地籍发展而来,以房屋和土地并重、以房产和地产一体为特征。产籍管理的资料主要来源于地籍测量和房产测量。由于地籍测量和房产测量虽有前后阶段的区别,但终究不可分割,所以可合称为房地产测量。

房地产测量是服务于房地产产权产籍管理的一门应用技术,是确定房地产自然状况、人工建筑状况与权属、使用状况的专业测量。实施测量时以房地产的权属调查为依据,以权属单元(宗地或丘)为基础,用测量手段以测定土地界址、房屋建筑的平面位置、形状和面积为重点。

地籍测量的主要内容包括地籍调查、地籍平面控制测量、土地界址点测定、地籍图测绘和土地面积计算等,而房地产测量的主要内容包括房产调查、房地产平面控制测量、房地产界址点测定、房产图测绘和房屋面积计算等。

一、地籍与房地产平面控制测量

同其他测量工作一样,地籍和房地产测量工作也应遵循"由整体到局部,先控制后细部"的组织原则,因此在进行地籍与房产测绘时,应先进行控制测量。

地籍和房地产平面控制网采用的坐标系统应与国家或城市坐标系统相统一。平面控制网的布设等级和形式,可根据测区的大小和地形情况而定,有条件的应利用已有的国家或城市平面控制网加密建立。基本平面控制网(二、三、四等和一、二级)的建立,可参照《城市测量规范》(CJJ/T 8—2011)中平面控制网的规定,对于图根控制,为提高细部测量的精度而有其特殊的规定。图根导线依据等级控制点,分两级进行加密,布设形式为结点导线网或附合导线网,其技术要求如表 17-1 所示。地籍图和房产图均为平面图,一般不要求高程测量。只有需要时才进行高程测量。

地籍图根导线的主要技术指标　　　　　　表 17-1

级别	导线长度（km）	平均长度（m）	测回数 DJ2	测回数 DJ6	测回差（″）	方位角闭合差（″）	导线全长相对闭合差	坐标闭合差（m）
一级	1.2	120	1	2	18	$\pm 24\sqrt{n}$	1/5000	0.22
二级	0.7	70		1		$\pm 40\sqrt{n}$	1/3000	0.22

注:n 为测站数,导线总长小于 500m 时,相对闭合差分别为 1/3000 和 1/2000,但坐标闭合差不变。

二、地籍界址点和房产用地界址点的精度

国家测绘局 1994 年发布的《地籍测绘规范》(CH 5002—1994)规定,地籍界址点的精度分三级,等级的选用应根据土地价值开发利用程度和规划的长远需要而定,具体精度要求如表 17-2 所示。

地籍界址点精度要求　　　　　　表 17-2

界址点等级	界址点相对于邻近控制点点位误差和相邻界址点间的间距误差限差	
	限差(m)	中误差(m)
一	±0.10	±0.05
二	±0.20	±0.10
三	±0.30	±0.15

国标《房产测量规范》(GB/T 17986.1—2000)规定,房产用地界址点(以下简称界址点)的精度分三级,一级界址点相对于邻近基本控制点的点位中误差不超过 ±0.05m;二级界址点相对于邻近控制点的点位中误差不超过 ±0.10m;三级界址点相对于邻近控制点的点位中误差不超过 ±0.25m。对大中城市繁华地段的界址点和重要建筑物的界址点,一般选用一级或二级,其他地区选用三级。

界址点的测量方法和地形图测绘中碎部点测量方法相同,但由于界址点的精度要求较高,因此要求从邻近控制点上直接测定,不宜从支导线上测定。

由于我国各管理部门对界址点的精度要求制定了相应的规范或规程,因此,在实际应用时应按照委托部门的精度要求执行。为使所测的界址点成果具有很好的共享性,在测定界址点时应按较高的标准执行。

第二节　地　籍　测　量

一、地籍调查

1. 地籍调查的目的和内容

地籍调查是遵照国家的法律规定,采用行政、法律手段,采用科学方法,对土地的位置、

权属、界线、面积和利用现状等基本情况进行的调查。地籍调查是土地管理的基础工作。

地籍调查的目的是查清每宗地的基本情况，并把调查结果编制成地籍簿册和地籍图，为土地登记发证、统计、土地定级估价、合理利用土地和依法管理土地提供原始资料和基本依据，以加强土地管理和建立健全地籍管理制度。地籍调查是土地登记之前的基础工作，其成果经登记后，具有法律效力。

地籍调查的内容为土地权属调查和地籍测量。土地权属调查是指实地进行土地及其附着物的权属调查，在现场标定界址点，确定权属范围，绘制宗地草图，调查土地利用现状，填写地籍调查表，为土地登记和地籍测量提供基础资料；地籍测量是按照权属调查的资料，利用测绘技术测定每宗地的权属界线、位置，以及地类界等，并绘制地籍图，计算每宗地的面积和总面积，为土地登记提供依据。

根据调查时间和任务的不同，地籍调查分为初始地籍调查和变更地籍调查。初始地籍调查是指对调查区域范围内全部土地在初始土地登记之前进行的初次地籍调查。变更地籍调查是为了保持地籍的现势性，及时掌握土地信息和权属状况的动态变化，而在初始地籍调查结束以后所进行的地籍调查，是地籍管理的经常性工作。

地籍调查按区域的功能不同，分为农村地籍调查和城镇地籍调查。农村地籍调查主要结合土地利用现状调查进行，主要调查境界、权属、地类及利用现状等内容。城镇地籍调查是指城镇及村庄内部的地籍调查，与土地利用现状调查相互衔接，既不重复又不遗漏。

2. 初始地籍调查

地籍调查的核心是权属调查。权属调查是一项政策性很强的工作，在实地调查中绘制的宗地草图和填写的地籍调查表，不仅为地籍测量提供依据，而且是地籍档案的重要组成部分。界址调查是权属调查的关键。

（1）土地权属

土地权属是指《中华人民共和国土地管理法》规定的土地所有权和现在合法的土地使用权的归属。

土地所有权是指土地所有者对土地占有、使用、收益和处分的权利，是土地所有制在法律上的体现。我国实行土地社会主义公有制，即全民所有制和劳动群众集体所有制。全民所有制（国有）土地主要是依据国家制定的一系列法律、法令、条例、政策的规定，运用没收、征收、征用、收归国有等手段而形成的。国有土地包括以下几个部分：国家划拨给国营企事业单位使用的土地；城市市区的土地；城镇建设已经征用的土地；国家建设依法征用的土地；国家拨给机关、企事业、军队农业生产和职工家属生活使用的土地；经批准给乡（镇）、村使用的国有林地、荒地、草原、水面等；国家建设征而未用，以及机关企事业单位、军队农副业生产基地停办后移交给乡、村使用的土地；未经划拨的荒地、草原、林地、水面等土地。

根据《中华人民共和国民法通则》和《中华人民共和国土地管理法》中的规定，集体所有制土地属于：村农民集体所有、乡（镇）农民集体所有。村内有两个以上农业集体经济组织的，则分别属于各集体经济组织农民集体所有。我国集体所有制土地为农村和城市郊区的土地，但不包括法律规定属于国家所有的土地。

土地使用权是依照法律对土地加以利用的权利。国家制定了所有权和使用权分离的原则：国有土地可以依法确定给全民所有制单位或集体所有制单位使用；国有土地和集体所有制土地可以依法给个人使用;集体所有的土地、全民所有制单位和集体所有制单位使用的国有土地,可以由集体或个人承包经营,从事农林牧副渔业生产。使用土地的单位和个人有保护、管理和合理使用土地的义务。使用国有土地须向县以上人民政府土地管理部门申请土地使用权证,经审查确权后,领取土地使用权证。这时,土地的使用权受到国家法律的保护,任何单位和个人不得侵犯。改变国有土地的使用性质,或者变更土地使用者(如土地转让、分割),都必须依法办理土地使用权的变更登记,更换土地使用权证,否则属非法行为,国家法律不予保护。

(2)权属调查的单元

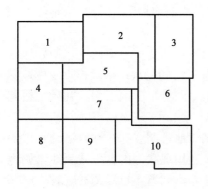

图 17-1　宗地编号顺序

被权属界址线所封闭的地块称为一宗地(也称为一丘地)。宗地是权属调查的基本单元。一般情况下,一宗地内为一个权属单位。同一个土地使用者,使用不相连的若干地块,则每一地块分别划宗。一地块为几个权属单位共同使用,而其间又难以划清权属界线,这块地就划为一宗地,并称之为共用宗或混合宗。

宗地要按规定进行编号,调查前应进行预编宗地号,通过调查正式确定宗地号。宗地编号一般按行政区、街道、宗地三级编号,对于较大城市可按行政区、街道、街坊、宗地四级编号。

《地籍调查规程》(TD/T 1001—2012)规定,宗地编号按各自所在的街坊范围内由左向右、由上到下,从数字"1"开始依序编列,如图 17-1 所示。

(3)权属调查的内容与要求

权属调查以宗地为独立单位进行。每一宗地应填写一份地籍调查表。对混合宗,在地籍调查表上能说明各自使用部分和分摊情况时可用一份表;当共有情况不能分清时,各使用者可分别各填一份表,说明各自使用部分的土地情况。

权属调查的内容主要包括:查明每宗地的单位名称或户主姓名、宗地位置及四至、权属界线、权属性质及权源、土地使用状况、土地启用时间、有无纠纷等。

权属调查是地籍调查的前提,具有法律效力,不得有半点差错,否则将涉及以后地籍测量、面积量算、宗地图、地籍图、统计汇总等多项工作的改动,严重的甚至会引起新的土地纠纷。因此,地籍调查人员对此必须高度认真负责。

(4)权属调查的步骤

①准备工作。为使权属调查能顺利进行,在外业权属调查之前,必须做好调查底图和调查表的准备以及调查通知单的发放工作。

②外业调查。外业调查的主要任务是在现场明确土地权属界线。具体工作包括现场指界、设置界标、填写地籍调查表、绘制宗地草图、签字认可等。

(5)地籍调查表的填写与宗地草图的绘制

地籍调查表是每一宗地实地调查的原始记录,是地籍档案的法律依据,必须翔实记录,认真填写。不论是初始地籍调查还是变更地籍调查,都应填写地籍调查表。地籍调查表包括宗地情况表、界址调查表、宗地草图表、调查勘丈记事及审核表。

填写地籍调查表必须做到表与图上记载的各种数据相一致,编号与名称相一致,图表与实地调查相一致,做到不错不漏。填表和绘图应清晰、美观,使用的汉字应规范。填写应一律用黑墨水钢笔书写,对于大量常用的地名或专用名称可刻印章进行盖印。全表各项内容划改不得超过两处,否则该表无效。每一宗地应填写一份地籍调查表,有些项目在表中填写不下时,可加附页补充填写。

宗地草图是宗地档案的重要原始资料,是地籍调查表的重要组成部分,是宗地图制作和地籍原图测绘的主要依据,并与地籍原图的测绘互相检核。宗地草图对处理权属界线争议和变更地籍测量具有重要的作用。宗地草图如图 17-2 所示。

图 17-2 宗地草图

3. 变更地籍调查

在建立初始地籍后,为随时掌握土地所有权及使用权的变化情况,土地管理部门必须加强日常地籍管理工作。在土地权属状况及土地本身状况发生变化以后,应及时进行变更地籍测量,使地籍资料保持现势性。另一方面通过变更地籍测量办理变更土地登记,换发土地证书,从而保证土地证书、地籍资料与土地现状高度一致,更好地为土地管理提供准确、完整的依据。

(1)土地发生变更的形式

根据我国当前的情况,土地权属状况及土地本身状况发生变更的形式大致有下列几种:

征用集体所有制土地;拍卖国有土地使用权;转让土地使用权;继承或赠予土地使用权;交换土地使用权;划拨国有土地;承包集体或国有土地使用权;土地分割;土地合并;土地权利更名;旧城镇改造拆迁;土地权属界址调整等。

(2)变更地籍调查的特点和种类

变更地籍调查是变更土地登记的主要组成部分,是变更地籍测量的前提。变更地籍调查的方法与初始地籍调查基本相同,但它又具有自己的特点:目标分散、发生频繁、调查范围小;政策性强,精度要求高;宗地变更后,与本宗地有关的图、档、卡、册均需进行变更;任务紧急,土地使用者提出变更申请后,需立即进行权属调查和变更测量,以便及时办理变更土地登记。

变更地籍调查按界址点的改变与否可分为两类:一是当宗地发生合并、分割和边界调整,需要进行变更界址点的地籍调查;二是当宗地发生出让、转移、抵押、出租等情况时,需要进行复核性调查,即不改变界址点的地籍调查。

(3)变更地籍调查的方法

在进行变更地籍调查之前应做好以下准备工作:变更土地登记申请书;复制原有地籍图,其范围应包括本宗地以及与本宗地相邻的其他界址点;本宗地与相邻宗地的原有地籍调查表的复制件;有关测量控制点和界址点的坐标;变更地籍调查表;有关变更数据的准备;所需的仪器和工具等的准备。

此外还须向本宗地及相邻宗地的土地使用者发送"变更地籍调查通知",通知有关人员按时到现场指界。

在实地调查时,应首先核对本宗地与邻宗地指界人的身份证明,然后再检查变更原因与变更登记申请书是否一致,全面复核原地籍调查表中的内容与实地情况是否相符,如有不符,应在调查记事栏中记录清楚。对于涉及界址变更的,必须由本宗地与邻宗地指界人亲自到场共同认定,并在变更地籍调查表上签名或盖章。

新的变更地籍调查表,在现场调查时填写,并由有关人员签名盖章认可,用以替代旧地籍调查表。有关变更地籍调查表的填写要求和规定与初始地籍调查表相同。

二、地籍图测绘

地籍图是反映地籍要素以及与权属界线有密切关系的地物,以及其他与土地管理和利用有关的内容。地籍图是明确宗地与宗地之间的关系、宏观管理土地的重要工具,同时它也是地籍档案的重要组成部分。

地籍图测绘的方法和界址点测定的方法紧密相关,大致可分为:利用原有地形图按地籍勘丈数据编绘地籍图,或者是按地形图测绘的方法实测地籍图。

1. 地籍图的内容

地籍图的内容有地籍要素和相关地物,以及和地形图相同的图框、坐标格网线和坐标注记。

地籍要素包括:各级行政界线,宗地界址点和界址线,地籍号,土地的坐落、面积、用途和等级,土地所有者或使用者等。

界址点和界址线是宗地权属范围的重要标志,在地籍图上必须准确详尽地反映,在地籍图上,界址点用直径为 0.8mm 的小圆圈表示,图上短于 1mm 的界址线两端界址点可以只画其中一个,但界址线的位置仍应正确表示,如图 17-3 所示。

地籍号由街道号、街坊号及宗地号组成。街道号、街坊号注记在图幅内有关街道、街坊的适当部位;宗地号注记在宗地内,宗地的一部分在本幅图内时也须注记宗地号。

土地分类号指明土地的用途。在每宗地的宗地号下面,按照土地分类编号进行注记。国土资源部 2001 年发布的《土地分类》采用三级分类体系。一级类和二级类土地编号及含义详见表 17-3。三级地类设 71 个,是在原来两个土地分类的二级地类基础上调整、归并、增设而来的。

土地坐落即宗地所在的位置,由行政区名、道路名(或地名)及门牌号组成。因此,在地籍图上必须注记道路名及门牌号,用以指示出宗地的坐落。

图 17-3　宗地的界址点线及省略表示

全国土地分类(一、二级)　　　　　　　　　　　　　　　表 17-3

一级类型		二级类型		含　义
编号	名称	编号	名称	
1	农用地	11	耕地	指种植农作物的土地,包括熟地、新开发复垦整理地、休闲地、轮歇地、草田轮作地;以种植农作物为主,间有零星果树、桑树或其他树木的土地;平均每年能保证收获一季的已垦滩地和海涂。耕地中还包括南方宽<1.0m,北方宽<2.0m 的沟、渠、路和田埂
		12	园地	指种植以采集果、叶、根茎等为主的集约经营多年生木本和草本作物(含其苗圃),覆盖度大于 50% 或每亩有收益的株数达到合理株数 70% 的土地
		13	林地	指生长乔木、竹类、灌木、沿海红树林的土地。不包括居民点绿地,以及铁路、公路、河流、沟渠的护路、护岸林
		14	牧草地	指生长草本植物为主,用于畜牧业的土地
		15	其他农用地	指上述耕地、园地、林地、牧草地以外的农用地
2	建设用地	21	商服用地	指商业、金融业、餐饮旅馆业及其相应附属设施用地
		22	工矿仓储用地	指工业、采矿、仓储业用地
		23	公用设施用地	指为居民生活和二、三产业服务的公用设施及瞻仰、游憩用地
		24	公共建筑用地	指公共文化、体育、娱乐、机关、团体、科研、设计、教育、医卫、慈善等建筑用地
		25	住宅用地	指供人们日常生活居住的房基地(有独立院落的包括院落)
		26	交通运输用地	指用于运输通行的地面线路、站场等用地,包括民用机场、港口、码头、地面运输管道和居民点道路及其相应附属设施用地
		27	水利设施用地	指用于水库、水工建筑的土地
		28	特殊用地	指军事设施、涉外、宗教、监教、墓地等用地
3	未利用地	31	未利用土地	指目前还未利用的土地,包括难利用的土地
		32	其他土地	指未列入农用地、建设用地的其他水域地

　　土地面积是以宗地为单位测算的,即宗地面积。在地籍原图上应注记宗地面积,以平方米为单位,注记到 $0.1m^2$,但在地籍清绘图上不注记宗地面积。

　　土地所有者或使用者在宗地内能注记得下的土地所有者或使用者的单位名称应注记。

　　土地等级,对于已经完成土地定级估价的城镇,在地籍图上应给出土地分级界线以及相应等级的注记。

　　地物地形要素与大比例尺地形图类似。

　　地籍图大都为大比例尺图(1∶500、1∶1000、1∶2000),其图框线、坐标格网线及坐标注记(以公里为单位)、图幅整饰,如图名、图号、接图表、施测单位、坐标系统等,可参看《地籍调查规程》(TD/T 1001—2012)。

　　2.利用原有地形图编绘地籍图

　　利用原有地形图编绘地籍图之前,必须利用宗地草图上的勘丈值全面检核原地形图的正确性,重点在于与界址点线有关的地物。如果发现原地形图有与现状不相符之处,可利用勘丈数据对原地形图进行修改。修改后,根据地籍调查的结果和宗地勘丈数据编绘地籍图。参照界标物,标明界址点和界址线,删除部分不需要的内容(如通信线、棚屋等),加注街道号、街坊号、宗地号、土地分类号、宗地面积、门牌号及各种境界线等地籍要素,经整饰加工后制成地籍图。图 17-4 为地籍图部分内容示例。图中圆括号内加数字如(12)、(21)、(23)表示街坊号;分数 $\frac{6}{211}$、$\frac{7}{211}$、$\frac{4}{242}$、$\frac{9}{211}$、$\frac{12}{252}$ 等表示宗地号与地类号,其中分子为宗地号,分母为地类号;24、26、28 等表示门牌号。图中松辽商场位于中央西路 24 号,宗地号为第 23 街坊第 1 宗地,地类号为 211,表示商业服务业用地。

图 17-4　地籍图样图

3. 数字地籍图测绘

数字地籍图测绘方法与数字地形图测绘方法类似。

4. 宗地图绘制

(1)宗地图的内容

宗地图所包括的主要内容如下:

①图幅号、地籍号、坐落:图幅号为本宗地所在的地籍图图幅号,地籍号为本宗地所在的街道号、街坊号和本宗地的编号,写在宗地图的上方。如图 17-5 中 10.25 - 25.75 为图幅号(为图幅西南角 x、y 坐标值的公里数);3-(4)-7 为地籍号,表示本宗地属于第 3 街道、第 4 街坊、第 7 宗地。坐落为宗地所在的路(街)名及门牌号,如本宗地坐落于"中央北路 16 号"。

②单位名称、宗地号、土地分类号、占地面积:单位名称、宗地号、土地分类号和占地面积写于宗地的中部。如本宗地名称为一〇六中学,宗地号为 7,土地分类号为 242(按土地分类,242 为教育单位),宗地号及土地分类号写成分子、分母形式,占地面积为 $1165.6\,\mathrm{m}^2$。

图 17-5　宗地图

③界址点、点号、界址线、界址边长：界址点以直径为 0.8mm 的小圆圈表示（包括与邻宗地共用的界址点），编号从宗地左上角以 1 开始顺时针方向编号，本宗地界址点编号从 1 至 9，界址线用 0.3mm 实线表示，并在宗地图外侧注记每一界址边的总长。

④宗地内建筑物、构筑物：本宗地内建筑物有房屋 4 幢，构筑物有围墙。房屋及围墙应注明其边长。

⑤邻宗地宗地号及界址线：应画出与本宗地共有界址点的邻宗地之间的界址线（只要画一短线示意），并在邻宗地范围内注明其宗地号，如本图中 4、5、6、8 号宗地。

⑥相邻道路、河流等地物及其名称：宗地图中应画出相邻的道路、河流等重要地物，并注明其名称。

⑦指北方向、比例尺、绘图员、审核员、制作日期：指北方向画在图的右上方，其余则注明于图的下方。

（2）宗地图的绘制要求

宗地图必须依比例尺真实描绘，一般采用 32K、16K、8K 大小的图纸，图纸可采用聚酯薄膜或透明纸。宗地过大时原则上可按分幅图绘制，宗地过小时可放大比例尺绘制。宗地图上界址边长必须注记齐全，边长注记应与解析法坐标反算的边长值一致。若实量边长与坐标反算值之差在误差范围内时，用坐标反算边长值；如超限，需检查原因。宗地图的整饰、注记和规格要求与地籍图基本相同。

（3）宗地图的绘制方法

宗地图的绘制方法有蒙绘法、缩放绘制法和机助成图法，目前常用的是机助成图法。

采用计算机自动绘制地籍图，可以充分借助计算机的图形处理功能，从地籍图图形文件中裁剪出与本宗地图有关的内容，经处理后成为标准的宗地图。图 17-5 所示为某宗地图的示例。

第三节 房 产 测 量

一、房地产调查

房地产调查的任务是调查确定房屋及其用地的位置、权属、权界、特征、质量及数量,并为房地产测量做好准备。房地产调查的目的是获取房产各要素资料,通过确权审查、定物定质定量,认定房产及其用地权和归属,最终建立房产测绘的各种资料,为房地产管理提供可靠并能直接服务的基础资料。

房地产调查分为房屋调查和房屋用地调查。其内容包括对每个权属单元的位置、权属界线、产权性质、数量和利用状况的调查,以及行政境界和地理名称的调查。

房地产调查应充分利用已有的地形图、地籍图、航摄像片及有关资料(包括产籍资料和房屋普查资料),按国家测绘局颁布的《房产测量规范》(GB/T 17986.1—2000)中"房屋调查表"和"房屋用地调查表"中规定项目,以权属单元为单位,逐项进行实地调查。

1. 房屋权属单元的划分与编号

房产调查是以权属单元为单位进行的,而权属单元则按丘划分和编号。所谓"丘"是指用地界线封闭的地块,相当于地籍调查中的宗地。一个权属单元的地块称为独立丘,几个权属单元的地块称为组合丘。一般以一个单位、一个门牌号或一处院落划分为独立丘;而当权属单位混杂或权属单元面积过小时,可划分为组合丘。

丘号以图幅为单位,从左到右、自上而下分别用数字1、2、3…进行顺序编号。组合丘内各权属单元以丘号加支号来编号,丘号在前,支号在后,中间用短线连接,称为丘支号。当一丘地跨越图幅时,按主门牌号所在的图幅编立丘号;其在相邻图幅内的部分则不另编丘号,以主门牌所在图幅的丘号加括号表示。

房屋调查以丘为单位,对于丘内房屋应编立幢号。幢是指一座独立的、同一结构的、包括不同层次的房屋。同一结构、互相毗连的成片房屋,可按街道门牌号适当划分幢号。幢号以丘为单位,按房屋权属单元的次序,从大门口开始自左至右、从前到后用数字1、2、3…顺序编号。幢号注记在房屋轮廓线内左下角,并加括号表示。

在他人权属土地上所建的房屋,即租用、借用集体土地或单位、个人承租国有土地上所建的房屋应加编房产权号,房产权号以房屋权属单元为单位,用大写英文字母A、B、C…顺序编号。房产权号注记在幢号右边,与幢号并列。

2. 房屋调查的内容

房屋调查的内容包括房屋的坐落、产权人、使用人、用途、产权性质、产别、建筑结构、建成年份、层数、建筑面积、占地面积、墙体归属、权源以及产权纠纷、他项权利等,并画出房屋权界线示意图。

房屋的坐落是指房屋所在街道的名称和门牌号。房屋坐落在小的里弄、胡同或巷内时,应加注附近主要街道名称;缺门牌号时,应借用毗连房屋门牌号并加注东、南、西、北方位;单元式的成套住宅,应加注单元号、室号或户号。

　　房屋产权人是指房屋所有权人的姓名。私人所有的房屋,一般按照产权证上的姓名注明;产权是共有的,应注明全体共有人的姓名。单位所有的房屋,应注明单位的全称;两个以上单位共有的,应注明全体共有单位的名称。产权不清或无主的房屋,应注明产权不清或无主,并作简要说明。

　　房屋使用人是指实际使用房屋人的姓名。如产权人对房屋自住自用,则房屋使用人就是产权人本身;如房屋通过出租、代管、典当等合法途径把使用权转让给他人(非产权人),这时房屋使用人应是承租人、代管人和典权人,事实上他们是房屋的实际使用者。

　　房屋用途是指房屋的目前实际用途。原则上按使用单位的性质分为两级:一级分为住宅、工业交通仓储、商业服务、教育医疗科研、文化娱乐体育、办公、军事、其他8类;二级在一级的基础上再细分,共分为30类,具体内容详见表17-4。在房产平面图上只表示一级分类。

房屋用途分类表　　　　　　　　　　　　　　　　　表17-4

一级分类		二级分类		一级分类		二级分类		一级分类		二级分类	
编号	名称	编号	名称	编号	名称	编号	名称	编号	名称	编号	名称
1	住宅	11	住宅	3	商业服务	31	商业服务	6	办公	61	办公
		12	成套住宅			32	旅游	7	军事	71	军事
		13	集体宿舍			33	金融保险	8	其他	81	涉外
2	工业交通仓储	21	工业	4	教育医疗科研	41	教育			82	宗教
		22	公用设施			42	医疗			83	监狱
		23	铁路			43	科研			84	农用
		24	民航	5	文化娱乐体育	51	文化			85	水域
		25	航运			52	新闻			86	空隙
		26	公交运输			53	娱乐				
		27	道路			54	园林绿化				
		28	仓储			55	体育				

　　房屋产权性质是按照我国社会主义经济三种基本所有制的形式对房屋产权进行分类,分为全民所有(国有)、集体所有和私人所有(私有)三类。此外,我国还有一部分外侨房产(外产)和中外合资房产,对此应按实际情况注明。

　　房屋产别是指根据房屋产权性质和管理形式不同而划分的类别。按两级分类,一级分为直管公产、单位自管公产、私产和其他产4类;二级是在一级分类的基础上再细分为11类,具体内容详见表17-5。在房产平面图上只表示一级分类。

　　房屋状况中的总层数是指室外地坪以上的层数,地下室、假层、附层(夹层)、阁楼(暗楼)、装饰性塔楼以及突出屋面的楼梯间、水箱间不计层数。所在层次是指本权属单元的房屋在该幢楼房中的第几层。

房屋产别分类　　　　　　　　　　　　　　　　　　　　　表 17-5

一级分类		二级分类		一级分类		二级分类		一级分类		二级分类	
编号	名称	编号	名称	编号	名称	编号	名称	编号	名称	编号	名称
1	直管公产	11	公产	2	单位自管公产	21	全民单位自管公产	3	私产	31	私产
		12	代管产			22	集体单位自管公产	4	其他产	41	外产
		13	托管产			22	集体单位自管公产			42	中外合资产
		14	拨用产			23	军产			43	其他产

　　房屋建筑结构是指根据房屋的梁、柱、墙及各种构架等主要承重结构的建筑材料来划分的类别,具体分为钢结构、钢和钢筋混凝土结构、钢筋混凝土结构、混合结构、砖木结构、其他结构 6 类,分别用编号 1、2、3、4、5、6 表示,如表 17-6 所示。一幢房屋有两种以上结构时,以面积大者为准。

房屋结构分类　　　　　　　　　　　　　　　　　　　　　表 17-6

编号	1	2	3	4	5	6
结构	钢结构	钢和钢筋混凝土结构	钢筋混凝土结构	混合结构	砖木结构	其他结构

　　房屋建成年份是指房屋实际竣工年份,一幢房屋有两种以上建成年份,应以建筑面积较大者为准。改建或扩建的房屋,应按改建或扩建的年份填写。

　　房屋墙体归属是指房屋四周墙体所有权的归属,应分别注明自有墙、共有墙和借墙。

　　房屋权源是指房屋产权取得的方式,产权的来源主要包括新建、继承、交换、买卖、调拨、社会主义改造等方式。

　　在调查中对产权不清或有争议的,以及设有典当权、抵押权等他项权利的房屋,应查清产权纠纷的原因,他项权利的种类、范围和期限等,在房屋调查表的附记中作出记录。

　　房屋权界线是指房屋权属范围的界线,以产权人的指界与邻户认证来确定。对有争议的权界线,也应作出记录。房屋权界线示意图是以权属单元为单位而绘制的略图,主要反映房屋及其相关位置、权界线、共有共用房屋权界线,以及与邻户相连墙体的归属,并勘丈和注记房屋边长。对有争议的权界线也应在图上标出其部位。

　　3. 房屋用地调查

　　房屋用地调查的内容包括用地的坐落、产权人、产权性质、使用人、土地等级、税费、权源、用地单位所有制性质、用地情况(包括四至、界标、用地分类面积和用地纠纷等情况),以及绘制房屋用地范围示意图。

　　用地的坐落和房屋调查相同。用地的产权性质,按土地的所有权分为国有和集体所有两种。1982 年新宪法公布以后,城市土地都属于国家所有,即城市土地国有化;只有在农村和城郊地区才有部分土地属集体所有,对于集体所有的土地还应注明土地所有单位的全称。用地等级是指经土地分等定级以后确定的土地级别。用地税费是指用地人每年向土地管理部门或税务机关缴纳的土地使用费和土地使用税。

用地人和用地单位所有制性质的调查要求同房屋调查。用地的权源是指取得土地使用权的时间和方式,如征用、划拨、价拨、出让、拍卖等。

用地四至是指用地范围与四邻接壤情况,一般按东、南、西、北方向注明邻接丘号或街道名称。界标是指用地界线上的各种标志,包括界桩、界钉、喷涂等标志;界线是指用地界线上相邻的各种标志的连线,包括道路、河流等自然界线,房屋墙体、围墙、栅栏等围护物体的轮廓线,以及界碑、界桩等埋石标志的连线等。

在调查中对用地范围不清或有争议的,以及设有他项权利的,应作出记录。

房屋用地范围示意图是以用地单元为单位绘制的略图,主要反映房屋用地位置、四至关系、用地界线、共用院落的界线,以及界标类别和归属,并勘丈和注记用地界线边长。用地范围界线,包括共用院落的界线,由产权人(用地人)指界与邻户认证来确定。用地范围有争议的,应标出争议部位,按未定界处理。

二、房产图测绘

房产测绘最重要的成果是房产图。房产图是房地产产权、产籍管理的基本资料,是房产管理的图件依据。按房产管理工作的需要,房产图分为房产分幅平面图(分幅图)、房产分丘平面图(分丘图)、房屋分层分户平面图(分户图)。房产图是一套与城镇实地房屋相符的总平面图,通过它可以全面掌握房屋建筑状况、房产产权状况和土地使用情况。借助于房产图,可以逐幢、逐处地清理房产产权,计算和统计面积,作为房产产权登记和转移变更登记的根据。房产图与房产产权档案、房产卡片、房产簿册构成房产产籍的完整内容,是房产产权管理的依据和手段。总之,房产图在房产产权、产籍管理中乃至整个房地产业管理中都具有十分重要的作用,因此必须严格按规范要求认真测绘房产图。以下将分别介绍房产分幅图、房产分丘图、房产分户图的测绘。

1. 房产分幅图的内容与要求

房产分幅图是全面反映房屋、土地的位置、形状、面积和权属状况的基本图,是测绘分丘图、分户图的基础资料。

分幅图的测绘范围应与开展城镇房屋所有权登记的范围一致,以便为产权登记提供必要的工作底图。因此,分幅图的测绘范围应是城市、县城、建制镇的建成区和建成区以外的工矿企事业等单位及其相毗连的居民点。

城镇建成区的分幅图一般采用1:500比例尺,远离城镇建成区的工矿企事业等单位及其相毗连的居民点可采用1:1000比例尺。

分幅图应包括下列测绘内容:

(1)行政境界

一般只表示区、县、镇的境界线。街道或乡的境界线可根据需要而取舍。两级境界线重合时,用高一级境界线表示;境界线与丘界线重合时,用境界线表示,境界线跨越图幅时,应在图廓间注出行政区划名称。

(2)丘界线

丘界线是指房屋用地范围的界线,包括共用院落的界线,由产权人(用地人)指界与邻户认证来确定。明确而又无争议的丘界线用实线表示,有争议而未定的丘界线用虚线表示。为确定丘界线的位置,应实测作为丘界线的围墙、栅栏、铁丝网等围护物的平面位置(单位内部的围护物可不表示)。丘界线的转折点即为界址点。

(3)房屋及其附属设施

房屋包括一般房屋、架空房屋和窑洞等。房屋应分幢测绘,以外墙勒脚以上外围轮廓为准。墙体凹凸小于图上 0.2mm 以及装饰性的柱、垛和加固墙等均不表示。临时性房屋不表示。同幢房屋层数不同的,应测绘出分层线,分层线用虚线表示。架空房屋以房屋外围轮廓投影为准,用虚线表示,虚线内四角加绘小圆表示支柱。窑洞只测绘住人的,符号绘在洞口处。

房屋附属设施包括柱廊、檐廊、架空通廊、底层阳台、门、门墩、门顶和室外楼梯。柱廊以柱外围为准,图上只表示四角和转折处的支柱,支柱位置应实测。底层阳台以栏杆外围为准。门墩以墩外围为准,门顶以顶盖投影为准,柱的位置应实测。室外楼梯以投影为准,宽度小于图上 1mm 者不表示。

(4)房产要素和房产编号

分幅图上应表示的房产要素和房产编号(包括丘号、幢号、房产权号、门牌号)、房屋产别、建筑结构、层数、建成年份、房屋用途和用地分类等,根据房产调查的成果以相应的数字、文字和符号表示。当注记过密、图面容纳不下时,除丘号、幢号和房产权号必须注记,门牌号可在首末两端注记、中间跳号注记外,其他注记按上述顺序从后往前省略。

(5)地物地形要素

与房产管理有关的地物地形要素包括铁路、道路、桥梁、水系和城墙等地物均应测绘。铁路以两轨外沿为准,道路以路沿为准,桥梁以外围为准,城墙以基部为准,沟渠、水塘、河流、游泳池以坡顶为准。

2. 房产分幅图测绘

房产分幅图的测绘方法与一般地形图测绘和地籍图测绘并无本质的不同,主要是为了满足房产管理的需要,以房产调查为依据,以突出房产要素和权属关系,以确定房屋所有权和土地使用权的权属界线为重点,准确地反映房屋和土地的利用现状,精确地测算房屋建筑面积和土地使用面积。测绘分幅图应按照《房产测量规范》(GB/T 17986.1—2000)的有关技术规定进行。

房产分幅图的测绘方法,可根据测区的情况和条件而定。当测区已有现势性较强的城市大比例尺地形图或地籍图时,可采用增测编绘法,否则应采用实测法。

利用城市 1:500 或 1:1000 大比例尺地形图编绘成房产分幅图时,在房地产调查的基础上,以门牌、院落、地块为单位,实测用地界线,构成完整封闭的用地单元——丘。丘界线的转折点——界址点如果不是明显的地物点则应补测,并实量界址边长;逐幢房屋实量外墙边长和附属设施的长宽,丈量房屋与房屋或其他地物之间的距离关系,经检查无误后方可展绘在图上;对原地形图上已不符合现状部分应进行修测或补测;最后注记房产要素。

利用地籍图增补测绘成图是房产分幅图成图的方向。因为房产和地产是密不可分的,土地是房屋的载体,房屋依地而建,房屋所有权与土地使用权的主体应该一致,土地的使用范围和使用权限应根据房屋所有权和房屋状况来确定。从城市房地产管理上来说,应首先进行地籍调查和地籍测量,确定土地的权属、位置、面积等,而其利用状况、用途分类、分等定级和土地估价等又与土地上的房产有密切的关系,因此在地籍图测绘中也需要测绘宗地内的主要房屋。房产调查和房产测量是对该地产范围内的房屋作更细致的调查和测绘。在已确定土地权属的基础上,对宗地范围内的房屋的产权性质、面积数量和利用状况作分幢、分层、分户的细致调查、确权和测绘,以取得对城市房地产管理必不可少的基础资料。

图 17-6 为房产分幅图(局部)示例。图中 0.3mm 粗线为丘界线。0033、0034、0035⋯0047、0048、0049 等为丘号,其中第 0048 丘为组合丘,有丘支号 48-1、48-2⋯48-7。丘号下方的符号代表房屋用途。每一幢房屋中央的四位数字代码,例如第 33 丘(市轻工业局)下方房屋的"2308",第一位数字"2"代表房屋产别编号,即"单位自管公产";第二位数字"3"代表房屋的结构编号,即"钢筋混凝土结构";第三、四位数字"08"表示房屋的层数,即 8 层。房屋左下角括弧内数字"(2)"为幢号,即该房屋在本丘内编为第 2 幢。大门处的号码为门牌号,例如第 33 丘的门牌号为(人民南路)287 号。

图 17-6 房产分幅图示例

3.房产分丘图

房产分丘平面图是房产分幅图的局部明细图,是根据核发房屋所有权证和土地使用权证的需要,以门牌、户院、产别及其所占用土地的范围,分丘绘制而成。每丘为单独一张,它是作为权属依据的产权图,即作为权证上的附图,具有法律效力,是保护房地产产权人合法权益的凭证。

房产分丘图的坐标系统应与房产分幅图相一致。作图比例尺可根据每丘面积的大小,在 1:1000 ～ 1:100 之间选用,一般尽可能采用与分幅图相同的比例尺。图幅的大小可选用 32K、16K、8K、4K 等规格。

房产分丘图的内容除与分幅图的内容相同以外,还应标示出界址点与点号、界址边长、用地面积、房屋建筑的细节(挑廊、阳台等)、墙体归属、房屋边长、建筑面积、建成年份和四至关系等各项房产要素。

房产分丘图的测绘方法为利用已有的房产分幅图,结合房地产调查资料,按本丘范围展绘界址点,描绘房屋等地物,实地丈量界址边、房屋边等长度,修测、补测成图。

丈量界址边长和房屋边长时,用卷尺量取至 0.01m。不能直接丈量的界址边,也可由界址点坐标反算边长。丈量本丘与邻丘毗连墙体时,自有墙量至墙体外侧,借墙量至墙体内侧,共有墙以墙体中间为界,量至墙体厚度的一半处。窑洞使用范围量至洞壁内侧。挑廊、挑阳台、架空通道丈量时,以外围投影为准,并在图上用虚线表示。

房屋权界线与丘界线重合时,用丘界线表示;房屋轮廓线与房屋权界线重合时,用房属权界线表示。在描绘本丘的用地和房屋时,应适当绘出与邻丘相连处邻丘的地物。

图 17-7 为房产分丘图示例。图中绘出本丘用地的界址点,以"J"开头的数字为界址点号,

图 17-7　房产分丘图

每条界址边都注明边长。丘号下为本丘用地面积(单位:m²)。每幢房屋有6位数字代码,其中前4位与分幅图中的4位数字代码含义相同,第5、6位数为建筑年份。例如代码"230476",其中第一位数字"2"表示该房屋为"单位自管公产",第二位数字"3"表示建筑结构为"钢筋混凝土结构",第三、四位数字"04"表示该房屋的总层数为4层,第五、六位数字"76"表示该房屋建成于1976年。房屋代码下为本幢房屋的总建筑面积。每幢房屋均注明长宽。

4.房产分层分户图

房产分户图以一户产权人为单元,如果为多层房屋,分层分户地表示出房屋权属范围的细部,绘制成房产分层分户图,以满足核发产权证的需要。

房产分户图的比例尺一般采用1:200,当一户房屋的面积过小或过大时,比例尺可适当放大或缩小。分户图的方位应使房屋的主要边线与图廓边线平行,按房屋的朝向横放或竖放,并在适当位置加绘指北方向符号。分户图的幅面可选用32K或16K两种尺寸。

分户图应表示出房屋的权界线、四面墙体的归属,楼梯和走道等共有部位以及房屋坐落、幢号、所在层次、室号或产号、房屋建筑面积和房屋边长等。

分户图上房屋平面位置应参照分幅图中相对应的位置关系,按实地丈量的房屋边长绘制。房屋边长量取和注记至0.01m。边长应丈量两次取中数。不规则图形的房屋除丈量边长以外,还应加量构成三角形的对角线,对角线的条数等于不规则多边形的边数减3。按三角形的三边长度,就可以用距离交会法确定点位。房屋边长的描绘误差不应超过图上0.2mm。房屋的墙体归属分为自有墙、借墙和共有墙。

本户所在的坐落、幢号、层次、户(室)号标注在房屋图形上方。在一幢楼中,楼梯、走道等共有共用部位需在图上加简注。分户房屋权属面积包括共有共用部位分摊的面积。图17-8为房产分层分户图示例。

5.房屋建筑面积和用地面积量算

(1)房屋建筑面积量算

房屋建筑面积是指房屋外墙勒脚以上的外围水平面积,还包括阳台、走廊、室外楼梯等建筑面积。房屋建筑面积按计算规则可按其量算范围分为全计算、半计算和不计算三种。

单层房屋不分层高均算一层,按其外墙勒脚以上的外围水平面积计算。多层房屋的建筑面积按各层建筑面积的总和计算。穿过房屋的通道、房屋内的门厅、大厅不分层高均按一层计算面积。门厅、大厅内的回廊部分,按其投影计算面积。

房屋内的技术层、夹层,层高超过2.2m的按其上口外墙外围水平面积计算。房屋的地下室、半地下室,层高超过2.2m的按其上口外墙(不包括采光井、防潮层及其保护墙)外围水平面积计算。房屋的假层,按其高度超过2.2m部位的外围水平面积计算。依坡地建造的房屋,利用吊脚做架空层,有围护结构的,按其高度超过2.2m部位的外围水平面积计算。

突出房屋屋面,有围护结构的楼梯间、水箱间、电梯间等,按其围护结构外围水平面积计算。与房屋相连的柱廊,按其柱外围水平面积计算。封闭式阳台,按其外围投影面积计算。有柱或有围护结构的门廊,按其柱或围护结构外围投影面积计算。室外楼梯,按各层投影面积计算。

与房屋相连的檐廊、挑廊、架空通廊、凸阳台、只有独立柱的门廊等,按其投影面积的一半计算建筑面积。

丘号	0036-5	结构	混合	套内建筑面积（m²）	68.95
幢号	5	层数	15	共有分摊面积（m²）	7.86
户号	36	层次	10	产权面积（m²）	76.81
坐落	清河路 200 弄 3 号 1005 室				

图 17-8　房产分层分户图

层高在 2.2m 以下的技术层、夹层、地下室和半地下室，突出房屋墙面的构件、配件、艺术装饰如柱、垛、勒脚和台阶等不计算建筑面积。其他建筑物及构筑物，如亭、塔、地下人防设施以及车站码头的车棚、货棚、站台等也不计算建筑面积。

（2）房屋建筑面积的量算方法

房屋建筑的平面图形一般为简单的几何图形，例如矩形、梯形、三角形、圆形、扇形、弓形等，因此可以按丈量长度等数值用简单几何图形面积量算法计算面积。如果用解析法实测或用数字化仪量测出房屋角点的坐标，则可以用坐标解析法计算面积。此外，不论何种图形，包括不规则图形都可以在图纸上用求积仪量算出房屋建筑面积。

（3）商品住宅建筑面积计算法

随着住房制度改革的进展，住宅作为商品出售变得越来越普遍，商品住宅以每平方米建筑面积为单价，按所购的建筑面积计算房价。一幢楼房一般出售给许多购房人，有些建筑面积可以分割，而有些则难以分割。为了使购房人较为合理地负担房价，每套住宅的建筑面积可按下列公式计算：

一套住宅的总建筑面积 = 此套住宅的建筑面积 + 公用部分应分摊的面积

其中，此套住宅的建筑面积为此套住宅权属界线内的建筑面积；公用部分是指楼梯间、走廊、垃圾道等，其应分摊的面积一般可采用以下公式：

$$公用部分应分摊面积 = \frac{公用部分面积}{本幢楼各套住宅面积之和} \times 此套住宅的建筑面积$$

（4）用地面积量算

用地面积以丘为单位进行量算,包括房屋占地面积、院落面积、分摊共用院落面积、室外楼梯占地面积以及各项地类面积。

房屋占地面积是指房屋底层外墙(柱)外围水平面积,一般与底层房屋建筑面积相同。

本丘地总面积可按界址点坐标,用坐标解析法计算;其他地块面积可按实量距离用简单几何图形量算法,或在图纸上用求积仪法量算。

（5）共有共用面积分摊计算

共有共用面积的分摊计算包括共有共用建筑面积、房屋占地面积、共用院落面积的分摊计算。

以上面积如果有权属分割文件或协议的,应按其文件或协议规定计算。无权属分割文件或协议的,可按相关面积比例进行分摊计算。某户分摊面积 ΔP_i 按下式计算:

$$\Delta P_i = K \cdot P_i$$
$$K = \frac{\sum \Delta P_i}{\sum P_i} \tag{17-1}$$

式中: P_i ——某户参加摊算的面积;

$\sum P_i$ ——参加摊算各户的面积总和;

$\sum \Delta P_i$ ——需要分摊的面积;

K ——分摊系数。

思考题与习题

1.何谓地籍测量? 它包括哪些主要内容? 地籍调查的目的是什么?

2.地籍界址点的精度要求如何? 测定界址点有哪些常用的方法?

3.何谓地籍图? 地籍图应包括哪些主要内容?

4.简述我国现行的土地分类体系。

5.宗地图与宗地草图有哪些区别?

6.房产调查的目的和内容是什么?

7.房产图有哪几种? 各种图应包括哪些主要内容?

8.房屋建筑面积量算有哪些具体规定?

9.变更地籍调查与初始地籍调查有何区别?

第十八章 海洋测绘

第一节 海洋测绘概述

一、海洋测绘基本概念和特点

1. 海洋测绘的定义

一切海洋活动,无论是经济、军事还是科学研究,像海上交通、海洋地质调查和资源开发、海洋工程建设、海洋疆界勘定、海洋环境保护、海洋地壳和板块运动研究等,都需要海洋测绘提供不同种类的海洋地理信息要素、数据和基础图件。因此,可以说,海洋测绘在人类开发和利用海洋活动中扮演着"先头兵"的角色,是一项基础而又非常重要的工作。

海洋测绘是海洋测量和海图绘制的总称,其任务是对海洋及其邻近陆地和江河湖泊进行测量和调查,获取海洋基础地理信息,编制各种海图和航海资料,为航海、国防建设、海洋开发和海洋研究服务。

从广义的角度来讲,海洋测绘是一门对海洋表面及海底的形状和性质参数进行准确测定和描述的科学。海洋表面及海底的形状和性质是与大陆以及海水的特性和动力学有关的,这些参数包括:水深、地质、地球物理、潮汐、海流、波浪和其他一些海水的物理特性。同时,海洋测绘的工作空间是在汪洋大海之中(海面、海底或海水中),工作场所一般是设置在船舶上,而工作场所与海底之间又隔着一层特殊的介质——海水,况且海水还在不断地运动着,因此造成海洋测绘与陆地测绘之间虽有联系和相同之处,但却使海洋测绘具有明显的特殊性。

2. 海洋测绘研究对象

海洋测绘是测绘学的一个分支学科,它的对象是海洋。由于海洋是由各种要素组成的综合体,因此海洋测绘的对象可以分解成两大类:自然现象和人文现象。

自然现象是自然界客观存在的各种现象,如曲曲折折的海岸、起伏不平的海底、动荡不定的海水、风云多变的海洋上空,也就是海岸和海底地形、海洋水文和海洋气象。它们还可以分解成各种要素,如海岸和海底的地貌起伏形态、物质组成、地质构造、重力异常和地磁要素、礁石等天然地物,海水温度、盐度、密度、透明度、水色、波浪、海流,海空的气温、气压、风、云、降水,以及海洋资源状况等。

　　人文现象是指经过人工建设、人为设置或改造形成的现象,如岸边的港口设施(码头、船坞、防波堤等),海中的各种平台、航行标志(灯塔、灯船、浮标等),人为的各种沉物(沉船、水雷、飞机残骸等),捕鱼的网、栅,专门设置的港界、军事训练区、禁航区、行政界线(国界、省市界、领海线等),还有海洋生物养殖区。这些现象包含海洋地理学、海洋地质学、海洋水文学和海洋气象学等学科的内容。

　　海洋测绘不仅要获取和显示这些要素各自的位置、性质、形态,还包括它们之间的相互关系和发展变化,如航道和礁石、灯塔的关系,海港建设的进展,海流、水温的季节变化等。由于海洋区域与陆地区域自然现象的重要区别在于海洋区域分布着时刻运动着的水体,海洋测绘方法与陆地测绘方法有明显的差别。

　　3. 海洋测绘的特点

　　海洋测绘的对象是海洋,而海洋与陆地的最大差别是海底以上覆盖着一层动荡不定、深浅不同、所含各类生物和无机物质有很大区别的水体。由于这一水体的存在,海洋测绘在内容、仪器、方法上有明显不同于陆地测绘的特点,水体使目前海洋测绘只能在海面航行或在海空飞行中进行工作,而难以在水下活动。在海洋水域没有居民地,也没有固定的道路网,除浅海区外,也没有植被。因此海洋测绘的内容主要是探测海底地貌和礁石、沉船等地物,而没有陆地那样的水系、居民地、道路网、植被等要素。此外,海洋地貌也比陆地貌简单得多,地貌单元巨大,很少有人类活动的痕迹。但这并不是说海洋测绘比陆地测绘要简单容易,相反,海洋测绘在许多方面比陆地测绘要困难。

　　首先,水体具有吸收光线和在不同界面上产生光线折射及反射等特点,陆地测绘中常用的光学仪器在海洋测绘中使用很困难,航空摄影测量、卫星遥感测量只局限在海水透明度很好的浅海域。海洋测深主要使用声学仪器,超声波在海水中的传播速度随海水的物理性质,如海水盐度、温度和静水压力等的变化而不同,这就增加了海洋测深的困难。其次,由于水体的阻隔,肉眼难以通视海底,加上传统的回声测深只能沿测线测深,测线间则是测量的空白区。海底地形的详测需要进行加密或采用全覆盖的多波束测深系统,这会大大增加测绘时间和经费。

　　因此海洋测绘主要有以下特点:

　　(1)在海洋测量中船体的平面位置(平面坐标)和船体之下的深度(垂直坐标)是同步测定的,而陆地上所测定点的三维坐标是用不同的方法和仪器分别测定的。

　　(2)在海洋中设置控制点相当困难,即使是利用海岛或设置海底控制点,其相隔的距离也是相当远的。因此,在海洋测绘中测量的作用距离远比陆地上测量的作用距离长得多,一般在陆地中测量的作用距离为 5~30km,最大的也不超过 50km。但海上测量的作用距离一般为 50~500km,最长的达 1000km 以上。

　　(3)陆地上的测站点可以说是固定不动的。但海上的测站点是在不断地运动过程中测定的,因此测量工作往往采取连续观测的工作方式,并随时要将这些观测结果换算成点位,而在陆地测量中,则无此必要。由于海上测站点处在动态中,所以其观测精度也不如陆地上的观测精度高。

　　(4)由于作用距离的差别,陆地和海洋测量时所使用的传播信号也是不同的。在陆地测量中一般必须使用电磁波信号,且其传播速度不能简单地作匀速处理;而在海水中,则应采用声波作信号源,且声速受到海水温度、盐度和深度的影响。

(5)陆地上测定的是高程,即某点高出大地水准面多少,而在海上测定的是海底某点低于大地水准面(可以近似地把海水面当作大地水准面)多少。但由于海水面经常受到潮汐、海流和温度的影响,因此所测定的水深也受到这些因素的影响。为了提高测深精度,有必要对这些因素进行研究,并对水深的观测结果进行修正。

(6)关于重复观测,陆地上的观测点往往通过多次重复测量,得到一组观测值,经平差后可得该组观测值的最或然值。但在海上,测量工作必须在不断运动着的海面上进行,因此就某点而言,无法进行重复观测。为了提高海洋测量的精度,往往在一条船上,采用不同的仪器系统,或同一仪器系统的多台仪器进行测量,从而产生多余观测,进行平差后提高精度。另外,整个海洋测量工作是在动态的情况下进行的,所以必须把观测的时间当作另一维坐标来考虑,或者用同步观测的办法把它消去。

(7)采用的技术手段更加先进。主要表现为在继承传统测绘方法和手段的基础上,更加突出现代"立体"海洋测绘的概念,即卫星定位技术、卫星遥感技术、机载激光测深技术、多波束测量技术、高精度测深侧扫声呐技术和基于 AUV/ROV 等水下载体的水下测绘技术和手段。

对以上海洋测量工作特点的了解,是人们顺利地进行海洋测量工作和继续深入研究的前提。

4.海洋测绘的精度要求

在海洋测绘的各项工作中,定位测量是它们的基础,因为其他一切观测值,只有与观测点的平面坐标联系起来考虑,才有实际价值。所以在讨论海洋测绘的精度要求时,主要考虑定位的精度要求。

通常是采用两种精度指标来衡量定位精度的,其一是相对精度(也称实测精度),它是一种内部符合精度,指的是同一个点进行复原的可能程度。而绝对精度(也称点位精度)指的是外部精度,其定义为确定的点相对于某一参考点或某一坐标系的可靠性。

各种学科对海洋测量提出的精度要求参见表18-1。该表中所列的数据是卡尔·林纳根据穆雷德和富巴雷德的统计得出,于1975 年在委内瑞拉所举行的第一次专业会议上提出来的。在这些数字中,应引起注意的是,对于测定海底扩张(即近期地壳运动)提出了三维坐标精度均应达到 ±0.1m,而大地水准面在高程方面的测定精度也应达到 ±0.1m,控制点的三维坐标均应达到 ±1m 的高精度要求。随着现代测量技术的发展,现有的技术完全可以满足这些精度要求。

各类海洋测量点位精度要求　　　　　　　　　　　　　　　　　表 18-1

测量作用	测量精度(m)			点位精度(m)		
	± N	± E	± H	± N	± E	± H
控制点	1	1	1	10	10	5
实验网点	1	1	0.3	10	10	5
重力等位面	10	10	1	10	10	5
大地水准面	—	—	0.1	—	—	0.5

续上表

测量作用	测量精度（m）			点位精度（m）		
	±N	±E	±H	±N	±E	±H
平均海水面	—	—	—	50～100	50～100	0.1
固定站浮标	10	10	10	10	10	10
漂移浮标	50～100	50～100	—	50～100	50～100	—
海底扩张	0.1	0.1	0.1	—	—	—
冰盖运动	1～5	1～5	—	—	—	—
探测、救护、打捞	1～10	1～10	—	20～100	20～100	—
地球物理测量	10～100	10～100	5	—	—	—
钻探	1～5	1～5	1～5	—	—	—
管线和电线敷设	1～10	1～10	—	—	—	—
疏浚	2～10	2～10	—	—	—	—
跟踪站	—	—	—	10	10	10

二、海洋测绘的任务和内容

由于海洋测绘的工作领域相当广阔，而服务的对象随着海洋开发事业的发展也日益增多，因此根据海洋测绘工作的不同目的和不同工作内容来讨论海洋测绘的分类问题。

1. 海洋测绘的任务

根据海洋测绘不同的工作目的，可把海洋测绘任务划分为科学性任务和实用性任务两大类。

（1）科学性任务

这一任务包括三大部分内容，一是为研究地球形状提供更多的数据资料。为此，要连续不断地测定海洋表面形态的变动情况，并进行分析研究，从而推断出和大地水准面的差距（海面地形）；同时还要在广阔的海洋领域中进行重力场的测定工作，为研究地球形状和空间重力场结构提供广泛的、精确的观测数据。二是为研究海底地质的构造运动提供必要的资料。为此，要对海底地质构造的重点地段进行连续观测，以探明海底地壳运动的规律，同时为海洋地质工作者提供海底宏观的地形和地貌特征，以及在海洋地质调查时提供测绘保障。三是为海洋环境研究工作提供测绘保障。人类为了进一步了解海洋，进而向海洋进军，开发利用海洋，就要在海洋中进行大量的调查研究工作，如对海洋气候、海洋地质、海洋资源、海潮、海流以及海水的特性等进行的调查研究。所有这些工作都要凭借船舶提供工作场所，为了标明所有取样的地点，就必须知道船舶的位置，也就是说，所有取样点的三维坐标是由海洋测绘工作者提供的。

（2）实用性任务

关于海洋测绘的实用性任务，主要指的是对各种不同的海洋开发工程，提供它们所需要的海洋测绘服务工作。也可以把这部分任务称为海洋工程测绘。它们的服务对象主要有：海洋自然资源的勘探和离岸工程（也称近海工程）；航运、救援与航道；近岸工程（包括路上和水中）；渔业捕捞；其他海底工程（包括海底电缆、管道工程等）；海上划界和海域使用权管理等。

2. 海洋测绘的内容

根据不同的工作内容,可将海洋测绘分成物理海洋测绘和几何海洋测绘两类9种,如图 18-1 所示。物理海洋测绘测定海洋表面的地球引力场和磁场等物理要素,以海洋重力测量为主;几何海洋测绘测定海洋表面、海底及其相邻海岸的几何形状,以水深测量为主。在图 18-1 中,为完成某种特定任务所要进行什么样的海洋测量工作用箭头联系起来表示。例如,自然资源勘探需要进行 7 种不同内容的海洋测绘工作,就在箭头上标注"⑦"字,同样,方框阴影也表示某种海洋测绘工作可为哪些特定任务服务,如定位测量就可为 9 种不同的任务服务。从这些方框阴影中可以看出"定位"和"测深"是所有各种工作中使用最多的两种。海洋地理信息系统是数据管理工具,各项海洋测量工作都需要。在这里就每一种海洋测量工作的主要内容介绍如下。

图 18-1 海洋测绘的任务和主要内容

（1）海洋重力测量

对于研究地球形状、进行地球物理勘探，以及对于海底地壳的状态和运动情况的科学研究来说，重力资源是一个很重要的基础资料。为此，必须进行海洋重力测量，即在海上测量重力加速度的工作。海洋重力测量的目的在于研究地球的形状和内部构造、勘测海洋矿产资源和为保证远程导弹发射提供海洋重力数据。

海洋重力测量可分为海底重力测量、航海重力测量和卫星重力测量。海底重力测量，是将重力仪器用沉箱沉于海底，用遥控及遥测方法进行的测量。海底重力测量多用于浅海，其测量方法和所用仪器与陆地重力测量基本相同，但测量的精度比较高。海底重力测量必须解决遥控、遥测以及自动水平等一系列复杂问题，且速度很慢，所以，目前大量进行的是航海重力测量和卫星重力测量。航海重力测量是将仪器安置在舰船或潜水艇内进行的海洋重力测量。

（2）海洋磁力测量

地磁是地球的一个重要物理特性，海洋磁力测量是测定海上地磁要素的工作，是研究地球物理现象、海洋资源勘探以及海底宏观地质构造的有力手段之一。海洋磁力测量是应用质子磁力仪在海上进行的，这是为了避免船体磁性的影响，常常是从船尾向后延伸100～200m的电缆在离开船体的情况下测量的。海洋磁力测量的主要目的在于寻找与石油、天然气有关的地质构造和研究海底的大地构造。此外，在海洋工程应用中，为查明施工障碍和危险物体，如沉船、管线、水雷等，也常进行磁力测量以发现磁性体。

（3）海水面测定

海水面的测定包括海面形态和平均海平面的测定。前者对海洋测量和海洋科学的研究有着重要意义，而后者却对大地测量有着重要的意义，因为平均海水面的形状，就是地球等位面的形状，一般称为大地水准面。潮汐、风浪会影响海面的形状，如果把这些影响都消除的话，那么就可以认为海水表面是一个假设表面。

理论上，大地水准面和海面形态的假设面之间并不重合，在高程方面的差异可达2m左右，这将使沿海岸线进行的几何水平测量结果与长年观测的平均水位读数有所不同。同时，因为各国的测量高程系统是根据水位读数而得到的，所以在这些系统联系和组合时，就会产生变换问题。

根据海洋学建立的理论，如果海水密度含盐量和海流已知，就能计算出大地水准面和海面形态的假设面之间的高差，然而实际结果同这些理论并不完全相同，如果这些高差已知，就可以由海面形态确定大地水准面，反之亦然。在当今的测量技术条件下，以全国来考虑这两个面之间的差异是不大的，可以忽略不计。这样，海面形态就可当作是大地水准面的一个良好近似，当然反过来说也行。

传统的验潮站办法也能测定海洋沿岸几个点的水位情况，而对整个海面形状的测定只有借助于卫星测高这一手段才能按所需要的精度加以测定。

（4）大地控制和海底控制测量

在沿岸和一些岛屿上安设必要的控制点，是建立海洋大地控制网的一个重要的组成部分，而这些沿岸的控制点可以在国家控制网中选取或联测，但一些岛屿上的点大部分应以卫星测量的方法来进行测定。即使这样，由于整个海域无限广阔，为了控制点具有一定的密度,就不得不在海底设置控制点。由于这些控制点是设置于海底,它们被海水所包围,无法使用光波和电波,所以一般使用 3 个或 4 个一组的应答器通过声学测距的方法来建立海底控制。但这一工作技术复杂、费用高昂,因此一些国家在每隔 5°经、纬度处才布设一点。随着现在定位技术的发展,海底控制点的间隔可进一步缩小。

（5）定位

精确地确定海洋表面、海水中和海底各种标志的位置称为海洋定位。定位必须预先建立控制点。控制点可以设置在海岸或利用卫星,也可以设置在海底。在海洋对航行中的船舶进行定位,是具有极大的普遍性和重要性的。另外船舶的定位也可运用惯性系统进行,而对近岸船只也可根据岸上控制点用交会的方法进行定位,但用途最广的是卫星定位系统。

（6）测深

在船体上进行海底地形测量,主要问题是如何测出水体的深度。目前根据海水的物理特性,一般采用从船上发射声波,使其传递到海底再反射回来,在船上接收,以获得测量成果,这种仪器称为回声探测仪。它可以每秒测深数次,这样在船的航行过程中可以测出航线下海底地形剖面。为了提高航线的经济效益,有时也采用多波束数探测系统。

目前,在浅水海域中还用航空摄影测量的方法测定水深和用机载激光系统测定水深及卫星水深测量,其中航空摄影测量虽具有对测区 100% 的覆盖、减少了经费、节省了时间和沿海水域同陆地可以连接等优点,但由于摄影光束对水的穿透能力有限,该方法目前仅限于深度小于 3m 的沿海浑浊水域,以及深度小于 25m 的清澈水域,其精度为 0.4m。机载激光系统仍然是一种光学方法,也受到对水的穿透能力的限制,它目前可测深度最大为 50m,目前我国有关单位已在渤海地区进行这一系统的试验工作。

（7）海底地形测量以及地貌、底质探测

海底地形测量是测量海底起伏形态和地物的工作,是陆地地形测量在海域的延伸。按照测量区域分为海岸带、大陆架和大洋三种海底地形测量。特点是测量内容多,精度要求高,显示海底、地物、地貌详细。测量内容包括海底地貌、各种水下工程建筑、底质、沉积物厚度、沉船等人为障碍物、海洋生物分布区界和水文要素等。通常对海域进行全覆盖探测,确保详细测定测图比例尺所能显示的各种地物及微地貌,是为从事各种海上活动提供重要资料的海域基本测量。水下地形地貌测量已经发展为空间、海面以及水下的立体测量。

海底底质探测是对海底表面及浅层沉积物性质进行的测量。探测工作是使用专门的底质取样器具进行的,可以由挖泥机、蚌式取样机、底质取样管等实施。它们可在船只航行和停泊时采集海底不同深度的底质,也能采集大块碎屑沉积物、坚硬的岩石、液态底质等。目前,浅地层剖面仪已广泛地应用于该领域。

（8）海图编制

海图是以海洋及其毗邻的陆地为描绘对象的地图,其描绘对象的主题是海洋,海图的主要要素为海岸、海底地貌、航行障碍物、助航标志、水文及各种界线。海图还包括为各种不同要素绘制的专题海图。海图是海洋区域的空间模型,海洋信息的载体和传输工具,是海洋地理环境特点的分析依据,在海洋开发和海洋科学研究等各个领域都有着重要的使用价值。

海图是通过海图编制完成的。海图编制是设计和制造海图、出版原图的基础工作,作业过程通常分为编辑准备、原图编绘和出版准备三个阶段。

编辑准备阶段是根据任务和要求确定制图区域的范围、数学基础;确定图的分幅、编号和图幅配置;研究制图区域的地理特点;分析、选择制图资料;确定海图的内容、选择指标与综合原则、表示方法;确定为原图编辑和出版准备工作的技术性指导文件。

原图编绘阶段是根据任务和编辑文件进行具体制作新图的过程,是海图制作的核心,主要包括:数字基础的展会;制图资料的加工处理;当基本资料比例尺与编绘原图比例尺相差较大时,需作中间原图,资料负责及转绘;各要素按综合原则、方法和指标进行内容的取舍和图形的概括(综合),并按照规定图例符号和色彩进行编绘;处理各种图面问题,包括资料拼接,与邻图接边、接幅、图面配置等。编绘方法按照海图内容的繁简、制图技术、设备条件而选定,有编稿法、连编带绘法、计算机编绘法等。为保证原图的质量,在正式编绘前作试编原图或草图。运用传统方法进行图形编绘后还需作清绘或刻绘原图的工作,及出版前的准备工作。

出版准备阶段的主要工作有:将编绘原图复制加工成符合图式、规范、编图作业方案和印刷要求的出版原图;制作供制板、印刷参考的分色样图和试印样图。随着制图技术的进步,原图编绘和出版准备工作可在电子计算机制图系统上完成。

(9)海洋地理信息系统(MGIS)

地理信息系统(Geographic Information System,GIS)在20世纪80~90年代得到迅速发展和广泛运用。就地球科学而言,GIS是空间信息处理、分析、管理和显示的一种强有力的手段,这个手段已在陆地制图、城市及企业管理、建立空间数据分析模型等方面得到广泛应用。近年来,由于全球环境变化研究及海洋资源与环境管理的需求,海量的海洋数据综合分析和管理促使海洋信息系统(Marine GIS,MGIS)学科兴起。

MGIS的研究对象包括海底、水体、海表面、大气及沿海人类活动5个层面,其数据标准、格式、精度、采样密度、分辨率及定位精度均有别于陆地。在发展MGIS过程中,对计算机应用软件的特殊需求为:能适应建立有效的数字化海洋空间数据库;使众多海洋资料能方便地转化为数字化海图;在海洋环境分析中可视化程度较高,除2-D、3-D功能以外,还能通过4-D系统分析环境的时空变化和分布规律;能扩展海洋渔业应用系统和生物学与生态系统模拟;能增强水下和海底的探测能力,能改进对海洋环境综合分析的效果;能作为海洋产业建设和其他海事活动辅助决策的工具。

一般GIS处理分析的对象大多是空间状态或有限时刻的空间状态的比较,而MGIS主要强调对时空过程的分析和处理,这是MGIS区别于一般GIS的最大特点。

三、海洋测绘学与其他学科的关系

海洋测绘学与其他学科的关系,可以从两个方面来考虑,一是要求海洋测绘为其服务,并促使海洋测绘进一步发展的学科,与这些学科的关系可称为间接关系;二是为了发展海洋测绘技术,必须向某些科学进行理论借鉴、技术引进,与这些学科的关系称为直接关系。如图18-2所示,仅表示与海洋测绘有直接关系的学科。

从图18-2可以得出以下一般性观点:

(1)海洋测绘与陆地测绘是有密切关系的,但是它又要根据海上工作条件的特点,对相关陆地测绘理论和方法进行创造性地运用,尤其是海洋测绘所用的仪器设备与陆地测绘的有明显的差别,因此形成了具有显著特色的海洋测绘工作。

(2)现代海洋测绘技术的基础是无线电电子学和计算机科学。

(3)由于海洋测绘的工作场所是在船上,因此航海技术和导航技术已成为海洋测绘工作中一个不可缺少的组成部分。

(4)随着卫星技术的发展以及在海洋领域的广泛应用,海洋遥感学也成为目前研究的一个热门领域,与之相关的学科是航空航天学、遥感技术及摄影测量学。

(5)海洋测绘工作所处的空间是在广阔的海洋上,因此每一个海洋测绘工作者必须掌握相关的海洋学知识。另外,海洋测绘的一项重要任务是测绘海底地形图和配合海底矿产资源勘探进行测绘工作,为此必须对地质学有所了解,因为它是解释海底地貌运动的基础。

图 18-2　海洋测绘学与其他学科的关系

第二节　海洋定位测量

一、海洋定位概述

海洋定位测量是海洋测量中最基本的工作,一般包括海上定位测量和水下定位测量两部分。

海洋定位可根据离岸远近而采用不同的方法,目前常用的定位方法有以下 5 种。

(1)光学定位:经纬仪、六分仪、全站仪等。

(2)无线电定位:电磁波测距仪、双曲线方式定位、圆-圆方式定位。

(3)水声定位:水下声标和接收基阵组成的水声定位系统。

(4)卫星导航定位:北斗卫星导航系统、GPS 系统、GLONASS 系统、GALILEO 系统、IN-MARSAT 系统等。

(5)组合(导航)定位:如 MX-200 组合导航系统、GIN 导航系统、GPS/GLONASS 多星接收机。

现代海上交通运输、海洋资源调查勘测、海洋工程建设、海洋科学研究等需要更精确的测量成果。水声定位系统和卫星定位系统,尤其是全球定位系统在海洋测量中的应用,使海洋定位测量工作变得简便易行。目前,除在沿岸(<10km)区域的一些测量有时仍利用光学

定位(特别是全站仪)进行定位外,无线电定位已基本失去了使用空间。随着定位精度和自动化程度的提高,卫星导航定位技术已经取代光学定位和无线电定位成为海洋定位的主要手段。本节重点介绍卫星导航定位和水声定位技术。

二、卫星导航定位

1.卫星导航定位系统的组成

一个典型的水深测量导航定位系统(图18-3),包括 GPS 接收机、安装有导航定位软件的计算机、导航显示器、操作员使用的显示终端以及与测深仪连接的数据通信电缆,有时,还需要一个专门的同步定标器。同步定标器的目的是控制测深仪的定标时间与 GPS 的定位取样时间保持一致。

图 18-3　导航定位系统组成

导航定位软件应具有数据采集、质量控制以及界面友好的导航定位信息显示等功能。导航定位信息显示(图18-4)应包括:测线和测量船的位置,导航信息与数据采集信息,以及供船驾驶的航向和偏航显示等。

图 18-4　导航定位系统显示界面示例

2.定位系统

除少数对定位精度要求较低的情况外,大部分必须采用差分定位的方式才能满足定位精度的要求。根据不同的精度要求和覆盖区域,目前,常用的 GPS 定位方式有 5 种。

(1)单点 GPS 定位

单点 GPS 定位就是采用一台 GPS 接收机,以测码伪距为观测量,根据单点定位的原理,确定测量船水深测量瞬时的位置(图18-5)。其定位的精度,取决于应用的测距码。当采用

P 码时,单点定位的精度为 5~10m;当采用 C/A 码(S 码)时,定位精度为 20~50m。根据对定位精度的要求,当测量比例尺小于 1:5 万时,由于定位精度要求低,因此,采用单点 GPS 定位的方式可以满足定位工作的需要。但是,在实际的海洋工程测量应用中,多数情况下,测图比例尺大于 1:5 万,仍需采用差分 GPS 以提高定位的精度。

图 18-5　单点 GPS 定位

（2）DGPS 定位

DGPS 定位即差分 GPS（Differential GPS）定位。差分 GPS 系统主要由基准台（也称基准站）的 GPS 接收机、数据处理与传输设备以及移动台 GPS 接收机组成,见图 18-6。与单点 GPS 定位不同,DGPS 定位需要在一个坐标已知点上设立 GPS 接收机作为基准站,并和测量船上的 GPS 接收机（移动台）同步观测不少于 4 颗的同一组卫星,求得该时刻的差分改正数,根据差分模式的不同,这些改正数可以是位置差分、伪距差分、相位平滑伪距差分、相位差分或者是它们的组合。通过通信数据链把这些改正数实时播发给测量船上的移动台或者事后传送给移动台,前者称为实时差分定位,后者称为后处理差分定位。移动台用所接收到的差分改正数对其 GPS 定位数据进行修正,进而获得精确的定位结果。

基准站

图 18-6　DGPS 定位

（3）LADGPS 定位

为了扩大差分导航定位系统的覆盖范围,在较大的区域内实现精密导航定位,可以通过布设多个基准站,以构成基准站网,形成一个区域性差分 GPS 导航定位系统,称为 LADGPS（Local Area DGPS）。其中,RBN-DGPS 就是一个典型的 LADGPS。RBN-DGPS 是无线电信标差分（Radio Beacon Differential）GPS 定位系统的简称。该系统是利用无线电信标台站向移动台播发差分改正信息,移动台用此信息对其接收的 GPS 定位信息进行实时修正,以确定其精确位置。目前,由交通运输部在我国沿海建立 RBN-DGPS 定位系统,可以覆盖我国近岸向海约 400km、向陆约 100km 的范围,定位精度为 2 ~ 5m,取决于移动台与信标台站的距离和信标台站所提供修正量的精度,见图 18-7。该系统信号完全免费,使用方便,是近海和河口地区水下地形测量用户最常用的一个差分 GPS 定位系统。

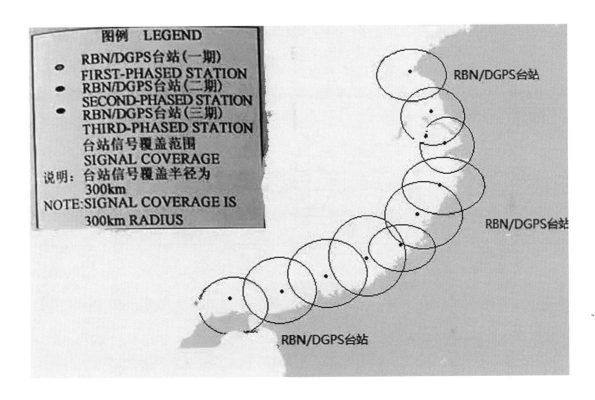

图 18-7　中国沿海 RBN-DGPS 台站位置及信号覆盖示意图

(4)广域差分 WADGPS 定位

差分 GPS 的定位精度随移动台与基准站之间距离的增加而降低,即使是多基准站的 LADGPS 系统,虽然在其覆盖范围内,定位精度比较均匀,但在覆盖区域的外围,系统也难保证更高定位精度要求的测量工作。因此,在远离 LADGPS 基准站的远海海域或广大内陆区域,为了获得高精度的导航定位,发展出来一种覆盖范围更广的差分 GPS 定位系统,即广域差分 GPS(Wide Area Differential GPS)精密定位系统。该系统主要由监测站、主站、数据链和用户设备组成。一般的差分 GPS 提供给用户的是一组伪距或坐标修正量,而广域差分 GPS 提供给用户的修正量是每颗可见 GPS 卫星的卫星星历和时钟偏差修正量,以及电离层延迟参数,这是 WADGPS 与一般的 DGPS 和 LADGPS 的基本区别。在 WADGPS 网覆盖的区域内,修正量的精度比较均匀,可达亚米级或更高的定位精度。

(5)GPS RTK 定位

GPS RTK 定位是一种高精度实时动态载波相位差分定位技术,由基准台、移动台及 RTK

差分数据链组成。移动台无需在已知点上做初始化，而直接在动态环境下确定整周模糊度，实时接收 GPS 定位信息，并按基准台发送的 RTK 差分改正数进行修正，获得厘米级精度的三维坐标。GPS RTK 定位技术的作用距离较近，通常只有 $10 \sim 20 \text{km}$。

利用 GPS RTK 定位技术可实现无水位观测的水下地形测量。如图 18-8 所示，h 为 GPS 天线到吃水线的高度，Z_0 为测深仪换能器设定吃水，Z 为测量的水深值。Z_p 为绘图水深，H 为 RTK 测得的相对深度基准面的高程。则

$$Z_p = Z + Z_0 - (H - h) \tag{18-1}$$

式中：$H - h$——瞬时水面至深度基准面的高度，即水位值。

当水面由于潮水或者波浪升高时，H 增大，相应地，Z 也增加相同的值，根据式（18-1），Z_p 将不变。因此从理论上讲，GPS RTK 无验潮测深将消除波浪和潮位的影响，是一种较好的水深测量方法。

图 18-8　GPS RTK 无水位观测模式水深测量原理示意图

3. 数据获取与质量控制

在使用 GPS 进行导航定位工作时，须采取下列措施，以保证导航定位的质量：

（1）出测前应在已知点上对 GPS 接收机做检校和比对测量。比对时应将各项技术参数设置在与实际测深时相同的状态，比测时间一般在 0.5h 以上。利用下式对比测结果的定位中误差进行估算：

$$M_p = \pm \sqrt{\frac{\sum_{i=1}^{n}(X_{p0} - X_{pi})^2 + \sum_{i=1}^{n}(Y_{p0} - Y_{pi})^2}{n - 1}} \tag{18-2}$$

式中：M_p——定位观测中误差；

　　　n——比对观测值个数；

X_{p0}、Y_{p0}——已知点坐标值；

X_{pi}、Y_{pi}——比对观测坐标值。

（2）当采用自设基准站 DGPS 或 RTK-DGPS 定位时，基准站应选在视野开阔、视场障碍物仰角小于 $10°$、尽可能避开强磁和电信号干扰的物体和区域。当差分改正数的龄期大于 30s 时，应停止作业，直到查明原因恢复信号正常。

（3）用 GPS 定位测量的坐标值应转换为工程项目要求的坐标值。在获取定位数据时，通常采用等时或等距的方式与测深数据同步采集。当采用等距方式进行采集定位数据时，采集的定位数据密度视测图比例尺和项目的要求而定，一般为图上 $1 \sim 2 \text{cm}$。采用多波束测量时，定

位数据的采集密度与多波束系统的发射更新率有关,大部分系统要求 1 次/s。此外,遇到下列情况时,应及时定位:进出一条测线时;发现特殊水深;改变航向和其他突发的情况时。

三、水下声学定位

1. 水下声学定位原理

水下声学定位是在水底设置若干水下声标,首先利用一定的方法测定这些水下声标的相对位置,然后在测量确定船只相对陆上大地测量控制网位置的同时,确定船只相对水下声标的位置(图18-9)。这样同步测量的处理结果,可完成水下声标控制点相对陆上统一坐标系的联测工作。然后,当一个待定船位的测量船,通过发射设备向水中发射声脉冲询问信号时,水下声标接受该信号并发回应答信号(也可由水下声标主动发射信号),应答信号被测量船接收并经计算机处理,可以得到测量船的定位结果。

水声定位系统通常有测距和测向两种定位方式。

(1)测距定位方式:水声测距定位原理如图18-10所示。它由船只发射机通过安置于船底的换能器 M 向水下应答器 P(位置已知)发射声脉冲信号(询问信号),应答器接受该信号后即发回一个应答声脉冲信号。船只接收机记录发射询问信号和接收机应答信号的时间间隔,通过式(18-3)即可算出船至水下应答器之间的距离。

$$S = \frac{1}{2}Ct \qquad (18\text{-}3)$$

由于应答器的深度 Z 已知,于是,船台至应答器之间的水平距离 D 可按下式求出:

$$D = \sqrt{S^2 - Z^2} \qquad (18\text{-}4)$$

当有两个水下应答器,则可获得两条距离,以双圆方式交会出船位。若对三个以上水下应答器进行测距,可采用最小二乘法求出船位的平差值。

图 18-9　水下声学定位原理

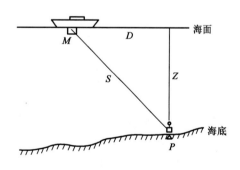

图 18-10　水声测距定位原理

(2)测向定位方式:测向定位方式工作原理如图18-11所示,船台上除安置换能器以外,还在船的两侧各安置一个水听器,即 a 和 b,P 为水下应答器。设 PM 方向与水听器 a、b 连线的夹角为 θ,a、b 之间的距离为 d,且 aM = bM = d/2。

首先换能器 M 发射询问信号,水下应答器 P 接收后,发射应答信号,水听器 a、b 和换能器 M 均可接收到应答信号,由于 a、b 间距离与 P、M 间距离相比甚小,故可视发射和接收的信号方向相互平行。但由于 a、M、b 距 P 的距离并不相等,若以 M 为中心,显然 a 收到的信号相比 M 的要超前,而 b 接收的信号相比 M 的要滞后。设 Δt 和 $\Delta t'$ 分别为 a 和 b 相位超前和滞后的时延,由图 18-11 可知,a、b 接收信号的相位分别为:

$$\left.\begin{array}{l} \varphi_a = \omega\Delta t = -\dfrac{\pi d\cos\theta}{\lambda} \\[2mm] \varphi_b = \omega\Delta t' = \dfrac{\pi d\cos\theta}{\lambda} \end{array}\right\} \qquad (18\text{-}5)$$

于是水听器 a 和 b 的相位差为:

$$\Delta\varphi = \varphi_b - \varphi_a = \frac{2\pi a\cos\theta}{\lambda} \qquad (18\text{-}6)$$

显然当 $\theta = 90°$ 时,a 和 b 的相位差为 0,这只有船首线在 P 的正上方才行。所以只要在航行中使水听器 a 和 b 接收到的信号相位差为 0,就能引导船至水下应答器的正上方。这种定位方式在海底控制点(网)的布设以及诸如钻井平台的复位等作业中经常用到。

图 18-11　测向方向的工作原理

2. 水声定位系统

水声定位系统通常包括船台设备和水下设备。船台设备包括一台具有发射、接收和测距功能的控制、显示设备和置于船底或船后"拖鱼"内的换能器以及水听器阵。水下设备主要是声学应答器基阵。所谓基阵是固设于海底的位置已准确测定的一组应答器阵列。

下面分别介绍系统中的这些水声设备:

换能器:是一种声电转换器,能根据需要使声振荡和电振荡相互转换,为发射(或接收)信号服务,起着水声天线的作用。最常使用的是磁致伸缩换能器和电致伸缩换能器。磁致伸缩换能器的基本原理是当绕有线圈的镍棒(通电)在交变磁场作用下会产生形变或振动而产生声波,电能转换成声能;而磁化了的镍棒在声波作用下产生振动,从而使棒内的磁场也相应变化而产生电振荡,声能转变为电能。

水听器:本身不发射声信号,只能接收声信号。通过换能器将接收的声信号转变成电信号,输入船台或岸台的接收机中。

应答器:既能接收声信号,而且还能发射不同于所接收声信号频率的应答信号,是水声定位系统的主要水下设备,它也能作为海底控制点的照准标志(即水声声标)。

水声定位系统可采取许多不同的工作方式进行工作,如直接工作方式、中继工作方式、长基线工作方式、拖鱼工作方式、短基线工作方式、超短基线工作方式和双短基线工作方式等。不同的水声定位系统可以具有其中一种或多种工作方式。这里仅简单介绍三种最基本定位系统:长基线定位系统(LBS)、短基线定位系统(SBS)和超短基线系统(ESBS)。所谓长基线、短基线,通常用声基线的距离或激发的声学单元的距离来对声学定位系统进行分类。在短基线定位系统的基础上,进一步缩短水听器阵列的距离,则形成超短基线定位系统。各水声定位系统声基线的长度见表18-2。

水下声学定位系统　　　　表18-2

分　　类	声基线长度	分　　类	声基线长度
超短基线 ESBS	<10cm	长基线 LBL	100~6000m
短基线 SBL	20~50m		

（1）长基线声学定位系统

长基线系统包含两个部分,一部分是安装在船只上的收发器(transducer);另一部分是一系列已知位置的固定在海底上的声标或应答器,由这些应答器之间的距离构成基线。由于基线长度在百米到几千米之间,相对超短基线和短基线,该系统被称为长基线系统。长基线声学定位系统是通过测量收发器和应答器之间的距离,采用测量中的前方或后方交会对目标实施定位,所以系统与深度无关,也不必安装姿态和电罗经设备,如图18-12所示。实际工作时,它既可利用一个应答器进行定位,也可同时利用两个、三个或更多应答器来进行测距定位。

图18-12　长基线测距定位方式

现以三个声标为例介绍该种定位方式的计算方法。设(x_i, y_i, z_i)为水下声标的坐标,(x_p, y_p, z_p)为测量船的坐标,S_i为测量船至水下声标的斜距。其测量方程为:

$$\left.\begin{aligned}
S_1^2 &= (x_p - x_1)^2 + (y_p - y_1)^2 + (z_p - z_1)^2 \\
S_2^2 &= (x_p - x_2)^2 + (y_p - y_2)^2 + (z_p - z_2)^2 \\
S_3^2 &= (x_p - x_3)^2 + (y_p - y_3)^2 + (z_p - z_3)^2
\end{aligned}\right\} \quad (18\text{-}7)$$

设:

$$n_i = x_i^2 + y_i^2 + z_i^2 - S_i^2 - 2z_i z_p$$

则有:

$$\left.\begin{aligned}
x_p &= \frac{n_1(y_3 - y_2) + n_2(y_1 - y_3) + n_3(y_2 - y_1)}{2[x_1(y_3 - y_2) + x_2(y_1 - y_3) + x_3(y_2 - y_1)]} \\
y_p &= \frac{n_1(x_3 - x_2) + n_2(x_1 - x_3) + n_3(x_2 - x_1)}{2[y_1(x_3 - x_2) + y_2(x_1 - x_3) + y_3(x_2 - x_1)]}
\end{aligned}\right\} \quad (18\text{-}8)$$

长基线系统的优点是独立于水深值,由于存在较多的多余观测值,因而可以得到非常高的相对定位精度。此外,长基线定位系统的换能器非常小,实际作业中,易于安装和拆卸。长基线系统的缺点是系统过于复杂,操作烦琐。布设数量巨大的声基阵需要较长的布设和回收时间,并且需要对这些海底声基阵进行详细的校准测量。另外,长基线定位系统设备比较昂贵。

(2)短基线声学定位系统

该系统的水下部分仅需要一个水声声标或应答器,而船上部分是安置于船底部的一个水听器基阵。换能器之间的相互关系精确测定,并组成声基阵坐标系。基阵坐标系与船坐标系的相互关系由常规测量方法确定。短基线系统的测量方式是由一个换能器发射,所有换能器接收,得到一个斜距观测值和不同于这个观测值的多个斜距值。系统根据基阵相对船坐标系的固定关系,结合外部传感器观测值,如 GPS、动态传感器单元 MRU、罗经 Gyro 提供的船位、姿态和船首向值,计算得到海底点的大地坐标。系统的工作方式是距离测量。

短基线工作原理如图 18-13 所示。图中 H_1、H_2 和 H_3 为水听器,O 为换能器(它也是船体空间直角坐标系的中心),水听器呈正交布设,H_1 和 H_2 之间的基线长度为 b_x,指向船首,即 X 轴方向。H_2 和 H_3 的基线长度为 b_y,平行于指向船右的 Y 轴,Z 轴指向海底。设声线与三个坐标轴之间的夹角分别为 θ_{mx}、θ_{my} 和 θ_{mz},而 Δt_1 和 Δt_2 分别为 H_1 和 H_2 以及 H_2 和 H_3 接收的声信号的时间差。短基线定位的几何意义如图 18-14 所示。

图 18-13　短基线的配置

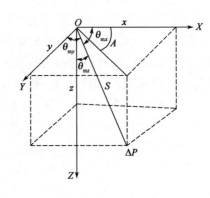

图 18-14　短基线的定位

短基线定位既可按测向方式定位,称为方位—方位法,又可按测向—测距的混合方式定位,称为方位—距离法。

①方位—方位法。

$$x = \frac{\cos\theta_{mx}}{\cos\theta_{mz}}z, y = \frac{\cos\theta_{my}}{\cos\theta_{mz}}z \tag{18-9}$$

其中:

$$\left.\begin{array}{l} \cos\theta_{mx} = \dfrac{C \cdot \Delta t_1}{b_x} = \dfrac{\lambda\Delta\varphi_x}{2\pi b_x} \\[2mm] \cos\theta_{my} = \dfrac{C \cdot \Delta t_2}{b_y} = \dfrac{\lambda\Delta\varphi_y}{2\pi b_y} \\[2mm] \cos\theta_{mz} = (1 - \cos^2\theta_{mx} - \cos^2\theta_{my})^{\frac{1}{2}} \end{array}\right\} \tag{18-10}$$

式中: z——水听器阵中心与水下应答器间的垂直距离;

$\Delta\varphi_x$、$\Delta\varphi_y$——H_1 和 H_2、H_2 和 H_3 所接收的信号之间的相位差。

②方位—距离法。

由图 18-14 可得：

$$\left.\begin{array}{l} x = S \cdot \cos\theta_{mx} \\ y = S \cdot \cos\theta_{my} \\ z = S \cdot \cos\theta_{mz} \end{array}\right\} \qquad (18\text{-}11)$$

短基线的优点是集成系统价格低廉、系统操作简单、换能器体积小、易于安装。短基线的缺点是深水测量要达到较高的精度，基线长度一般需要大于 40m；系统安装时，换能器需在船坞上严格校准。

（3）超短基线声学定位系统

超短基线安装在一个收发器中组成声基阵，声单元之间的相互位置精确测定组成声基阵坐标系。声基阵坐标系与船体坐标系之间的关系要在安装时精确测定，即需测定相对船体坐标系的位置偏差和声基阵的安装偏差角度（横摇角、纵摇角和水平旋转角）。系统通过测定声单元的相位差来确定换能器到目标的方位（垂直和水平角度）。换能器与目标的距离通过测定声波传播的时间，再用声速剖面修正波束线确定距离。以上参数的测定中，垂直角和距离的测定受声速的影响特别大，其中垂直角的测量尤为重要，直接影响定位精度。超短基线定位系统要确定目标的绝对位置，必须知道声基阵的位置、姿态以及船首向，这些参数可以由 GPS、运动传感器 MRU 和电罗经提供。系统的工作方式是距离和角度测量。

超短基线系统与短基线系统的区别仅在于船底的水听器阵，以彼此很短的距离（小于半个波长，仅几厘米），按直角等边三角形布设而安装在一个很小的壳体内，以方位—距离法定位。

超短基线的优点是集成系统价格低廉、操作简便容易，因实施中只需一个换能器，安装方便，定位精度高。超短基线的缺点是系统安装后的校准需要非常准确，而这往往难以达到，测量目标的绝对位置精度依赖于外围设备（电罗经、姿态和深度）的精度。

第三节　水　深　测　量

水深测量（简称测深）是海洋测量最主要的内容之一。根据使用的测量工具不同，测深方法主要有人工测量和测深声呐测量两种，前者主要是指使用测深杆和测深锤来测量水深，后者是指用单波束或多波束测深声呐进行深度测量。此外，机载激光雷达测深仪（Airborne Lidar Bathymeter）从 20 世纪 60 年代末期开始用于水质透明度好的水域，测深深度可达 50m，目前，该项技术并未得到广泛使用。本节将重点介绍人工测深、单波束声呐和多波束声呐测量方法。

一、人工测深

在水深测量中，最早的测深工具就是使用测深杆和测深锤。尽管现在的测深设备主要是测深声呐,但在水草密集的区域,或者极浅滩涂等声呐设备无法工作的地方,这些原始的测深工具仍然在发挥作用。

测深锤(图 18-15)质量约 3.5kg,水深与流速较大时可用 5kg 以上的重锤。在测深锤的绳索上每 10cm 作一标志,以便读数。由于测深锤只适用于水深较小、流速不大的浅水区,测深时应使测深锤的绳索处于垂直位置,再读取水面与绳索相交的数值,其测深精度与操作人员的熟练程度有很大关系,且工作效率低,因此,目前已很少或基本不用。

测深杆(图 18-16)适用于水深 5m 以内且流速不大的水区。同样,在测深杆上每 10cm 作一标志,以便读数。测深杆下端的铁质底板是为了防止杆端陷入淤泥中。测量水深时,使测深杆处于垂直位置放入水底,再读取水面与测深杆相交处的数值。现在虽然很少用测深杆进行水深测量,但在浅滩测量工作中,当回声测深仪难以反映小于 1m 的水深时,用测深杆进行水深测量更加有效。

二、单波束测深仪测量

在 19 世纪 20 年代,人类就能够测量声音在水中的传播速度,直到一个世纪后才研制出了第一台回声测深仪,逐渐结束了人类用测深锤和测深杆测量水深的历史。目前,回声测深仪(也称测深声呐)用途最广,是国内外进行水深测量的最基本的仪器。随着电子工业的发展与集成电路技术的应用,测深技术不断得到改进,测深仪从模拟信号处理发展到数字信号处理,极大地提高了水深测量的精度和效率。

1. 回声测深原理

测深仪的型号虽多,但其测深的基本原理都是利用声波在同一介质中均匀传播的特性,如图 18-17 所示,换能器至水底的深度为:

$$H = \frac{1}{2}CT \tag{18-12}$$

式中:C——声波在水中传播的速度,设计时一般以 1500m/s 为标准声速;

T——声波在水中往返所须的时间。

图 18-15　测深锤　　　　图 18-16　测深杆　　　　图 18-17　测深仪基本原理示意图

如图 18-18 所示,在仪器的电源作用下,激发器输出一个电脉冲至换能器,将电脉冲转换为机械振动,并以超声波的形式向水底垂直发射。达到水底或遇到水中障碍物时,一部分声能被反射回来,经接收换能器接收后,将声能转变为微弱的电能。这个信号经接收放大后,使记录纸被击,留下一个黑点。每反射和接收一次,记录一个点,连续测深时,各记录点连接为一条曲线,这就是所测水深的模拟记录。现代的测深仪在定位的瞬时,不但可以在测深记录纸上打出定位线,而且可以打印测深的时间、测点号和所测水深。除了模拟记录外,数字式测深仪还可将模拟信号转换成数字信号,同时记录所测点的水深值。

图 18-18　测深仪工作原理示意图

若要求水面至水底的深度时,则应将测得的水深加上换能器的吃水(图 18-17),可得水面至水底的深度 D:

$$D = H + h \qquad (18-13)$$

式中:h——换能器吃水。

2. 水深测量

在进行水深测量工作时,不同的测深仪由于其技术性能与规格不同,仪器的操作方法也有所不同,在此只能一般地介绍仪器的使用方法。

在仪器开机前,应检查:①电源电压是否符合规定;②测深仪各部分间的连接电缆是否正确,电源、换能器的插头是否插对,电源正负极接法是否正确;③机械传动部分的零件是否松动或有被障碍物卡阻的现象;④换能器的安装是否稳妥;⑤记录纸的安装是否正确,记录纸在记录板上是否平贴,记录纸架是否合位;⑥记录笔与记录纸面接触是否良好,压力大小要均匀;⑦各控制旋钮的位置是否于关闭位置。

上述各项检查无误后,方可接通电源,这时还要检查:①电动机、交流机转动时是否有杂音,若发现不转动或启动困难、转动缓慢、杂音很大时,应切断电源检查原因;②测速装置工作是否正常,按下测速钮或打开测速开关,观察 1~2min,测速灯的明亮没有间隙与停顿现象;③发声与回声是否正常,当转动增益按钮到 1/3 的位置时,可看到记录纸上出现两条有一定间距的黑色线;④换挡开关是否正常,不同型号的测深仪,换挡开关的每挡量程不同,但一般在第一挡和最后一挡,可在记录纸上看到发声信号;⑤变速装置是否正常,为了满足不同测深的要求,有的测深仪有变速装置,变换不同的转速时,由测速装置测定各挡的转速值应符合仪器说明书的规定;⑥定标装置是否正常,当按下定标开关时,显示器上出现连续的定标线;⑦当使用数字测深仪时,应检查测深仪与控制计算机的数据通信是否正常,显示数值是否与模拟记录一致。

单波束水深测量,是一种由点到线的测量方法,可以在测线上进行连续深度测量。即使使用数字测深仪测量,在记录数字水深值的同时,也应进行记录纸模拟记录。一条完整的测深记录应包括序号、日期、时间、坐标和水深。在数字深度记录的同时,还要通过同步定标器在模拟记录纸上打出定标线,定标线可通过人工或自动注记与数字记录一致的序号、日期和时间等信息。测深时,测量船应按布设的测线逐条施测。当测深线偏离设定测线的距离超过规定间隔的 1/2,或因仪器故障、验潮中断等情况发生漏测时,应进行补测。为了保证测深成果可靠,应在测前测后、测深期间,经常进行深度比对检查。

3. 误差来源与质量控制

测深误差可以分为三类:大误差(即粗差)、系统误差和随机误差。这里的粗差是指由于测深仪的机械或电子部件损坏引起的误差。测深的系统误差主要是由于测深仪换能器和测量船的姿态传感器的安装偏移产生的误差。这些误差主要通过系统的校准来检测,并根据检测到的误差大小和符号加以补偿改正。在消除和补偿了粗差及系统误差后,剩余的随机误差采用统计方法来分析。这里简要分析几个主要的测深误差源和它们对测深的影响,以及常用的质量控制方法。

(1)地形倾斜引起的误差。这个误差与水下地形的倾斜和测深仪采用的波束宽度有关。可分为两种情况:

①地形倾斜角 α 小于半波束宽度,即 $\alpha < \dfrac{\phi}{2}$,ϕ 表示波束宽度[图 18-19a)]。

②地形倾斜角 α 大于半波束宽度,即 $\alpha > \dfrac{\phi}{2}$,见图 18-19b)。则地形倾斜引起的测深误差 δ_z 为:

$$\delta_z = \begin{cases} z_{\mathrm{m}}(\sec\alpha - 1) & \alpha < \dfrac{\phi}{2} \\[2mm] z_{\mathrm{m}}\left(\sec\dfrac{\phi}{2} - 1\right) & \alpha > \dfrac{\phi}{2} \end{cases} \tag{18-14}$$

式中:z_{m}——测量水深。

实际的深度值应为 z,此外,地形倾斜还会引起测深点位置偏移 x。

图 18-19　地形倾斜引起的测深误差

(2)声速引起的误差。在单波束测量中,声速会随时间和空间而变化,其变化是产生测深误差的一个主要的外部误差源。由声速引起的测深误差 δ_{z_c},与声速的平均误差或声速的方差 δ_c,以及水深 z 成正比:

$$\delta_{z_c} = \frac{1}{2} \cdot t \cdot \mathrm{d}c \tag{18-15}$$

或

$$\delta_{z_c} = z \cdot \frac{\mathrm{d}c}{c} \tag{18-16}$$

声速误差的大小主要和这些因素有关：①声速测量的精度；②声速随时间的变化；③声速随空间的变化。若声速测量值的方差为 σ_{cm}^2，声速随时间和空间变化产生的方差为 σ_c^2，则深度测量的方差可表示为：

$$\sigma_{z_c}^2 = \left(\frac{z}{c}\right)^2 (\sigma_{cm}^2 + \sigma_c^2) \tag{18-17}$$

由于声速随时间和空间而变化，声速变化难以监测和处理。因此，在测深数据采集时，应根据测区情况，以适当的时间和空间间隔布设声速剖面测量点，以减少由于声速变化产生的测深误差。尤其是水温变化较快的测区，应增加声速剖面的测量。

（3）时间测量引起的误差。回声测深仪是通过转换测量声波在水中传播的时间获得深度值的，因此，测深误差 δ_{z_t} 与时间测量误差 δ_t 直接相关。

$$\delta_{z_t} = \frac{1}{2}c \cdot \mathrm{d}t \tag{18-18}$$

由于时间测量的误差，方差 σ_{tm}^2 产生的测深值的方差 $\sigma_{z_t}^2$ 可表示为：

$$\sigma_{z_t}^2 = \left(\frac{1}{2}c\right)^2 \sigma_{tm}^2 \tag{18-19}$$

现代化的测深仪，时间测量误差一般比较小而且稳定。这个误差也可以通过校准测量来获得。

（4）测量船的姿态测量引起的误差。测量船的姿态测量包括船的横摇（Roll）、纵倾（Pitch）和起伏（Heave）。当船的横摇角和纵倾角大于半波束宽度（$\phi/2$）时，不仅产生深度误差，同时还会产生测深点的位置误差。图 18-20 所示为横摇 θ_R 产生的深度测量和位置测量误差，通常此图也很容易理解纵倾 θ_P 对深度和位置的影响。可以看出，船的横摇和纵倾对波束角宽的测深仪影响小。

由于涌浪的作用使船起伏，对深度测量产生直接的影响，而船的横摇和纵倾也会使测量船产生起伏，称为诱导起伏（Induced heave）或感生起伏。现在，一种专门的涌浪滤波器被用于水深测量的起伏补偿。总的起伏方差对应的测深值的方差 σ_h^2，即为：

$$\sigma_h^2 = \sigma_{hm}^2 + \sigma_{hi}^2 \tag{18-20}$$

式中：σ_{hm}^2——起伏值的方差；

σ_{hi}^2——诱导起伏的方差。

相对于起伏的方差，诱导起伏的方差一般可以忽略。

当没有使用涌浪滤波器一类的起伏补偿设备时，可以采用人工方式，对测深仪的模拟记录进行平滑处理，尽可能地消除涌浪的影响，这可以根据经验来判断水深记录的变化是否是由于船的摇晃起伏，还是实际的地形特征。

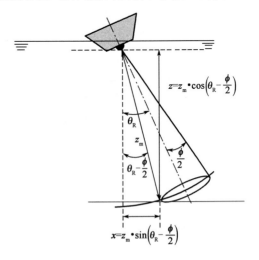

图 18-20 横摇和波束宽度对深度测量和测深点位置的影响

（5）换能器相对位置变化产生的深度误差。这里主要包括三部分误差：

①换能器吃水（Draught）变化。精确测量换能器的吃水是保证水深测量精度的基础，但是，由于船载燃料和水的消耗，船的吃水会在测量期间发生变化，换能器的吃水也会随着改变。吃水误差会直接影响到测深误差，记为 $\delta_{z_{dr}}$。

②船航行时的沉降（Settlement）。船在航行时的吃水面，要比静止时吃水面低，在浅水测量时，由此产生的误差比较明显，其对深度误差的影响记为 $\delta_{z_{set}}$。

③船运动时的蹲伏（Squat）。当测量船航行时，船头和船位会抬起和下沉，船速越快，这种现象越明显。可以制作一个船速与蹲伏的对照表来改正这一影响。蹲伏引起的深度误差记为 $\delta_{z_{sq}}$。

则换能器水线位置变化引起的深度误差 δ_{z_i} 为：

$$\delta_{z_i} = \sqrt{dz_{dr}^2 + dz_{set}^2 + dz_{sq}^2} \tag{18-21}$$

对应的总的深度方差为：

$$\sigma_i^2 = \sigma_{dr}^2 + \sigma_{set}^2 + \sigma_{sq}^2 \tag{18-22}$$

式中：σ_{dr}^2——吃水方差；

σ_{set}^2——沉降方差；

σ_{sq}^2——蹲伏方差。

（6）对测深记录的判读和分辨误差。测深记录的判读和分辨率主要和测深仪的工作原理有关。当采用模拟记录时，操作者应选择设置适当的参数，如信号增益和记录的垂直比例尺，使测深仪的模拟记录既快又清楚，具有足够的分辨率。即使采用数字记录，也应尽可能地保留模拟记录，以便对测量的结果进行检查和比较。

深度判读误差主要取决于操作者的经验。假设测深记录纸的宽度是 20cm，记录比例为 $0 \sim 200m$，则 0.5mm 的判读误差将产生 0.5m 的深度误差，浅水测量时，不能满足测深的精度要求。判读误差 δ_{z_r}，其方差记为 σ_r^2。

（7）深度归化误差。测量的深度值应通过潮汐或水位改正归化到相应的深度基准面上的水深。由于潮汐或水位误差引起的深度误差记为 $\delta_{z_{tide}}$，对应的方差为 σ_{tide}^2。

水深测量的质量控制是通过统计计算，比较主测线和检测线（也称联络线）的交叉点深度不符值来实现的。

根据上述分析，水深测量归化后的深度值方差可以通过下式来估算：

$$\sigma_z^2 = \sigma_{z_c}^2 + \sigma_{z_t}^2 + \sigma_h^2 + \sigma_i^2 + \sigma_r^2 + \sigma_{tide}^2 \tag{18-23}$$

三、多波束测深仪测量

单波束测深仪只能测量船正下方的水深，为了获得"令人满意"的水下地形，通常需要设置一些平行的测线，测线的数量和测线的间距取决于多种因素，包括测图的比例尺和测量的目的。即使布设很密的测线仍不能保证对水下的全覆盖，测线之间的水下地形，特别是一些孤立的特征地形很容易被漏测。多波束测深仪，也称为多波束测深声呐系统（Multibeam

Echo Sounding Sonar），能以条带测量方式，对测量区域进行全覆盖、高精度地测量，克服了单波束测深仪线状测量的缺点。

1. 原理和系统组成

多波束测深仪和单波束回声测深仪的测深原理从根本性上讲都是测量声波在水中的传播时间。单波束测深仪一般采用较宽的发射波束，因为是向船底垂直发射，因此，声传播路径不会发生弯曲，来回的路径最短，能量衰减很小，通过对回声信号的幅度检测确定信号往返传播的时间，再根据声波在水介质中的平均传播速度计算测量水深。在多波束系统中，换能器配置有一个或者多个换能器单元的阵列，通过控制不同单元的相位，形成多个具有不同指向角的波束，通常只发射一个波束而在接收时形成多个波束。这里以波束角 $1.5° \times 1.5°$ 的单平面换能器多波束系统的 16 个中央波束为例来说明（图 18-21）。系统声信号的发射和接收由两个方向互相垂直的激发阵和水听器阵组成。激发阵平行船轴向排列，向垂直船轴的对称向两侧正下方发射 $1.5°$（沿船轴向）$\times 12°$（垂直船轴向）的脉冲声波。水听器阵垂直船轴向排列，在脉冲声波发射垂面上接收来自海底的回声，在窄波束控制方向上接收方式与发射方式正好相反，以 $20°$（沿船轴向）$\times 1.5°$（垂直船轴向的发射扇区内）10 个接收波束角接收来自海底照射面积为 $1.5° \times 12°$ 的回波。接收方式和发射方式叠加后，形成垂直船轴，沿船下方两侧对称的 16 个 $1.5° \times 1.5°$ 波束。

图 18-21　多波束测深仪原理示意图

除换能器正下方波束外，外缘波束随着入射角的增加，波束在倾斜穿过水层时会发生折射，由于对应各波束的声线入射角不同，因此各声线在介质中的路径构成一个向下发散、向上收敛于换能器中心的辐射状扇形区。各声线海底投影点的空间位置为：

$$D = \frac{Ct\cos\theta}{2} \qquad (18\text{-}24)$$

$$X = \frac{Ct\sin\theta}{2} \qquad (18\text{-}25)$$

式中:C——均匀介质声速;

　　t——波束单程旅行时间;

　　θ——波束到达角;

　　D——测点的水深;

　　X——测点距换能器垂直中心轴的水平距离。

由于多波束沿航迹方向采用较窄的波束角而在垂直航迹方向采用较宽的覆盖角,要获得整个测幅上精确的水深和位置,必须要精确地知道测量区域水体各层的声速分布,补偿声线弯曲的影响。同时,还要精确测量波束在发射和接收时船的姿态和船向。因此,多波束测深仪在系统组成和测量时比单波束测深仪要复杂得多,图18-22所示为一个典型多波束测深系统的组成。

图18-22　典型多波束测深系统的基本组成

2.多波束测深仪的特点

由美国通用仪器公司于1976年生产的SeaBeam多波束系统,被认为是世界上第一套成熟的产品,主要用于深海测量。随着技术的发展,到20世纪90年代初,许多厂家开始推出高精度、高分辨率和宽覆盖的浅水型多波束系统,结合高精度的实时差分GPS定位技术,使多波束勘测技术开始应用于各种江河、湖泊、近岸工程和大陆架测量。目前,多波束系统的勘测应用范围达到了全海深的覆盖。与传统的单波束测量相比,多波束勘测技术具有以下一些主要特点:

(1)全覆盖无遗漏测量。多波束系统使用一个或两个换能器阵列,发射和接收垂直于船龙骨方向的几十个至上百个独立的波束,在海底形成一个声照射带,经过船姿运动补偿和水体的声速变化改正,获得每一个波束的测量深度和声反向散射信号。一个测幅(Swath)的宽度可达到水深的 1～12 倍,只要设计合理的测线和船速,即可达到对海底全覆盖测量的目的。

(2)高分辨率测量。单波束测深仪一般使用较宽的发射波束(30°～60°),而多波束系统通常采用几十个或上百个独立的波束,波束宽度一般为 1°～3°。例如,水深 50m 时,一个波束宽度为 2°的波束投射到船底正下方的足印(Footprint)宽度为 1.75m,同样宽度的波束指向角与垂直方向的夹角(入射角)为 60°时,足印宽度为 7.43m。

(3)高精度和高效率测量。多波束系统都配置使用高精度的船姿运动传感器。船的纵倾(Pitch)、横摇(Roll)、起伏(Heave)和船向(Heading)测量精度可达 ±0.1°或更高,加上高精度的差分 GPS 定位技术,使多波束测量精度可以满足国际海道测量组织的测深标准要求。同时,多波束系统不断提高发射和接收的更新率,每秒可达 30 多次,即使在较浅的水域也能使用高船速进行测量。一些多波束系统采用 120°～150°宽覆盖角和双换能器配置来增加浅水区的覆盖宽度,测幅宽深比可达水深的 8～12 倍,极大地提高了测量的效率。

(4)多用途、多信息测量。多波束系统不仅可以获得高精度的、详细的水深地形数据,还可同时接收和处理声反向散射数据,获得类似侧扫声呐的水底声像图。利用这些水深和反向散射数据可进行水底底质分类,使得多波束系统成为测量水下地形、地貌和底质类型的综合性手段。

3. 数据采集与质量控制

多波束测深仪在开始水深测量工作时,一般多波束厂家都提供自己开发或第三方的软件,用于多波束外业数据采集,这些软件都提供一些测量时的实时质量控制工具,通过用多个窗口的图形、图像和数字信息显示多波束测深仪的工作状态。为了获得高质量的测深结果,测量时应经常检查如下一些信息:

(1)测幅的覆盖宽度是否与相邻测幅拼接。根据测幅覆盖宽度的变化调整测线间距,并根据需要对未覆盖的部分进行补测,达到全覆盖的目的。

(2)接收到的波束数是否达到 80%以上,仪器的信号质量是否正常。

(3)通过比较中央波束和边缘波束的水深变化,检查声速剖面的有效性,如果在海底地形较平坦的海区,边缘波束出现对称性的下弯或上翘,则一般可以确定声速剖面已失效。

(4)测幅的水深图和同时输出的声呐图像是否一致;结合(5)可以判断船姿传感器工作是否正常。

(5)每个声脉冲(Ping)内各波束的信号强度和质量是否正常,结合(2)判断系统的工作状况。

第四节 海底地形测量

海底地形测量是为海上活动提供重要的海底地物和地貌资料的基本测量,是陆地地形测量向海域的延伸。海底地物主要是指礁石、沉船、海底障碍物及人工构筑物等天然或人工形成的各种固定物体。海底地貌是指高低起伏的海底形状,包括浅滩和深沟等。海底地形测量的特点是测量内容多,精度要求高,显示内容详细。测量的内容包括水下建筑工程、航道、沉积层厚度、沉船等人为障碍物、海洋生物分布区界和水文要素等,通常要对海域进行全覆盖测量,确保详细测定测图比例尺所显示的各种地物地貌,是为海上活动提供重要资料的海域基本测量。通过海洋地形测量获得的数据可绘制海域水深图,编绘海底地形图和航海图。

按照区域可分为海岸带、大陆架和大洋三种海底地形测量。海底地形测量方法主要有回声测深仪测量、多波束测深系统测量和激光测深系统测量。回声测深仪测量是利用水声换能器垂直向水下发射声波并接收水底回波,根据其回波时间来确定被测点的水深。当测量船在水上航行时,船上的测深仪可测得一条连续的水深线(即地形断面),通过水深的变化,可以了解水下地形的情况。利用回声测深仪进行水下地形测量,也称常规水下测量,属于"点"状测量。多波束测深系统测量能一次给出与航线相垂直的平面内几百个甚至数千个测深点的水深值,或者一条一定宽度的全覆盖的水深条带,所以它能精确、快速地测出沿航线一定宽度内水下目标的大小、形状和高低变化,属于"面"测量。激光测深系统是一种具有广阔发展前途的测量手段,激光光束比一般水下光源能发射至更远的距离,其发射的方向性也大大优于声呐装置所发射的声束。激光光束的高分辨率能获得海底传真图像,从而可以详细调查海底地貌与海底底质。

一、海底地形测量前的准备工作

1. 测深水域确定

在进行海底地形测量前,需确定要测量水域的范围。通常应用陆地控制点采用常规陆地测量方法,测取需测深海域和海滩外围的范围,也可以先测定海岸以及沿海地形图。这样,就可以圈定测深线布设的范围和设计测量方法,也可以实现海洋地形和陆地地形的拼接。

2. 测深线的布设

由于海底地形的不可见性,其测量不能像在陆地上一样选择地形特征点进行测绘,因此只能用测深线法或散点法均匀地布设测点。

在海底地形测量之前,需要设计和布设测深线。测深线是测量仪器及其载体的探测路线,分为计划测深线和实际测深线。一般情况下的海上测量是在定位仪器的引导下,测量仪器及其载体按照计划测深线实施测量。有别于陆地测量,海底地形测量测深线一般布设为直线,测深线可以分为主测深线、补充测深线和检查测深线。主测深线是计划实施测量的主要测量路线,是测深线的主体,它担负着探明整个测区海底地形的任务;补充测深线起着弥补主测深线的作用;检查测深线是检查以上测深线的水深测量质量,以保证水深测量的精度。确定测深线布设的主要考虑因素是测深线间隔和测深线方向。

(1)测深线的间隔

测深密度是指同一测深线上水深点之间所取的间隔,它对反映海底地形有极其密切的关系。一般而言,密度越大,海底地形显示得越完善、越准确。测深线的间隔是主要根据对所测海区的需求、海区的水深、底质、地貌起伏的状况以及测深仪器的覆盖范围而定。国内外具体处理方法一般有两种,一种是规定图上主测深线的间隔为10mm的情况下,根据上述原则确定海区的测图比例尺;另一种是根据上述原则先确定实地上主测深线的间隔,在取其图上相应的间隔,如6mm、8mm、10mm,最后确定测图比例尺。我国采用前者,规定港地以及一些面积较小但较重要的岛域范围,以 1∶5000 比例尺施测;港湾、锚地、狭窄水道、岛屿附近及其他有较大军事价值的海区,以 1∶10000 比例尺施测;开阔的港湾、地貌较复杂的沿岸海区及多岛屿海区,以 1∶25000 比例尺施测。

我国的《海道测量规范》(GB 12327—1998)对不同海区情况下的测线间隔给出了详细的要求。一般情况下,主测线间隔为图上 10mm。对于需要详细勘察的重要海区和海底地貌比较复杂的海区,主测深线间隔应适当缩小或放大比例尺施测。螺旋形主测线间隔一般为图上 25mm,辐射形主测深线间隔最大为图上 10mm,最小为图上 25mm。在一些复杂海区和使用者特殊的要求下,有时还要布设密于测深线间隔的测深线,及加密测深线。加密测深线的间隔一般为主测深线间隔的 1/2 或 1/4。布设加密测深线的目的在于详细探测狭窄航道、码头附近和复杂海区的地形地貌以及障碍物。

(2)测深线的布设方向

测深线方向是测深线布设所需要考虑的另一个重要因素,测深线方向选取的优劣会直接影响测量仪器的探测质量。选择测深线布设方向的基本原则如下:

①有利于完善地显示海底地貌。近岸海区海底地貌的基本形态,是陆地地貌的延伸,加上受波浪、河流、沉积物等的影响,一般垂直海岸方向的坡度大、地貌变化复杂;而平行海岸方向的坡度小、地貌变化简单。因此,应选择坡度大的方向布设测深线。在平直开阔的海岸,测深线方向应垂直于等深线或海岸的总方向。

②有利于发现航行障碍物。平直开阔的海岸,测深线垂直于海岸总方向,减小波束角效应,有利于发现水下沙洲、浅滩等航行障碍物;在小岛、山嘴、礁石附近,等深线往往平行于小岛、山嘴的轮廓线,该区以布设辐射状的测深线为宜;锯齿形海岸,一般取与海岸总方向约呈45°的方向布设测深线。

③有利于工作。在海底平坦的海区,可根据工作上的方便选择测深线的方向,有利于船艇锚泊与比对、减少航渡时间。此外,在可能的条件下测深线不要过短,也不要经常变换测深线的方向。

常用的测深线可采用以下三种方向布置。

①测深线垂直于水流方向。测深线正好通过地貌变化比较剧烈和有代表性的地方,有利于全面如实地反映测区的海底地形,这是最常用的方法。

②测深线与水流轴线呈45°。如图 18-23 所示,其通常用于狭窄海道和可能存在礁石、水下沙洲或其他障碍物地区的水深测量。由于斜距大于平距,因而它比垂直于水流轴线的测深线容纳的水深点更多,有利于反映狭窄海道的地形。

③测深线呈辐射线方向。如图 18-24 所示,其大多用于岛屿的延伸部分或孤立的岛屿周围的水域。辐射线方向布设使测深线间距内密外疏,不仅有利于暗礁、浅滩的发现,而且近岛部分水深点较密,也有利于选择适宜的靠船及登陆点。

补充测深线主要用于局部重要海域的加密测深和对礁石、沙嘴、沉船等的探测。在重要航道上布设补充测深线有两种方法:在主测深线之间局部加密,如图 18-25a)所示,即补充测深线方向与主测深线方向一致,间距则根据需要而定;和航道方向一致布设 3~5 条补充测深线,如图 18-25b)所示,中间一条测深线应和航道中心线重合,两侧的测深线则根据航道宽度均匀平行布设。

图 18-23　测深线与水流轴线呈 45°方向　　　　　　图 18-24　辐射线方向

图 18-25　补充测深线布置

3.导标放样

为了使测量船能沿着所设计好的测深线方向航行,通常在岸上沿测深线方向设立两个导标(一般用两个不同颜色的大旗)以指示测量船航行。布设导标时,可借助岸边的控制点用极坐标或用罗盘仪测定导标位置。

二、海底地形测量野外工作

海底地形测量野外工作主要包括海底地形点三维数据的采集和水位观测。如果测量中采用 RTK 无验潮方法,则无需进行水位观测。

1.海底地形点的数据采集

海底地形测量时,测深船以均匀的速度行驶在测深线上,并按照规定的间距或时间间隔进行水深测量和确定地形点的平面位置。其中地形点的平面坐标通过测深船的定位获得,水深数据通过测深仪测深获得。出测前应对测深仪进行检验和校正。

（1）停泊稳定性试验

①回声测深仪试验。试验场必须选择在水深大于 5m 的海底平坦处,连续开机时间不得少于 8h。实验中,每隔 15min 比对一次水深,水深比对限差应在 0.4m 以内,并测定一次电压、转速和记录按钮(增益按钮)位置。模拟记录应连续、清晰、可靠。

②多波束测深仪试验。选择水深大于 20m 的海底平坦区,连续开机 8h 以上;比对中央波束的水深限差应小于 ±0.3m。

（2）航行试验

当测深仪换能器安装后或变换位置时都应进行航行试验,试验时,选择水深变化较大的海区,检验测深仪在不同深度和不同航速下工作是否正常。

（3）测深仪改正数测定

使用测深仪时,应测定仪器的总改正数。总改正数包括以下各项改正数的代数和:仪器转速改正、声速改正、吃水改正(静态和动态吃水改正的代数和)以及换能器基线改正等。

用校对法直接求测深仪总改正数适用于 0 ~ 20m 的水深,可用水听器或检查板对测深仪进行校正,校对仪器时,测深仪器应处于正常工作状态,状态平静,船只处于漂泊和平稳状态下进行,改正数求法如下。

①用检查板时:

$$\Delta Z_T = Z_V - Z_S \tag{18-26}$$

式中:ΔZ_T——测深仪的总改正数(m);

Z_V——水听器或检查板的深度读数(m);

Z_S——测深仪测得的深度读数(m)。

②用水听器时:

a. 当换能器在船底时,如图 18-26 所示,设基线长的一半为 L,水听器与测深仪发射换能器存在一个水平距离 d 时,则:

$$\Delta Z_T = Z_V - \left[(2Z_S)^2 + L^2 - d^2 \right]^{\frac{1}{2}} \tag{18-27}$$

式中:L——基线长的一半(m);

d——水听器与控制器之间的水平距离(m)。

图 18-26　船底换能器与水听器关系

当 L = d 时,$Z_S = 0$;L < d 时,$Z_S < 0$,反之为正。

b. 当换能器是舷挂式时:

$$\Delta Z_T = Z_V - \left[(2Z_S)^2 - d^2 \right]^{\frac{1}{2}} \tag{18-28}$$

2. 水位观测

由于海水面是不断变化的,所以在测量水深的同时,必须进行潮汐测量,水位观测的目的是为确定深度基准面与航行基准面提供依据以及为水深测量提供水位改正值。

（1）验潮站设置

按观测时间的长短,验潮站分为长期验潮站、短期验潮站、临时验潮站和海上定点验潮站。长期验潮站是测区潮位观测的基础,主要用于计算平均海面,一般应有 2 年以上连续观测;短期验潮站用于补充长期验潮站的不足,与长期验潮站共同推算确定测区的深度基准面,一般应有 30d 以上连续观测的水位资料;临时验潮站在水深测量时设置,至少应与长期站或短期站在大潮期间同步观测一次或三次 24h 的水位改正,并且在验潮站上是等间隔的连续观测。

验潮站的主要作用是监测海面变化的状况,通过对海面变化数据的观测为海洋测量提供测量基准和任意时刻某测区的潮汐水位改正值。因此,验潮站布设的密度应能控制全区的潮汐变化。相邻验潮站之间的距离应满足最大潮高差不大于1m、最大潮时差不大于2h,潮汐性质基本相同。特殊地区(如河口、湾顶、水道口等)应注意增补验潮站。验潮站站址应设立在能反映测区内大部分海区潮汐变化规律的地方。

(2)观测时间

为计算深度基准面提供水文资料的水位观测,必须昼夜连续观测30d以上。水深测量时,水位观测应与测量水深同时进行,水位观测的时间间隔,视测区水位变化大小而定,当水位日变化量<10cm时,每次测深前、后各观测一次,取平均值作为测深时的工作水位。在常驻潮汐影响的水域,一般间隔10~30min观测一次水位。测深时的工作水位,根据测深记录纸上记载的时刻内插求得。另外当测区有显著的水面升降时,应分段设立水尺进行水位观测。

(3)水位观测

所采用的仪器一般是在满足精度要求的前提下,根据实际情况择优选择,目前比较常用的仪器有水尺、自记验潮仪、声学验潮仪、压力式验潮仪、高精度GPS定位仪等。沿岸验潮站采用自记验潮仪、便携式验潮仪、水尺,其观测误差不得大于2cm;定点验潮站可采用水位计,水位计观测误差应不大于5cm。

(4)水准联测

验潮站还应该与国家高程网联测,一是用于确定验潮站高程在国家水准网中的定位问题,二是用于水位观测过程中检验验潮站上的观测仪器零点变化情况。所以,必须严格地进行联测和明确的记录,并进行埋石或做明显的标记。

在水位站附近,一般都布设有一个或若干个水准点作为水位站的水尺零点高程的引测和定期检校的基准,水尺零点高程的引测,视其精度一般可按四等水准或图根水准联测。

3. 定位测量

定位测量多采用卫星导航定位。在测深仪器测量工作中,定位中心与测深中心应尽量保持一致,对大于1:10000比例尺测图,二者水平距离最大不得超过2m,对小于1:10000比例尺测图,二者水平距离不得超过5m,否则应将定位中心归算到测深中心。测深与定位时间应保持同步。

出测前要求在两个已知点上各进行不少于8h的比对试验,采样间隔不大于3min,卫星仰角限值应≥10°。测量过程中,平坦海域定位点间隔不能大于图上4cm,复杂海域定位点间隔不能大于图上3cm。

三、数据处理

1. 数据处理主要内容及流程

海底地形测量的外业工作结束后,应及时地进行观测成果的内业整理,将水深数据转绘成海底地形图,勾绘等深线,其主要工作步骤如下:

(1)将同一天观测的位置和水深数据汇总,然后逐点核对,对于遗漏的测点或记录不全的测点应及时组织补测。

（2）整理检查验潮资料，详细准确地绘制项目相关图表（如验潮站地形图、水尺零点与验潮站零点高程高度关系断面图），且在略图上应标明水准点位置及与两个以上显著固定物标的方位距离。

（3）整理检查测深资料与定位资料，包括测深手簿的填写与整理、测深仪记录纸的填写和注记、定位手簿的整理与各种改正数计算。

（4）根据水位测量成果进行水深改正（包括仪器改正、声速改正、动态吃水改正和水位改正），并计算各测点的高程。

（5）水深数据转换与编辑，将修正好的水深数据进行格式转换，导入成图系统；在成图系统中编辑各控制点、各测点的位置和水深，并注记相应的高程。为使图面清晰易读，需要合理地取舍测深点。

（6）根据各测点的高程，绘制海底等深线，并注记礁石、特殊深度、浅滩、岸边石坡等航行障碍物的属性信息，编辑其相应的位置、形状、颜色等符号化图形要素，提供完整的海底地形信息。

（7）图廓的清绘与装饰，提供规范的海底地形图。

目前，海底地形成图都采用数字化成图的方法。

2. 水位改正

在海底地形测量中，测点的高程等于工作时的水位减去水深。同一瞬间的水面是起伏不平的，严格地讲，每个测点的高程应该用测量该点时的工作水位计算，但在实际工作中，只能在有效控制范围内，采用有关观测站的水位资料进行水位改正，其误差不超过测深精度；如超过有效控制的范围，则要用相邻两个水位站的观测资料内插得到的工作水位进行水位改正。

第五节　海洋工程测量

海洋工程测量是为海洋工程建设勘测设计、施工和管理阶段进行的测量。海洋工程是与开发利用海洋直接相关的有关活动的总称，是应用海洋基础科学和有关技术科学开发利用海洋所形成的一门新兴的综合技术科学，也指开发利用海洋的各种建筑物或其他工程设施和技术措施。早期的海洋工程多指码头、堤坝等土石方工程。随着科学技术的进步，海洋工程的内容也不断扩大，包括海岸工程、近海工程、深海工程、水下工程等。按照用途可分为港口工程（海港工程）、堤坝工程、管道工程、隧道工程以及疏浚工程、救捞工程、采矿、能源、综合利用等工程。

一、港口工程测量

港口工程测量指港口工程建设设计、施工和管理阶段的测量工作。其目的是为港口工程建设提供资料，保障工程按设计施工、竣工及进行有效的管理。设计阶段的测量内容有：控制测量、底质探测、水文观测和港口资料调查等。施工阶段的测量包括施工控制网的布设、建筑物设计位置和高度的放样测量、竣工测量和施工中的变形观测等。管理阶段的测量是指港口工程建成后的测量工作,包括沉降观测、位移观测和倾斜观测等。

1. 港口工程勘测设计阶段的测量工作

港口的位置大部分选定在河口或海湾内。为了港口工程的总体规划、平面布置和技术设计,通常需要各种比例尺的陆地地形图和水下地形图。港口工程设计一般分为三个阶段:在规划选址阶段需要1:10000~1:5000的海湾地形图;初步设计阶段需要1:2000~1:1000的地形图;施工设计阶段需要1:10000~1:500的地形图。此外,还需要气象、海洋水文和地质等方面的资料。工程设计人员综合地利用上述资料,进行港口位置的选定和方案比较,对码头、船坞、防波堤、仓库、道路枢纽等以及其他一些附属建筑物进行总体布置,并且进一步精确地确定建筑物的位置和尺寸。

港口工程的占地面积一般不大,所以陆地和水下的地形图都是实测的。水下地形测量通常采用断面法,测深断面和测深点间距要求如表18-3所示。测深点的定位方法目前主要有经纬仪交会法或差分GPS定位。水深测量主要是应用回声探测仪或多波束测探系统。

测图比例尺与测深断面、测深点间距关系　　　　　　表18-3

测图比例尺	测深断面间距(m)	测深点间距(m)	等高距(m)
1:1000	15~25	12~15	0.5
1:2000	20~50	15~20	1
1:5000	80~130	40~80	1
1:10000	200~250	60~100	1

水下地形图测深点平面位置的中误差,一般为图上±1.5mm。测深中误差与水的深度有关,水深10m以内为15cm,20m以内为20cm,大于20m时为水深的1%。

水深测量对于建造港口设施和海岸防护设施来说是十分必要的。另外,航道、泊地、码头、防波堤的规划设计和疏浚均需要水深测量资料。

海洋水文观测包括波浪观测、潮流和潮位观测等。

(1)波浪观测方法

波浪观测主要观察波浪的波高、波向和波速变化。通常采用的仪器是测波仪。

测波仪是主要用于测量波浪时空分布特征的仪器。根据工作原理可分为视距测波仪、测杆测波仪、压力测波仪、声学测波仪、重力测波仪及遥感测波仪等几种类型。视距测波仪由专用望远镜、观测浮标和记录器构成,是常用的测波仪;测杆测波仪由柱桩、支架和测波标杆等组成,有目测和电测两类,能长期定点观测;压力测波仪是通过测量因波浪引起的海底下某一深度上的动水压变化来记录波浪变化的仪器,主要用于记录长周期波;声学测波仪通过置于海底的声学换能器向海面发射声波,并接收回波信号,对涌浪测量效果比较好;重力测波仪有船用和浮标两类,利用加速计测量海水质点重力方向的加速度,经二次积分求得波高,这种仪器能真实地测出海表波浪各项参数。

在众多测波仪中,波浪浮标和波向仪的应用最多。

波浪浮标亦称遥感波浪仪,用于测量近海波浪的波高、波向和周期。由测量浮标、弦式重力加速度变送器、调频发动机、时间程序控制器和记录仪等组成。弦式重力加速度变送器测量浮标的加速度并变为电压信号,并送入调频发动机,最后由记录器把测量结果记录下来。这类浮标可在恶劣条件下工作。

波向仪主要用于测量海面波向。通常采用应变计式波向仪,由压力传感器、电缆、记录器构成。压力传感器放在海底,自动记录器设置在岸上观测室,将波浪引起的压力变化转化为电阻变化,由记录器记录波向。

（2）潮流观测方法

潮流观测成果对于确定港口和海岸结构物的总体布置以及设计港口设施,研究港口、航道和海岸泥沙运动以及制定航道疏浚等工作是必需的资料,另外,为了判明港口和海岸的淤积、冲刷处理以及制定施工计划等,都需要潮流观测数据。

潮流一般利用海流计测定流速和流向。海流计是主要用于测量潮流流速和流向的仪器,由机体、流速感受部件和记录系统等组成。根据感受元件的不同,可分为印刷海流计、厄克曼海流计、电磁海流计、声学海流计等。

（3）海岸泥沙运动和底质调查

海底物质受到波浪和潮流的作用之后,会产生移动。由于海岸泥沙运动造成港口和航道回淤、河口淤塞、海岸侵蚀、港口建筑物基础被冲刷等,因而若海底为砂土,或有挟带泥沙下泄的河流时,必须考虑防淤措施。

当港口的位置选在河口或海湾内时,这种地方冲积层发达、地基软弱,给港口设施的设计施工带来很多困难。为了解底质的情况,多在海上进行底质调查,其方法是在海上进行钻孔,从钻进阻力、钻进速度、泥浆情况及取土样等方面来判断底质和掌握其分层情况。其他调查方法有弹性波探测法和音波探测法。前者是利用地下火药爆炸或重锤下落等人工震源产生的弹性波动,由设置在地表的地震计(感震器)进行观测,从而掌握地层的情况,而后者是由水面上发射音波振荡,观测由海底和下面地层分界面弹性不连续面返回的反射波,判断海底地层情况。

海岸泥沙运动可以通过观测海流的特征并结合海底地形、底质情况来综合判定。

2. 码头施工中的定线放样

港口由水域和陆域两部分组成,其陆域部分包括码头、货场、仓库、铁路、公路及其他辅助设施。码头是停靠船舶、上下旅客及装卸货物的场所,码头的前沿线是指港口水域和陆域的交界线。码头的结构形式一般可分为高桩板梁式码头及重力式码头。高桩板梁式码头需用打桩船打桩,重力式码头需用挖泥船挖掘水下基槽,并且利用抛填船只运载砂石料到指定地点填筑基床,还要有潜水员配合检查水下施工的情况。为方便施工期间的测量,需要首先建立码头施工测量坐标系或施工基线。施工基线一般有两种:一种为相互垂直的基线,另一种为两条任意夹角的基线。这两种基线如图18-27所示。

（1）高桩板梁式码头的施工测量

在修建高桩板梁式码头时,一般利用桩基束支承上部结构,使码头上部荷载通过桩柱传递到密实的下卧层中。目前,在码头水工建筑物中用得最广的桩是方形钢筋混凝土桩和圆形钢桩。根据建筑物的不同用途和它承受荷载的情况,一般布置成直桩或斜桩。

由高桩板梁式码头的剖面图(图18-28)可以看出,直桩7和斜桩8是基础部分,靠船构件1、面板2、吊车梁3、纵梁4、横梁5和平台横梁6是上部构件。在此仅介绍方形直桩与斜桩的定位测量工作。

图18-27　相互垂直和任意夹角的施工基线布设图

①直角交会法打桩定位。

该法是根据桩位布置图事先在基线上标出各桩的定位控制点，施工时在控制点上安置经纬仪进行各桩的打桩定位。如图18-29所示为直桩与基线的关系，直桩中心点 Q 的坐标为 $(x_Q、y_Q)$，由图18-29知，正面基线上定位控制点 $L'、P'、R'$ 的横坐标为：

$$y_{L}' = y_Q - \frac{b}{2} \quad y_{P}' = y_Q \quad y_{R}' = y_Q + \frac{b}{2} \tag{18-29}$$

在侧面基线上定位控制点 P'' 的纵坐标为：

$$x_{P''} = x_Q - \frac{b}{2}$$

图18-28　高桩板梁式码头剖面图

图18-29　直桩与基线的关系

斜桩定位时，基线上定位控制点的计算应考虑斜桩的倾斜度 $n:1$ 和水平扭角 φ（图18-30）。打桩时打桩船的打桩架可以调节俯或仰，使斜桩处于设计的倾斜度位置上。水平扭角是斜桩轴线的水平投影和通过桩中心点平行于轴的直线之间的夹角，由该直线逆时针方向旋转的角度称之为左扭转角，反之为右扭转角。根据图18-30a)，正面基线上定位控制点 A_P 的坐标为：

$$y_{A_P} = y_A \pm x_A \cdot \tan\varphi$$

式中，正号表示向左扭转斜桩，负号表示向右扭转斜桩。

　　侧面基线上定位控制点的位置与桩的倾斜度、水平扭角的方向和大小、俯打或仰打以及所选用的高程截面等有关。以左扭转的俯打斜桩为例[图18-30b)]。当选用设计高程截面的左棱点 L 作为定位点进行定位时，可根据桩中心点 Q 的坐标，求得 P 点的坐标，然后再由 P 点的坐标推算得侧面基线和正面基线上定位控制点的坐标为：

$$x_L = x_Q - \frac{\sqrt{n^2+1}}{n} \cdot \frac{b}{2}\cos\varphi - \frac{b}{2}\sin\varphi$$

$$y_L = y_Q - \frac{\sqrt{n^2+1}}{n} \cdot \frac{b}{2}\sin\varphi - \frac{b}{2}\cos\varphi \qquad (18\text{-}30)$$

图18-30　斜桩平面定位

　　当左扭转仰打斜桩时，侧面基线上定位控制点的纵坐标与式(18-30)的第一式相同。

　　当右扭转俯打或仰打斜桩时，在两条基线上定位控制点的坐标为：

$$x_R = x_Q - \frac{\sqrt{n^2+1}}{n} \cdot \frac{b}{2}\cos\varphi - \frac{b}{2}\sin\varphi$$

$$y_R = y_Q - \frac{\sqrt{n^2+1}}{n} \cdot \frac{b}{2}\sin\varphi + \frac{b}{2}\cos\varphi \qquad (18\text{-}31)$$

　　②前方交会法打桩定位。

　　当设置侧面基线有困难时，可利用岸上的测量控制点前方交会打桩定位。在打桩定位之前，需要将控制点的测量坐标换算为施工坐标，对所选定的定位点按上述方法计算施工坐标，然后，计算放样角度(图18-31)。打桩时，为了控制打桩船停泊的方向，需要在岸上确定点3的位置。由图18-31看出，点3是打桩船上1、2两根花杆连线延长与 BC 边的交点。由桩中心点 Q 求得垂足点 m 的坐标为：

$$x_m = x_Q + \Delta x_{Qm}$$

图18-31　前方交会法定位

$$y_m = y_Q + \Delta y_{Qm} \tag{18-32}$$

基于上式和图 18-31,可得 $3-B$ 和 $3-m$ 两直线的方程式为:

$$y_B - y_3 = k_1(x_B - x_3)$$
$$y_m - y_3 = k_2(x_m - x_3) \tag{18-33}$$

式中,$k_1 = \tan\alpha_{CB}$,$k_2 = \tan\alpha_{3m} = \tan(360° - \varphi)$ 都是已知的,解式(18-33)可得:

$$x_3 = \frac{k_1 x_B - k_2 x_m - y_B + y_m}{k_1 - k_2} \tag{18-34}$$

$$y_3 = y_B - k_1(x_B - x_3)$$

由 B 和 3 点的坐标求出两点间的距离,这样在 BC 边上就确定了点 3 的位置。

上面介绍了直、斜桩的平面定位。下面介绍斜桩的高程定位。

③斜桩的高程定位。

斜桩的高程定位,必须考虑桩身倾斜度的影响,当桩身倾斜度为 $n:1$ 时,则桩顶的倾斜度也是 $n:1$,因此,斜桩的桩顶高程是指桩顶最低处的高程。若桩的倾角为 α,则当仰打斜桩时(图 18-32),水准尺的最后读数为:

$$b_{仰} = (H_{仪} - H_{桩}) \times \frac{1}{\sin\alpha} - 替打角 - 垫层 - 桩角$$

$$\frac{1}{\sin\alpha} = \frac{\sqrt{n^2 + 1}}{n}$$

$$替打角 = \frac{替打宽 - 桩宽}{2n}$$

对于图 18-33 为斜桩俯打时的情况,水准尺的最后读数为:

$$b_{仰} = (H_{仪} - H_{桩}) \times \frac{1}{\sin\alpha} + 替打角 - 垫层$$

图 18-32 仰打斜桩高程定位

图 18-33 俯打斜桩高程定位

(2)重力式码头的施工测量

重力式码头主要由墙身、基床、墙后抛石棱体和上部结构 4 部分组成。按形式可分为方块码头(图 18-34)、沉箱码头和扶壁码头。重力式码头的特点是依靠码头本身及其填料的重量维持其稳定,它要求有良好的地基。重力式码头的施工测量主要有施工基线的测设、设置挖泥和抛填导标、基床整平和预制件安装等。

挖泥船进行基槽开挖时,传统的测量工作是设置挖泥导标控制开挖宽度和方向,测设横断面桩,施测挖泥前后的断面,检查基槽开挖是否合乎设计要求。为了控制开挖宽度和方向,可沿侧面基线 AB 上按设计要求的尺寸测设纵向导标,沿正面基线 AC,每隔 5~10m 测定横断面桩(图 18-35)。在基槽开挖过程中,要经常检查开挖深度,为此,需要在每一断面方向上设立一对活动导标,测深船可沿断面方向测深。另外,当码头两端的延伸方向均为水域时,需要架设水上导标。例如,在混凝土墩块中插入各种形式的水上导标。

图 18-34 方块码头示意图

图 18-35 基槽开挖示意图

基床开挖完成后,根据设计的要求进行填砂和抛石,这时的测量工作是按设计尺寸为抛填设置导标,进行水深测量检查抛填情况以及为基床平整进行放样工作。

基床平整之后,应及时安装混凝土预制件。对于方块码头而言,就是在水下底层方块外缘 4~5m 的距离处测定一条安装基准线,作为潜水员进行水下安装的依据。为了在水下固定基准线,需要在基床中埋入几个混凝土小方块,其中央浇筑了木块,将小钉钉入木块上,系上尼龙线或细铅丝且拉紧成为一条直线。在底层方块安装好的基础上,逐层向上安装,一般每层都检查安装的误差,对不符合要求的应进行调整。安装 2~3 层方块后,就进行墙后抛填工作,其测量任务是设置导标和控制抛填棱体各层间的高程。

3. 港口工程建筑物的变形观测

港口工程建筑物在施工期间或竣工之后,由于水文地质条件、荷载、水流或波浪冲刷、地下水的作用、边坡开挖、地震或打桩以及爆破振动等原因,会引起岸坡和建筑物发生形变,为了保证建筑物的安全,必须进行变形监测工作,通过变形观测,可以监视变形的发展,掌握变形的规律,以便提出防治措施,并为今后的设计积累资料。

港口工程建筑物变形观测基本采用陆地建筑物变形监测的技术和手段,即采用全站仪(或经纬仪)、水准仪观测港口码头等建筑物的水平位移和垂直沉降等。

二、水下工程测量

海洋开发、海洋工程兴建(例如采油、采矿、管线、电线敷设、打捞工程等)均离不开测量工作。这些工作有的可在水面上进行(例如海底地形地貌测量、磁力测量),有的要在水下进行(如海底定位和水下摄像)。在水下进行测量工作,需要潜水器的配合,采用特殊的仪器,主要是声学测量系统和一些非声学方法(如水下经纬仪、水下电视、水下摄影等)。下面,通过对一些典型的水下测量工作介绍来说明水下工程测量的方法和特点。

1. 海底电缆敷设调查与测量

海底电缆敷设前,需对敷设线路进行海洋调查和测量,提供水温、底质、潮汐潮流、海底地形、水深、登陆点等资料。这些资料是计算电缆数据和电缆敷设时的依据,也为今后电缆使用维护时参考。这一任务往往由海洋调查人员和测量人员共同完成。

调查与测量的内容主要包括：

（1）路线上水深测量

测量范围为线路起点至终点，测图比例尺为1:20万～1:5万，如线路在沿海，比例尺应大些；在大陆至海洋岛屿之间，比例尺应小些。一般布设测深线3条。其间隔为图上1cm，中间测线应与线路重合。对于较复杂的沿海区，有时也采用1:2.5万比例尺，布设测深线5条。水深测量定位中误差不应大于图上3mm，水深点在测深线上的密度为图上0.5cm。

（2）登陆点附近的水深及地形测量

测图比例尺一般为1:2000，测图范围为登陆点附近宽500m，岸上部分为图上5～10cm，平坦地区略宽一些。水中测至5m水深，一般离岸不超过500m。如果控制点稀少可用独立坐标系统，独立坐标系的高程可以从当地平均海面起算。控制点误差不应大于0.5m。

（3）表层底质取样

底质点布设，水深100m以内3条线，100m以上两条线（路线左右各一条）。其间隔同于测深线间隔，每条线上底质点密度为：水深在50m以内3km一个点，水深50～100m为5km一个点，水深100～200m为10km一个点，水深200m以上为20km一个点。底质采样用采泥器。

（4）海底地形探测

探测线布设方式同上，用海底地层剖面仪作业。图18-36给出了一个海区的海底不同深度层地质分布的剖面图。

图18-36　某水域海底地质剖面图以及海底地形立体图

（5）测水温

在一条测线上，每一个底质取样点测一个水温，包括底层水温和表面水温。一般采用颠倒温度计。

（6）验流

验流地点应选在线路上流速较大的地方和登陆点附近、转折点处。测量上、中、下层最大流向和流速，采用海流计施测。

（7）资料整理

所提供的资料包括：线路水深图、断面图、登陆点附近水深及地形图、海底地层剖面图、底质类型图、测温报表和验流报表等。

2. 钻井声学定位测量

随着海洋开发的海域从大陆架向深海伸展，钻井位置也逐渐向深海推移，诸如用立柱固定的钻井平台或用锚链系泊钻井船，都不可能完成深水钻井作业。在海面上位置无法固定的钻井船（或半潜式平台）随着风、浪、涌、流的作用漂浮运动。倘若钻井船（或平台）活动范围超出了钻杆所能承受的折弯强度,钻杆就会被折断。为了实现深海安全钻井作业,预防钻杆产生断裂,对钻井船的活动范围必须进行严格的控制。表 18-4 列举了不同水深时,钻井船安全作业所允许的活动半径。由表 18-4 可见,允许活动半径与水深 h 有关。

钻井船允许活动半径 表 18-4

水　　深	允许的活动半径	水　　深	允许的活动半径
<500m	2%h	>1500m	6%h
500～1500m	4%h		

动态定位系统实际上就是一个自动调整系统,被调整对象是钻井船,在风浪作用下船位偏移数据由位置传感器给出。在海面上船位坐标 $(x、y)$ 由水下声学定位系统提供,钻井船的航向 φ 由罗经给定,而由位置传感器测得的船位数据 $(x、y、\varphi)$ 和设定位置坐标 $(x_0、y_0、\varphi_0)$,一起加到调整系统的比较元件中去,进行比较后得到调整(即误差)信号 $\Delta x = x - x_0$,$\Delta y = y - y_0$,$\Delta\varphi = \varphi - \varphi_0$。计算机根据被调整对象的负载特征,计算出执行元件施加给它的垂直推力 F_x、水平推力 F_y 和转矩 N。在执行元件的控制下,钻井船自动地调整到原先设定的位置 $(x_0、y_0、\varphi_0)$。随着调节系统误差量 Δx、Δy、$\Delta\varphi$ 的消失,钻井船就处于动态稳定状态。

在钻井船动态定位系统中,执行元件是钻井船自身的主螺旋桨,以及专门设置的首尾变螺距导流管式推进器,前者用来产生控制钻井船首尾方向运动的驱动力,后者用来产生加给钻井船的侧向力和转矩。为了使调整系统能正常工作,首先要求系统是稳定的。这就是说,调整对象受到外力作用以后,系统能够使其恢复到原来所设定的状态。自动调整系统在稳态下,某一调整量 x 与给定 x_0 之间的偏差通常应小于某一允许值。这一允许值反映了系统的稳态调整精度。

在动态定位系统中,船位测量的精度将直接影响系统的调整精度。GPS 单点定位的精度远不能满足要求,而借助非差单点定位技术(PPP)则又存在着定位滞后的问题。长基线、短基线系统具有很高的相对测量精度,因而特别适宜作为动态定位系统的精确定位手段。

长基线定位系统,是以事先布放的海底声应答器基阵作为参考基准,通过应答测距系统测出船与海底各应答器之间的距离,就可解出船只相对于海底参考基准的坐标。

短基线定位系统以井口附近的声应答器作为参考基准,通过船底平面布设的水听器阵测出应答距离,同样可以确定船只的位置坐标。然而,长基线系统可保证船只在较大移动范围内具有高的定位精度,但存在着海底布阵困难、对现场阵位的勘测造成麻烦,以及设备比较复杂等缺点。短基线定位系统则只能保证船只在较小范围内具有高的定位精度,但它无需海底布阵,设备也比较简单。动态定位系统所要求的正是钻井船在很小的移动范围内具有高的定位精度,因此选择短基线系统。

3. 海底管道测量作业

海洋石油工业的发展使海底管道的建造成为一项重要的海洋工程。在海底管道的规划阶段,需要有海底地形图用于选线。选定线路后,需有更精确的图用于定线,一般是在线路方向上进行断面测量和地质调查,这方面的工作类似于敷设海底电线时的调查和测量工作。

海底管道的建造方法主要有铺管船法、卷筒式铺管船法和拖引法几种。目前,世界范围内约有 90% 的近海管道是用铺管船法铺设的。当一段管道连接完后,铺管船向前移动一段管子的距离。一般用 8～12 锚来维持铺管船的定位和使它向前移动。目前大多数铺管船装有高精度的定位系统。下面以 Cormorant 为例介绍管线连接测量中的一些测量方法。

当管道铺设到生产平台附近后,就必须进行连接测量以确定管道端法兰盘和平台石油出口法兰盘之间的相对位置,测量的精度要求比较高,因为测量的结果要直接用于设计两法兰盘之间的连接管道。

图 18-37 是现场连接测量示意图,该地区位于北海一个油田,水深 140m。由于常规的水下定位系统满足不了要求,因此承担这项测量任务的 VOL 公司设计了高精度声学测距仪器,称为 HATS。HATS 系统工作频率为 120 ~ 160Hz,测距 100m,精度 20mm。其之所以能达到这样高的精度,是用了声速计以确定声波的传播速度。系统由 4 个海底应答器和一个小型信号标组成,信号标是活动的,可由潜水器的操作手放在待测点上。

图 18-37　用 HATS 做科尔莫兰特(Cormorant)管线连接测量

在科尔莫兰特 A 平台上,HATS 的应答器安置在平台的东面,其中点 A 是已知点,B 放在直径为 0.6m 的法兰盘中心。而应答器 C 放在海底,D 放在管道端法兰盘中心。A、B、C、D 构成一个大地四边形,用 HATS 测量了 4 条边和 2 条对角线,就可以由已知点 A、B 推算点 C、D 的位置。解决了大地四边形后,下一步是要找出管线相对于平台的方向。为此把小型信号标依次放在管线 1、2、3、4、5 点,并测量到 A、B、C 的距离。从这些观测量就可以计算这 5 个点的位置和管线的方向。测量的总体精度为 200mm,相应的管线方位误差为 1° ~ 2°,这些误差都在所要求的限差以内。误差的主要来源是放置信标和应答器的位置误差以及 140m 深处声波传播速度不一致的误差。

除知道管线相对方向外,还要测量法兰盘在垂直方向和水平方向上的位移。测量采用钢尺和倾斜仪。

4. 海底废堆积物测量

海底废堆积物是指人类有意识有目的地利用海洋环境容量和迁移能力处置的废弃物,海洋倾废活动利用船舶、航空器、平台或其他载运工具向海洋处置废弃物及其他有害物质,包括废弃船舶、航空器、平台及其辅助设施和其他浮动工具的行为。海洋废弃管理是海洋管理部门的重要职责,要防止、控制和减少由于倾倒废弃物和其他物质造成海洋环境的污染损害。海底废堆积物测量是对废弃物倾倒区进行专门监测,是海洋环境管理的重要组成部分。

海底废堆积物调查测量工作包括以下 5 个方面:

(1)废积物位置确定。根据海洋倾倒区选划审批位置设计调查测量路线,海上平台等工程废积物可先用磁力测量的方法确定废平台的位置,即使平台被拆掉或油井口被封,用磁力测量方法仍能发现很大的磁力异常。废平台(井口)大概位置确定后,再进行2km见方范围的旁侧声呐测量。

(2)导航定位。为了确定水下准确位置需求,需要在场地边界附近建立3个应答器,组成一个阵列,构成水下局部导航定位网。

(3)扫海测量。为了实现对海底废堆积物全面准确的调查,可采用多波束测量系统和旁侧声呐测量系统对海底进行全覆盖式测量,两类设备的应用,对海底废堆积物的认识起着十分重要的作用。

(4)潜水测量。近年来,水下摄像机已广泛应用于海洋倾废区的监测,在所调查中心位置的200~500m范围内用潜水设备进行直观测量。潜水设备沿着预先定好的20m格网线测量,一旦发现废积物,就用水下电视摄像机采集调查倾废区水下图像信息,并进行记录。在测量过程中,潜水装置的位置不断地用水下声学导航系统确定,废积物的位置画在地图上。如果废积物是在该范围的边界上,那么测线还得向外延伸。

(5)数据处理。水下电视调查结果覆盖在多波束与旁侧声呐测量的海底调查测量图上,并在计算机画面上将底质表面与含有各种有机物的浮泥层用不同颜色表示出来,可以快速大面积调查疏浚物在水下扩散与在海底堆积和迁移情况。根据以往的情况和对其他时段监测数据的分析研究,将可以更准确地掌握倾废区的环境变化情况和今后倾废区内倾倒物的迁移与堆积趋势,以此来确定哪些废积物需要清除。

思考题与习题

1. 名词解释:海洋测绘;海洋定位;海洋测深;深度基准面。
2. 海洋测绘的特点是什么? 海洋测绘有哪些任务?
3. 海洋测绘的分类有哪些? 与哪些学科有关?
4. 近代海洋测绘有哪些标志性技术?
5. 海洋平面定位的方法有哪些?
6. 水下声学定位的原理和方法有哪些?
7. 水深测量方法有哪些? 水深测量中有哪些主要误差来源?
8. 海洋地形测量的主要测量工作是什么? 水位观测对海洋地形测量的作用及意义是什么?
9. 港口工程与陆上工程相比有何特点? 港口工程建设中有哪些测量工作?
10. 谈谈水下工程建设中测量的主要工作及测量工作的意义。

参 考 文 献

[1] 宁津生,陈俊勇,李德仁,等.测绘学概论[M].2 版.武汉:武汉大学出版社,2008.

[2] 潘正风,程效军,成枢,等.数字地形测量学[M].武汉:武汉大学出版社,2015.

[3] 王侬,过静珺.现代普通测量学[M].2 版.北京:清华大学出版社,2009.

[4] 翟翊,赵夫来,郝向阳,等.现代测量学[M].北京:测绘出版社,2008.

[5] 王腾军,田永瑞,王利.现代测量学[M].西安:西安地图出版社,2007.

[6] 陆国胜,王学颖.测绘学基础[M].北京:测绘出版社,2006.

[7] 田青文.测量学[M].北京:地质出版社,1994.

[8] 田青文.地图制图学概论[M].武汉:中国地质大学出版社,1995.

[9] 祝国瑞,郭礼珍,尹贡白,等.地图设计与编绘[M].武汉:武汉大学出版社,2001.

[10] 黄仁涛.专题地图编绘[M].武汉:武汉大学出版社,2003.

[11] 马耀峰,胡文亮,张安定,等.地图学原理[M].北京:科学出版社,2004.

[12] 武汉大学测绘学院测量平差学科组.误差理论与测量平差基础[M].武汉:武汉大学出版社,2003.

[13] 合肥工业大学.测量学[M].4 版.北京:中国建筑工业出版社,1995.

[14] 林文介.测绘工程学[M].广州:华南理工大学出版社,2003.

[15] 许娅娅,雒应.测量学[M].2 版.北京:人民交通出版社,2003.

[16] 高井祥.测量学[M].徐州:中国矿业大学出版社,1998.

[17] 华锡生,田林亚.测量学[M].南京:河海大学出版社,2003.

[18] 肖进丽,李松,胡文伟.几种数字水准仪标尺的编码规则和读数原理比[J],测绘通报,2004(10):57-59.

[19] 张勤,李家权.GPS 测量原理及应用[M].北京:科学出版社,2005.

[20] 周忠谟,易杰军.GPS 卫星测量原理与应用[M].北京:测绘出版社,1992.

[21] 黄观文.GPS 精密单点定位和高精度 GPS 基线网平差研究及其软件实现[D].西安:长安大学,2008.

[22] 李征航,黄劲松.GPS 测量与数据处理[M].2 版.武汉:武汉大学出版社,2010.

[23] 李德仁.解析摄影测量[M].北京:测绘出版社,1980.

[24] 李德仁,郑肇葆.解析摄影测量学[M].北京:测绘出版社,1992.

[25] 李德仁,周月琴.摄影测量与遥感概论[M].北京:测绘出版社,2001.

[26] 韩玲,李斌,顾俊凯,等.航空与航天摄影技术[M].武汉:武汉大学出版社,2008.

[27] 杨可明.摄影测量学基础[M].北京:中国电力出版社,2011.

[28] 张祖勋,张剑清.数字摄影测量学[M].武汉:武汉大学出版社,2002.

[29] 郭学林.航空摄影测量外业[M].郑州:黄河水利出版社,2011.

[30] 彭望琭.遥感概论[M].北京:高等教育出版社.2002.

[31] 孙家抦.遥感原理与应用[M].3 版.武汉:武汉大学出版社,2013.

[32] 日本遥感研究会.遥感精解[M].刘勇卫,译.北京:测绘出版社,2011.

［33］贾永红.数字图像处理［M］.武汉:武汉大学出版社,2003.

［34］冈萨雷斯,伍兹.数字图像处理［M］.3 版.阮秋琦,阮宇智,等,译.北京:电子工业出版社,2011.

［35］汤国安,张友顺,刘咏梅,等.遥感数字图像处理［M］.北京:科学出版社,2004.

［36］韦玉春,汤国安,江闷,等.遥感数字图像处理教程［M］.北京:科学出版社出版,2007.

［37］肖鹏峰,冯学智,等.高分辨率遥感图像分割与信息提取［M］.北京:科学出版社,2012.

［38］舒宁,马洪超,孙和利.模式识别的理论与方法［M］.武汉:武汉大学出版社,2004.

［39］赵英时.遥感应用分析原理与方法［M］.2 版.北京:科学出版社,2015.

［40］李小文.遥感原理与应用［M］.北京:科学出版社,2015.

［41］邬伦,刘瑜,张品,等.地理信息系统——原理、方法和应用［M］.北京:科学出版社,2002.

［42］黄杏元,马劲松.地理信息系统概论［M］.北京.高等教育出版社,2008.

［43］刘南,刘仁义.地理信息系统［M］.北京:高等教育出版社,2002.

［44］间国年,吴平生.地理信息科学导论［M］.北京:中国科技出版社,1999.

［45］吴信才,郭际元.地理信息系统原理与方法［M］.北京:电子工业出版社,2002.

［46］胡鹏,黄杏元.地理信息系统教程［M］.武汉:武汉大学出版社,2002.

［47］赵海卫,王继尧.浅谈城市地理信息系统的应用［J］.地理空间信息,2010.

［48］洪英,张晓岩.GIS 及其在交通规划中的应用［J］.森林工程,2006.

［49］杨兆升,刘红红.地理信息系统在交通运输规划与管理中的应用研究［J］.公路交通科技,2000.

［50］罗名海.GIS 在城市规划建设管理中的应用现状与未来［J］.数字测绘与 GIS 技术应用研讨交流论文集,2008.

［51］陈永奇,潘正风.工程测量学［M］.北京:测绘出版社,2016.

［52］张正禄,黄声享.工程测量学［M］.武汉:武汉大学出版社,2013.

［53］李青岳,陈永奇.工程测量学［M］.3 版.北京:测绘出版社,2008.8.

［54］陈久强,刘文生.土木工程测量［M］.北京:北京大学出版社,2006.

［55］侯国富,樊炳奎.建筑工程测量［M］.北京:测绘出版社,1983.

［56］张坤宜.交通土木工程测量［M］.4 版.北京:人民交通出版社,2013.

［57］秦琨,李裕忠,李宝桂.桥梁工程测量［M］.北京:测绘出版社,1991.

［58］贺国宏.桥隧控制测量［M］.北京:人民交通出版社,1999.

［59］冯兆祥.现代特大型桥梁施工测量技术［M］.北京:人民交通出版社,2010.

［60］张项铎,张正禄.隧道工程测量［M］.北京:测绘出版社,1998.

［61］赵吉先,吴良才.地下工程测量［M］.北京:测绘出版社,2004.

［62］覃辉,马德富,熊友谊.测量学［M］.北京:中国建筑工业出版社,2007.

［63］中国地质大学测量教研室.测量学［M］.北京:地质出版社,1991.

［64］陈永奇,吴子安,吴中如.变形监测分析与预报［M］.北京:测绘出版社,1998.

［65］张正禄,黄全义,文鸿雁,等.工程的变形监测分析与预报［M］.北京:测绘出版社,2007.

[66] 张勤.GPS 监测滑坡变形的基准研究[J].西安工程学院学报,2001,23(4):69-71.

[67] 王利,刘万林.应用 GPS 定位技术监测滑坡体垂直形变研究[J].西安工程学院学报,2002,24(3):61-63.

[68] 赵超英,张勤,王利.GPS 高差在滑坡监测中的应用研究[J].测绘通报,2005,(1):39-41.

[69] 彭建兵.黑河引水工程水库库岸滑坡工程地质勘察报告[R].西安工程学院地质工程勘察研究院,1998.

[70] 张勤.黑河引水工程库岸滑坡监测监测网布设及第一期监测技术总结报告[R].长安大学测绘科学与工程系,2000.12.

[71] 刘经南,叶世榕.GPS 非差相位精密单点定位技术探讨[J].武汉大学学报(信息科学版),2002,27(3):234-240.

[72] 刘万林,张勤,王利.黑河水库库岸滑坡 GPS 监测网布设中的若干技术问题[J].测绘技术装备,2001,(4):1-6.

[73] 张勤,王利.黑河引水工程库岸滑坡监测技术总结报告[R].长安大学地质工程与测绘工程学院,2008.3.

[74] 李自立.滑坡变形监测反演参数及稳定性研究[D].西安:长安大学,2005.

[75] 李捷斌.黑河水库水门沟滑坡稳定性分析[D].西安:长安大学,2009.

[76] 彭建兵.西安地裂缝灾害[M].北京:科学出版社,2012.

[77] 张勤,赵超英,丁晓利,等.利用 GPS 与 InSAR 研究西安现今地面沉降与地裂缝时空演化特征[J].地球物理学报,2009,52(5):1214-1222.

[78] 张勤,黄观文,丁晓光,等.顾及板块运动、稳定性和系统偏差的高精度 GPS 监测基准研究与实现[J].地球物理学报,2009,52(12):3158-3165.

[79] 张勤,黄观文,王利,等.GPS 在西安市地面沉降和地裂缝监测中的应用研究[J].工程地质学报,2007,15(6):828-833.

[80] 张勤,黄观文,王利,等.附有系统参数和附加约束条件的 GPS 城市沉降监测网数据处理方法研究[J].武汉大学学报(信息科学版),2009,34(3):269-272.

[81] 黄声享,郭英起,易庆林.GPS 在测量工程中的应用[M].北京:测绘出版社,2007.

[82] 过静珺,戴连君,卢云川.虎门大桥 GPS(RTK)实时位移监测方法研究[J].测绘通报,2000,(12):4-5.

[83] 岳建平,田林亚.变形监测技术与应用[M].2 版.北京:国防工业出版社,2014.

[84] 周立.海洋测量学[M].北京,科学出版社,2013.

[85] 赵建虎,沈文周.现代海洋测绘[M].武汉:武汉大学出版社,2008.

[86] 刘良民.卫星海洋遥感导论[M].武汉:武汉大学出版社,2005.

[87] 刘雁春.海洋测深空间结构及其数据处理[M].北京:测绘出版社,2003.

[88] 陈永奇,海洋工程测量[M].北京:测绘出版社,1991.

[89] 中华人民共和国行业标准.JGJ 8—2016 建筑变形测量规范[S].北京:中国建筑工业出版社,2016.

[90] 中华人民共和国国家标准.GB/T 18314—2009 全球定位系统(GPS)测量规范[S].

北京:中国标准出版社,2009.

［91］ 中华人民共和国国家标准.GB/T 50026—2007　工程测量规范［S］.北京:中国计划出版社,2008.

［92］ 中华人民共和国国家标准.GB/T 15314—1994　精密工程测量规范［S］.北京:中国标准出版社,1994.

［93］ 中华人民共和国行业标准.CH/T 2008—2005　全球导航卫星系统连续运动参考站网建设规范［S］.北京:测绘出版社,2006.

［94］ ZUMBERGE J F, HEFLIN M B, JEFFERSON D C, et al. Precise point positioning for the efficient and robust analysis of GPS data from large networks［J］. Journal of Geophysical Research, 1997, 102(B3): 5005-5017.

［95］ ZUMBERGE J F. Automated GPS data analysis service［J］. GPS Solutions, 1999, 2(3): 76-78.

［96］ YANG Gao. Performance analysis of precise point positioning using real-time orbit and clock products［J］. Journal of Global Positioning Systems, 2004, 3(1-2): 95-100.